THEORY AND APPLICATION OF RADAR EQUIPMENT TESTABILITY

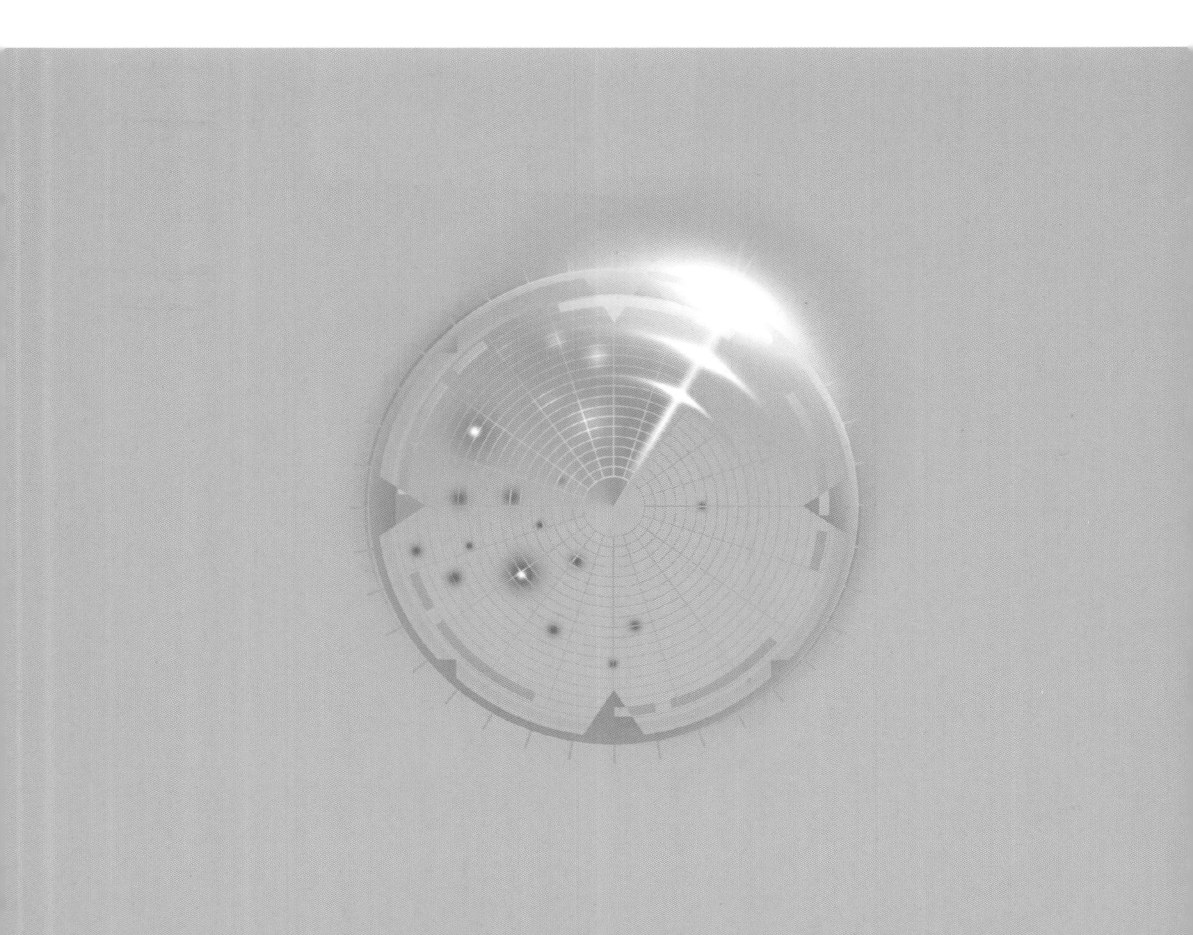

雷达装备测试性理论与应用

胡 冰　林 强　盛 文　杜小帅　陈佳君　编著

http://press.hust.edu.cn
中国 · 武汉

内 容 简 介

本书系统地介绍了雷达装备测试性理论与应用，主要包括雷达装备测试性的相关概念、测试性要求与确定、测试性建模、测试性分配、测试性预计、测试性分析、测试性设计、诊断策略设计、测试性试验与评价，内容系统性、理论性、针对性和应用性较强。

本书可作为雷达装备保障工程、雷达工程、预警探测、后勤与装备保障等相关专业学生的教学参考书，也可作为从事雷达装备论证、研制、生产、使用的工程技术人员和管理人员的技术参考书。

图书在版编目(CIP)数据

雷达装备测试性理论与应用/胡冰等编著. —武汉：华中科技大学出版社，2024.6
ISBN 978-7-5772-0739-1

Ⅰ.①雷… Ⅱ.①胡… Ⅲ.①雷达-设备-测试 Ⅳ.①TN957

中国国家版本馆 CIP 数据核字(2024)第 096864 号

雷达装备测试性理论与应用
Leida Zhuangbei Ceshixing Lilun yu Yingyong

胡 冰 林 强 盛 文 杜小帅 陈佳君 编著

策划编辑：王汉江
责任编辑：刘艳花
封面设计：原色设计
责任校对：李 弋
责任监印：周治超
出版发行：华中科技大学出版社(中国·武汉) 电话：(027)81321913
武汉市东湖新技术开发区华工科技园 邮编：430223
录 排：武汉市洪山区佳年华文印部
印 刷：武汉科源印刷设计有限公司
开 本：710mm×1000mm 1/16
印 张：23.75 插页：2
字 数：467 千字
版 次：2024 年 6 月第 1 版第 1 次印刷
定 价：98.00 元

PREFACE

前言

雷达装备测试性是反映雷达装备测试方便、快捷、经济,以及装备状态高效、准确的质量特性,是装备可靠性与维修性和保障性之间的纽带。雷达装备测试性理论是从雷达装备测试性设计角度,对其测试性进行分析、设计、试验与评价,研究其故障检测与隔离、诊断策略的理论和方法。它涉及统计学、电子学、结构学和管理学等多个学科领域,其推广和应用对提高装备的测试性、减少装备维修保障资源、降低装备寿命周期费用、确保装备战备完好性和任务成功性具有重要意义。

近些年,随着雷达装备技术的不断发展及测试性理论的深入研究,雷达装备测试性理论取得了一些新发展。撰写本书的目的是总结近些年来国内外测试性领域发展的新成果,系统介绍雷达装备测试性的相关概念、测试性要求与确定、测试性建模、测试性分配、测试性预计、测试性分析、测试性设计、诊断策略设计、测试性试验与评价等内容,给出一个较为完整的雷达装备测试性理论与应用的方法,为雷达装备保障工程、雷达工程、预警探测、后勤与装备保障等相关专业的本科生、研究生提供教学参考,为从事雷达装备论证、研制、生产、使用的工程技术人员和管理人员提供方法与工具。

全书共 9 章。第 1 章绪论,介绍故障、测试与诊断及测试性的相关概念,测试性对质量特性等方面的影响,测试性理论的形成与发展。第 2 章雷达装备测试性要求与确定,介绍测试性定性定量要求和工作项目要求，以及测试性要求确定的因素、过程和方法等。第 3 章雷达装备测试性建模，介绍测试性建模的概念、分类，建模原则与程序，相关性矩阵相关概念、获取方法，测试性模型，以及测试性建模方法及其应用。第 4 章雷达装备测试性分配，介绍测试性分配的目的与时机、指标与原则，测试性分配的程序和模型，测试性分配的方法及其应用。第 5 章雷达装备测试性预计，介绍测试性预计的目的与参数、时机与要求、输入与输出，测试性预计的程序，测试性预计的方法及其应用。第 6 章雷达装备测试性分析，介绍测试性分析的目的、流程、要求，雷达装备层次结构与故障分析，测试性权衡分析，测试性信息分析，BIT 对系统的影响分析。第 7 章雷达装备测试性设计，介绍测试性设计的目的、内容与流程，诊断方案的组成要素、制定程序、确定与选择，测试性设计准则，固有测试性设计，机内测试设计，外部测试设计，软件测试设计，测试性设计的应用。第 8 章雷达装备诊断策略设计，介绍诊断策略设计研究目的及意义、研究现状，基于贪婪搜索、全局搜索的雷达装备诊断策略设计方法，雷达装备多故障诊断策略设计方法。第 9 章雷达装备测试性试验与评价，介绍测试性试验与评价的目的、分类、工作项目和程序，测试性设计加权评分、建模仿真核查方法，测试性故障注入试验方法，测试性参数估计方法，虚警率验证方法，测试性试验实施方案与应用。

本书在撰写过程中，得到了空军预警学院各级领导的关心和专家的指导，得到了华中科技大学出版社的大力支持，在此一并表示衷心的感谢；同时，本书参考并引用了许多国内外研究机构和学者的文献，在此对这些作者表示衷心感谢。

随着雷达装备技术的发展，现代装备测试性理念的革新与设计方法的丰富，雷达装备的测试性理论还将不断发展，相关理论和应用技术还需要进一步深入研究。

由于作者水平有限，不足和错误之处在所难免，恳请广大读者批评、指正。

编著者

2024 年 4 月

CONTENTS

目录

第1章 绪论

1.1 基本概念

1.1.1 故障、测试与诊断相关概念

测试和诊断是研究系统和设备在工程研制、试验鉴定、使用过程中与故障作斗争的理论和方法，而测试性、维修性、可靠性是从装备设计角度研究与故障作斗争的理论和方法，所以研究装备测试性理论，首先应对装备的故障有所了解。

1. 故障相关概念

1）故障

GJB 451B—2021《装备通用质量特性术语》和 GJB 3385A—2020《测试与诊断术语》对故障（fault，failure）的定义为：产品不能执行规定功能的状态。这种状态往往是由不正确的技术条件、运算逻辑错误、零部件损坏、环境变化、操作错误等引起的。这种不正常状态可分为以下几种情况。

（1）装备在规定的条件下丧失功能。

（2）装备的某些性能参数达不到设计要求，超出了允许范围。

(3) 装备的某些零部件发生磨损、断裂、损坏等,导致装备不能正常工作。

(4) 装备工作失灵,或发生结构性破坏,导致严重事故甚至灾难性事故。

2) 故障分类

根据故障发生的性质,故障可分为硬故障和软故障两类。硬故障指装备硬件损坏引起的故障,如结构件或元器件的损伤、变形、断裂等。软故障是指系统性能或功能方法的故障。

对于装备的维修来说,故障可分为功能故障和潜在故障。功能故障是指系统、设备不能满足其规定的性能指标或丧失其完成规定功能的能力。潜在故障是指装备不能完成规定功能的可鉴别的状态。

3) 故障特性

雷达装备作为复杂的机电一体化系统,其故障具有以下特性。

(1) 层次性。这种层次性的特点是由雷达装备结构上的层次性决定的。在雷达装备中,任何故障都是同系统的某一个结构层次相联系引起的,高层次的故障一般由低层次的故障引起,而低层次的故障必定会在高层次中表现出来,引起高层次的故障。这种层次性为雷达装备的故障诊断提供一个有效的诊断策略和诊断模型,即层次化的诊断策略和层次化的诊断模型。

(2) 关联性。雷达装备故障的关联性是由其组成各元素之间的联系决定的。其组成单元电路中,一个器件发生了故障后,会导致与之关联的其他器件发生变化,进而引起关联器件和单元电路的故障,同层次上出现多个故障。同时,任何一个原发性故障都存在多条潜在的故障传播途径,因而可能会引起多个故障同时存在,因此多故障并存是装备故障的重要特征,但这种多故障并存可以归结于同一故障源,从而可以从不同的角度对同一个故障进行诊断。

(3) 不确定性。不确定性是雷达装备故障的一个重要特征,其主要原因是电路容差和非线性因素的影响。电路容差使得电路参数变得相对模糊,界限不明确。非线性因素导致同一系统不同时间不同的工作环境,各层次的规律难以确定,从而导致系统状态不可能完全确定,因而故障也是不确定的。

(4) 可预测性。装备大部分故障在出现之前通常有一定的先兆,只要及时捕捉这些征兆信息,就可以对故障进行预测和防范。

4) 故障模式

故障模式(fault mode)是指故障的表现形式,通常是能被观察到的一种故障现象,如短路、开路、断裂、过度耗损等。它注重的不是装备为何出故障,而是装备出什么样的故障。

雷达装备的故障模式有很多,常见故障类型有损坏型、松动型、功能和状态型。损坏型的故障模式包括元器件损坏、短路、开路、击穿、氧化、变形等;松动型的故障模式包括不良触点、虚焊、键盘失灵等;功能和状态型的故障模式包括老化、低效、性能参数下降、参数漂移、无法开/关机、无输入/输出、打火、温升过高、无法切换、指示错误、动作错误等,以及其他故障模式,如计算机程序故障、黑屏、死机、误报警等。

在装备的故障诊断和维修过程中,需要对故障模式、影响及危害性进行分析,目的在于为测试性设计、可靠性设计提供必要的依据。

2. 测试

1) 测试的定义

测试(test)是指按照规定的程序确定产品的一种或多种特性的过程,也定义为在真实或模拟条件下,为确定产品的功能、性能以及故障,利用人工或自动设备对其进行测量或评定的过程。

装备出厂检验与验收、装备功能与状态检查,使用过程中的状态监控,故障后的检测、隔离与定位,维修后的校准与调试等,都需要进行测试。为了实现不同的测试目的,测试方法一般包括功能测试、性能监控、在规定极限条件下的边际测试、校核检查、自测试、诊断测试等。

2) 测试的基本要素

测试工作是通过测试设备(或系统)进行的。测试设备的类型一般有自动测试设备、半自动测试设备、人工测试设备、专用测试设备和机内测试设备等。不管采用何种测试设备,要完成测试工作一般要具备以下基本要素。

(1) 激励的产生和输入。

将被测单元(unit under test,UUT)置于产品模拟运行环境或真实工作条件下,产生一个典型的激励信号,并输入到 UUT 中去,以便得到测量所需的响应信号。被测单元是指被测试的任何系统、分系统、设备、机组、单元体、组件、部件、零件或元器件等的统称。

(2) 测量、比较和判断。

UUT 在激励信号作用下产生的输出响应信号携带了全部 UUT 的状态信息,通过对响应信号的观察测量与标准值比较,并按规定准则或判据判定 UUT 的状态是否正常,如果有故障,则检测何处发生了故障。

(3) 输出、显示、记录和储存。

输出测试结果,用指示仪表、多功能显示器、音响和警告灯等方式显示,用硬盘、存储器等记录检测数据,可储存到数据库中作为历史数据记录。

(4) 程序控制。

程序控制是对测试过程中的每一个操作步骤的顺序与实施进行控制,对于人工测试设备与半自动测试设备，程序控制器是在操作者的手工操纵或参与下完成的；对于自动测试设备，其程序控制器完全是利用计算机及其接口装置自动进行的。

3）测试的分类

采用不同的分类方法，测试可分类如下。

（1）按照测试对象是整个系统还是它的组成部分，测试分为系统测试与分部测试。组成部分可分为现场可更换单元（line replaceable unit，LRU）和车间可更换单元（shop replaceable unit，SRU）。现场可更换单元是可在使用现场从系统或设备上拆卸或更换的单元。车间可更换单元是可在车间内（维修现场）从 LRU 上拆卸或更换的单元。

（2）按照输入激励的类型，测试可分为静态测试与动态测试。静态测试是输入的激励或负载保持稳定时对 UUT 的测试。动态测试是输入的激励或负载动态变化时对 UUT 的测试。

（3）按照测试系统中有无反馈，测试可分为开环测试与闭环测试。有反馈的是闭环测试，无反馈的是开环测试。

（4）按照测试系统与任务系统的关系，测试可分为机内测试与外部测试。

（5）按照被测单元是否处于工作状态，测试可分为在线测试与离线测试。被测单元处于工作状态时进行的测试是在线测试；被测单元处于不工作状态时进行的测试是离线测试。

（6）按测试的输出，测试可分为定量测试与定性测试。定性测试也称为通过或不通过测试。

（7）按照测试控制的方式，测试可分为自动测试、半自动测试、人工测试。

4）测试级别的分类

（1）Ⅰ级测试。

Ⅰ级测试主要依靠机内测试设备（built in test equipment，BITE）对系统工作状态进行测试，确定系统工作状态是否正常。当系统工作不正常或性能下降时，应能把故障隔离到现场可更换单元（LRU）。

（2）Ⅱ级测试。

Ⅱ级测试主要依靠外部测试设备（external test equipment，ETE）或自动测试设备（automatic test equipment，ATE）对 LRU 状态进行测试、校准。当 LRU 存在故障时，应能将其隔离到 SRU。

（3）Ⅲ级测试。

Ⅲ级测试主要依靠 ETE/ATE 及人工测试设备（manual test equipment，MTE）对 SRU 状态进行测试、校准。当 SRU 存在故障时，应能将其隔离到有源组件。

3. 机内测试

机内测试(built in test,BIT)又称为内建自测试(built in self test,BIST)或嵌入式测试(embedded test),其定义为:系统或设备内部提供的检测和隔离故障的自动测试能力。机内测试就是在系统内部专门设计了硬件和软件,或利用部分功能部件来检测和隔离故障、监测系统本身状况,使得系统自身可检查是否正常工作或确定何处发生了故障的检查测试。

实施BIT的载体称为机内测试设备(BITE)。根据上述定义,机内测试(BIT)有以下三个基本属性。

(1) 自动化。BIT属于自动测试的范畴,是在人员极少参与或不参与的情况下,BITE自动进行数据信号采集,并以适当方式显示或输出测试结果。与人工测试相比,自动测试省时、省力,能提高劳动生产率和产品质量,减少人的干预甚至无人干预,是BIT区别于人工测试的关键点。

(2) 嵌入式。通过巧妙的结构设计,将BITE内嵌到被测单元内部,这是BIT与常规自动测试的主要区别。但BITE并不是将外部测试设备简单地放置于被测单元内部,而是巧妙地采取结构设计、电磁兼容性设计、可靠性设计、功耗设计等相结合的方式,将BIT设计与被测单元功能结构设计并行设计。

(3) 诊断性。BIT的目的是为系统/设备提供检测和隔离故障的能力,即提供诊断性,所以BITE并非仅限于信号检测,它所检测的信号或直接在BITE内部实施信号处理和故障诊断,或发送至同样嵌入在系统/设备内部的诊断系统(如中央BIT、中央测试系统(central test system,CTS)等),或送至外部诊断系统(如便携式维修辅助(portable maintenance aid,PMA)等),实施信号处理和故障诊断。

BIT的特点:快速故障诊断,减少故障检测时间,提高检测效率;减少人为诱发的故障;减少测试维修人员的数量和降低技术等级的要求;减少保障设备、通用测试设备等的要求;通过多层分布式设计,可以对系统、模块、芯片实施测试、检测和故障诊断;能够检测隐蔽故障,提高系统的任务可靠度。

4. 外部测试

外部测试(external test)是指系统测试中需要外部测试资源参与的测试。外部测试包括外部自动测试、人工测试和远程诊断。外部自动测试采用自动测试设备(ATE)。ATE是自动完成对被测单元(UUT)故障诊断、功能参数分析以及性能评价的测试设备,通常在计算机控制下完成分析评价并给出判断结果。

5. 故障诊断

故障诊断(fault diagnosis)是指检测故障和隔离故障的过程。它需要回答"是否有故障”和“故障是什么”这两个问题，包括故障检测与故障隔离。故障检测是利用各种检查和测试方法，确定系统和设备是否存在故障的过程。进一步确定故障位置的过程是故障定位。把故障定位到实施修理所要求的产品层次的过程称为故障隔离。

故障诊断的目的是及时、准确地对各种异常状态或故障进行判断，预防或消除故障，提高装备运行可靠性、安全性，保证装备具有足够高的完好率；通过检测监测、故障分析、性能评估等，避免重大事故的发生，同时为装备性能完善、结构改进、优化设计提供依据。

进行故障诊断，首先，要知道诊断对象的功能和特性，什么是正常状态和故障状态；其次，根据诊断对象功能和特性分析结果，建立判断被诊断对象处于正常状态还是故障状态，以及判断哪个组成单元发生故障的标准，即确定诊断标准或判据；再次，获取诊断对象的状态信息，对获取的诊断对象状态信息进行处理；最后，将实际测得的诊断对象运行状态信息与诊断标准进行比较，判断并确定诊断对象状态，给出诊断结果和维修决策。

6. 综合诊断

综合诊断(integrated diagnostics，ID)是指通过分析和综合全部有关的诊断要素，使系统诊断能力达到最佳的设计和管理过程。其目标是以最少的费用、最有效的检测隔离系统和设备内已知的或预期发生的所有故障，以满足系统任务要求。

综合诊断的诊断要素分为嵌入式诊断、保障设备和人工三类，包括系统测试性、自动测试和人工测试设备、维修辅助手段、技术信息、人员和培训等。

综合诊断的特点：进行部队级、基地级等多层次诊断、测试的综合，考虑故障检测和性能监控以及在基地级进行诊断的要求；对测试资源综合，在每一级测试中通过分析，选用适当的诊断方法和设备，综合应用这些设备达到诊断所有故障的目的；在系统设计开发和使用中保障各个阶段的综合，根据各个阶段的要求和特点，让各个阶段配合和协调，减少技术返工，尽快达到所要求的诊断能力。

1.1.2 测试性相关概念

1. 测试性

测试性(testability)定义为：产品能及时并准确地确定其状态(可工作、不可工作或性能下降)，并隔离其内部故障的一种设计特性。

从定义可以看出，测试性是一种设计特性，是需要在产品设计中予以考虑并实现的特性。测试性的目标一是能够确定出产品的状态，定义中对状态可能的情况进行简单的描述，如可工作、不可工作或性能下降等，但并不限于这些类别；二是对产品的内部故障进行隔离。同时，测试性应该实现高效率的状态确定和故障隔离，因此具有及时、准确和费效等约束内容。

测试性主要表现为具有便于监控其工作状况和易于检查及测试的特性。其主要表现为以下特性。

(1) 自检功能强。系统本身具有专用或兼用的自检硬件与软件；能自己监测工作状况；可检测与隔离故障，且故障检测率、隔离率高；可故障指示与报警，且虚警率低。

(2) 检查与测试方便。具有良好的人机接口，方便使用人员和维修人员检查与测试；可自动记录、储存及查询故障信息；故障显示清晰、明确和易于理解；可按需检查系统各部分并隔离故障。

(3) 便于使用外部测试设备进行检查与测试。与自动测试设备或通用仪器接口简单、兼容性好；设有足够的测试点和检查通道，用于信号测量、激励输入和测试控制；需要的专用测试设备少；测试程序简单、易行、有效。

很显然，测试性与诊断是密切联系的两个概念，二者的共同目标是确定产品的工作状态是否正常，以及出现故障后定位故障。但是，测试性主要是产品自身为了支持诊断而应该有的设计特性或者能力；诊断既包括产品自身诊断的能力，也包括产品外部各种诊断手段，它综合地运用这些手段，实现诊断的目标。外部诊断离不开产品测试性的支撑，如 ATE 需使用产品提供的测试点和测试信号或信息，专家系统需利用产品向外输出的状态数据进行故障诊断。

2. 固有测试性

固有测试性(inherent testability)定义为：仅取决于系统或设备的设计，不受测试激励数据和响应数据影响的测试性。因此，固有测试性强调硬件设计本身的测试性。或者说，硬件设计要具有支持机内测试设备和外部测试设备或自动测试设备进行测试的特性。于是，固有测试性可以从两方面考虑：硬件设计的测试性，与外部测试设备的兼容性。其要点如下。

(1) 在结构与功能等方面的划分。① 功能划分。只要可能，每个功能划分为一个单元。若一个单元包含两种以上功能，则应要求对每种功能可单独测试。② 结构划分。要以便于故障隔离和更换为原则，参考功能划分，在结构上划分为若干现场可更换单元(LRU)；LRU 再划分为若干车间可更换单元(SRU)或更小的单元(SSRU)。③ 电气划分。尽量减少各可更换单元之间的连线和信息交叉。

(2) 初始化。系统或设备应设计成具有明确的可预置的初始状态，并应是唯一的初始状态，以便进行故障检测、隔离和重复测试。

(3) 测试可控性。测试可控性(test controllability)是确定或描述系统和设备有关信号可被控制程度的一种设计特性。为此，应提供专用测试输入信号、数据通道和电路，方便 BIT 和 ATE 能够控制内部功能部件和元器件的工作，以便进行故障检测和隔离。

(4) 测试观测性。测试观测性(test observablility)是确定或描述系统和设备有关信号可被观测程度的一种设计特性。为此，应具备数据通道和电路、测试点、检测插座等，为测试提供足够的内部特征数据，用于故障检测和隔离。

(5) 元器件选择。在满足性能要求的前提下，应优先选择具有良好测试性的元器件、装配好的模块、内部结构和故障模式已有充分描述的集成电路；应提倡使用标准件和结构化设计等。

(6) 被测单元(UUT)与 ATE 的兼容性。UUT 在电气和结构上都应与外部测试设备或 ATE 兼容，以减少专用接口装置，便于测试。ATE 应能控制 UUT 的电气划分，以简化故障判断和隔离。UUT 的设计应能满足在 ATE 上运行所需要的各种测试程序；选择 UUT 测试点的数目和位置应能满足故障检测、隔离要求，并可连接到外部测试设备上。

1.1.3 测试性主要参数

测试性参数是度量测试性的尺度，是从测试的检测能力、隔离能力和自身特性定义的。常用的测试性参数有以下几种。

1. 故障检测率

故障检测率(fault detection rate，FDR)是指检测并发现被测单元一个或多个故障的能力。其定义为在规定的条件下，用规定的方法正确检测到的故障数与发生的故障总数之比，用百分数表示。其计算公式为

$$R_{\mathrm{FD}}=\frac{N_{\mathrm{D}}}{N_{\mathrm{T}}}\times 100\% \tag{1.1}$$

式中：N_{D} 为在规定的条件下用规定的方法正确检测出的故障数；N_{T} 为故障总数，即在规定的工作时间 t 内发生的实际故障数。

对于故障率为常数的系统和设备，式(1.1)可改写为

$$R_{\mathrm{FD}}=\frac{\lambda_{\mathrm{D}}}{\lambda}=\frac{\sum\lambda_{\mathrm{D}i}}{\sum\lambda_{i}}\times 100\% \tag{1.2}$$

式中：λ_{D} 为被检测出故障模式的总故障率；λ 为所有故障模式的总故障率；$\lambda_{\mathrm{D}i}$ 为第 i 个被检测出故障模式的故障率；λ_i 为第 i 个故障模式的故障率。

有关故障检测率的说明如下。

(1) “被测单元”是被测试的系统、分系统、设备、机组、单元体、组件、部件、零

件或元器件等的统称。

(2)“规定的条件”是指执行人、地点、时间、被测单元的状态(任务前、任务中或任务后)、维修级别、人员水平等。

(3)“规定的方法”是指用机内测试、专用或通用外部测试、自动测试、人工检查或几种方法的综合来完成故障检测。

(4)“规定的工作时间内”是指用于统计发生故障总数和检测出故障数的时间。

(5)“正确检测到的故障数”是指在 N_{D} 和 N_{T} 中不包括虚警数的故障数。

(6)间歇故障作为一个故障计算,在 N_{D} 和 N_{T} 中间歇故障只能计入一次。

(7)由噪声等因素引起的瞬时故障不算作故障,即在 N_{D} 和 N_{T} 中不计入瞬时故障。

(8)式(1.1)主要用于测试性验证和现场数据统计,式(1.2)主要用于测试性分析和预计。

2. 严重故障检测率

严重故障检测率(critical fault detection rate,CFDR)是指检测并发现被测单元内一个或多个严重故障的能力。其定义是在规定的时间内,用规定的方法,正确检测到的严重故障数与严重故障总数之比,用百分数表示。其计算公式为

$$R_{\mathrm{CFD}}=\frac{N_{\mathrm{CD}}}{N_{\mathrm{CT}}}\times 100\% \tag{1.3}$$

式中:N_{CD} 为正确检测到的严重故障数,即在规定的工作时间 t 内,用规定的方法正确地检测到的严重故障数;N_{CT} 为严重故障总数,即在规定的工作时间 t 内发生的严重故障数。

对于故障率为常数的系统和设备,根据式(1.3),其测试性分析和预计的数学模型为

$$R_{\mathrm{CFD}}=\frac{\sum \lambda_{\mathrm{CD}i}}{\sum \lambda_{\mathrm{C}i}}\times 100\% \tag{1.4}$$

式中:$\lambda_{\mathrm{CD}i}$ 为第 i 个可检测到的严重故障模式的故障率;$\lambda_{\mathrm{C}i}$ 为第 i 个可能发生的严重故障模式的故障率。

3. 故障隔离率

故障隔离率(fault isolation rate,FIR)是隔离每一个已检测到的故障的能力。其定义是在规定的工作时间内,用规定的方法将检测到的故障正确隔离到不大于规定的可更换单元数的故障数与同一时间检测到的故障数之比,用百分数表示。其计算公式为

$$R_{\mathrm{FI}}=\frac{N_{L}}{N_{\mathrm{D}}}\times 100\% \tag{1.5}$$

式中：N_L 为在规定条件下用规定的方法正确隔离到 L 个可更换单元的故障数；N_D 为在规定的条件下用规定的方法正确检测出的故障数。

对于故障率为常数的系统和设备，测试性分析与预计的数学模型为

$$R_{FI}=\frac{\lambda_L}{\lambda_D}=\frac{\sum\lambda_{Li}}{\lambda_D}\times 100\% \tag{1.6}$$

式中：λ_L 为可隔离到小于或等于 L 个可更换单元的故障模式的总故障率；λ_D 为被检测出的故障模式的总故障率；λ_{Li} 为可隔离到小于或等于 L 个可更换单元的故障中第 i 个被检测出故障模式的故障率；L 为隔离组内的可更换单元数，也称故障隔离的模糊度。

有关故障隔离率的说明如下。

(1) 定义中"在规定的工作时间""规定的方法"含义同故障检测率。

(2) 可更换单元由维修保障方案决定，在部队级维修测试时指的是现场可更换单元，在基地级测试时指的是车间可更换单元、可更换元器件或元件组。

(3) 式(1.5)主要用于测试性验证和现场数据统计，式(1.6)主要用于测试性分析和预计。

(4) 在理想情况下，系统或设备出现故障，应立即将故障隔离到一个唯一的可更换单元。

4. 虚警率

虚警(false alarm)是指实际上不存在故障，但机内测试(BIT)或其他监测电路指示有故障的现象。虚警率(false alarm rate，FAR)是指在规定的工作时间内，发生的虚警数与同一时间内故障指示总数之比，用百分数表示。其计算公式为

$$R_{FA}=\frac{N_{FA}}{N}\times 100\%=\frac{N_{FA}}{N_F+N_{FA}}\times 100\% \tag{1.7}$$

式中：N_{FA}为虚警次数；N 为指示(报警)总次数；N_F 为真实故障指示次数。

用于某些系统及设备的虚警率分析及预计时，其数学模型为

$$R_{FA}=\frac{\lambda_{FA}}{\lambda_D+\lambda_{FA}}\times 100\% \tag{1.8}$$

式中：λ_{FA}为虚警发生的频率，包括会导致虚警的 BITE 的故障率和未防止的虚警事件的频率等之和；λ_D 为被检测到的故障或故障模式的故障率之和。

有关虚警率定义的几点说明如下。

(1) 虚警包括"假报"(即指示有故障而实际上无故障)和"错报"(即 A 发生故障而指示 B 故障)。

(2) 虚警通常包括由 BITE 和外部测试设备功能故障、信号测量容差设计不合理以及瞬态状态等引起的三类虚警。

(3) 理想虚警率的值为0%，是BIT的一个限制性参数。

5. 故障检测时间

故障检测时间(fault detection time，FDT)是指从开始故障检测到给出故障指示所经过的时间。故障检测时间通常用平均故障检测时间(mean fault detection time，MFDT)表示，即当故障发生后，从开始故障检测到给出故障指示所经历时间的平均值。其计算公式为

$$T_{\mathrm{FD}} = \frac{\sum t_{\mathrm{FD}i}}{N_{\mathrm{FD}}} \tag{1.9}$$

式中：$t_{\mathrm{FD}i}$为检测并指示第i个故障所需时间；N_{FD}为检测出的故障数。

6. 故障隔离时间

故障隔离时间(fault isolation time，FIT)是指从开始隔离故障到完成故障隔离所经历的时间，通常用平均故障隔离时间(mean fault isolation time，MFIT)表示。其计算公式为

$$T_{\mathrm{FI}} = \frac{\sum t_{\mathrm{FI}i}}{N_{\mathrm{FI}}} \tag{1.10}$$

式中：$t_{\mathrm{FI}i}$为隔离第i个故障所需时间；N_{FI}为隔离的故障数。

7. 平均虚警间隔时间

平均虚警间隔时间(mean time between false alarms，MTBFA)是在规定的时间内，产品运行总时间与虚警总次数之比。其计算公式为

$$T_{\mathrm{FA}} = \frac{T}{N_{\mathrm{FA}}} \tag{1.11}$$

式中：T为产品运行总时间；N_{FA}为虚警总次数。

8. 重测合格率

从某LRU拆下的SRU，由基地级维修人员对该SRU重新测试结果是良好的，则称为重测合格。

重测合格率(retest okay rate，RTOKR)是在规定的时间内，在基地级维修的测试中，测试设备指示的故障单元总数中重测合格的单元数与故障单元总数之比，用百分数表示。其计算公式为

$$R_{\mathrm{RTK}} = \frac{N_{\mathrm{RTK}}}{N_{\mathrm{DT}}} \times 100\% \tag{1.12}$$

式中：N_{RTK}为更高维修级别测试为合格的单元数；N_{DT}为在规定时间内，在该维修级别测试发现有故障的被测单元总数。

9. 不能复现率

由BIT或其他监控电路指示，而在现场维修时得不到证实的故障情况称为不

能复现。

不能复现率(cannot duplicate rate,CNDR)是指在基层级维修时,机内测试和其他监控电路指示的故障总数中不能复现的故障数与故障总数之比,用百分数表示。其计算公式为

$$R_{\mathrm{CND}}=\frac{N_{\mathrm{CND}}}{N_{\mathrm{BT}}}\times 100\% \tag{1.13}$$

式中:N_{CND}为在基层级维修中得不到证实的故障数;N_{BT}为在规定时间内,由 BIT 或其他监控电路指示的故障总数。

10. 机内测试设备(BITE)可靠性

BITE 可靠性定义为在规定的条件下,用于机内测试的硬件在给定的时间内完成预计功能的能力。BITE 可靠性通常用 $\mathrm{MTBF_B}$ 表示。其计算公式为

$$\mathrm{MTBF_B}=\frac{1}{\sum\limits_{i=1}^{m}\lambda_i} \tag{1.14}$$

式中:λ_i 为 BITE 硬件第 i 个元器件的故障率;m 为 BITE 硬件包括的元器件数。

11. BITE 维修性

BITE 维修性定义为在规定的条件下,为修理 BITE 中故障所需的平均时间。BITE 维修性通常用 $\mathrm{MTTR_B}$ 表示。其计算公式为

$$\mathrm{MTTR_B}=\frac{\sum(\lambda_k\times M_k)}{\sum\lambda_k} \tag{1.15}$$

式中:M_k 为第 k 个 BITE 硬件部件的维修时间;λ_k 为第 k 个 BITE 硬件部件的故障率。

1.2 测试性对质量特性等方面的影响

测试性作为装备的一种设计特性,具有与可靠性、维修性、保障性同等重要的地位,是构成装备质量特性的重要组成部分,是装备可靠性与装备维修保障设计之间的重要纽带,是确保装备战备完好性、任务成功性和安全性要求得到满足的重要中间环节。良好的测试性可以提高装备的战备完好性、任务成功性和安全性,减少维修人力及其他保障资源,降低寿命周期费用。

测试性对可靠性、维修性、维修保障、战备完好性、寿命周期费用及使用安全性等都有直接或间接的影响,如图 1-1 所示。

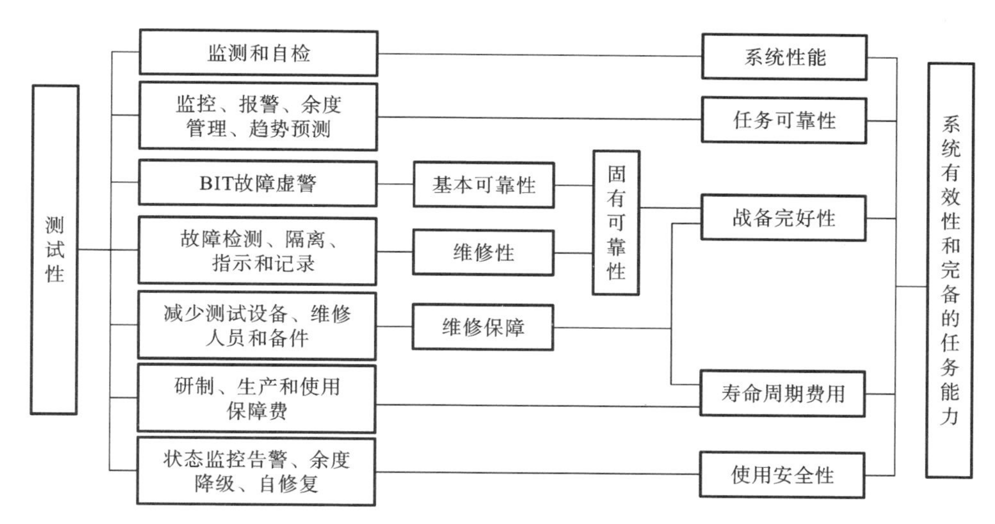

图1-1 测试性的影响

1.2.1 测试性对可靠性的影响

1. 测试性对基本可靠性的影响

装备基本可靠性通常用平均故障间隔时间(mean time between failures,MTBF)度量。

(1) BIT能够迅速、准确地诊断故障,但因增加机内测试设备(BITE),BITE故障就会降低装备的基本可靠性和平均故障间隔时间。

(2) 当BIT设计不当或测试电路与系统共用某些硬件和软件时,BIT的故障可能引起系统故障,对MTBF产生不利影响。

(3) 当BIT发生虚警时,在未证实是虚警之前,认为是系统故障。

(4) BIT可以实现自动测试,避免人为差错导致的系统故障。这属于测试性对系统基本可靠性的有利影响。

测试性对基本可靠性的不利影响远大于有利影响,所以要通过合理设计BIT、限制BIT故障率、减少BIT虚警等办法,尽量减少BIT的不利影响。

2. 测试性对任务可靠性的影响

任务可靠性通常用任务可靠度、任务成功概率等参数度量。采用测试性设计可以显著改善系统测试性和诊断能力,提高装备任务可靠性。

(1) 机内测试设备能够检测隐蔽故障,可及时通知操作者采取措施,避免隐蔽故障发生,从而提高系统任务可靠性。

(2) 功能强的BIT可以记录系统状态变化信息,分析预测故障趋势,提醒操作者采取预防措施,避免发生功能故障而影响使用,从而提高系统任务可靠性。

(3) BIT 检测与隔离故障有助于系统重构或自修复,可提高系统的任务可靠性、安全性和任务成功率。

(4) BIT 自动检测可减少人为故障和执行任务前的检测、校验时间,因而可减少系统非任务工作时间,提高战备完好性,有利于系统更好地完成任务。

(5) BIT 如果出现较大的虚警,会影响系统执行任务,从而降低系统和设备的可用性。

1.2.2 测试性对维修性的影响

在装备维修中,通常首先对装备进行检测,获取表征装备健康与故障状态的信息,然后利用所获取的信息对装备中可能存在的故障进行诊断,最后依据诊断的结果实施相应的维修手段。在工程实践中,测试性与维修性有着密切的联系,测试是装备维修的首要技术环节。

(1) 良好的测试性可以快速检测和隔离故障,大大减少平均修复时间(mean time to repair, MTTR)。

(2) BIT 可以降低维修人员技术等级要求和减少维修人员数量,减少使用保障费用和外部测试的后勤延误时间、备件等待时间和维修后的检验时间。

(3) BIT 可以有效减少人工测试时产生的人为诱发故障,从而减少诱发故障维修时间。

(4) 良好的测试性可为外部测试设备提供方便的接口和优化的诊断程序,因而可以降低对外部测试设备和有关保障设备的要求,从而减少等待维修时间、MTTR 以及其他相关费用。

(5) 利用 BIT 显示报警功能,可以使隐蔽故障变为明显故障,减少故障的修复时间。

(6) 具有记录和存储故障数据功能的 BIT 可应用于识别间歇故障以及进行故障趋势分析和预测,便于安排维修工作计划,可进一步减少 MTTR。

(7) BIT 虚假报警时会导致不必要的维修活动,这是测试性对维修性产生的不利影响。

1.2.3 测试性对维修保障的影响

测试性对维修保障的影响如下。

(1) BIT 可以在系统运行过程中实时检测与隔离故障,从而减少外部测试的后勤延误时间(MLDT)、备件等待时间、备件补给库存量。

(2) 装备具备 BIT 后,可以减少对外部测试设备、有关保障设备等的要求,从而可减少等待维修时间及相关费用。

(3) BIT 具有记录和存储故障数据的功能,可应用于识别间歇故障、故障趋势分析预测,通过故障预测与健康管理系统设计,可以提早安排维修工作计划,实现自主保障。

(4) BIT 实现自动测试,可以降低维修人员技术等级要求,减少维修人员数量,从而减少维修保障费用。

(5) 没有抑制掉的 BIT 虚警会导致自主保障系统不必要的启动,造成时间、保障资源和费用的浪费。

1.2.4 测试性对战备完好性的影响

战备完好性通常用可用度度量。可用度可以表示为

$$\text{可用度}=\frac{\text{系统能工作时间}}{\text{系统能工作时间}+\text{系统不能工作时间}} \tag{1.16}$$

在只考虑系统的实际工作时间和非计划的故障维修时间时可用度为固有可用度(inherent availability)A_i,其表示为

$$A_i=\frac{\text{MTBF}}{\text{MTBF}+\text{MTTR}} \tag{1.17}$$

式中:MTBF 为平均故障间隔时间;MTTR 为平均修复时间。

在考虑系统总工作时间内所有时间(包括工作时间、待命时间、故障修理时间和计划维修时间等)时可用度为使用可用度。使用可用度(operational availability)A_o 表示为

$$A_o=\frac{T_{BM}}{T_{BM}+T_M+T_{MD}} \tag{1.18}$$

式中:T_{BM}为平均维修间隔时间,是可靠性使用参数;T_M 为平均修复时间,包括平均修复性维修时间和平均预防性维修时间,是维修性参数;T_{MD}为平均延误时间,为平均保障资源延误时间与平均管理延误时间之和,是保障系统参数。

从测试性对可靠性和维修性影响的分析结果可知,良好的测试性可大大减少系统不能工作时间 T_{MD},对 T_M 的影响更大。但是,BIT 会减少 MTBF 值,不过可以通过限制故障率和采取防虚警措施来降低这种不利影响。总之,良好的测试性可以提高装备的可用性。

当然,如果 BIT 设计不良、虚警率过高,会使战备完好性下降。

1.2.5 测试性对装备寿命周期费用的影响

装备的寿命周期费用通常包括研究与研制费用、采办费用和使用保障费用三

部分。在装备中加入测试性设计会增加研制费用和采办费用,但对使用保障费用会产生有利影响。所以在选用测试性设计和确定诊断测试方案时要进行权衡分析,保证加入的测试电路和使用的诊断方案能减少总的寿命周期费用。测试性设计对装备寿命周期费用的影响包括以下几个方面。

(1) 良好的 BIT、测试性及诊断设计可提高系统的可用性/战备完好性、任务可靠性/任务成功率,减少装备的采购数量,从而大大减少装备的采办费用。

(2) 完善的测试性和诊断能力,可显著减少维修人力、维修时间,进而减少装备的使用保障费用。

(3) 装备中的 BITE 在一定程度上会增加装备的研制费用和采办费用。

(4) BIT 的虚警会导致无效的维修活动,从而增加使用保障费用。

对于后两条不利影响可从测试性设计上采取措施加以限制,如采取必要的防虚警措施,尽量减少虚警的发生;限制 BIT 的硬件和软件数量,尽量采用成熟技术等,这样可减少装备的研制费用。

1.2.6 测试性对装备其他方面的影响

除上述各种影响之外,测试性对装备的整体性能指标和安全使用也有影响。装备除了要达到规定的性能指标、完成规定功能之外,还要有状态监控、指示或报警、数据记录和通信以及其他的自检测能力,所以测试性设计已成为系统功能设计的组成部分,其中,BIT 作为系统软/硬件构成的一部分,对装备的质量、体积和功能都有直接影响;BIT 的故障检测与隔离能力也是系统技术指标的一部分。同时,BIT 的报警、状态监控等功能也直接影响系统使用安全性。

1.3 测试性理论的形成与发展

1.3.1 测试性技术框架

测试性技术包括测试性设计目标、设计技术、工作项目和辅助支持四部分,其技术框架如图 1-2 所示。

测试性设计目标主要包括性能监测、故障检测、故障隔离、故障预测和虚警抑制等。

测试性设计技术主要包括固有测试性、机内测试、外部测试、综合诊断、故障预

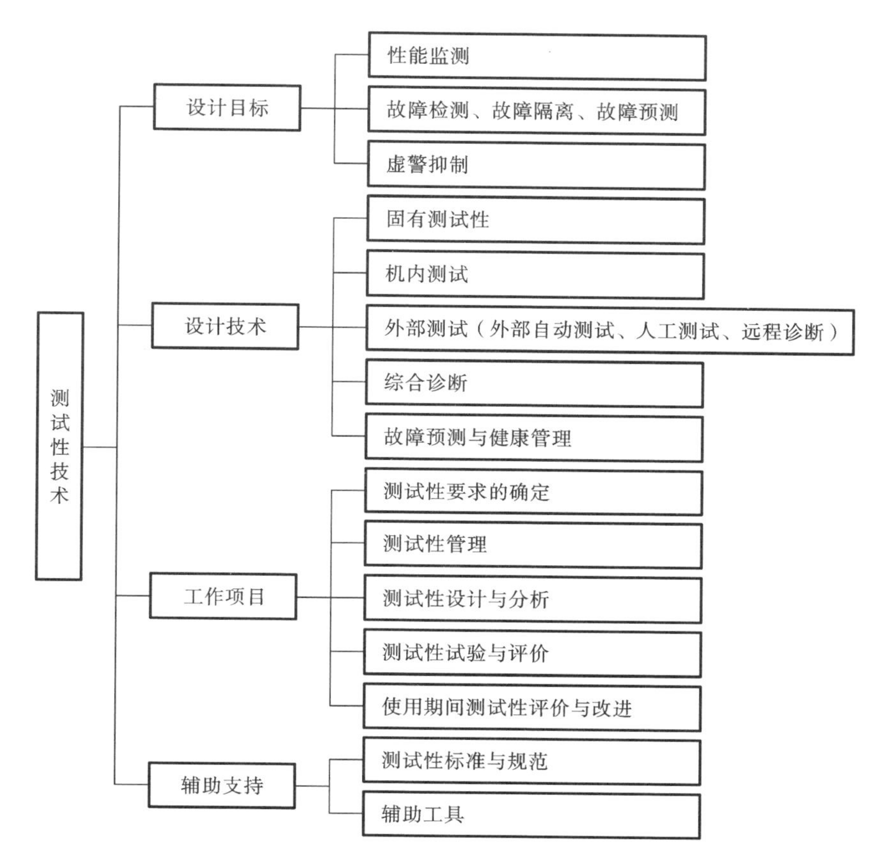

图1-2 测试性技术框架

测与健康管理等技术和方法。其中，综合诊断和故障预测与健康管理是对测试性设计技术的扩展。

测试性工作项目主要是在装备研制过程中开展的测试性工作，包括测试性要求的确定、测试性管理、测试性设计与分析、测试性试验与评价、使用期间测试性评价与改进等。

测试性辅助支持包括测试性标准与规范和辅助工具。

1.3.2 测试性标准制定与应用

1. 国外测试性标准制定与应用

测试性的概念最早产生于航空电子领域。随着电子设备功能和结构日益复杂，可靠性、维修性要求日益增高，要求测试人员以更积极的方式介入测试过程，不仅要承担测试中激励生成者和响应分析者的角色，而且要成为整个测试过程的主导者和设计者，通过改善被测试对象的设计使其更便于测试，即提高被测对象的测试性。

1975 年，F. Liour 等人在《设备自动测试性设计》一文中提出了测试性的思想和概念，随后相继用于诊断电路设计及研究的各个领域。1976 年，美国海军电子实验室的 BIT 设计指南、美国空军的模块化自动测试设备计划等都涉及了测试性的研究。

1）国外测试性标准制定

美国国防部、美国航空无线电通信公司（aeronautical radio inc，ARINC）、IEEE 测试技术委员会（test technology technical council，TTTC）制定和颁布了一系列测试性方面的军用标准。国外部分测试性标准如表 1-1 所示。

表 1-1　国外部分测试性标准

序号	标准编号	标准名称
1	MIL-STD-471A—1978	设备或系统的机内测试、外部测试、故障隔离和测试性特性要求的验证及评价
2	MIL-STD-1591A—1980	机载故障子系统的分析与综合
3	MIL-STD-470A—1983	系统和设备维修性管理大纲
4	MIL-STD-2165—1985	电子系统和设备的测试性大纲
5	MIL-STD-1814—1991	综合诊断
6	MIL-STD-2165A—1993	系统和设备测试性大纲
7	MIL-HDBK-2165—1995	系统和设备测试性手册
8	MIL-STD-2076	被测装备与 ATE 的兼容性要求
9	MIL-STD-415D	测试设备设计准则
10	MIL-STD-1309	测量、测试和诊断术语
11	MIL-STD-2084	电子系统和设备维修性要求
12	IEEE Std 1149.1—2001	测试访问端口和边界扫描体系结构
13	IEEE Std 1149.4—2010	混合信号测试总线标准
14	IEEE Std 1149.5—1995	模块测试和维修总线协议标准
15	IEEE Std 1149.6—2003	先进数字网络的边界扫描测试
16	IEEE Std 1149.7—2009	紧凑型增强测试存取端口和边界扫描结构

续表

序号	标准编号	标准名称
17	IEEE Std 1232.1—1997	所有测试环境的人工智能交换与服务标准:数据与知识标准
	IEEE Std 1232.2—1998	所有测试环境的人工智能交换与服务标准:服务规范
	IEEE Std 1232—2002	所有测试环境的人工智能交换与服务标准
18	IEEE Std 1636—2009	维修信息收集和分析的软件界面试用标准
19	IEEE Std 1671.1—2009	IEEE 自动测试标记语言(ATML)测试描述标准
	IEEE Std 1671.1—2017	
20	IEEE Std 1671.3—2007	IEEE 自动测试标记语言(ATML)测试单元描述标准
	IEEE Std 1671.3—2017	
21	IEEE Std 1671.4—2007	IEEE 自动测试标记语言(ATML)测试配置标准
	IEEE Std 1671.4—2014	
22	IEEE Std 1450—1999	测试接口语言标准
23	IEEE Std 1641—2004	信号和测试定义标准
24	IEEE Std 1522—2004	测试性和诊断性特性与指标适用标准
25	IEEE Std 1500—2005	嵌入式芯核测试性标准
26	IEEE Std 1532—2002	基于边界扫描的可编程器件的嵌入系统配置标准
27	ARINC 604-1—1988	机内测试设备设计和使用指南
28	ARINC 624—1993	机载维护系统设计指南
29	ARINC 602A-2—1996	测试设备指南
30	ARINC 608A—1993	航空电子测试设备设计指南 第1部分:系统描述
31	ARINC 626—1995	模块测试的 ATLAS 语言标准
32	ARINC 627—2002	使用 ARINC 626 ATLAS 的智能系统的程序员指南

1978 年,美国国防部颁布 MIL-STD-471A—1978 通告 2《设备或系统的机内测试、外部测试、故障隔离和测试性特性要求的验证及评价》,该通告规定了测试性验证及评价的程序和方法,同时对装备集成的各阶段(方案设计、装备研制、装备采购、系统集成、系统交付使用等一系列过程)的测试性技术和方法都做了基本要求。

1983 年,美国国防部颁布 MIL-STD-470A—1983《系统和设备维修性管理大纲》,该大纲明确了 BIT 及测试系统作为维修性设计的主要特征,并按现场可更换单元(LRU)所规定的三级维修确定了维修性大纲工作任务,强调测试性是维修性大纲的一个重要组成部分,承认 BIT 及外部测试不仅对维修性设计特性产生重大影响,而且影响武器装备的采购及全寿命周期费用。

1985 年,美国国防部颁布 MIL-STD-2165—1985《电子系统和设备的测试性大纲》,该大纲把测试性作为与可靠性、维修性同等重要的设备设计要求,并规定了测试性设计、分析及验证的要求及实施方法,它的颁布标志着测试性作为一门独立学科的确立。

1991 年,美国国防部颁布 MIL-STD-1814—1991《综合诊断》标准,此标准作为提高新一代航空武器系统的战备完好性、降低使用和保障费用的主要技术标准,标志着系统测试性的发展进入一个新阶段。

1993 年,美国国防部颁布 MIL-STD-2165A—1993《系统和设备测试性大纲》,该大纲是对 1985 年 MIL-STD-2165—1985 的修订,“电子”两字的取消说明了测试性技术已经拓展到“电子”以外的系统和设备。此外,在 MIL-STD-2165—1985 中把测试性仅看作是装备的一个设计特性,而在 MIL-STD-2165A—1993 中测试性是作为一个重要的诊断要素与其他诸如技术信息、人员和培训等要素并列的,并用诊断能力、测试和诊断要求代替了 MIL-STD-2165—1985 中的测试性要求。

1994 年开始,根据美国国防部长佩里签署发布的政策备忘录,美军进行了一系列改革,其中重要的一项就是军用标准改革。为减少军用标准维护与开发的高额费用,许多军用标准被取消或被商业标准替代。1995 年,美国国防部用 MIL-HDBK-2165—1995《系统和设备测试性手册》取代了 MIL-STD-2165A—1993,并将它作为一个管理性手册,内容涉及所有武器装备的采办,并由原来的强制执行改成参考执行。与此同时,美国电气与电子工程师协会(IEEE)也成立了专门制定测试性技术标准的组织——IEEE 标准协调委员会 20(SCC20),并颁布了一系列有关测试性设计和实现方面的标准,如 IEEE Std 1149.1—2001《测试访问端口和边界扫描体系结构》、IEEE Std 1149.5—1995《模块测试和维修总线协议标准》,为元器件级和板级测试提供了通用的方法。

2001—2005 年,SCC20 在 IEEE Std 1232 系统标准的基础上,又相继发布了 IEEE Std 1641—2004《信号和测试定义标准》、IEEE Std 1522—2004《测试性和诊断性特性与指标适用标准》、IEEE Std 1500—2005《嵌入式芯核测试性标准》、IEEE Std 1636—2009《维修信息收集和分析的软件界面试用标准》等一系列基于信息模型的测试性标准,这些标准为测试性的特性和度量提出了概念上正确、数学上精确、符合实用的定义和设计规范,极大地推动了测试性设计的标准化。

以上大量测试性设计标准与手册的制定和颁布在一定程度上促进了测试性理论与技术的普及和发展。

2）测试性辅助工具

测试性计算机辅助分析、设计与评估工具是将测试性技术与有关标准有机联系起来，并实现装备测试性分析、设计与评估的必要技术手段。自20世纪80年代以来，测试性辅助设计工具的开发日益受到重视，大量测试性辅助设计工具先后出现。装备测试性分析与设计方面的辅助软件工具主要有美国海军“综合诊断保障系统”（integrated diagnostic support system，IDSS）中的“武器系统可测性分析工具”（WSTA），美军测试性计量与诊断装备研究机构开发的“诊断分析与修理工具箱”（diagnostic analysis and repair tool set，DARTS），ARINC公司开发的“系统测试维修程序”（system testability and maintenance program，STAMP），以色列特拉维夫大学（Tel Aviv University，TAU）研发的“人工智能测试”（artificial intelligence test，AITEST）工具，美国QSI公司开发的“测试性工程和维护系统”（testability engineering and maintenance system，TEAMS）和DSI公司开发的eXpress工具等。

在上述工具中，其中最具有代表性的是QSI公司的TEAMS和DSI公司的eXpress。

TEAMS软件是由美国QSI公司开发的集成化的系统软件平台，包括用于测试性设计、评估及诊断策略生成的工具（TEAMS-Designer），远程故障诊断测试引擎和数据服务管理工具（TEAMS-BSS），自适应的现场诊断指导工具（TEAMATE和PaokNGo），以及提供在线诊断、实施监控的可嵌入到用户设备中的工具（TEAMS-RT）。TEAMS已应用于许多航空航天项目，如普惠公司使用TEAMS进行F119发动机和F-35联合攻击机（JSF）中F135发动机的建模、数据分析和预报，霍尼威尔公司将其用于NASA项目和IVHMIR&D项目，此外，美国空军F-16的数据总线预报、F-100发动机FMECA与EHM、波音公司AH-64 Apache Longbow先进离线诊断与健康管理等都采用了TEAMS。

eXpress软件是由DSI公司开发的集测试性设计、故障诊断分析和可靠性分析于一体的系统工程设计平台，已广泛应用于航空、航天、航海、导弹等领域，主要的应用对象有F-22先进战术战斗机、F-111战斗机、F-117、B-2、JSF、V-22、FA-18、F-15、Comanche直升机、X-33、欧洲雷达、TRI-DENT潜艇、法国MATRA的多种导弹系统等。

国外测试性标准的制定和执行使得测试性技术在20世纪80年代起至今迅速地应用于飞机、舰船、战车等诸多领域。20世纪90年代美军新一代军事装备从系统设计研制开始就非常重视测试性技术的设计和应用，使得美军新一代武器装备的维修性、测试性以及战备完好性都上了一个新台阶。目前，测试性技术不仅广泛应用于装备维修测试中，而且应用在装备的设计定型、生产、安装、检验、训练和维修过程的测试与诊断中，在提高装备测试性和维修性、简化测试设备、提高测试效率、降低测试与使用保障费用等方面起到了极大作用。

2. 国内测试性标准制定与应用

20 世纪 80 年代，我国装备研制引进了测试性理论，军方、电子、航空航天等工业部门开始在维修性的基础上开展测试性的研究。

1）国内测试性标准制定

国内测试性相关标准如表 1-2 所示。

表 1-2　国内测试性相关标准

序号	标准编号	标准名称
1	GJB 368.1—1987	装备维修性通用规范　维修性管理大纲
2	GJB 368.2—1987	装备维修性通用规范　维修性的基本要求
3	GJB 368.3—1987	装备维修性通用规范　常用件应用的维修性要求
4	GJB 368.4—1987	装备维修性通用规范　维修性的分配和预计
5	GJB 368.5—1987	装备维修性通用规范　维修性的试验与评定
6	GJB 368.6—1987	装备维修性通用规范　维修保障分系统的建立
7	GJB 1909—1994	装备可靠性维修性参数选择和指标确定要求
8	GJB 1909A—2009	装备可靠性维修性保障性要求论证
9	GJB 368A—1994	装备维修性通用大纲
10	GJB 368B—2009	装备维修性工作通用要求
11	GJB 2072—1994	维修性试验与评定
12	GJB/Z 57—1994	维修性分配与预计手册
13	GJB 2547—1995	装备测试性大纲
14	GJB 2547A—2012	装备测试性工作通用要求
15	GJB 3385—1998	测试与诊断术语
	GJB 3385A—2020	
16	GJB 3947—2000	军用电子测试设备通用规范
17	GJB 3947A—2009	
18	GJB 3966—2000	被测单元与自动测试设备兼容性通用要求
19	GJB 3970—2000	军用地面雷达测试性要求
20	GJB 4260—2001	侦察雷达测试性通用要求

续表

序号	标准编号	标准名称
21	GJBZ 20045—1991	雷达监控分系统性能测试方法
22	GJB 3972—2000	对空导弹综合测试设备通用规范
23	GJB 5188—2003	飞机地面自动测试设备通用技术要求
24	GJB 5540—2006	航空自动测试系统测试程序集通用规范
25	GJB 5541—2006	航空自动测试系统测试通用规范
26	GJB 5936—2006	军用电子装备自动测试设备接口
27	GJB 5937—2006	军用电子装备自动测试系统通用要求
28	GJB 5938—2006	军用电子装备测试程序集通用要求
29	GJB 7248—2011	自动测试系统体系结构要求
30	GJB 8892.12—2017	武器装备论证通用要求　第 12 部分:测试性
31	GJB 8895—2017	装备测试性试验与评价
32	GB/T 9414.5—2018	维修性　第 5 部分:测试性和诊断测试
33	SJ/T 10566—1994	可测性总线　第一部分:标准测试存取口与边界扫描结构
34	SJ 20695—1998	地面雷达测试性设计指南
35	SJ/Z 20695.1—2016	地面雷达测试性设计指南　第 1 部分:系统
36	SJ/Z 20695.2—2016	地面雷达测试性设计指南　第 2 部分:发射分系统
37	SJ/Z 20695.3—2016	地面雷达测试性设计指南　第 3 部分:信号处理分系统
38	SJ/Z 20695.4—2016	地面雷达测试性设计指南　第 4 部分:接收分系统
39	SJ/Z 20695.5—2016	地面雷达测试性设计指南　第 5 部分:伺服分系统
40	SJ/Z 20695.6—2016	地面雷达测试性设计指南　第 6 部分:有源相控阵天线分系统
41	SJ/Z 20695.7—2016	地面雷达测试性设计指南　第 7 部分:控制与显示分系统
42	HB 6437—1990	电子系统和设备的可测试性大纲
43	HB 7503—1997	测试性预计程序
44	HB/Z 301—1997	航空电子系统和设备测试性设计指南
45	QJ 3051—1998	航天产品测试性设计准则

从表1-2中可以看出，20世纪80年代后期，颁布了GJB 368—1987《装备维修性通用规范》，在此标准中将测试性作为维修性的一种特性提出，并提出了测试性的相关设计、分析及试验评定的方法。

20世纪90年代是测试性飞速发展的时期，颁布了GJB 1909—1994《装备可靠性维修性参数选择和指标确定要求》、GJB 2072—1994《维修性试验与评定》，GJB/Z 57—1994《维修性分配与预计手册》等，对测试性有详细阐述，规定了测试性的参数选择和指标确定方法、试验与评定方法。

1995年颁布的GJB 2547—1995《装备测试性大纲》，首次把测试性作为装备的“六性”（可靠性、维修性、测试性、保障性、安全性、环境适应性）之一，使测试性由维修性的附属特性变成与可靠性、维修性并列的一种产品设计特性。随后，在军用电子测试设备、军用地面雷达、飞机、导弹、电子装备等领域颁布了相关测试性标准。

2000年颁布的GJB 3970—2000《军用地面雷达测试性要求》规定了军用地面雷达装备测试性的定性要求和定量要求，故障诊断、LRU的测试性和验证与验收等要求。

在行业标准上，各部门根据行业特点，陆续颁发了一些测试性标准，如电子行业标准SJ 20695—1998《地面雷达测试性设计指南》，航空工业标准HB/Z 301—1997《航空电子系统和设备测试性设计指南》，航天工业标准QJ 3051—1998《航天产品测试性设计准则》等。

上述标准的制定和实施对我国装备测试性、BIT技术的应用和发展起到了较大的推动作用。

2）测试性辅助工具

自“十一五”开始，国内多家测试专业研究单位陆续开发了一些辅助设计分析工具。例如，北京航空航天大学在可靠性工程研究的基础上，联合北京可维创业科技有限公司开发了一款用于装备“五性”（可靠性、维修性、保障性、可测性和安全性）设计的CAD软件——可维ARMS 2.0，该软件在可测性设计方面主要面向装备BIT设计与分析。国防科技大学的机电工程研究所也开发了一套可测性辅助分析与设计平台——测试性辅助分析与决策系统，并运用该软件对机电跟踪与稳定伺服平台进行了可测性分析与设计。北京联合信标测试技术有限公司独立开发了依据IEEE 1232—2002、IEEE Std 1522—2004标准设计的可测试性分析、设计系统（testability analysis，design system，TADS）。TADS是一套测试性建模、测试性分析、诊断推理软件，可生成满足IEEE 1232—2002标准的诊断模型。中航工业北京长城航空测控技术研究所有限公司在“十一五”期间研发了一套系统级的测试性辅助设计及分析评价软件平台——TDCAS，适用于各种工程、系统、设备和组件的测试性设计，具有可测性建模、测试定义、故障检测率分析、故障隔离率分析、测试性报告自动生成等功能。这些工具的开发标志着我国在计算机辅助设计开发与运行软件方面已经迈出了第一步，并在新研型号中取得了一些应用，推动了测试性设计工作在装备中的有效实施。但是在软件功能以及实用性方面距离国外先进水平还有较大的差距。

在国内，测试性是装备研制“六性”要求之一，新研装备都明确规定了测试性要求。承制方依据测试性要求制定测试性设计与分析指南、设计分析报告编写要求等指导文件，对重要系统和设备都分配具体指标要求。所有有测试性要求的产品都开展了不同程度的BIT设计分析工作，其中电子类产品的BIT设计与分析效果较好，一般都考虑了诊断方案，设计了周期BIT、加电BIT和启动BIT功能，进行了故障检测率和隔离率预计，多数产品考虑了降虚警措施，设置了测试点和外部测试接口。在研制的不同阶段，测试性与可靠性、维修性评审一起进行了评审，有的还进行了一定的BIT功能检验工作。

1.3.3　机内测试技术的发展

1. 国外发展现状

20世纪70年代是机内测试技术发展的雏形阶段。该技术在国外发展比较早，20世纪中后期，随着武器装备或系统复杂性的提高，国外当时的测试、诊断技术已不能满足工业测试的需要，并且测试的周期比较长，测试流程烦琐，测试费用逐渐增长，因此在军用测试领域内，提出了机内测试技术，目的就是改善装备的维修性、测试性和自诊断能力。初期的机内测试主要应用在大型航空公司和军工生产企业。

20世纪80年代初期，智能BIT产生。经过10年的发展，虽然该技术较之以前的测试技术有了很大进步，但其性能也存在很多问题，尤其是虚警问题严重影响了应用前途。20世纪80年代初期美国罗姆航空发展中心提出了利用人工智能来提高机内测试能力的概念，最后发展成为智能机内测试技术。该技术改善了系统的自诊断能力、降低了虚警率，并且提高了正确隔离故障的能力。

20世纪80年代后期，人工智能理论应用于机内测试技术。20世纪80年代后期，美国把神经网络、专家系统、模糊逻辑等智能理论和方法应用于机内测试的故障诊断中，希望将其与计算机技术、大规模集成电路技术结合，从根本上提高诊断能力、解决虚警问题，取得了阶段性成果。

20世纪90年代中期，分级机内测试技术取得较大进展。随着专家系统、神经网络等智能理论和方法在应用中逐渐成熟，从20世纪90年代开始，智能理论和方法就逐渐渗入机内测试应用的方方面面，在提高其综合性能、降低设备维修成本、改善设备测试性等方面都起到了重要作用。20世纪90年代中期，测试领域又推出了分级测试技术，这是一种新型的系统级测试设计技术，或称为第4代测试设计技术，是边界扫描技术的一种延伸，形成了IEEE 1149系列标准，将BIT嵌入式设计推向高潮。

大型航空公司(例如波音公司、休斯公司和格鲁曼公司)在机内测试自动化设计和应用研究等方面都发挥了重要的领导作用，并成功地把最先进的机内测试理论、技术和方法应用到生产的各种军、民用飞机中，其理论和技术都代表了世界领先水平。

从20世纪90年代后期到21世纪初期，是机内测试发展的重要阶段。在民用航空领域，中央测试系统在成员系统BIT、中央维护功能的基础上，进一步综合状态监控功能。例如，波音787飞机在借鉴波音777飞机的CMC以及Honeywell飞机诊断和维修系统的基础上，建立了飞机信息与维护系统，该系统可以执行机上的实时数据收集、故障处理和显示，执行故障原因分析以消除级联故障，执行飞行面板效应与系统故障的关联，通过网络传送数据到地面维护系统，扩展诊断和预测分析，提供所有成员系统的单点访问等。在军用航空领域，以F-35战斗机为标志，在故障预测与健康管理(prognostics and health management，PHM)思想的牵引下，中央测试系统转变为机上的PHM系统。该系统包括BIT、系统/分系统PHM区域管理器、飞机PHM管理器等，提供数据采集、增强诊断、故障预测和维修决策等综合的健康管理功能。

2. 国内发展现状

目前，我国BIT的研制主要集中在大型武器装备系统中，其中最为典型的是机载设备和各式雷达装备。

20世纪90年代后期至今，自智能BIT技术被引入国内，国内随即掀起了一股研究热潮。航空信息中心的张宝珍对智能BIT技术的产生、原理、技术特点、国外的发展及应用前景进行了综述。2001年，国防科技大学温熙森教授等撰写了专著《智能机内测试理论与应用》，对智能BIT技术进行了系统梳理和研究，将智能BIT的技术核心从智能诊断拓展到智能设计、智能检测、智能诊断和智能决策四个方面，扩大了智能BIT的技术内涵，引领了国内智能BIT研究。其中，BIT智能设计是一个新说法，其基本观点是：对于单个BIT装置的设计通常依据经验或相关标准，但是对于复杂设备或系统，需要设计多个BIT装置，这就需要采取智能化和优化的设计方法，利用模型方法和计算机辅助设计，即CAD技术，来实现BIT设计的自动化(或部分自动化)与优化设计。具体地，构建一种故障-测试相关性矩阵模型，基于该模型实施BIT测试点选择、BIT与外部测试权衡、软/硬件BIT权衡、

BIT 工作模式权衡、测试序列生成等 BIT 设计。这种基于模型的设计理念使得测试工程师可以从系统的角度进行测试性/BIT 优化设计。其次，在智能诊断方面(尤其在虚警抑制方面)取得了较大进展，国防科技大学邱静等揭示了环境应力、故障传播以及信息不确定的虚警诱发机理，提出了基于综合环境应力分析的降虚警方法、基于故障传播有向图的降虚警方法、基于分层信息融合的综合降虚警方法等，为抑制上述三种因素导致的 BIT 虚警提供了切实可行的技术途径。在 BIT 嵌入式设计方面，人们还提出了机械/机电产品的机内测试技术——嵌入式传感技术，如基于嵌入式光纤的形变/温度传感器、无源自供电式振动传感器等。

1.3.4　外部测试技术的发展

20 世纪 50 年代，由于早期的应用设备比较简单，其故障诊断主要采用人工测试，维修测试人员的经验和水平起着重要作用。测试设备基本上是单个的仪器、仪表，如万用表、波形发生器、示波器、频谱仪、矢量网络分析仪等。从 20 世纪 60 年代中期开始，装备技术的进步使传统的人工测试和单个专用测试设备无法适应装备维护和技术保障的要求。

20 世纪 70 年代前后，研制出了多种由计算机控制的专用半自动/自动测试设备或系统，使用专门的测试语言编写测试软件。20 世纪 70 年代后期至 20 世纪 80 年代中期，以微型计算机和独立操作系统为软/硬件平台的自动测试系统(ATS)开始获得广泛使用，ATS 采用基于标准接口总线和专用连接总线等多种类型的总线结构，测试程序语言也逐步采用 BASIC、AT-LAS、ADA 等多种类型的通用程序语言，从而进入了研制多功能、易组合、可扩展 ATS 的成熟阶段。

20 世纪 80 年代后期及 20 世纪 90 年代，外部测试进入了以 VXI 总线为标准的低成本、高性能、便携式发展的新阶段。自动测试系统充分开发和利用计算机资源，采用特定的软件算法和技术，进行信号分析、测量，激励信号的形成，从而能在硬件显著减少的条件下，极大地提高测试功能。

进入 21 世纪后，自动测试系统又有了新的发展，如利用更快的总线技术实现高速测试，利用虚拟仪器技术实现对仪器的控制处理，利用网络技术实现分布式测试系统，利用信息融合技术实现多传感器的数据融合以提供更准确、高效的故障诊断。

1.3.5　故障预测与健康管理技术的发展

故障预测与健康管理是一种全面故障检测、隔离和预测及健康管理技术。它不是为了直接消除故障，而是为了了解和预报故障何时可能发生，或在出现始料未及的故障时触发一种简单的维修活动，从而实现自主式保障。

PHM技术诞生于20世纪90年代末期，美军启动联合攻击机(joint strike fighter,JSF)项目，提出了经济承受性、杀伤力、生存性和保障性四大支柱目标，并提供了自主式保障方案，借此机遇诞生了比较完善的PHM系统。PHM技术要素从状态监控向健康管理转变，这种转变引入了故障预测能力，借助这种能力从整个系统的角度来识别和管理故障的发生。

JSF的PHM系统的主要设计负责人在2006年度维修工程年会报告《F-35联合攻击战斗机自主后勤和预测与健康管理》(F-35 Joint Strike Fighter Autonomic Logistics and Prognostics & Health Management)中，重点阐述了PHM的三个基本功能：增强诊断、健康管理、评估与预测，并详细定义了JSF的PHM系统的主要组成、预测的主要对象及分类原则。

PHM技术的发展过程可分为故障诊断、故障预测、系统集成、健康管理与健康状态评估等阶段。

1. 故障诊断

故障诊断以测试技术为基础，伴随着测试技术的发展而发展。它是利用被诊断系统的各种状态信息和已有的各种知识，对信息和知识进行综合处理，得到关于系统运行和故障状况综合评价的过程。故障诊断的发展一般分为以下三个阶段。

(1) 人工测试与人工诊断阶段。早期装备系统功能单一、结构简单，通常由彼此独立的模拟系统构成，所用的测试方法以人工测试为主，并依靠维修测试人员的经验和水平进行装备系统的故障诊断。

(2) 外部测试与人工诊断阶段。随着装备系统功能的增加和结构的复杂化，此时所用的测试方法以外部测试为主，即将外部测试设备和被测对象连接来获取装备的状态信息，然后由测试人员依据状态信息通过比对等方法进行装备系统故障诊断。

(3) 内部测试和综合诊断阶段。随着计算机、自动化等技术在武器装备中的使用，装备复杂程度增加，检测故障更加困难，并且要求装备操作人员实时了解装备运行状态，如有故障能及时采取措施，因此要求被测系统本身具有一定的自测试能力，这就产生了嵌入式的机内测试。但由于复杂武器装备的测试性差、BIT虚警率高，导致故障诊断时间长，于是提出了综合诊断的概念，即通过考虑和综合测试性、自动和人工测试、维修辅助手段、技术信息、人员和培训等构成诊断能力的所有要素，使武器装备诊断能力达到最佳的结构化设计和管理要求。

2. 故障预测

PHM系统显著的特征就是故障预测。故障预测是指综合利用各种数据信息

(如监测参数、使用状况、当前环境、工作条件、早先试验数据和历史经验等),并借助各种推理技术(如数学物理模型、人工智能等)评估部件或系统的剩余使用寿命,预计其未来的健康状态。

故障预测技术直接影响PHM系统的性能和装备的作战使用效率,用于PHM系统故障预测的方法多种多样,可以从不同的角度进行分类。

(1) 按采集的信息源不同可分为基于故障状态信息的故障预测、基于异常现象信息的故障预测、基于使用环境信息的故障预测和基于损伤标尺的故障预测等。

(2) 按采用的数学方法不同可分为基于概率论的故障预测、基于信息融合的故障预测、基于模糊理论的故障预测、基于灰色理论的故障预测、基于神经网络的故障预测、基于知识的故障预测、基于人工智能的故障预测等。

(3) 按采用的模型不同可分为基于特征进化模型的故障预测、基于故障物理模型的故障预测和基于累积损伤模型的故障预测等。

(4) 按故障预测的内容不同可分为故障发生概率预测、故障发展趋势预测、故障发生时间预测和剩余使用寿命预测等。

3. 系统集成

随着PHM技术的发展和PHM系统的研制和使用,设计人员正面临一个新的挑战,就是要开发真正能够处理现实不确定性问题的诊断和预测方法。遇到的不确定性问题主要包括预计过程中对当前状态的估计和失效前时间(或剩余时间)的预计,以及提前采取行动的允许时间的选择(预计未来还剩多长时间)和总体预测方法的选择等。

针对这些不确定性问题,PHM技术的发展体现在以系统集成应用为牵引,提高故障诊断和预测精度,扩展健康监控的应用对象范围,支持基于状态的维修(condition based maintenance,CBM)与自主式保障(autonomic logistic,AL)等方面。

4. 健康管理与健康状态评估

健康管理概念于20世纪80年代后期到20世纪90年代被引入到装备维修保障领域。随着人们对装备质量管理研究的深入,形成了早期的全面质量管理概念,即一种基于过程的可靠性改进方法。同时,软件工程师创造出了更加复杂的技术来检测和测试软件设计缺陷,致使20世纪90年代初期,"飞行器健康监控"(vehicle health monitoring,VHM)一词在NASA研究机构内部盛行,VHM是指适当地选择和使用传感器及软件来监测太空交通工具的"健康"。但不久工程师们便发现VHM存在两方面不足:一是仅仅监控是不够的,关键是要明确根据所监控的参数应采取什么措施,于是人们用"管理"一词取代"监控",用于表达这一更活跃的实践；二是考虑到飞行器仅仅是复杂的人机系统的一个代表，于是“系统”一词很快代替了“飞行器”，因此，到20世纪90年代中期，“系统健康管理”成为涉及该主题的最通用的词语。

由此，健康管理就泛指与系统状态检测、故障诊断、故障预测、故障处理、维修保障决策和健康评估等相关的过程或者功能系统。

健康管理与测试性的区别在于：健康管理是综合诊断思想的延续，更强调信息综合；健康管理并入了故障处理、维修保障决策等功能，引入了故障诊断和远程诊断。

健康管理与测试性的联系在于：测试性设计是健康管理设计的基础和重要内容，健康管理是测试性设计的扩充。新增面向健康状态检测的传感器，在机内测试数据的基础上新增健康检测数据采集、存储、传输以及综合数据库，系统BIT扩展为嵌入式健康管理器。

健康状态评估是指从多个传感器测量、虚拟测量、BIT以及其他信息中提取健康特征并进行融合处理，以实现对装备健康状态的分类或估计。复杂装备的健康状态评估是实施故障预测和维修决策的基础，对于复杂装备健康状态评估而言，主要需要解决两个方面的问题：一是健康状态评估指标体系（联合健康特征向量）的建立及其优化；二是如何快速、有效地对复杂装备健康状态进行评估（健康状态模式分类），即满足健康状态评估的实时性和有效性问题。健康状态评估方法多种多样，既包括简单的“阈值”判断方法，也包括基于规则、案例和模型等的推理算法。

思　考　题

1. 简述故障与测试概念的区别和联系。
2. 简述测试与测试性概念的区别和联系。
3. 简述测试性对可靠性维修性的影响。
4. 简述测试性技术框架。
5. 简述健康管理与测试性之间的区别和联系。

参考文献

[1] 石君友. 测试性设计分析与验证[M]. 北京:国防工业出版社,2011.

[2] 田仲,石君友. 系统测试性设计分析与验证[M]. 北京:北京航空航天大学出版社,2003.

[3] 王红霞,叶晓慧. 装备测试性设计分析验证技术[M]. 北京:电子工业出版社,2018.

[4] 黄考利. 装备测试性设计与分析[M]. 北京:兵器工业出版社,2005.

[5] 常春贺,杨江平. 雷达装备测试性理论与评估方法[M]. 武汉:华中师范大学出版社,2016.

[6] 吴建军,周红,朱玉岭,等. 工程装备测试性分析与应用[M]. 北京:国防工业出版社,2017.

[7] 祝华远. 航空器装备通用质量特性概论[M]. 北京:航空工业出版社,2021.

[8] 温熙森,徐永成,易晓山,等. 智能机内测试理论与应用[M]. 北京:国防工业出版社,2002.

[9] 邱静,刘冠军,杨鹏,等. 装备测试性建模与设计技术[M]. 北京:科学出版社,2012.

[10] 邱静,刘冠军,吕克洪. 机电系统机内测试降虚警技术[M]. 北京:科学出版社,2009.

[11] 周林,赵杰,冯广飞. 装备故障预测与健康管理技术[M]. 北京:国防工业出版社,2015.

[12] 甘茂治,康建设,高崎. 军用装备维修工程学[M]. 2 版. 北京:国防工业出版社,2005.

[13] 杨秉喜. 雷达综合技术保障工程[M]. 北京:中国标准出版社,2002.

[14] 中央军委装备发展部. GJB 451B—2021 装备通用质量特性术语[S]. 北京:国家军用标准出版发行部,2021.

[15] 中国人民解放军总装备部. GJB 2547A—2012 装备测试性工作通用要求[S]. 北京:总装备部军标出版发行部,2012.

[16] 中国人民解放军总装备部. GJB 1909A—2009 装备可靠性维修性保障性要求论证[S]. 北京:总装备部军标出版发行部,2009.

[17] 中国人民解放军总装备部. GJB 3970—2000 军用地面雷达测试性要求[S]. 北

京:总装备部军标出版发行部,2000.
[18] 中国人民解放军总装备部. GJB 4260—2001 侦察雷达测试性通用要求[S]. 北京:总装备部军标出版发行部,2001.
[19] 中央军委装备发展部. GJB 8892.12—2017 武器装备论证通用要求 第12部分:测试性[S]. 北京:国家军用标准出版发行部,2017.
[20] 中央军委装备发展部. GJB 8895—2017 装备测试性试验与评价[S]. 北京:国家军用标准出版发行部,2017.
[21] 国家市场监督管理总局,中国国家标准化管理委员会. GB/T 9414.5—2018 维修性 第5部分:测试性和诊断测试[S]. 北京:中国国家标准化管理委员会,2018.
[22] 国家国防科技工业局. SJ/Z 20695—2016 地面雷达测试性设计指南[S]. 北京:中国电子技术标准化研究院,2016.
[23] 蒋超利,冯国利,方子轩,等. 舰船电气装备测试性标准初探[J]. 海军工程大学学报,2023,35(01):68-73.
[24] 蒋超利,吴旭升,高嵬,等. 机内测试技术与虚警抑制策略研究综述[J]. 计算机测量与控制,2018,26(11):1-6,29.
[25] 王新玲,张毅,杨冬健. 测试性技术发展现状及趋势分析[C]. 中国航空学会. 北京:2014航空试验测试技术学术交流会,2014:360-362,372.
[26] 王守敏,田斐斐,张坤. 测试性验证技术标准分析[J]. 航空标准化与质量,2014(03):16-18.
[27] 章涵. 国外预测与健康管理(PHM)标准分析[J]. 航空标准化与质量,2010(05):44-48.
[28] 张宝珍,曾天翔. 智能BIT技术[J]. 测控技术,2000,19(11):1-4.
[29] 王鉴渊,李光升. BIT技术发展及应用综述[J]. 计算机测量与控制,2018,26(04):1-4.
[30] 谢永成,董今朝,李光升,等. 机内测试技术综述[J]. 计算机测量与控制,2013,21(03):550-553.
[31] 董今朝,谢永成,李光升,等. BIT设计与发展综述[J]. 微型机与应用,2012,31(21):4-6.
[32] 杜小帅,胡冰,施端阳. 诊断策略设计方法综述[J]. 计算机测量与控制,2022,30(03):8-14.
[33] 杨金鹏,连光耀,邱文昊,等. 装备测试性验证技术研究现状及发展趋势[J]. 现代防御技术,2018,46(02):186-192.
[34] 王勇. 机内测试技术的发展与应用[J]. 飞航导弹,2011(02):24-27.

第2章

雷达装备测试性要求与确定

2.1 概　　述

2.1.1 测试性要求的概念

测试性要求是指对装备提出的测试性定性、定量要求和测试性工作项目要求。

测试性定性要求是为简便、迅速、准确和经济地确定装备状态和诊断故障而对装备设计及其他方面提出的非量化要求。

测试性定量要求是以量化形式规定装备的故障检测与隔离能力，以及为实现测试性而增加的开销的定量约束，如增加的体积、重量、功耗、成本和占用的内存或其他资源等。

测试性工作项目要求是为确保研制、生产或改型的装备达到规定的测试性定性和定量要求而开展的测试性工作项目要求。

提出和确定测试性要求是获得装备良好测试性的第一步，只有提出和确定了测试性要求才有可能使测试性与作战性能、费用等得到同等对待。因此，订购方应协调确定测试性要求，并纳入新研或改型装备的研制总要求，在研制合同中应有明确的测试性定量、定性要求和工作项目要求。

2.1.2 测试性要求的分类

1. 测试性定性要求分类

(1) 按装备结构层次可分为:装备总的测试性定性要求;分系统的测试性定性要求;设备/组件的测试性定性要求;现场可更换模块(line replaceable module, LRM)的测试性定性要求;元器件的测试性定性要求。

(2) 按诊断功能类别可分为:状态监控要求;故障检测要求;故障隔离要求;虚警抑制要求;故障预测要求。

(3) 按工作模式可分为:装备运行中 BIT、ATE、人工测试、远程诊断要求;现场维修的 BIT、ATE、人工测试、远程诊断要求。

(4) 按健康管理支持的需求可分为:余度管理支持要求;系统重构支持要求;维修决策支持要求。

(5) 按 BIT 数据的处理需求可分为:BIT 数据格式要求;BIT 数据存储方式要求;BIT 数据导出方式要求;BIT 报警方式要求。

2. 测试性定量要求分类

测试性定量要求可分为故障检测能力、故障隔离能力、虚警抑制能力及其他测试性参数。

(1) 故障检测能力。表征故障检测能力的常用参数有故障检测率,其他参数还有关键故障检测率、故障覆盖率、平均故障检测时间等。

(2) 故障隔离能力。表征故障隔离能力的常用参数有故障隔离率,其他参数还有平均故障隔离时间等。

(3) 虚警抑制能力。表征虚警抑制能力的常用参数有虚警率、平均虚警间隔时间。

(4) 其他测试性参数。其他测试性参数还有平均 BIT 运行时间、误拆率、不能复现率、台检可工作率、重测合格率和剩余寿命等。

3. 测试手段分类

1) 机内测试(BIT)要求

(1) BIT 性能监控要求,即关键任务功能和影响人员安全功能的监测要求。

(2) BIT 故障检测与故障隔离能力要求。

(3) BIT 故障检测与故障隔离时间要求。

(4) BIT 与外部诊断资源的结合与兼容性要求。

(5) BIT/BITE 的故障率、体积、质量和功耗。

(6) 实现维修方案对 BIT 的要求。

(7) 使用保障(约束条件)的 BIT 要求。

(8) 处理与控制间歇故障和异常情况的 BIT 要求。

(9) 支持保障系统置信水平检查的 BIT 要求。

(10) 系统构成和特性对 BIT 提出的要求。

2) 自动测试设备(ATE)要求

(1) ATE 故障检测与隔离能力要求。

(2) ATE 故障检测与隔离时间要求。

(3) ATE 诊断连接器,可控性与可观测性,与 UUT 的接口要求。

(4) ATE 测试设备、兼容性要求。

(5) ATE 故障显示、记录、存储要求。

(6) ATE 自检能力要求。

(7) ATE 的故障率、体积、重量、尺寸、质量要求。

3) 人工测试要求

(1) 人工测试故障检测与隔离时间要求。

(2) 人工测试故障检测与隔离能力要求。

(3) 人工测试设备要求。

(4) 人力要求。

(5) 人员技术水平要求。

(6) 人员培训要求。

4) 远程诊断要求

(1) 远程诊断系统故障检测与隔离能力要求。

(2) 远程诊断系统故障检测与隔离时间要求。

(3) 远程诊断的网络通信能力要求。

(4) 远程诊断的故障记录、存储要求。

2.2　雷达装备测试性定性定量要求

2.2.1　测试性要求的基本要素

从工程应用的角度出发,测试性要求应明确以下内容。

(1) 测试对象:指测试的装备、车间可更换单元(SRU)、现场可更换单元(LRU)、需要测试的模块等。

(2) 测试场地:指部队级使用现场或维修车间、基地级维修车间及装备生产厂等进行测试活动的具体环境位置。

(3) 测试时机:指任务执行前、执行中或执行后进行测试以及故障预警和隔离等开展的时机。

(4) 测试方式:指对装备进行状态(性能)监控、故障检测与隔离的方式,包括外部测试、自动测试、机内测试(BIT)和人工测试。

(5) 测试设计约束:指装备对测试设备设计的约束信息,包括增加测试设备的体积、重量、故障率要求及其他与测试相关的约束信息。

(6) 测试性指标:指故障检测率(FDR)、故障隔离率(FIR)、虚警率(FAR)、故障检测时间(FDT)、故障隔离时间(FIT)等测试性参数的具体量值。

2.2.2 雷达装备测试性定性要求

1. 相关测试性标准对测试性定性要求

GJB 8892.12—2017《武器装备论证通用要求 第12部分:测试性》规定测试性定性要求,主要包括:测试能力要求;对测试点设置要求;测试信息(指示、报告、记录及存储等)要求;测试接口要求;对具体产品的测试性设计要求;测试性设计应当考虑的软件部分要求;涉及安全性的有关要求;继承性、先进性、兼容性和标准化要求。

GJB 2547A—2012《装备测试性工作通用要求》规定测试性定性要求,一般包括:合理划分功能与结构的要求;测试点要求;嵌入式诊断(性能监测、BIT、中央测试系统等)要求;故障信息(故障指示、报告、记录、传输及存储等)要求;有关外部诊断测试、兼容性及维修能力要求等。

GJB 1909A—2009《装备可靠性维修性保障性要求论证》规定在装备可靠性维修性保障性(reliability, maintainability and supportability, RMS)要求论证时,应至少提出的测试性定性要求如下。

(1) 对机内测试设备和外部测试设备的功能要求,如电子设备的机内测试设备应满足的维修级别要求,机内测试设备和外部测试设备联合应满足的维修级别要求,非电子设备机内测试设备应满足功能检测的要求等。

(2) 对可更换单元划分的要求。

(3) 对自动检测设备和外部检测设备的要求,包括功能组合化、计算机测试软件、自检功能、与被测单元自检测兼容、与被测单元的测试接口要求等。

(4) 被测试的设备应有测试接口的要求。

(5) 软件测试性应符合 GJB/Z 141—2004《军用软件测试性指南》的要求。

(6) 其他特殊要求。如采用油液光、铁谱分析来监控装备技术状况时,采集油样的接口要求,涉及装备安全性的有关参数监控、报警的要求等。

GJB 4260—2001《侦察雷达测试性通用要求》规定测试性定性要求如下。

(1) 测试可控性。系统的测试性设计应能提供专用测试输入信号、数据通道和电路,使 BITE 和 ATE 能够控制可更换单元的工作,以便进行故障检测和隔离。

(2) 测试观测性。系统的测试性设计应具备数据通道和电路测试点、检测座等,为测试提供足够的内部特征数据。

(3) 被测单元(UUT)与外部测试设备(ETE)的接口兼容性。UUT 在电气和结构上都应与 ETE 接口兼容,以减少专用接口装置。UUT 的电气划分应适应 ETE。

GJB 3970—2000《军用地面雷达测试性要求》规定测试性定性要求一般包括:结构和划分、参数监测、状态监控、机内测试(BIT)、人工检测、外部检测设备、综合诊断能力,测试性技术资料的完整性、准确性和易理解性等要求。

2. 雷达装备测试性定性要求的确定

从上述国家军用标准对测试性定性要求看,测试性定性要求主要从可更换单元划分、机内测试、外部测试、测试接口、测试信息、性能监测等方面进行规定。结合雷达装备工作状态特点、关键功能、安全以及使用等要求,雷达装备测试性定性要求一般包括以下要求。

(1) 可更换单元划分要求。根据雷达装备的功能结构、电气结构特点以及各维修级别任务,将系统合理地划分为 LRU、SRU 和组件等易于检测和更换的单元,以提高故障检测和隔离能力。

(2) 性能测试要求。明确需要实时监测和定期测试的各种性能参数,能及时、准确地反映系统工作性能,合理选择监测、测试方式(内部或外部,集中或分散)和方法。

(3) 状态监控要求:明确需要初始检测、实时监控、周期检测的内容,合理选择监视和控制的方式和方法,做到准确、可靠和便于使用。

(4) 机内测试要求。主要内容包括:① 设置的测试容差要使故障检测和虚警具有最佳特性;② 应考虑最大允许的故障检测时间、由于虚警造成的最大允许的系统停机时间、部队级允许的最大修复性维修时间和最低的寿命周期费用等因素;③ 对机内测试的功能要求,如 BIT 应能满足部队级维修的要求,机内测试设备(BITE)应满足非电子设备的功能检测要求等;④ 应考虑关键任务功能和影响人员安全功能的监测要求；⑤ 机内测试设备应有高的可靠性，自身发生故障后不影响被测设备的正常工作；⑥ 对没有机内测试能力的设备应配备原位测试设备，且应有指示、报告、记录（存储）故障的功能等。

（5）外部测试要求。主要内容包括：根据外部测试（外部自动测试、人工测试、离位测试和远程诊断）的需要，合理提高测试的可控性、可观测性。可更换单元应设置测试点和测试接口，测试点和测试接口应便于使用；测试信号与测试接口应与计划的外部测试设备兼容；测试接口应标准、通用、简单。选配外部测试设备时，应能满足各修理级测试任务需求，注意外部测试设备的综合性、通用性、有效性和经济性。

（6）测试点设置要求。测试点的安全性要求包括测试人员安全、装备安全和环境安全等，主要内容包括：① 检测基准不设在易损坏部位，特别是人工检测的测试点，更要避免设置在高压、高温和运动件等容易出现危险的部位；② 对安全和关键任务有影响的部件应有明显标记，并有性能监控和报警指示。

测试点的充分性要求主要包括：① 应充分考虑装备在各维修级别进行测试的需要；② 能满足故障检测与隔离要求；③ 故障应能隔离到可更换单元，对机内测试（BIT）覆盖不到的故障以及不能精确隔离的故障应考虑半自动或人工检测，并提供简便的辅助手段和诊断程序；④ 重要性能参数和特性等应能自动监视。

测试点的必要性要求主要包括：① 优化检测点数量和配置，即在达到相同诊断要求条件下，检测点设置最少；② 对未设检测点的部件，应科学确定人工检测的部位和次序，使检测步骤最少、检测时间最短。

测试点的可达性要求主要包括：① 在所有的使用环境条件下，保障人员进行操作都必须是可达的；② 所有的机内测试设备，只要需要，就必须都是可达的；③ 需要时，应能便捷地连接外部测试设备。

测试点的可视性要求主要包括：① 测试结果的显示应当清晰、易读、没有歧义；② 在黑暗或其他环境条件下，或者当人员防护设备影响正常的视觉时，测试结果可以方便地读取。

测试点的继承性与兼容性要求主要包括：① 应尽可能选用现有装备的测试设备；② 应尽可能利用现有的测试技术；③ 被测单元与选择的自动测试设备之间功能和接口的兼容性；④ 机械、液压和电气特性等方面的兼容性；⑤ 各维修级别的兼容性。

（7）综合诊断能力要求。综合诊断能力应依据维修方案和维修人员水平状况，综合考虑 BIT、地面自动和人工测试、维修辅助手段、技术信息、人员与培训等所有诊断要素，为各个维修级别提供完整的诊断能力；应满足规定的可用性要求和寿命周期费用要求。

（8）测试信息要求。故障指示、报告、记录、存储应工作可靠。雷达测试性设计要为寿命周期内的各项工程活动提供所需的测试性信息，并为测试性信息交换提供方便。测试性工作计划中应包括测试性信息的收集、管理、交换的方法。雷达装备还应设有用于收集其使用阶段测试性信息的信号传输口，以便信息自动进入综合保障网络。

2.2.3　雷达装备测试性定量要求

测试性定量要求是以测试性参数描述的，其量值称为测试性指标。测试性定量要求是确定装备的测试性参数、指标以及验证的重要依据。

GJB 8892.12—2017《武器装备论证通用要求 第 12 部分：测试性》规定测试性定量要求参数，主要包括：故障检测率、故障隔离率、虚警率或平均虚警间隔时间、严重故障检测率、严重故障隔离率、其他要求（下载时间、故障检测时间、存储容量等）。

GJB 2547A—2012《装备测试性工作通用要求》规定测试性定量要求参数，一般包括：故障检测率（fault detection rate，FDR）、严重故障检测率（critical fault detection rate，CFDR）、故障隔离率（fault isolation rate，FIR）、虚警率（false alarm rate，FAR）、平均虚警间隔时间（mean time between false alarms，MTBFA）或平均严重故障虚警间隔时间、故障检测时间（fault detection time，FDT）、故障隔离时间（fault isolation time，FIT）等。

GJB 1909A—2009《装备可靠性维修性保障性要求论证》规定测试性参数，主要包括：故障检测率、故障隔离率和虚警率。

GJB 4260—2001《侦察雷达测试性通用要求》规定测试性定性要求参数，包括：故障检测率、故障隔离率、平均故障检测时间、平均故障隔离时间、雷达故障虚警率。

GJB 3970—2000《军用地面雷达测试性要求》中，性能测试与状态监控的定量要求参数包括：参数监测率、平均人工参数检测时间、最大人工参数检测时间、状态监控率。机内测试（BIT）的定量要求参数包括：故障检测率、故障检测时间、故障隔离率、故障隔离时间、虚警率、误拆率、BITE 覆盖率、BITE 硬件量等。LRU 单元的测试性定量要求参数包括：LRU 的 BIT 故障检测率、LRU 的 BIT 虚警率、LRU 的 BIT 测试时间等。

从上述国家军用标准对测试性定量要求的规定看，测试性定量要求参数主要由性能参数、时间参数、限制性参数确定。根据雷达装备测试性特点和使用维修实际要求，确定测试性定量要求参数。

1. 性能测试与状态监控的定量要求

性能测试与状态监控的定量要求参数包括：参数监测率、平均参数检测时间、最大参数检测时间、状态监控率。

2. 机内测试(BIT)的定量要求

机内测试(BIT)的定量要求参数包括：故障检测率、故障隔离率、虚警率、故障检测时间、故障隔离时间、故障隔离模糊度、误拆率、BITE 硬件量、BITE 覆盖率、BITE 可靠性。

3. LRU 单元的测试性定量要求

LRU 单元的测试性定量要求参数包括：LRU 的 BIT 故障检测率、LRU 的 BIT 最大虚警率、LRU 的 BIT 的测试时间、LRU 的 BIT 的可靠性指标、LRU 的测试信号的故障响应灵敏。

4. 随机测试设备的定量要求

随机测试设备的定量要求参数包括：随机检测设备通用率、随机检测设备年平均利用率、随机检测设备的可靠性、随机检测设备的维修性、随机检测设备费用比。

2.3 雷达装备测试性工作项目要求

开展测试性工作的目标是确保研制、生产或改型的装备达到规定的测试性要求，提高装备的性能监测与故障诊断能力，实现高质量的测试。

GJB 2547A—2012《装备测试性工作通用要求》规定了装备寿命周期内开展测试性工作的要求和工作项目，为订购方和承制方开展测试性工作提供依据和指导；适用于有测试性要求的装备。雷达装备测试性作为有测试性要求的装备，其工作项目要求应以 GJB 2547A—2012 为遵循，开展相应的测试性工作。本节以 GJB 2547A—2012 为主介绍装备测试性工作项目要求。

GJB 2547A—2012《装备测试性工作通用要求》规定了 5 个系列共 21 项工作项目，其中，测试性及其工作项目要求的确定(工作项目 100 系列)包含 2 个工作项目；测试性管理(工作项目 200 系列)包含 6 个工作项目；测试性设计与分析(工作项目 300 系列)包含 7 个工作项目；测试性试验与评价(工作项目 400 系列)包含 3 个工作项目；使用期间测试性评价与改进(工作项目 500 系列)包含 3 个工作项目。其组成框图如图 2-1 所示。

由于装备的类型和研制要求不同，以及各种条件限制，因此订购方和承制方在签订合同或拟定研制任务书之前，可剪裁测试性工作项目，并将费用效益作为剪裁的基本依据。

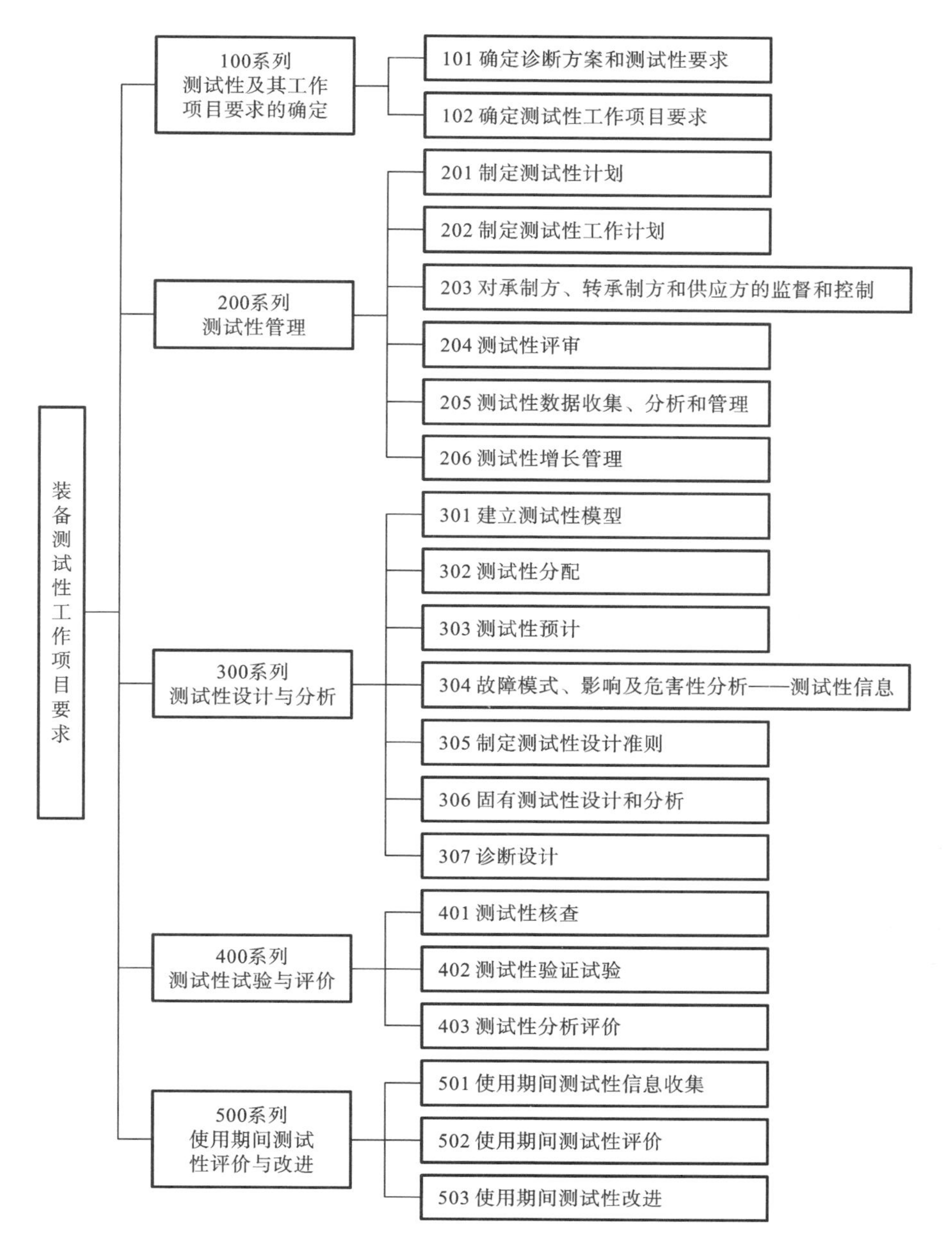

图 2-1　装备测试性工作项目要求组成框图

测试性工作项目及其在寿命周期各个阶段的适用性如表 2-1 所示。它说明了每一个阶段应做的项目。

表 2-1 测试性工作项目及其在寿命周期各个阶段的适用性

工作项目编号	工作项目名称	论证立项	工程研制	鉴定定型	生产与使用
101	确定诊断方案和测试性要求	√	√	√	×
102	确定测试性工作项目要求	√	√	×	×
201	制定测试性计划	√	√	√	√
202	制定测试性工作计划	△	√	√	√
203	对承制方、转承制方和供应方的监督和控制	×	△	√	√
204	测试性评审	△	√	√	△
205	测试性数据收集、分析和管理	×	△	√	√
206	测试性增长管理	×	△	√	×
301	建立测试性模型	△	√	√	×
302	测试性分配	△	√	√	×
303	测试性预计	×	△	√	×
304	故障模式、影响及危害性分析——测试性信息	×	√	√	×
305	制定测试性设计准则	×	△	√	×
306	固有测试性设计和分析	×	△	√	△
307	诊断设计	×	△	√	△
401	测试性核查	×	△	√	×
402	测试性验证试验	×	×	√	△
403	测试性分析评价	×	×	√	△
501	使用期间测试性信息收集	×	×	×	√
502	使用期间测试性评价	×	×	×	√
503	使用期间测试性改进	×	×	×	√

注:"√"表示该阶段适合的工作项目,"△"表示该阶段可选用的工作项目,"×"表示该阶段不适用的工作项目。

装备测试性工作流程如图 2-2 所示。

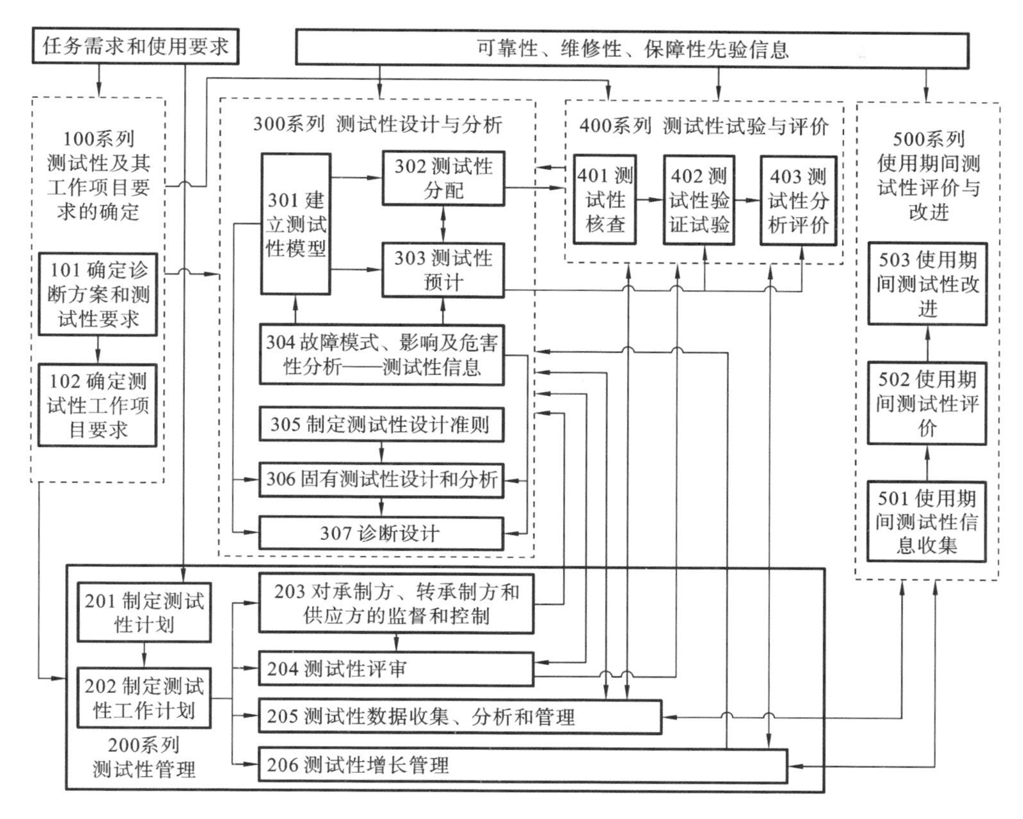

图 2-2　装备测试性工作流程

2.3.1　测试性及其工作项目要求的确定

工作项目 100 系列是测试性及其工作项目要求的确定。本项目包括 2 个子项目，分别从确定诊断方案和测试性要求、确定测试性工作项目要求提出了工作项目要求。

1. 确定诊断方案和测试性要求（工作项目 101）

确定诊断方案和测试性要求的目的是协调并确定装备诊断方案和测试性定量和定性要求，以满足装备战备完好性、任务成功性、安全性要求和保障资源等约束。其工作项目要点如下。

（1）订购方根据装备的任务需求和使用要求导出装备的诊断需求，包括：确定装备需要监测和诊断的功能（例如安全关键功能、任务关键功能等）；根据这些功能对应的任务能力和性能要求确定装备的诊断需求，支持任务想定和装备设计，并与装备的使用约束一致。

(2) 订购方与承制方一起根据装备的使用方案、保障方案和诊断需求提出初步的装备诊断方案。

(3) 承制方提出满足诊断需求，并在每个维修级别提供满足要求的故障诊断能力的备选装备诊断方案，通过分析和权衡评价备选装备诊断方案，选择优化的装备诊断方案，并经订购方确认。

(4) 订购方通过进一步的权衡分析，提出满足与可靠性、维修性、安全性和保障性系统及其资源等要求协调的装备测试性要求，包括指定的不进行权衡的测试性定量要求。

(5) 装备测试性要求确定应遵循如下基本原则。

① 在确定测试性要求时，全面考虑任务需求、费用、进度、技术水平(技术成熟度、相似装备的测试性水平)等因素。

② 测试性要求的确定根据装备的安全性、经济可承受性、战备完好性、任务成功性等要求，全面考虑装备的使命任务、类型特点、复杂程度及要求是否便于度量与验证等因素，确定适当的测试性定性和定量的要求。

③ 测试性要求与维修性、可靠性要求协调，在反映测试性目标的前提下，表示定量要求的参数应尽可能少。

④ 订购方可以单独提出装备的关键系统或设备的测试性要求，对于订购方没有明确规定的较低层次产品的测试性要求，由承制方通过测试性分配的方法确定。

⑤ 在确定测试性要求时，明确验证内容、时机、条件和方法。

(6) 装备测试性要求确定工作按 GJB 1909A—2009《装备可靠性维修性保障性要求论证》规定的要求和程序进行。

(7) 在测试性要求确定过程中，对测试性要求进行过程评审和最终评审。测试性要求的评审应有装备论证、设计、试验、使用和保障等各方面的代表参加。测试性要求评审宜与装备要求评审和相关特性的要求评审同时进行。

(8) 确定的测试性要求纳入装备研制总要求、研制合同或相关文件。

(9) 下层次产品的诊断方案和测试性要求由装备诊断方案和测试性要求导出。

2. 确定测试性工作项目要求(工作项目 102)

确定测试性工作项目要求的目的是选择并确定测试性工作项目，以合理的费用实现规定的测试性要求。其工作项目要点如下。

(1) 订购方应优先选择经济、有效的测试性工作项目。

(2) 测试性工作项目的选择取决于具体装备的情况，考虑的主要因素有：测试性要求；装备的类型和特点；装备的复杂程度和重要性；装备新技术含量；费用、进度及所处的研制阶段等。

(3) 测试性工作项目应与相关工程，特别是与按 GJB 450A—2004《装备可靠性工作通用要求》、GJB 368B—2009《装备维修性工作通用要求》、GJB 3872A—2022《装备综合保障通用要求》、GJB 900—1990《系统安全性通用大纲》确定的可靠性、维修性、综合保障性和安全性工作项目协调，综合安排，相互利用信息，减少重复的工作。

(4) 应明确对测试性工作项目的具体要求和注意事项。

(5) 应对选择的测试性工作项目进行评审。

2.3.2　测试性管理工作项目要求

工作项目 200 系列是测试性管理。本项目包括 6 个子项目，分别从制定测试性计划，制定测试性工作计划，对承制方、转承制方和供应方的监督和控制，测试性评审等角度提出了管理工作项目要求，其目标是有效实施过程控制。

1. 制定测试性计划(工作项目 201)

制定测试性计划的目的是全面规划装备寿命周期的测试性工作，制定并实施测试性计划，以保证测试性工作顺利进行。其工作项目要点如下。

(1) 订购方在装备立项论证开始时制定测试性计划，其主要内容包括：装备测试性工作的总体要求和安排；测试性工作的管理和实施机构及其职责；测试性及其工作项目要求论证工作的安排；测试性信息工作的要求与安排；对承制方监督与控制工作的安排；测试性评审工作的要求与安排；测试性试验与评价工作的要求与安排；使用期间测试性评价与改进工作的要求与安排；工作进度及经费预算安排等。

(2) 随着装备论证、研制、试验、生产和使用的进展，订购方应不断调整、完善测试性计划。

(3) 测试性计划应进行评审并经主管部门审查批准。

2. 制定测试性工作计划(工作项目 202)

制定测试性工作计划的目的是明确并合理地安排工作项目，以确保装备满足合同规定的测试性要求。其工作项目要点如下。

(1) 承制方应根据合同要求和测试性计划要求制定测试性工作计划，其主要内容包括：装备的测试性要求和测试性工作项目要求；各项测试性工作项目的实施细则，包括工作项目的目的、内容、范围、实施程序、完成结果和对完成结果检查评价的方式，以及装备的测试性增长要求等；负责测试性工作管理和实施的机构及其职责，以及保证计划得以实施所需的组织、人员和经费等资源的配备；测试性工作与装备研制计划中可靠性、维修性和综合保障性等其他工作协调的说明；实施计划所需数据资料的获取途径或传递方式与程序；对转承制方和供应方监督与控制工作的具体安排；对测试性评审工作的具体安排；测试性增长目标和增长方案的拟定；对测试性试验与评价工作的具体安排；关键问题及其对实现测试性要求的影响，解决这些问题的方法或途径；工作进度等。

（2）测试性工作计划应随着研制的进展不断完善。

（3）测试性工作计划应经评审和订购方认可。

（4）测试性工作计划应纳入装备研制工作总计划。

3. 对承制方、转承制方和供应方的监督和控制（工作项目 203）

订购方对承制方、承制方对转承制方和供应方的测试性工作进行监督与控制，以确保承制方、转承制方和供应方有效完成测试性工作项目，交付的产品符合规定的测试性要求。其工作项目要点如下。

（1）订购方应对承制方的测试性工作实施有效的监督与控制，督促承制方全面落实测试性工作计划。

（2）承制方应明确对转承制产品和供应品的测试性要求，并与装备的测试性要求协调一致。

（3）承制方应明确对转承制方和供应方的测试性工作项目要求和监督与控制方式。

（4）承制方对转承制方和供应方的要求均应纳入有关合同，主要内容包括：测试性定量与定性要求及验证方法；对转承制方测试性工作项目的要求；对转承制方测试性工作实施监督和检查的安排；转承制方执行测试性数据收集、分析和管理的要求；承制方参加转承制方产品设计评审、测试性试验与评价的有关事项；转承制方或供应方提供产品规范、图样、测试性数据资料和其他技术文件等的要求；必要时，可要求转承制方制定测试性工作计划。

4. 测试性评审（工作项目 204）

测试性评审的目的是按计划进行测试性要求和测试性工作评审，确保测试性要求和设计的合理性，以及测试性工作按合同要求和工作计划进行，并最终实现规定的测试性要求。其工作项目要点如下。

（1）订购方应安排并主持或参与合同所要求的测试性评审。

（2）进行合同规定的测试性评审时应包括测试性工作的所有有关方面，主要包括：测试性要求与测试性工作项目要求；测试性工作计划内容及实施的状况和结果;测试性工作项目输出文件;测试性设计、费用或进度问题。

(3) 承制方的测试性工作计划应包括测试性评审点设置、评审内容、评审类型、评审方式及要求等。

(4) 应提前通知参加评审的各方代表并提供有关评审的文件和资料。

(5) 测试性评审应纳入产品总体评审计划,宜与可靠性、维修性、安全性、综合保障性等评审结合进行,必要时也可专门进行。

(6) 测试性评审的结果应形成文件,主要包括评审的结论、存在的问题、解决措施及完成日期。

(7) 测试性评审应按 GJB/Z 72—1995《可靠性维修性评审指南》和 GJB 3273—1998《研制阶段技术审查》规定的有关内容进行。

5. 测试性数据收集、分析和管理(工作项目 205)

测试性数据收集、分析和管理的目的是收集、分析和管理研制、生产、使用过程中与测试性有关的数据,为测试性设计分析、评价和改进提供信息。其工作项目要点如下。

(1) 确定测试性数据收集要求。所收集的数据应包括对有关的工作异常情况、原始诊断指示和维修活动的说明。

(2) 按计划要求进行测试性数据收集,其收集过程应与可靠性、维修性和保障性分析数据收集过程结合,并与用户现有的装备信息系统兼容。

(3) 按计划要求进行测试性数据分析,其分析过程包括缺陷报告、原因分析、纠正措施的确定和验证,以及反馈到设计、生产中的过程。

(4) 测试性数据作为装备质量信息的重要内容,应按 GJB 1686A—2005《装备质量信息管理通用要求》的规定实施统一管理。

6. 测试性增长管理(工作项目 206)

测试性增长管理的目的是及时发现测试性问题并安排纠正措施,以实现测试性增长。其工作项目要点如下。

(1) 承制方应从研制初期开始对关键的分系统或设备实施测试性增长管理。

(2) 在装备研制、试验鉴定与在役考核阶段应有计划地开展测试性增长,对发现的测试性问题,在定型前应予以改进。

(3) 应对装备研制的各项有关试验发现的测试性问题进行分析与改进,提高装备的测试性水平。

(4) 承制方应及时收集在部队试用期间发现的测试性问题并进行分析,通过修改软件以及在装备改进、改型中解决。

2.3.3 测试性设计与分析工作项目要求

工作项目300系列是测试性设计与分析。本项目包括7个子项目，是测试性设计与分析方面的主要技术内容，提出了针对定量和定性设计目标的设计与分析技术途径，其目标是确定合适的测试性设计措施。

1. 建立测试性模型（工作项目301）

建立装备的测试性模型，用于分配、预计、设计和评价产品的测试性。其工作项目要点如下。

（1）可采用GJB/Z 145—2006《维修性建模指南》或其他有关文件提供的程序和方法建立装备的测试性模型，并对模型进行检验和确认。

（2）应针对不同的测试性工作需求分别建立相应的测试性模型，并根据设计变更等约束条件及时对模型加以修改。

2. 测试性分配（工作项目302）

测试性分配是根据诊断方案、可靠性、任务关键性和技术风险等要求，将装备的测试性定量要求逐层分配到规定的产品层次，以明确各层次的测试性定量要求。其工作项目要点如下。

（1）承制方应将产品测试性定量要求逐层分配到规定的产品层次，产品测试性要求的分配值应写入合同或有关文件中。

（2）测试性分配应以所建立的测试性模型为基础，并随模型修改而更改。

（3）采用的分配方法应经订购方认可。

（4）测试性分配应考虑指标实现的可行性等因素。

3. 测试性预计（工作项目303）

测试性预计是根据测试性设计资料估计装备的测试性水平是否能满足规定的测试性定量要求。其工作项目要点如下。

（1）承制方应对规定的装备及其组成部分进行测试性预计。测试性预计的结果应表明是否满足合同规定的测试性要求。

（2）采用的预计方法和数据应得到订购方的批准。

（3）测试性预计应以所建立的测试性模型为基础，并随模型修改而更改。

（4）应根据测试性预计反映的问题，改进与完善测试性设计，直到预计结果满足规定的测试性要求。

（5）不进行测试性预计的装备，需给出理由并经订购方认可。

4. 故障模式、影响及危害性分析——测试性信息（工作项目304）

在故障模式、影响及危害性分析（failure modes，effects and criticality analysis，

FMECA)基础上,收集和分析相应的故障检测和故障隔离等方面的相关资料,为产品的测试性设计、分析及试验与评价提供相关信息。其工作项目要点如下。

(1) 在不同阶段进行故障模式、影响及危害性分析,以获取产品的测试性信息,例如故障模式、影响、各种故障检测和隔离方法等。

(2) 可参照GJB/Z 1391—2006《故障模式、影响及危害性分析指南》和相关文件提供的程序和方法,进行功能和硬件的FMECA,对BIT、自动测试和人工测试等方法开展详细分析。

(3) 本工作项目应与可靠性分析、维修性分析所进行的FMECA工作结合。

5. 制定测试性设计准则(工作项目305)

制定测试性设计准则是将测试性要求及使用和保障约束转化为具体的产品测试性设计准则,以指导和检查产品设计。其工作项目要点如下。

(1) 承制方应该制定测试性设计准则,并形成文件。测试性设计准则应随着研制阶段的进展及时改进和完善。

(2) 测试性设计准则应经过项目技术负责人审查。

(3) 测试性设计准则的制定可参考GJB/Z 91—1997《维修性设计技术手册》、适用的设计手册、已有的测试性设计评审核对表和有关经验教训。测试性设计准则除应包括一般原则(总体要求)外,还应包括产品各组成部分测试性设计的原则或指南。

6. 固有测试性设计和分析(工作项目306)

固有测试性设计和分析是从设计早期阶段开始,将固有测试性设计到产品中,并对设计结果进行分析和评价。其工作项目要点如下。

(1) 将固有测试性设计作为产品设计过程的组成部分,使设计的产品便于进行故障检测与隔离。

(2) 在每个产品的早期设计阶段,进行产品的结构设计,提高测试可控性、可观测性和测试兼容性。

(3) 依据装备诊断方案和测试性要求分析产品结构备选方案对固有诊断能力的影响,提出嵌入式诊断体系结构考虑的因素。

(4) 在产品设计过程中贯彻和完善测试性设计准则,并利用固有测试性评价方法进行设计准则的符合性检查。

(5) 应不断修改和完善产品设计,直到固有测试性水平满足规定的要求值。

7. 诊断设计(工作项目307)

诊断设计是进行嵌入式诊断设计和外部测试设计,以满足规定的产品测试性指标要求。其工作项目要点如下。

（1）细化和落实工作项目306的设计内容，并采用相关性建模分析等方法确定各层次产品的诊断策略和诊断算法。

（2）进行BIT、性能监测、中央测试系统、测试信息传输等的设计，将嵌入式诊断能力综合到每个产品的详细设计中去。

（3）确定嵌入式诊断信息的存储、显示和输出方式。

（4）对需要外部诊断的产品进行测试点的详细设计和电气及物理接口的设计，并保证UUT与目标ATE的兼容。

（5）设计外部测试和诊断的流程。

（6）采取措施保证所有维修级别的测试兼容性。

（7）应不断对诊断设计进行改进和完善，直到满足规定的要求。

2.3.4 测试性试验与评价工作项目要求

工作项目400系列是测试性试验与评价。本项目包括3个子项目，规定了多种对测试性设计结果的评价与考核办法，其目标是检验测试性设计问题与验证设计目标的实现程度。

1. 测试性核查（工作项目401）

测试性核查是识别测试性设计缺陷，以便采取纠正措施，实现测试性的持续改进与增长。其工作项目要点如下。

（1）在产品研制过程中，应在不同产品层次上反复进行测试性核查。应根据产品类型、产品层次、设计要求，确定测试性核查的重点。

（2）应利用研制过程中的各种试验数据、模型进行测试性核查，可以采用样机测试、专项试验、仿真和分析测算等方式进行。

（3）承制方应在“测试性工作计划（工作项目202）”基础上制定详细的测试性核查方案和计划，并经过订购方认可。

（4）对测试性核查发现的测试性设计缺陷，进行原因分析并制定纠正措施。

（5）测试性核查应形成相应的结果文件（测试性核查报告）。

2. 测试性验证试验（工作项目402）

测试性验证试验是验证产品的测试性是否符合规定的要求。其工作项目要点如下。

（1）测试性验证试验一般由指定的试验机构进行，也可以由订购方与承制方联合进行，测试性验证的内容需按合同规定。

（2）订购方根据GJB 2072—1994《维修性试验与评定》或其他相关标准和资料提出适用的测试性验证试验方案。

（3）在工作项目 202 的基础上，订购方与承制方协商制定产品的测试性验证试验计划，建立试验工作组。

（4）测试性验证试验宜与其他有关试验结合进行，如可靠性试验、维修性试验以及性能方面的试验等。

（5）在测试性验证试验后，应提交测试性验证试验报告，经订购方审定。如果试验结果表明产品的测试性未达到合同规定的要求，则报告应提出下一步工作建议。

3. 测试性分析评价（工作项目 403）

测试性分析评价是通过综合利用产品的各种有关信息，分析评价产品是否满足规定的测试性要求。其工作项目要点如下。

（1）对于未能进行测试性验证试验的产品，经过与订购方协商同意后，可以采用分析评价方法代替测试性验证试验。

（2）测试性分析评价应当充分利用产品及其组成部分的各种试验数据和试运行数据、相似产品的有关数据，并参考各阶段评审结果等资料进行综合分析，评价产品是否满足规定的测试性要求。

（3）在工作项目 202 的基础上，承制方应尽早制定产品的测试性分析评价方案和计划，并应经订购方认可。

（4）建立综合分析评价工作组，收集分析有关资料和数据，认真进行测试性分析评价工作。

（5）形成测试性分析评价结果的文件（测试性分析评价报告），并经订购方审定和评审。

2.3.5　使用期间测试性评价与改进工作项目要求

1. 使用期间测试性信息收集（工作项目 501）

使用期间测试性信息收集是通过有计划地收集装备使用期间的各项有关数据，为使用期间测试性评价与测试性改进，以及新研制装备的论证与研制等提供信息。其工作项目要点如下。

（1）在工作项目 205 的基础上，收集使用期间的测试性信息，包括装备在使用、维修、储存和运输过程中产生的各种测试性信息。

（2）在工作项目 201 的基础上，装备使用单位应组织制定使用期间测试性信息收集计划，其主要内容包括：信息收集与分析的部门、单位及人员的职责；信息收集工作的管理与监督（含保密）要求；信息收集的范围、方法和程序；信息分析、处理、传递的要求和方法；信息分类方法；定期进行信息分类审核、汇总安排、信息收集的时间长度等。

(3) 装备使用单位应按规定的要求和程序,完整、准确地收集使用期间的测试性信息,按规定的方法、方式、内容和时限,分析和存储测试性信息,定期进行审核、汇总。

(4) 使用期间测试性信息应参照 GJB 1775—1993《装备质量与可靠性信息分类和编码通用要求》及有关标准进行分类和编码。

(5) 使用期间测试性信息应纳入装备使用单位的装备信息系统。

2. 使用期间测试性评价(工作项目 502)

使用期间测试性评价是评价装备在实际使用条件下达到的测试性水平,确定是否满足规定的测试性要求,为改进测试性、完善使用与维修工作以及新研制装备的论证等提供支持。其工作项目要点如下。

(1) 在工作项目 201 的基础上,装备使用单位应组织制定测试性评价计划,计划中应规定评价的对象、评价的参数和样本量、统计时间长度、置信水平以及所需的资源等。

(2) 使用期间测试性评价应以实际使用条件下收集的数据为基础,综合利用使用期间的各种信息。必要时也可组织专门的试验,以获得所需的信息。

(3) 使用期间测试性评价一般应在装备部署后、人员经过培训、保障资源按要求配备到位的条件下进行。

(4) 评价结果应编制成使用期间测试性评价报告,并反馈给承制方。

3. 使用期间测试性改进(工作项目 503)

使用期间测试性改进是对装备在使用期间暴露的测试性问题采取改进措施,以提高装备的测试性水平。其工作项目要点如下。

(1) 根据装备在使用中发现的测试性问题和相关技术的发展,通过必要的权衡分析或试验,确定需要改进的项目。

(2) 在工作项目 201 和工作项目 202 的基础上,装备使用单位应组织制定使用期间测试性改进计划,主要包括:改进的项目、改进方案、达到的目标;负责改进的单位、人员和职责;改进后验证的要求和方法;经费和进度安排等。

(3) 建立使用期间改进测试性的组织,按计划实施测试性改进工作。对使用中发现的测试性问题和缺陷,承制方应配合使用方,落实测试性改进方案。

(4) 使用期间改进装备测试性能的主要途径包括:改进测试性设计,承制方配合落实有关改进工作;改进检测与使用方法;改进测试设备及保障系统。

(5) 在使用过程中全面跟踪、评价测试性改进措施的有效性。

2.4　雷达装备测试性要求的确定

2.4.1　测试性要求确定的因素

雷达装备测试性要求应通过全面分析与权衡考虑下列因素之后再确定。

1. 作战使用、安全和操作方面的要求

作战使用、安全和操作方面的要求主要包括以下方面。

(1) BIT 对关键性功能监控的要求。

(2) 影响安全的设备及故障模式的监控和告警要求。

(3) BIT 参与冗余设备管理、重构和降级使用的要求。

(4) 装备运行过程中,操作人员对系统工作状态的监控要求。

根据上述要求,通过分析,可以确定采用的连续 BIT 或周期 BIT 的故障检测、故障隔离、故障检测时间与故障隔离时间要求,同时还可以确定故障显示、告警和记录要求。

2. 部队级检查维修对测试的要求

部队级检查维修对测试的要求主要包括以下方面。

(1) 装备的备用状态、允许的停机时间、部队级平均修复时间(MTTR)对测试的要求。

(2) 任务前 BIT 和任务后 BIT,以及操作人员、维修人员和测试设备的接口等要求。

根据上述要求,通过分析、权衡,确定启动 BIT、维修 BIT 的故障检测、故障隔离、故障检测时间与故障隔离时间要求,以及对测试性设备的要求,如测试能力、接口等。

3. 维修与维修方案对测试性的要求

维修与维修方案对测试性的要求主要包括以下方面。

(1) 根据维修性指标和规划的维修活动,确定自动、半自动和人工测试的要求。

(2) 根据已初步确定的 BIT 能力,确定外部测试设备的要求。

(3) 根据维修方案与各维修等级的维修性要求,以及所有维修测试手册能实现的最大诊断能力确定各级维修的故障检测率、故障隔离、故障检测时间与故障隔离时间要求。

4. 保障性分析对装备测试性的要求

保障性分析对装备测试性的要求包括使用保障方案中的人员配置、技术水平、测试设备的状况、计划备件的数量等。

5. 可用的设计技术

分析拟采用的新技术和已知使用系统的测试现状，提出可用于设计的技术措施，总结和吸取使用系统的经验教训，合理确定系统的故障诊断能力。

6. 标准化要求

BIT 要尽量使用标准化的零部件、标准化的测试电路和标准化的软件模块，并尽量与被测系统协调，尽可能使用通用的 ETE。

2.4.2 测试性指标确定的因素

雷达装备测试性指标的确定主要取决于雷达的战术技术性能、工作方式、维修方案，以及可靠性、维修性、安全性、保障性要求等，并与费用和测试资源约束等有关。

1. 确定故障检测率(FDR)应考虑的因素

(1) 被测单元的部件或故障模式的故障率。应优先检测故障率高的部件或故障模式，只有这样 FDR 才能反映出使用寿命中的特性。

(2) 为了设计故障检测，利用故障模式、影响及危害性分析(FMECA)的结果。应优先检测影响关键功能和安全的故障模式。

(3) 在规定 FDR 时，应该对能够用于故障检测的各种方法加以考虑，根据结构特点和故障的不同危害程度采用不同的检测方法。有关 FDR 的技术要求应当是严格的，不允许使用对于系统来说是不可接受的或是不令人满意的检测方法。同时，有关 FDR 的技术要求也应当是灵活的，以允许承制方本着费用有效的原则剪裁设计方案。

(4) 必须认真地定义可接受的一系列检测条件：执行人员、检测方式、方法和时间要求等。

(5) 费用和检测技术及其可靠性方面的约束。

(6) 系统维修性指标(MTTR)的时间约束。

(7) 由于给定的故障诊断方案或测试系统不可能检测出所有的已知或预期的故障，因此应准备一些备用的或辅助的故障检测措施(间接方法、周期性性能监控、任务前或任务后检查等)，从而通过采用一套规定的方法，使预期的故障有可能被100%地检测出。

(8) 在各种规定的检测方法综合作用下，FDR 应为 100%。但在实际工作中，系统故障的危害程度有轻、重之分，因而，FDR 低于 100%也是可以容忍的。

2. 确定故障隔离率(FIR)应考虑的因素

(1) 在规定 FIR 时，应同时给出以下条件。

① 故障检测率、检测方法及其相应检测范围。

② 可接受的隔离方法(如 BIT、外部通用测试设备或专用测试设备、人工检测等)。

③ 由谁完成隔离(操作人员或维修人员)。

④ 第二层隔离要求(当隔离到一定的模糊度后，是否要求进一步隔离)。

⑤ 由维修性要求引出的时间约束。

⑥ 由被测单元故障率和 FMECA 得出的故障隔离的重点和优先权。

⑦ 规定的模糊度。

⑧ 约束条件(如最大允许时间)。

(2) FIR 要求应当是严格的，以避免使用那些对系统要求及维修来说是不可接受的或不令人满意的隔离方法；同时 FIR 要求也应当是灵活的，以允许承制方根据费用有效的原则剪裁设计方案。具体采用什么方法(或几种方法的组合)取决于承制方对与系统及设备设计因素、维修性要求和保障系统需求有关的每个故障隔离的分析。一般来说，应当避免采用以下两种方法作为主要的诊断方法：① 通过使用原理图和测试设备进行信号的人工跟踪和分析。② 反复进行单元拆卸、更换、性能检查，除非有明显的证据说明不这样做会带来明显的重量、体积或费用的增加。

(3) 采用集成化的机内测试，把测试结合到器件芯片中去。在一个器件内部进行检测可提供精确的故障隔离，在判定两个或更多个器件出现故障时，避免故障演绎逻辑问题。

(4) 几种可接受的诊断方法的组合，如果不可能将所有的或预期要发生的故障 100%地隔离，必须给出能够隔离其余可能发生故障的方法，准备好预备措施。在确定隔离方案或程序时，还应考虑诊断技术和费用的约束。

(5) 在明确各部分隔离模糊度时，应给出相应模糊组的构成单元，以及采用什么方法将故障隔离到故障单元的注意事项。这些注意事项应具体说明在部队级如何进行第二次故障隔离的程序和方法。

3. 确定虚警率(FAR)应考虑的因素

(1) 根据被测试项目的重要度,规定性能监控的范围和等级。

(2) 严格规定测试容差,测试容差从部队级到基地级应逐级加严。

(3) 明确被检测信号的故障响应灵敏度。

(4) BIT 可采用多重决策,对故障进行过滤,再根据虚警率的高低,调整容限和决策次数。

(5) 环境影响过滤及识别。

(6) 将人工智能技术应用于诊断过程中,从而改进设备的自适应诊断能力。

(7) 对含有电噪声的信号可以利用统计方法检测,评估平均值和标准值而不是瞬时值,以减少虚警率。

2.4.3 测试性要求确定的过程

1. 测试性要求确定的一般过程

测试性要求确定的一般过程如图 2-3 所示。

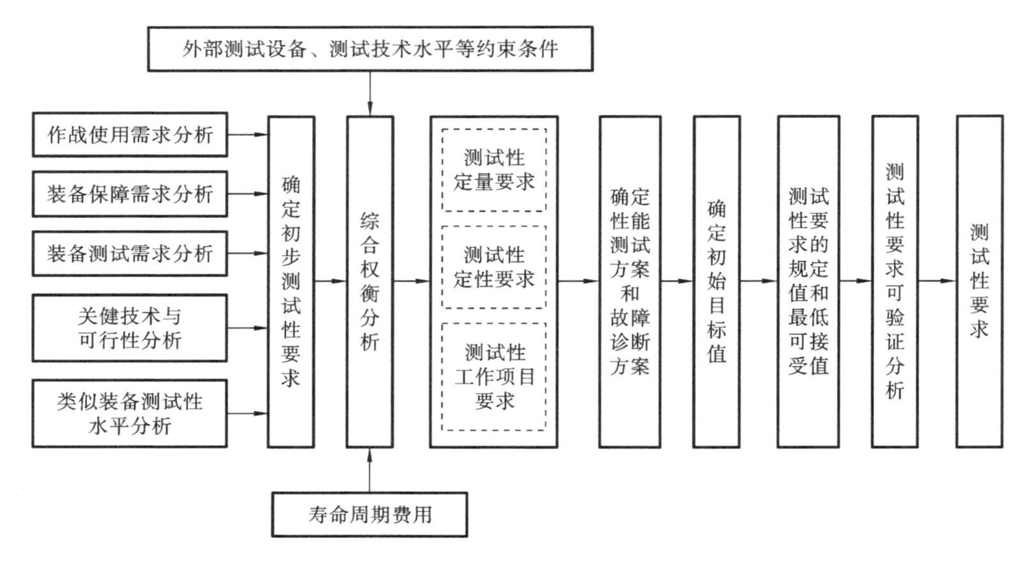

图 2-3 测试性要求确定的一般过程

1) 需求分析

根据作战使用需求分析、装备保障需求分析、装备测试需求分析、关键技术与可行性分析、类似装备测试性水平分析,确定初步测试性要求。需求分析主要内容如下。

（1）作战使用需求分析。典型作战样式分析；战场环境分析；部队编配使用特点分析；装备使用环境、机动性与连续工作状态分析；装备结构尺寸、重量等约束条件分析；装备典型任务剖面分析。

（2）装备保障需求分析。主要包括：保障性要求、保障模式、保障资源配备；保障能力需求分析；保障费用需求分析；使用保障流程分析；保障规模需求分析；保障要素需求分析；保障规划；维修级别、维修性指标。

（3）装备测试需求分析。① 使用分析：分析装备任务要求、部署、使用方式及环境、质量监测等因素对装备测试的需求。② 功能分析：根据装备特点，按照对任务可靠性的不同影响，对装备的功能进行分析，找出关键功能和非关键功能。③ 测试覆盖范围分析：根据使用分析、功能分析的结果和相似装备的测试性设计经验，确定测试覆盖的范围、需要重点监控和检测的测试对象。④ 安全分析：根据安全性要求，依据安全风险大小确定测试需求。

（4）关键技术与可行性分析。采用的关键技术项目及其成熟程度和应用的可行性，采用新的关键技术后，对其他性能指标和使用要求的影响等。

（5）类似装备测试性水平分析。在测试性方面存在的问题，可供借鉴的技术和经验，以及应改进的分析。

2）综合权衡分析

综合权衡分析主要包括以下内容。

（1）人工测试与自动测试的权衡。

（2）机内测试设备和外部测试设备的权衡。

（3）分布测试与集中测试的权衡。

（4）测试性与 RMS 的权衡。

（5）测试性要求内部之间的权衡。

（6）测试性与系统寿命周期费用的权衡。

（7）测试性的标准化。

3）确定性能测试方案

（1）根据雷达工作状态特点、关键功能、安全以及使用和维修要求，明确需要实时监测和定期测试的各种性能参数，能及时、准确地反映系统工作性能。合理选择监测和测试方式（内部或外部，集中或分散）和方法。

（2）根据雷达工作状态特点、关键功能、安全以及使用要求，明确需要初始检测、实时监控周期检测的内容，合理选择监视和控制的方式和方法，做到准确、可靠和便于使用。

4）确定故障诊断方案

确定能满足雷达装备可用性和寿命周期费用要求，并为各修理级别综合提供完整诊断能力的诊断方案。诊断方案应在战术技术指标论证阶段就提出，在方案确认阶段进一步细化。

（1）诊断方案是对雷达系统诊断的总体设想，明确诊断的范围、要求、方法、修理级别、诊断要素和诊断能力。

（2）诊断方案明确系统 BIT 和分系统 BIT、在线 BIT 和离线 BIT、人工测试和离位测试等的合理配置，必须满足每个修理级别诊断的要求。

（3）诊断方案明确采用的诊断资源，确定资源约束。

（4）诊断方案对测试性主要指标（如故障检测率、故障隔离率、虚警率和组件/插件离位测试（自动或半自动）率等）作出预计，以确定它是否支持系统可靠性、维修性和保障性要求。

5）确定初始目标值

在雷达装备论证阶段，对测试性的主要指标进行预计，并提出初始目标值。这些指标主要包括以下指标。

（1）BIT 故障检测率。

（2）BIT 故障隔离率和隔离模糊度。

（3）BIT 故障虚警率。

（4）LRU 离位自动测试率等。

6）确定目标值和门限值

在方案论证和确认阶段，应进一步确定测试性主要指标的目标值：BIT 故障检测率、BIT 故障隔离率、BIT 虚警率和 BIT 故障隔离模糊度。

其他重要指标的目标值和门限值：参数正常监测率、平均人工参数检测时间、BIT 故障检测时间、BIT 故障隔离时间、误拆率、BITE 可靠性、BITE 覆盖率、LRU 的 BIT 故障检测率、状态监控率、组件/插件板离位自动测试率。

7）测试性要求验证分析及确定

进行测试性要求验证分析并形成装备的测试性要求，将测试性定性要求、定量要求和验证要求列入装备合同（或研制任务书）或产品规范中。

2. 系统级测试性指标确定的流程

当系统出现故障后，由 BIT 进行检测。在一定的系统级指标 FDR、FIR 下，系统检测出故障并将故障隔离到 LRU 级，经过修复后，系统再次正常工作。但故障有可能是由于 BIT 虚警造成的，经过检查、修复后，系统恢复正常。判断该测试性指标在费用条件下是否满足可用度最大，若满足，则确定测试性指标；反之，修正指标，再次验证，直至满足要求。系统级测试性指标确定的流程图如图 2-4 所示。

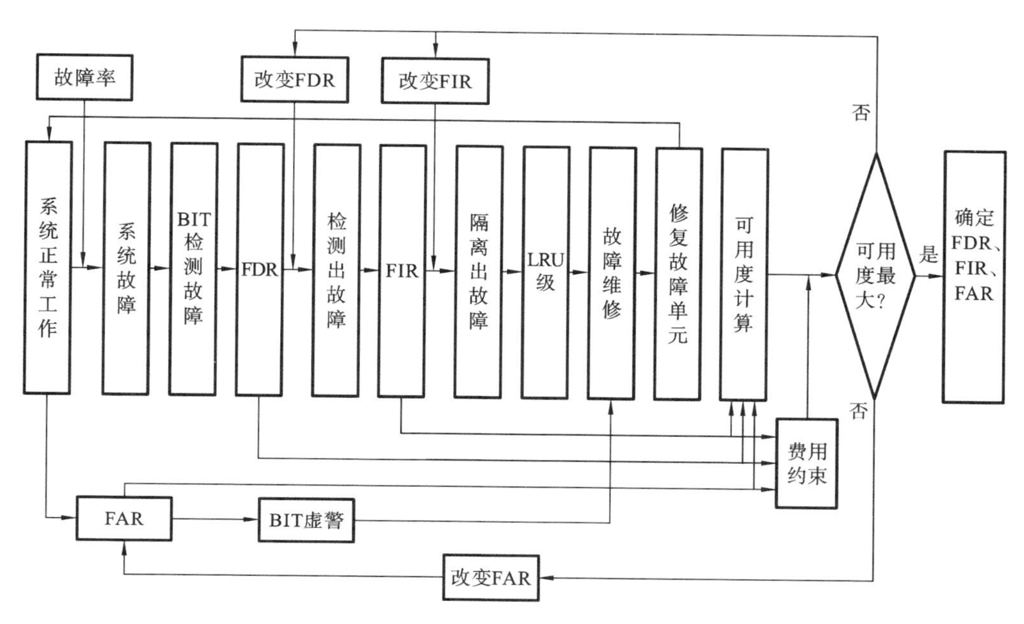

图 2-4　系统级测试性指标确定的流程图

2.5　雷达装备测试性指标确定方法

2.5.1　类比法

类比法是以现有的相似产品(基准系统)的测试性指标为基准,结合当前测试性和诊断一般要求值,并考虑待设计研制产品(目标系统)与基准系统的不同之处,修正后确定出目标系统测试性指标要求的方法。

类比法需要做的工作是调查并了解正在研制及已经投入使用的产品的测试性设计情况,包括设计要求、使用结果和存在的问题等,找出与目标系统在使用要求、组成特性和技术水平等方面近似的产品,获取类比度,进而确定目标系统的测试性指标要求。

使用类比法确定测试性指标,应充分调查、研究,科学确定类比度,做好分析对比工作。

1. 类比法的计算步骤

1）建立测试性参数集

测试性参数集是经过权衡分析得到的最能反映目标系统测试性能力的一组测试性参数，可表示为

$$P_{\text{TFOM}}=[p_1,p_2,\cdots,p_n] \tag{2.1}$$

式中：$P_i(i=1,2,\cdots,n)$为基准系统第 i 个测试性参数指标。

2）找出基准系统或设备

基准系统测试性参数集的指标值为

$$P'_{\text{TFOM}}=[p'_1,p'_2,\cdots,p'_n] \tag{2.2}$$

式中：$P'_i(i=1,2,\cdots,n)$为基准系统第 i 个测试性参数指标。

3）获取类比度

由测试性、维修性领域的专家组成专家评审组，由每位参加评审的专家根据自己的经验，给出目标系统的每项参数与基准系统的参数的类比度 w。$w<1$ 表示目标系统的参数小于基准系统的参数值；$w=1$ 表示两者一致；$w>1$ 表示目标系统的参数大于基准系统的参数值。

设由 m 位专家组成评审组，第 j 位专家对第 i 项测试性参数与基准系统的类比度为 w_{ij}，则第 i 项测试性参数的综合类比度为

$$w_i=\frac{1}{m}\sum_{j=1}^{m}w_{ij} \tag{2.3}$$

依次评出每项测试性参数的类比度后，组成类比度向量，即

$$\boldsymbol{W}=[w_1,w_2,\cdots,w_n] \tag{2.4}$$

4）确定指标要求

根据基准系统的测试性参数指标和专家评分的类比度向量，可得目标系统的测试性参数指标为

$$P_{\text{TFOM}}=[p_1,p_2,\cdots,p_n]=[p'_1w_1,p'_2w_2,\cdots,p'_nw_n] \tag{2.5}$$

2. 基于类比度的半定量分析方法

基于类比度的半定量分析方法可用于确定装备的 R_{FD}、R_{FI} 等指标。这里以 R_{FD} 为例进行分析。

如果缺乏相关定量数据的支撑，但是存在与待研制装备系统相似的产品，那么也可以通过类比度模型预测待研制系统的测试性指标值。设待研制系统为 A 系统，与它相似的系统为 B 系统，A 与 B 的类比度为 S，则有

$$R_{\text{FD}_\text{B}}=R_{\text{FD}_\text{A}}\cdot S \tag{2.6}$$

一般可采用专家评分法计算系统的类比度 S。设系统 R_{FD} 受 n 个因素的影响，

有 m 个领域专家参与评分，A、B 系统的得分矩阵分别用 $\boldsymbol{M}_{\mathrm{A}}$ 和 $\boldsymbol{M}_{\mathrm{B}}$ 表示，有

$$\boldsymbol{M}_{\mathrm{A}}=\begin{bmatrix} a_{11} & a_{12} & \cdots & a_{1n} \\ a_{21} & a_{22} & \cdots & a_{2n} \\ \vdots & \vdots & & \vdots \\ a_{m1} & a_{m2} & \cdots & a_{mn} \end{bmatrix},\quad \boldsymbol{M}_{\mathrm{B}}=\begin{bmatrix} b_{11} & b_{12} & \cdots & b_{1n} \\ b_{21} & b_{22} & \cdots & b_{2n} \\ \vdots & \vdots & & \vdots \\ b_{m1} & b_{m2} & \cdots & b_{mn} \end{bmatrix} \tag{2.7}$$

式中：a_{ij} 为第 i 个专家对 A 系统的第 j 个测试性影响因素打分；b_{ij} 为第 i 个专家对 B 系统的第 j 个测试性影响因素打分。设前 k 个影响因素（包括 k）测试性水平与得分成反比，也就是说，a_{ij}（$j \leqslant k$）越大，对 R_{FD} 的贡献越小。反之，当 $j>k$ 时，测试性水平与得分成正比。

设第 i 个测试性影响因素的权值为 $\boldsymbol{W}=[w_1,w_2,\cdots,w_n]$，即可根据 $\boldsymbol{M}_{\mathrm{A}}$、$\boldsymbol{M}_{\mathrm{B}}$ 和 $\boldsymbol{W}$ 的数值求得系统类比度 S 为

$$S=\sum_{j=1}^{k}\left[\frac{\sum_{i=1}^{m} b_{ij}}{\sum_{i=1}^{m} a_{ij}}\right] w_j+\sum_{j=k+1}^{n}\left[\frac{\sum_{i=1}^{m} a_{ij}}{\sum_{i=1}^{m} b_{ij}}\right] w_j \tag{2.8}$$

式中：m 为专家数；n 为测试性影响因素个数；k 为得分越高测试性水平越低的因素个数。

求得 S 以后，根据式(2.6)即可确定目标系统的 R_{FD}。虽然不同的专家会给出不同的得分矩阵，使得新系统规定的 R_{FD} 略有不同，但是当无法取得系统的 RMS 指标时，参考相似系统的测试性指标，利用类比度确定 R_{FD} 在工程上仍不失为一种切实可行的方法。

2.5.2　参数权衡法

参数权衡法是已知目标系统的可用度、可靠度等，权衡分析确定该系统故障检测率、故障隔离率和虚警率等测试性指标的方法。

需要提供的初始条件是经过论证暂定的装备的可用度 $A(t_a)$ 和可靠度 $R(t_m)$。

参数权衡法的计算步骤如下。

1. 基本计算公式

故障检测率 R_{FD} 与可用度 $A(t_a)$、可靠度 $R(t_m)$ 之间的关系可表示为

$$A(t_a)=R(t_m)+R_{\mathrm{FD}}M(t_r)[1-R(t_m)] \tag{2.9}$$

式中：$A(t_a)$ 为系统在时间 t_a 时刻的使用可用度；$R(t_m)$ 为系统在任务时间 t_m 内无故障工作的概率，即可靠度；R_{FD} 为故障检测率；$M(t_r)$ 为检测出的故障在时间 t_r 内

修好并恢复到使用状态的概率，即维修度。

式(2.9)表示了装备的战备完好性指标与其可靠性、维修性等指标的关系。

装备初始的故障检测率、故障隔离率和虚警率的要求值可按下述方法求出。

2. 计算故障检测率和维修度的乘积

由式(2.9)求出故障检测率为

$$R_{\mathrm{FD}}M(t_r)=\frac{A(t_a)-R(t_m)}{1-R(t_m)} \tag{2.10}$$

根据使用要求，当确定了 $A(t_a)$ 和 $R(t_m)$ 之后，就可以得到要求的 $R_{\mathrm{FD}}M(t_r)$ 值。

3. 确定故障检测率和维修度

$R_{\mathrm{FD}}M(t_r)$ 值是系统故障在规定的时间内检测出并修好的概率。在 $R_{\mathrm{FD}}M(t_r)$ 值确定后，R_{FD} 和 $M(t_r)$ 的值可有不同的组合，要根据系统特点和维修要求进行适当的权衡分析，确定最优的 R_{FD} 和 $M(t_r)$。

4. 根据维修度确定平均修复时间

在维修概率密度分布函数为指数分布时，维修度计算公式为

$$M(t_r)=1-\mathrm{e}^{-\frac{t_r}{\overline{M}_{\mathrm{ct}}}} \tag{2.11}$$

可推导得出平均修复时间 $\overline{M}_{\mathrm{ct}}$ 的计算公式为

$$\overline{M}_{\mathrm{ct}}=\frac{t_r}{-\mathrm{In}[1-M(t_r)]} \tag{2.12}$$

5. 根据平均修复时间确定故障隔离率

平均修复时间 $\overline{M}_{\mathrm{ct}}$ 通常由准备时间、故障定位隔离时间、拆卸更换时间、再安装时间、调整和检验时间组成，即

$$\overline{M}_{\mathrm{ct}}=t_{\mathrm{o}}+t_{\mathrm{IN}}(1-R_{\mathrm{FI}}) \tag{2.13}$$

式中：t_{IN} 为无 BIT 时故障定位隔离时间；t_{o} 为除 t_{IN} 以外的其他时间(如故障定位隔离时间、拆卸更换时间、再安装时间和调整与检验时间等)之和；R_{FI} 为故障隔离率。

时间 t_{o} 和 t_{IN} 可根据类似产品凭经验估计，或参考美国军用标准 MIL-HDBK-472 预计。在全自动检测(如 BIT)时，故障隔离时间很短，与人工检测时间相比近似为 0。则由式(2.13)可推导出 R_{FI} 计算公式为

$$R_{\mathrm{FI}}=\frac{t_{\mathrm{o}}+t_{\mathrm{IN}}-\overline{M}_{\mathrm{ct}}}{t_{\mathrm{IN}}} \tag{2.14}$$

上述确定 R_{FD} 和 R_{FI} 的过程中，未考虑模糊隔离和虚警的影响。因此，在最后提出 R_{FD} 和 R_{FI} 指标时应留有余量。

6. 确定虚警率

虚警率 R_{FA} 不仅与单位时间的虚警数 N_{FA} 有关，还与产品的故障率 λ_{s} 和故障

检测率 R_{FD} 有关。虚警率 R_{FA} 计算公式为

$$R_{FA}=\frac{N_{FA}}{\lambda_s R_{FD}+N_{FA}}=\frac{\alpha}{R_{FD}+\alpha} \tag{2.15}$$

式中：α 为虚警数 N_{FA} 与故障率 λ_s 的比值，可在 0.01～0.04 范围内选取。

以上就是装备测试性指标确定的权衡分析思路和对应的模型，可将其称为基于可用度、可靠度和维修度(availability，reliability and maintenance，ARM)的参数权衡分析方法。

2.5.3　故障列表法

故障列表法是一种基于经验、面向典型故障的系统测试性指标确定方法，是在经验的基础上确定系统的测试性指标。

在给定装备的成品率和缺陷水平时，可采用故障列表分析模型。该方法主要步骤如下。

1. 确定故障列表

首先收集以往类似装备系统的故障信息，再对新研制系统开展 FMEA/FMECA 分析，基于以上两个来源，按照必要性、可行性、经济性等原则，确定系统的典型故障列表。

2. 确定典型故障的测试性参数影响因子 A 向量

对于故障列表中的每一个典型故障，分别考虑其严酷度、故障发生概率、故障测试的难易程度、故障诊断在 MTTR 中所占时间的百分比，并将这 4 个影响因子均转换为 5 个指标等级。

3. 给出各影响因子的综合影响权重 W 矩阵

列出各因素的综合影响权重 $\boldsymbol{W}$ 矩阵：

$$\boldsymbol{W}=\begin{bmatrix} w_{11} & w_{12} & \cdots & w_{1m} \\ w_{21} & w_{22} & \cdots & w_{2m} \\ \vdots & \vdots & & \vdots \\ w_{n1} & w_{n2} & \cdots & w_{nm} \end{bmatrix} \tag{2.16}$$

式中：w_{ij} 为经由专家判断得到的 i 因素($i=1,2,\cdots,n$)对 j 指标($j=1,2,\cdots,m$)的影响权值。

4. 计算测试性指标等级

按式(2.16)得到故障的测试性综合影响值的计算结果，并转换为对应的测试性指标等级。

$$\boldsymbol{E}=\boldsymbol{AW} \tag{2.17}$$

5. 规定不同等级的测试性指标值

通过经验确定不同等级的测试性指标初值，再经专家调查并修正后确定不同等级指标的各测试性指标值。

6. 确定故障检测率、故障隔离率和虚警率

根据计算结果确定故障检测率、故障隔离率和虚警率（均取下限）指标，再以综合指标为权重，分别计算系统的故障检测率、故障隔离率和虚警率指标。

分析可知，该方法在性质上仍然属于通过经验判断确定系统的测试性指标的方法，只不过是把“凭经验对任务需求分析得出测试性要求”转变为“凭经验对故障分析得出测试性要求”，是经验法和类比法的继承和发展，并且将其过程结构化。该方法适合在全面掌握了系统的装备故障信息的条件下使用，可用于产品研制早期的指标确定，也可用于产品研制后续阶段的测试性设计。

2.5.4 马氏链分析方法

马氏链模型广泛地应用于系统的状态预测，包括装备系统的可靠性、维修性分析，它通过研究系统对象的状态转移概率预测系统的状态概率。这里主要考虑故障检测率和故障隔离率指标。

假设在任意时刻，系统或设备处于可使用状态（O）、维修状态（M）、虽有故障但未检测出（未进行维修）的状态（F）中任何一种状态，建立同时考虑系统故障检测和故障隔离的马氏链分析模型，如图 2-5 所示。图 2-5 中，λ 为故障率，μ 为修复率。

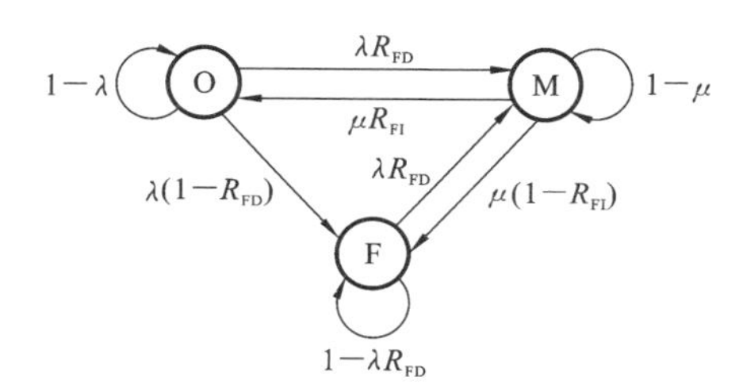

图 2-5 同时考虑故障检测和故障隔离的马氏链分析模型

对应的状态转移矩阵为

$$\boldsymbol{P}=\begin{bmatrix} 1-\lambda & \lambda R_{FD} & \lambda(1-R_{FD}) \\ \mu R_{FI} & 1-\mu & \mu(1-R_{FI}) \\ 0 & \lambda R_{FD} & 1-\lambda R_{FD} \end{bmatrix} \tag{2.18}$$

列出特征向量方程并进行求解可得

$$x_1=\frac{\mu R_{FD}R_{FI}}{\mu+\lambda R_{FD}} \tag{2.19}$$

因此，系统(设备)的故障检测率和故障隔离率必须满足

$$R_{FD}R_{FI}=A_o\left(1+\frac{\lambda}{\mu}\cdot R_{FD}\right) \tag{2.20}$$

或表示为

$$R_{FD}R_{FI}=A_o\left(1+\frac{M_{CT}}{M_{BF}}\cdot R_{FD}\right) \tag{2.21}$$

式中：A_o为使用可用度；M_{CT}为平均修复时间；M_{BF}为平均故障间隔时间。

故障检测率和故障隔离率分别为

$$R_{FD}=\frac{A_oM_{BF}}{R_{FI}M_{BF}-A_oM_{CT}} \tag{2.22}$$

$$R_{FI}=A_o\left(\frac{1}{R_{FD}}+\frac{M_{CT}}{M_{BF}}\right) \tag{2.23}$$

由于存在两个未知数，不能从中直接得到R_{FD}和R_{FI}的数值。但在可用度、可靠性与维修性指标等不变的情况下，这个结果直观地反映了R_{FD}和R_{FI}之间的关系。在实际工作中，可以以此为出发点，进行类似于指标权衡分析的研究与计算。

若装备具有完全的故障隔离和修理能力，即有$R_{FI}=100\%$，则故障检测率R_{FD}表示为

$$R_{FD}=\frac{A_oM_{BF}}{M_{BF}-A_oM_{CT}}=\frac{\mu A_o}{\mu-\lambda A_o} \tag{2.24}$$

同理，若装备具有完全的故障检测能力，即有$R_{FD}=100\%$。则故障隔离率R_{FI}表示为

$$R_{FI}=A_o\left(1+\frac{M_{CT}}{M_{BF}}\right)=A_o\left(1+\frac{\lambda}{\mu}\right) \tag{2.25}$$

马氏链分析计算模型的最大优点在于：只要已知装备系统的可靠性、维修性和可用性指标数据，就能够很容易地通过计算得到系统的R_{FD}指标要求。对装备系统级FDR指标的计算，采用马氏链模型非常方便。

思　考　题

1. 简述雷达装备测试性定性要求的内容。
2. 雷达装备测试性定量要求包含哪些参数指标？

3. 简述雷达装备测试性设计与分析要求的工作项目。
4. 简述测试性要求确定的过程。
5. 简述类比法、参数权衡法、故障列表法和马氏链分析方法的使用场合。

参考文献

[1] 石君友.测试性设计分析与验证[M].北京:国防工业出版社,2011.
[2] 田仲,石君友.系统测试性设计分析与验证[M].北京:北京航空航天大学出版社,2003.
[3] 邱静,刘冠军,杨鹏,等.装备测试性建模与设计技术[M].北京:科学出版社,2012.
[4] 吕建伟,徐一帆,谢宗仁,等.舰船装备总体可靠性维修性测试性[M].北京:科学出版社,2020.
[5] 吴建军,周红,朱玉岭,等.工程装备测试性分析与应用[M].北京:国防工业出版社,2017.
[6] 王红霞,叶晓慧.装备测试性设计分析验证技术[M].北京:电子工业出版社,2018.
[7] 黄考利.装备测试性设计与分析[M].北京:兵器工业出版社,2005.
[8] 中央军委装备发展部.GJB 8892.12—2017 武器装备论证通用要求 第12部分:测试性[S].北京:国家军用标准出版发行部,2017.
[9] 中国人民解放军总装备部.GJB 2547A—2012 装备测试性工作通用要求[S].北京:总装备部军标出版发行部,2012.
[10] 中国人民解放军总装备部.GJB 1909A—2009 装备可靠性维修性保障性要求论证[S].北京:总装备部军标出版发行部,2009.
[11] 中国人民解放军总装备部.GJB 4260—2001 侦察雷达测试性通用要求[S].北京:总装备部军标出版发行部,2001.
[12] 中国人民解放军总装备部.GJB 3970—2000 军用地面雷达测试性要求[S].北京:总装备部军标出版发行部,2000.
[13] 康京山,李科.复杂装备测试性要求的多视角分析方法研究[J].电子产品可靠性与环境试验,2022,40(z1):12-17.
[14] 袁志芳,苗学问,侯一蕾,等.一种基于专家评分法的装备测试性要求论证方法[C].第十七届中国航空测控技术年会论文集.西安:《测控技术》杂志社,

2020:479-481.
[15] 谢宗仁,吕建伟,徐一帆,等.舰船装备总体测试性指标定量要求的确定方法[J].海军工程大学学报,2017,29(06):49-54.
[16] 常春贺,杨江平,刘飞.复杂装备系统测试性指标确定方法[J].装备指挥技术学院学报,2011,22(03):110-113.
[17] 苏永定,刘冠军,邱静,等.系统测试性指标确定方法[J].测试技术学报,2008,22(5):401-405.
[18] 吕晓明,黄考利,连光耀,等.复杂装备系统级测试性指标确定方法研究[J].计算机测量与控制,2008,(03):357-359,362.
[19] 王刚.装备测试性参数优化选择技术研究[D].长沙:国防科技大学,2010.
[20] 苏永定.装备系统测试性需求分析技术研究[D].长沙:国防科技大学,2011.
[21] 张钊旭.鱼雷测试性建模方法及应用研究[D].北京:中国舰船研究院,2018.

第3章

雷达装备测试性建模

3.1 概　　述

3.1.1 测试性模型的概念

测试性模型是指能够体现装备测试性设计特征，用于测试性分配、预计和评价，进行测试点优化和诊断策略设计所建立的模型。

测试性模型用来描述装备测试性的相关因素、故障与测试之间的逻辑关系和对测试资源的占用关系，如故障模式集，测试资源集，功能、故障与测试之间的关系等。

测试性建模可以将装备的测试性知识准确、清晰地抽象出来，辅助测试性设计和分析。其作用表现在以下几个方面。

(1) 将研制人员相关性的测试性知识转化为规范化的测试性模型，形成图表、文字报告等，便于研制团队信息交流与相互协作。

(2) 将研制阶段中与测试性相关的因素和知识有效地抽象出来，并形象、直观地表达，为研制人员提供有效的测试性设计、分析手段，为装备系统测试性仿真提供模型基础。

(3) 进行测试性分配，把系统级的测试性要求分配给系统级以下各个层次，以便进行产品设计。

(4) 进行测试性预计和评定，估计或确定设计或设计方案可达到的测试性水平，为测试性设计与分析决策提供依据。

(5) 当设计变更，系统内的某个参数发生变化时，可对系统可用性、费用和测试性的影响进行分析。

(6) 便于开发测试性软件工具，实现计算机辅助测试性分配、预计、设计、分析与评估，有助于减少研制成本，提高研制效率。

3.1.2　测试性模型的分类

1. 按模型的形式分类

按模型的形式不同，测试性模型可分为图示模型和数学模型。

1) 图示模型

测试性图示模型是指用图的方式表示测试性设计与分析的模型，包括功能流程图、层次框图、多信号流图以及包含测试点或者 BIT 功能部分的仿真原理图。例如，功能流程框图多用于测试性分配中。图示模型应支持测试点的设置和添加，支持故障注入信号的设置。

基于多信号流图的相关性模型是进行测试性设计的重要模型之一。相关性模型表达了产品组成单元故障与产品测试之间的相关关系。在缺少详细故障模式信息的情况下，可以仅建立产品单元和测试之间的相关性模型；在故障模式信息具备的情况下，建立产品各单元故障模式与测试之间的相关性模型。在相关性模型的基础上，可以进行测试的优选设计和分析，得到诊断策略，并可以初步估计故障检测和故障隔离能力。例如，多信号流图多用于测试性预计和故障诊断。

2) 数学模型

测试性数学模型是描述产品参数和产品特性关系的数学关系式，如故障检测率、故障隔离率等数学模型。

建立测试性数学模型，应考虑下列因素。

(1) 影响产品测试性的设计特征，如故障检测与隔离方式、故障率、故障相互影响、重量、布局、安装方式等。

(2) 与测试性模型相应的维修级别及保障条件。

(3) 与测试性模型有关的维修项目(如规定的可更换单元)清单。

(4) 相似产品的数据积累和维修工作经验。

（5）模型的输入和输出应与产品的其他分析模型的输入和输出要求一致。

2. 按建模的目的分类

按建模的目的不同，测试性模型可分为以下模型。

（1）分配模型：主要采用功能层次框图和相应的数学模型。

（2）预计模型：主要采用功能层次框图、多信号流图和相应的数学模型。

（3）设计评价模型：综合分析影响产品测试性的各个因素，评价有关的设计方案，为评审及设计决策提供依据。主要采用功能层次框图、多信号流图和相应的数学模型。

（4）试验验证模型：主要确定试验方案与测试性参数统计评估模型。

3.1.3 测试性建模的原则与程序

1. 测试性建模的原则

测试性建模是测试性设计分析和评定的首要环节，模型建立的正确与否直接影响分析和评定以及结果的好坏，对装备的研制具有重要的影响。建立测试性模型应遵循以下原则。

（1）准确性：模型应准确地反映分析的目的、装备结构及其重要的内在联系，以及影响测试和诊断的有关因素。

（2）可行性：模型必须是可实现的，所需要的数据是可以收集到的。

（3）简明性。建立模型时，在满足使用要素的条件下，应尽量简化模型。

（4）灵活性：模型能够根据不同的装备结构及保障的实际情况，通过局部变化后仍可使用。

（5）稳定性：通常情况下，运用模型计算出的结果只有在相互比较时才有意义，所以模型一旦建立，就应保持相对的稳定性，除非结构、保障等变化，不然不可随意更改。

（6）适应性。模型要适应装备所处的环境和内部条件。在装备研制中，随着研制工作的深入，装备内外环境不断变化，此时，模型应能够适时自我完善。

2. 测试性建模的一般程序

测试性建模首先要明确建模的目的和要求，确定建模的测试性参数，明确与模型有关的诊断和保障方案；然后建立测试性图示模型，确认建模参数影响分析，通过参数分析，建立测试性数学模型；最后收集估计参数数据，通过不断修改完善模型，最终确定应用模型。最终使模型固定下来并运用模型进行分析。测试性建模的一般程序如图 3-1 所示。

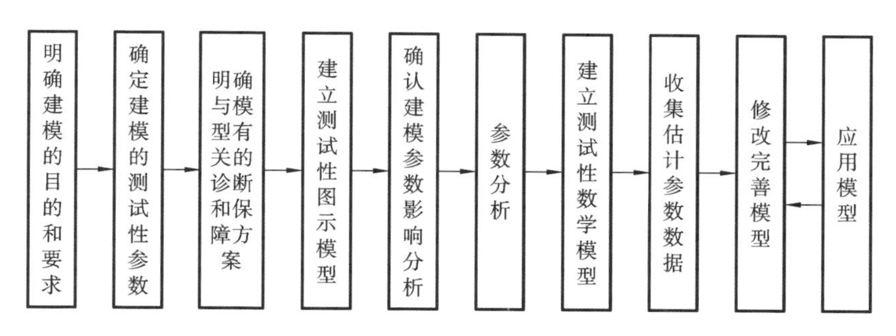

图 3-1　测试性建模的一般程序

3.2　相关性矩阵

3.2.1　相关性矩阵的相关概念

1. 测试与测试点

针对故障判断，测试是为确定被测对象的状态并隔离故障所进行的测量与观测。测试点是指进行测试时，获得所需状态信息的任何物理位置。一个测试可以利用一个和多个测试点，一个测试点也可被一个或多个测试利用。为便于理解，可以认为一个测试就使用一个测试点，则测试点就代表了测试，用 t_i 表示测试或测试点。

2. 组成单元和故障类

被测对象的组成部件，不论其大小和复杂程度，只要是故障隔离的对象，修复时就要更换，称为组成单元。实际上，诊断分析真正关心的是组成单元发生的故障，所以组成单元可以用所有故障代表，它们具有相同或相近的表现特征，称为故障类。为便于理解，在以后测试点选择和诊断顺序分析中用 f_i 表示组成单元、组成部件或组成单元的故障类。

3. 相关性

相关性(dependency)是指两个实体(物理的或概念的)之间的因果关系。这种相关性是有指向性的，若由 A 可推出 B，则称 B 与 A 相关；若 A 与 B 可以互推，则称二者是互相关的。被测对象的组成单元和测试点之间就具有这种相关性，若由故障 f_i 发生可推出测试 t_j 不通过，且由 t_j 通过可推出 f_i 未发生，则称 t_j 和 f_i 是互相关的,或者称 t_j 是一个对称测试。若仅能由 f_i 发生推出 t_j 不通过,而不能由 f_i 通过推出 t_j 未发生,则称 t_j 是非对称测试。

一阶相关(first order dependency)仅仅表明某一个测试点与其输入组成单元(1 个或 n 个)的逻辑关系,它是直接的因果关系。

N 阶相关(Nth-order dependency)也称为高阶相关,是指间接的因果关系。例如,由 A 可推出 B,由 B 可推出 C,再由 C 可推出 D,则称 D 与 A 为三阶相关,C 与 A、D 与 B 为二阶相关。系统中若某故障节点通过一些中间节点与某测点相连,则称二者为 N 阶相关。

全阶相关(full-order dependency)是指全部的直接和间接因果关系,是一阶相关和高阶相关的集合。相关性矩阵描述的就是故障与测试的全阶相关。

4. 相关性矩阵(dependency matrix)

在测试性领域,关注的是故障与测试之间的关系,因此测试性模型至少应包含如下关系:装备中有哪些故障和测试,每个故障能被哪些测试观测,每个测试能观测到哪些故障。这就是故障与测试之间的相关关系。“相关”是指某个测试能观测到某个故障,相应的矩阵元素为 1;“不相关”是指该测试不能观测到该故障,相应的矩阵元素为 0。这样一系列的“相关”和“不相关”就构成了相关性矩阵。

1)“故障—测试”相关性矩阵

“故障—测试”相关性矩阵 $\boldsymbol{FT}_{m\times n}$ 是一种能够反映故障与测试之间相关的布尔矩阵,是相关模型的矩阵表示。其相关性矩阵记为

$$\boldsymbol{FT}_{m\times n}=\begin{bmatrix} ft_{11} & ft_{12} & \cdots & ft_{1n} \\ ft_{21} & ft_{22} & \cdots & ft_{2n} \\ \vdots & \vdots & & \vdots \\ ft_{m1} & ft_{m2} & \cdots & ft_{mn} \end{bmatrix} \tag{3.1}$$

式中:矩阵 $\boldsymbol{FT}_{m\times n}$ 的行对应系统的故障模式集 $\boldsymbol{F}=[f_1,f_2,\cdots,f_m]$,矩阵的列对应测试集 $\boldsymbol{T}=[t_1,t_2,\cdots,t_n]$。矩阵元素 ft_{ij} 为布尔变量,定义为

$$ft_{ij}=\begin{cases} 1, & t_j \text{ 可以检测到故障 } f_i \\ 0, & t_j \text{ 不能检测到故障 } f_i \end{cases} \tag{3.2}$$

ft_{ij} 表示第 i 个组成单元故障 f_i 在测试 t_j 上的反映信息,表明了故障 f_i 与测试 t_j 之间的相关性,若 t_j 可以检测到故障 f_i,则 $ft_{ij}=1$,否则 $ft_{ij}=0$。

矩阵的第 i 行向量 $\boldsymbol{F}_i=[ft_{i1},ft_{i2},\cdots,ft_{in}]$ 表示第 i 个组成单元的故障 f_i 在各测试上的反映信息。它表明了 f_i 和各个测试 $t_j(j=1,2,\cdots,n)$ 的相关性,可反映故障 f_i 在各测试的全部故障征兆。

矩阵的第 j 列向量 $\boldsymbol{T}_j=[ft_{1j},ft_{2j},\cdots,ft_{nj}]$ 表示第 j 个测试 t_j 可以测得各组

成单元的故障信息。它表明 t_j 与各组成单元故障 $f_i(i=1,2,\cdots,m)$ 的相关性，可反映测试 t_j 的故障检测和隔离能力。

相关性矩阵包含装备的一些基本信息，可用来解释测试结果和诊断故障，并产生各种诊断策略（测试序列）。

在"故障—测试"相关性矩阵的基础上，可扩展出"故障—故障"相关性矩阵和"测试—测试"相关性矩阵，它们在测试性设计、分析和验证中都有重要的应用。

2）"故障—故障"相关性矩阵

"故障—故障"相关性矩阵描述了故障之间的传播关系，可用矩阵 $\boldsymbol{FF}_{m\times m}=[ff_{ij}]_{m\times m}$ 表示，其中的元素定义为

$$ff_{ij}=\begin{cases}1, & \text{故障 } f_i \text{ 可以传播到故障 } f_j\\ 0, & \text{故障 } f_i \text{ 不能传播到故障 } f_j\end{cases} \tag{3.3}$$

矩阵行向量表示故障 f_i 的影响是否能够传播到其他各个故障；矩阵列向量表示 f_j 是否受到各个故障传播的影响。

对于有 m 个故障的系统，其"故障—故障"相关性矩阵计算公式为

$$\boldsymbol{FF}=\boldsymbol{R}+\boldsymbol{R}^2+\cdots+\boldsymbol{R}^m \tag{3.4}$$

式中："+"表示布尔矩阵意义下的逻辑加运算；$\boldsymbol{R}^i$ 表示布尔矩阵意义下的 i 次幂。

3）"测试—测试"相关性矩阵

"测试—测试"相关性矩阵描述测试之间的因果逻辑关系，可用矩阵 $\boldsymbol{TT}_{n\times n}=[tt_{ij}]_{n\times n}$ 表示，其中的元素定义为

$$tt_{ij}=\begin{cases}1, & t_i \text{ 输出异常}, t_j \text{ 必然异常}\\ 0, & t_i \text{ 与 } t_j \text{ 之间没有必然的因果关系}\end{cases} \tag{3.5}$$

矩阵行向量表示：若该行对应的测试输出异常，则该行中"1"元素对应的测试输出均异常，即哪些测试可以"观察"该测试。矩阵列向量表示：当该列中"1"元素对应的测试异常，则该列对应的测试异常，即该列对应的测试可以"观察"哪些测试。

"测试—测试"相关性矩阵的求解可以通过"故障—测试"相关性矩阵计算得到，其计算公式为

$$tt_{ij}=\begin{cases}1, & t_i+t_j=t_j\\ 0, & \text{其他}\end{cases} \tag{3.6}$$

3.2.2　相关性矩阵获取方法

相关性矩阵是测试性模型的数学表现形式。建立相关性矩阵是评估装备测试性指标和进行诊断策略设计的基础。因此，研究相关性矩阵的生成方法具有非常重要的意义。

相关性矩阵的生成方法有:直接分析法、行矢量法、列矢量法、传递闭包算法和故障树法。其中,直接分析法仅适用于功能模块和测试数量较少的情况,这限制了其应用范围;行矢量法和列矢量法原理相同,都是通过分析装备故障和测试的一阶和高阶相关关系来进行相关性矩阵的求解;传递闭包算法适用于大型复杂装备的相关性矩阵生成;故障树法适用于装备的故障树建立清晰的相关性矩阵。

1. 直接分析法

直接分析法适用于被测单元和测试数量不多的系统。以图 3-2 所示的被测单元为例,其中,方框 f_i 代表各功能单元,t_j 代表各测试点,箭头表明了功能信息传递的方向。根据信息流方向,逐个分析各组成单元的故障信息在各测试点上的反映,就可以得到对应的相关性矩阵,如表 3-1 所示。

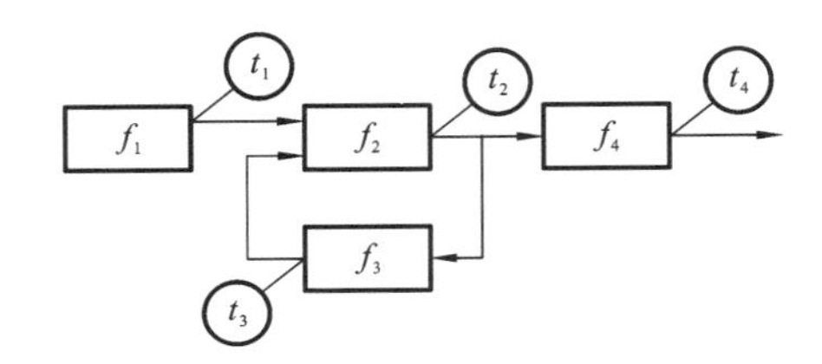

图 3-2　直接分析法示例图

表 3-1　直接分析法相关性矩阵示例

	t_1	t_2	t_3	t_4
f_1	1	1	1	1
f_2	0	1	1	1
f_3	0	1	1	1
f_4	0	0	0	1

2. 列矢量法

列矢量法首先分析各测试点的一阶相关性,列出一阶相关性表格;然后分别求各测试点对应的列;最后组合成相关性矩阵模型。例如,对某一测试点 t_j 的一阶相关性中,如果还有另外的测试点,则该点用与其相关的组成单元代替。这样就可找出与 t_j 相关的各个组成单元。在列矩阵 $\boldsymbol{T}_j$ 中,与 t_j 相关的组成单元位置用 1 表示,不相关组成单元位置用 0 表示,即可得到列矩阵 $\boldsymbol{T}_j$。所有的测试点 $t_j(j=1,2,\cdots,n)$都这样分析一遍,即得到各个列矩阵,从而可组成被测单元的相关性矩阵。

对图 3-2 所示被测单元进行各测试点的一阶相关性分析。其中 t_1 只与 f_1 相关,所以其列矩阵为

$$\boldsymbol{T}_1=[1\quad 0\quad 0\quad 0]^{\mathrm{T}}$$

t_2 与 f_2、t_1、t_3 相关，其中 t_1 用其相关的 f_1 代替；t_3 用其相关的 f_3 代替，则可知 t_1 与 f_1、f_2 和 f_3 相关，与 f_4 不相关，所以对应列矩阵为

$$\boldsymbol{T}_2=[1\quad 1\quad 1\quad 0]^{\mathrm{T}}$$

同样，t_3 与 f_3、t_2 相关，其中 t_2 用其相关的 f_2、t_1 代替，t_1 再用 f_1 代替，则可知 t_3 与 f_1、f_2 和 f_3 相关，与 f_4 不相关，所以对应列矩阵为

$$\boldsymbol{T}_3=[1\quad 1\quad 1\quad 0]^{\mathrm{T}}$$

同样，t_3 与 f_4、t_2 相关，t_2 用 f_2、t_1、t_3 代替，其中 t_1 用 f_1 代替，t_3 用 f_3 代替，可得列矩阵为

$$\boldsymbol{T}_4=[1\quad 1\quad 1\quad 1]^{\mathrm{T}}$$

综合列矩阵 T_1、T_2、T_3、T_4，即可得出相关性矩阵，如表 3-1 所示。其结果与直接分析得出的相关性矩阵一样。

3. 行矢量法

行矢量法同样先根据测试性框图分析一阶相关性，列出各测试点一阶相关性逻辑方程，然后求解一阶相关性方程组，得到相关性矩阵。一阶相关性逻辑方程的形式为

$$\boldsymbol{T}_j=F_x+T_k+F_y+T_l+\cdots,\quad j=1,2,\cdots,n \tag{3.7}$$

方程式等号的右边是与测试点相关的组成单元和测试点，“+”表示逻辑“或”。下标 x 或 y 取值为小于等于 m 的正整数，k 和 l 取值为小于等于 n 的正整数，且不等于 j。

令 $\boldsymbol{F}_i=1$，其余 $F_x=0$，求解式(3.7)可得到各个 ft_{ij} 的取值(1 或 0)，从而求得相关矩阵的第 i 行为

$$\boldsymbol{F}_i=[ft_{i1}\quad ft_{i2}\quad \cdots\quad ft_{in}] \tag{3.8}$$

取 $i=1,2,\cdots,m$，重复上述计算过程，即可求得 m 个行矢量，综合起来得到相关性矩阵。

同样用图 3-2 给出的 UUT 为例，可列出一阶相关性方程组如下

$$\begin{cases}t_1=f_1\\ t_2=f_2+t_1+f_3\\ t_3=f_3+t_2\\ t_4=f_4+t_2\end{cases}$$

令 $f_1=1$，$f_2=f_3=f_4=0$，代入上述方程组可求得 $t_1=1$，$t_2=t_3=t_4=1$，从而得到矩阵的第 1 行：

$$\boldsymbol{F}_1=[1\quad 1\quad 1\quad 1]$$

再令 $f_2=1, f_1=f_3=f_4=0$，代入方程组，求得 $t_1=0, t_2=t_3=t_4=1$，从而得到

$$F_2=[0\quad 1\quad 1\quad 1]$$

同样方法可求得

$$F_3=[0\quad 1\quad 1\quad 1],\quad F_4=[0\quad 0\quad 0\quad 1]$$

综合行矢量 F_1、F_2、F_3 和 F_4，即可得被测单元的相关性矩阵，结果与前两种方法得到的相关性矩阵相同。

下面以某型雷达接收分系统为例，说明利用行矢量法获取相关性矩阵的过程。

某型雷达接收分系统由滤波器、限幅器、低噪声放大器、数控衰减器、放大器 1、SAW 滤波器组、放大器 2、混频器、中频处理电路、正交双通道、A/D 变换器、波形产生电路、本振、基准信号发射激励和功放等功能模块组成，是雷达装备整机中故障发生频率较高的分机之一。某型雷达装备接收分系统的相关性图示模型如图 3-3 所示。

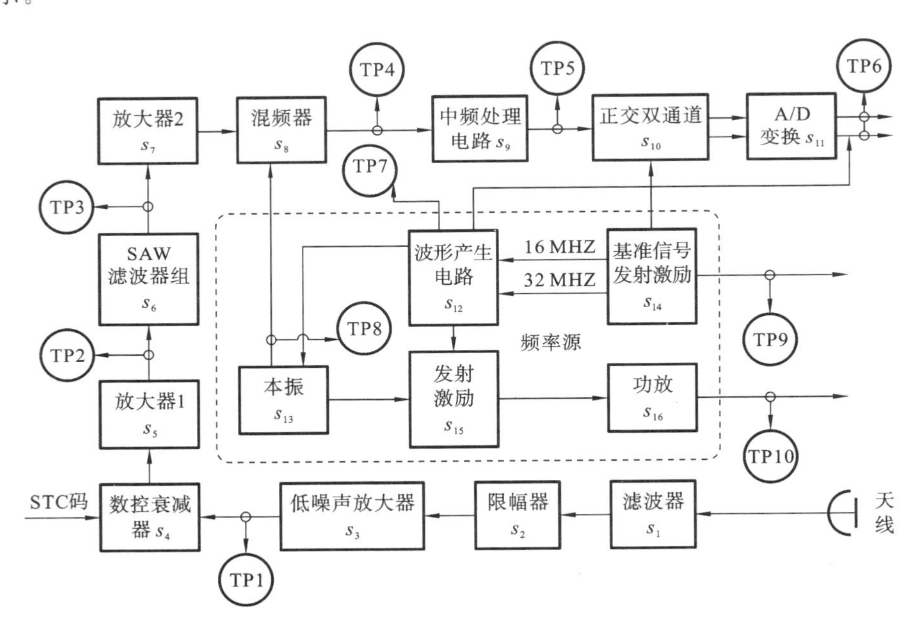

图 3-3 某型雷达装备接收分系统的相关性图示模型

首先根据行矢量法求得相关性矩阵，列出各测试点对应的一阶相关性逻辑方程：

$$\begin{cases} t_1=f_1+f_2+f_3 \\ t_2=f_4+f_5+t_1 \\ \quad\vdots \\ t_{10}=f_{12}+f_{13}+f_{14}+f_{25}+f_{16}+t_7+t_8+t_9 \end{cases}$$

分别令 $f_1, f_2, \cdots, f_{16}$ 为1,其余功能故障模块的值为0,求解方程组,可得雷达接收机相关性矩阵 $\boldsymbol{FT}_{m\times n}$ 如表3-2所示。

表3-2 雷达接收机相关性矩阵 $\boldsymbol{FT}_{m\times n}$

故障测试	t_1	t_2	t_3	t_4	t_5	t_6	t_7	t_8	t_9	t_{10}
f_1	1	1	1	1	1	1	0	0	0	0
f_2	1	1	1	1	1	1	0	0	0	0
f_3	1	1	1	1	1	1	0	0	0	0
f_4	0	1	1	1	1	1	0	0	0	0
f_5	0	1	1	1	1	1	0	0	0	0
f_6	0	0	1	1	1	1	0	0	0	0
f_7	0	0	0	1	1	1	0	0	0	0
f_8	0	0	0	1	1	1	0	0	0	0
f_9	0	0	0	0	1	1	0	0	0	0
f_{10}	0	0	0	0	0	1	0	0	0	0
f_{11}	0	0	0	0	0	1	0	0	0	0
f_{12}	0	0	0	1	1	1	1	1	0	1
f_{13}	0	0	0	1	1	1	0	1	0	1
f_{14}	0	0	0	1	1	1	1	1	1	1
f_{15}	0	0	0	0	0	0	0	0	0	1
f_{16}	0	0	0	0	0	0	0	0	0	1

4. 传递闭包法

基于传递闭包求解相关性矩阵,就是利用有向图中相邻图元的连接关系,求出有向图的邻接矩阵;再采用传递闭包求解相关性矩阵的方法。利用传递性关系矩阵的特征从邻接矩阵得到可达性矩阵;提取可达性矩阵各个故障所在的行和各个测试所在的列,生成相关性矩阵。

1) 基本概念

(1) 系统中有明确输入/输出行为的组成单元称为部件 $f_i(f_i \in F)$,$F=\{f_1, f_2, \cdots, f_m\}$。

(2) 如果部件 f_i 的故障输出导致部件 f_j 的输出也是故障,则称部件 f_i 到部件 f_j 之间存在故障传播关系,用 R_f 表示。假设故障传播关系具有传递性。传递性是指若 $f_i, f_j, f_k \in F$,且存在 f_i 传播 f_j,f_j 传播 f_k,则必有 f_i 传播 f_k,这称为 R_f 为 F 上的传递关系。

(3) 如果用节点 f 表示部件,用连接两个节点的边 e 来表征部件之间存在的各种关系，则有向图 $G=\langle F,E\rangle$ 称为系统对应的图论模型。其中，$f\in F$，$e\in E$ 分别代表系统中所有部件节点和各种连接关系。

故障传播关系具有传递性表明：有向图中某一节点的故障可以迅速传播到图中与它有传播关系的其他节点上。这种传递性关系符合实际。在实际系统中，一个原发故障往往会引起一大片其他正常部件也发生故障。

有向图有时难以把系统的信息完全展现出来，因此，需要借助有向图的矩阵表示。

2）邻接矩阵

有向图中各元素（节点）之间的连接关系通常用邻接矩阵表示。邻接矩阵是一个用来表示有向图中各元素之间连接状态的布尔矩阵。

邻接矩阵定义为：有向图 $G=\langle V,E\rangle$ 中，有 n 个节点 $V=\{v_1,v_2,\cdots,v_n\}$，m 条边 $E=\{\langle v_i,v_j\rangle\mid v_i\in V,v_j\in V\}$。有序对 $\langle v_i,v_j\rangle$ 表示顶点 v_i 到 v_j 存在一条有向边。则 n 阶方阵 $\mathbf{A}(G)=[a_{ij}]$ 称为有向图 G 的邻接矩阵。其中：

$$a_{ij}=\begin{cases}1, & v_i\ 邻接\ v_j\\0, & v_i\ 不邻接\ v_j\end{cases}\tag{3.9}$$

由邻接矩阵的定义可知，邻接矩阵 $\mathbf{A}(G)=[a_{ij}]$ 与有向图 G 是相互对应的。通过分析系统各元素之间是否存在连接关系，进而判断各元素是否有后续节点，如果存在后续节点，则 $a_{ij}=1$，否则 $a_{ij}=0$。遍历所有元素，即可获得邻接矩阵。

在故障空间，邻接矩阵表示：如果部件 f_i 到部件 f_j 之间存在故障传播关系，则边 $e_{ij}=\langle f_i,f_j\rangle$ 是有向图的一条边。如果部件 f_j 到部件 f_k 之间存在故障传播关系，则边 $e_{jk}=\langle f_j,f_k\rangle$ 是有向图的另一条边。利用故障传播关系，要在有向图中添加一条边，如何添加是求解相关性矩阵的问题。

根据传递性关系可知，R_f 为 F 上的二元关系。因此可以利用二元关系上的传递闭包来添加有向图中的其他边。

3）二元关系传递闭包

二元关系的定义：设是 A、B 两个集合，集合 $A\times B$ 的子集 R 称为从 A 到 B 的二元关系。特别地，当 $A=B$（记作 Q）时，R 称为 Q 上的二元关系。

二元关系传递闭包的定义：设 R 是非空集合 Q 上的关系，$Q\neq\varnothing$，$R\subseteq Q\times Q$，R 的传递闭包是 Q 上的关系 R'，使得 R' 满足如下条件：① R' 是传递的；② $R\subseteq R'$；③ 对 Q 上任何包含 R 的传递关系 R''，若 $R\subseteq R''$，则有 $R'\subseteq R''$。一般将 R 传递闭包记为 $t(R)$。

4）可达矩阵的定义

可达矩阵的定义：有向图 $G=\langle V,E\rangle$ 中，有 n 个节点 $V=\{v_1,v_2,\cdots,v_n\}$，m 条边 $E=\{\langle v_i,v_j\rangle\mid v_i\in V,v_j\in V\}$。有序对 $\langle v_i,v_j\rangle$ 表示顶点 v_i 到 v_j 存在一条有向

边，则 n 阶方阵 $\boldsymbol{R}(G)=[r_{ij}]$ 称为有向图 G 的可达矩阵，其中：

$$r_{ij}=\begin{cases}1, & \text{从 } v_i \text{ 到 } v_j \text{ 至少存在一有向通路} \\ 0, & \text{从 } v_i \text{ 到 } v_j \text{ 不存在任何通路}\end{cases} \tag{3.10}$$

可达矩阵描述了有向图中各要素（节点）间经长度不大于 $n-1$ 的通道的可达情况，即对于具有 n 个要素（节点）的模型，最长的道路（路径）不超过 $n-1$。

可以把邻接矩阵 $\boldsymbol{A}(G)$ 看作节点集 V 上的二元关系 R 的关系矩阵，通过求取邻接矩阵 $\boldsymbol{A}(G)$ 的传递闭包 $\boldsymbol{t}(R)$，通过 $\boldsymbol{R}(G)=\boldsymbol{t}(R)+\boldsymbol{E}$（$\boldsymbol{E}$ 为单位矩阵），就可以获取可达矩阵 $\boldsymbol{R}(G)$。

5）利用 Warshall 算法求传递闭包

根据 Warshall 算法求传递闭包的目的可知，R 是在不满足传递性的时候，我们才需要求出传递闭包。而只要关系 R 具有传递性，那么 R 本身就是其传递闭包 $\boldsymbol{t}(R)$，并且 R 也一定符合 Warshall 算法。

Warshall 算法如下。

（1）置新矩阵，设 $\boldsymbol{A}(G)=M$。

（2）设置 $j=1$。

（3）对所有 i，如果 $M[i,j]=1$，则对 $k=1,2,\cdots,n$ 进行以下操作：$M[i,k]=M[i,k]+M[j,k]$。将矩阵中元素进行逻辑相加。

（4）$j=j+1$。

（5）当 $j\leqslant n$ 时，继续重复(3)，否则结束。

下面举例说明 Warshall 算法求传递闭包的求解过程。

假设集合 $Q=\{a_1,a_2,a_3,a_4\}$，$R=\{\langle a_1,a_1\rangle,\langle a_1,a_2\rangle,\langle a_2,a_1\rangle,\langle a_2,a_3\rangle,\langle a_3,a_2\rangle,\langle a_4,a_4\rangle\}$，求 $\boldsymbol{t}(R)$。

先写出 R 的关系矩阵为

$$\boldsymbol{M}=\begin{bmatrix}1 & 1 & 0 & 0 \\ 1 & 0 & 1 & 0 \\ 0 & 1 & 0 & 0 \\ 0 & 0 & 0 & 1\end{bmatrix}$$

在矩阵 $\boldsymbol{M}$ 第1列中，$a_{11}=1$，$a_{21}=1$，将第1行逻辑加到第1行、第2行，则有

$$\boldsymbol{M}_0=\begin{bmatrix}1 & 1 & 0 & 0 \\ 1 & 1 & 1 & 0 \\ 0 & 1 & 0 & 0 \\ 0 & 0 & 0 & 1\end{bmatrix}$$

在 $\boldsymbol{M}_0$ 的第2列中，$a_{12}=1$，$a_{22}=1$，$a_{32}=1$，将第2行逻辑加到第1行、第2行、第3行，则有

$$M_1=\begin{bmatrix}1&1&1&0\\1&1&1&0\\1&1&1&0\\0&0&0&1\end{bmatrix}$$

在 M_1 的第 3 列中，$a_{13}=1$，$a_{23}=1$，$a_{33}=1$，将第 3 行逻辑加到第 1 行、第 2 行、第 3 行，结果不变，说明 M_1 符合 Warshall 算法，是传递的。

在 M_1 的第 4 列中，$a_{44}=1$，将第 4 行逻辑加到自身，结果不变。

因此，可以得到传递闭包 $t(R)$ 为

$$t(R)=\begin{bmatrix}1&1&1&0\\1&1&1&0\\1&1&1&0\\0&0&0&1\end{bmatrix}$$

其可达矩阵为

$$\begin{aligned}R(G)=t(R)+E&=\begin{bmatrix}1&1&1&0\\1&1&1&0\\1&1&1&0\\0&0&0&1\end{bmatrix}+\begin{bmatrix}1&0&0&0\\0&1&0&0\\0&0&1&0\\0&0&0&1\end{bmatrix}\\&=\begin{bmatrix}1&1&1&0\\1&1&1&0\\1&1&1&0\\0&0&0&1\end{bmatrix}\end{aligned}$$

Warshall 算法是求解传递闭包的常用方法，但这种算法不适用于复杂系统，因此可用传递性关系矩阵的特征来求解。

6）用传递性关系矩阵的特征求解可达矩阵

定理 3.1　设集合 $Q=\{q_1,q_2,\cdots,q_m\}$，R 是 Q 的二元关系，R 的关系矩阵为 $M^L=[L_{ij}]_{m\times m}$，令 $M^B=M^L\cdot M^L=[b_{ij}]_{m\times m}$，则 R 是 Q 上传递关系的充分必要条件是：当 $b_{ij}=1$ 时，一定有 $L_{ij}=1$。

可达矩阵的求解算法步骤如下。

（1）把系统部件抽象为有向图的节点。

（2）根据相关性图示模型建立邻接矩阵 $A(G)$。

（3）求解传递闭包对应的矩阵（定理 3.1）。

① 置新矩阵 $M_i^A=M^A$（i 初值为 1）。

② 判断 $(M_i^A)^2\leqslant M_i^A$ 是否成立。若成立，则转到步骤⑤，否则转到步骤③。

③ $M_{i+1}^A=M^A\vee(M_i^A)^2$。

④ $i=i+1$，返回步骤②。

⑤ $\boldsymbol{M}_i^A$ 即为传递闭包所对应的可达矩阵。

(4) 令 $\boldsymbol{M}^R=\boldsymbol{M}_i^A+\boldsymbol{E}$($\boldsymbol{E}$ 为单位矩阵)。矩阵的列向量更换为测试点，组合相同测试点的列向量，得到新的矩阵，即为故障、测试之间的相关性矩阵。此步骤的目的是获得单个故障与其具有一阶关系的测试之间的关系。

(5) 将 $\boldsymbol{M}^R$ 的列向量更换为相应功能模块所对应的测试。

(6) 将相同测试对应的列向量相加、组合，得到故障-测试相关性矩阵。

求出的可达性矩阵 $\boldsymbol{R}(G)$ 是一个 m 阶方阵，表示的是有向图 G 中各个节点之间的相互可达关系。具体到多信号流图模型，表示的是模块与模块之间的相互连通关系。通过提取各个模块所在的行和各个测试所在的列，就可以得到有向图 G 的全局故障相关性矩阵。

7) 应用示例

某型雷达发射分系统包含功放分机、高功率脉冲速调管、打火波导、钛泵电源、磁场电源、灯丝调压、偏磁电源、高压整流电源、充电控制电路、调制器、高功率合成脉冲变压器等 LRU 级功能模块和 11 个相应的测试点。由此，可建立其相关性图示模型如图 3-4 所示。

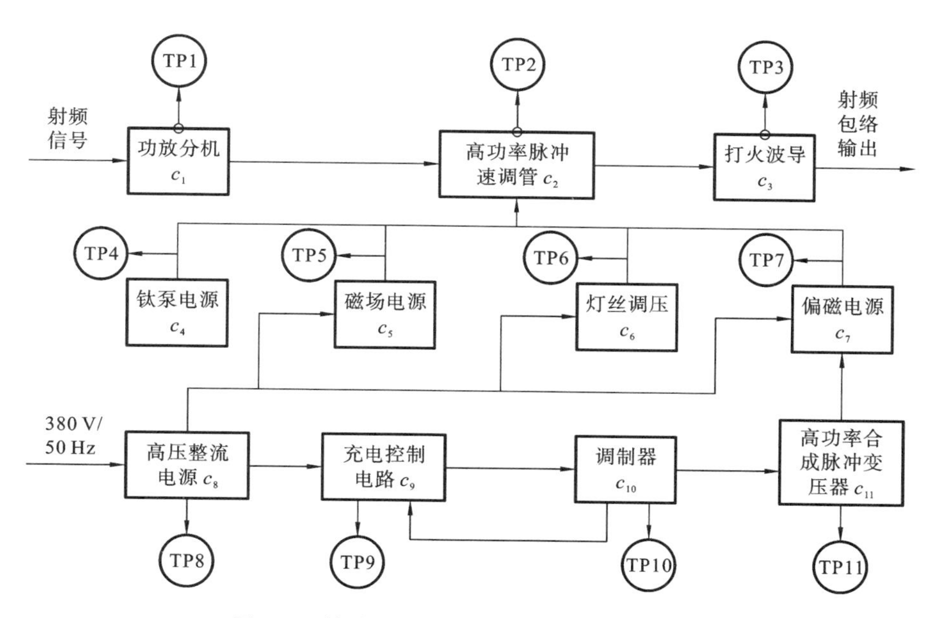

图 3-4 某型雷达发射分系统相关性图示模型

对图 3-4 所示模型的故障传播关系进行分析，得到邻接矩阵如表 3-3 所示。

表 3-3 邻接矩阵

测试	故障										
	f_1	f_2	f_3	f_4	f_5	f_6	f_7	f_8	f_9	f_{10}	f_{11}
f_1	0	1	0	0	0	0	0	0	0	0	0
f_2	0	0	1	0	0	0	0	0	0	0	0
f_3	0	0	0	0	0	0	0	0	0	0	0
f_4	0	1	0	0	0	0	0	0	0	0	0
f_5	0	1	0	0	0	0	0	0	0	0	0
f_6	0	1	0	0	0	0	0	0	0	0	0
f_7	0	1	0	0	0	0	0	0	0	0	0
f_8	0	0	0	0	1	1	1	1	1	0	0
f_9	0	0	0	0	0	0	0	0	0	1	0
f_{10}	0	0	0	0	0	0	0	0	1	0	1
f_{11}	0	0	0	0	0	0	0	0	0	0	0

根据传递闭包算法,可得到可达矩阵如表 3-4 所示。

表 3-4 可达矩阵

测试	故障										
	f_1	f_2	f_3	f_4	f_5	f_6	f_7	f_8	f_9	f_{10}	f_{11}
f_1	0	1	1	0	0	0	0	0	0	0	0
f_2	0	0	1	0	0	0	0	0	0	0	0
f_3	0	0	0	0	0	0	0	0	0	0	0
f_4	0	1	1	0	0	0	0	0	0	0	0
f_5	0	1	1	0	0	0	0	0	0	0	0
f_6	0	1	1	0	0	0	0	0	0	0	0
f_7	0	1	1	0	0	0	0	0	0	0	0
f_8	0	1	1	0	1	1	1	0	1	1	1
f_9	0	1	1	0	0	0	1	0	1	1	1
f_{10}	0	1	1	0	0	0	1	0	1	1	1
f_{11}	0	1	1	0	0	0	1	0	0	0	0

令 $\boldsymbol{M}^R=\boldsymbol{M}_i^A+\boldsymbol{E}$，将 $\boldsymbol{M}^R$ 的列换成其功能故障单元对应的测试，可得到雷达发射机相关性矩阵如表 3-5 所示。

表 3-5　相关性矩阵

测试	故障										
	t_1	t_2	t_3	t_4	t_5	t_6	t_7	t_8	t_9	t_{10}	t_{11}
f_1	1	1	1	0	0	0	0	0	0	0	0
f_2	0	1	1	0	0	0	0	0	0	0	0
f_3	0	0	1	0	0	0	0	0	0	0	0
f_4	0	1	1	1	0	0	0	0	0	0	0
f_5	0	1	1	0	1	0	0	0	0	0	0
f_6	0	1	1	0	0	1	0	0	0	0	0
f_7	0	1	1	0	0	0	1	0	0	0	0
f_8	0	1	1	0	1	1	1	1	1	1	1
f_9	0	1	1	0	0	0	1	0	1	1	1
f_{10}	0	1	1	0	0	0	1	0	1	1	1
f_{11}	0	1	1	0	0	0	1	0	0	0	1

5. 故障树法

由于故障树主要描述的是系统故障及其因果关系，因此，可以从故障树中分析出隐含的测试项目。在一个故障树模型中，特定节点都存在一组确定故障的测试集；基于这些测试集，相关性矩阵可以按照以下原则生成。

（1）规定每一个输出端点是一个测试。

（2）规定每一个输入端点是一个底事件。

（3）计算故障树模型中每一个测试对应的最小故障模式集。

（4）规定最小故障模式集是故障源。

（5）若相关性矩阵 $\boldsymbol{FT}_{m\times n}=[ft_{ij}]_{m\times n}$ 的第 i 行第 j 列元素 $ft_{ij}=1$，则第 i 个故障模式割集是第 j 个测试割集；否则，$ft_{ij}=0$。

下面用示例来说明由故障树模型生成相关性矩阵的具体过程。

某型雷达发射机的故障树如图 3-5 所示。

图 3-5 中，顶事件 T 表示发射机故障，不能正常工作；中间事件 U_1 表示发射机不能产生所需的发射信号，U_2 表示电源模块故障，U_3 表示发射机功率放大模块故障；底事件 x_1 表示频率控制故障，x_2 表示信号调制故障，x_3 和 x_4 表示功率放大器 1、2 故障，x_5 和 x_6 表示电源模块 1、2 故障。

分别在功率放大模块、电源模块、发射信号、发射机设置四个测试点，其对应的

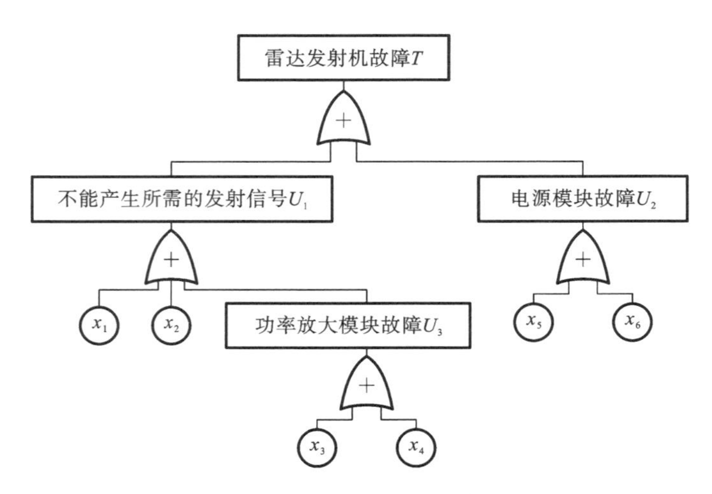

图 3-5　某型雷达发射机的故障树

故障集为$\{x_3,x_4\}$；$\{x_5,x_6\}$；$\{x_1,x_2,x_3,x_4\}$；$\{x_1,x_2,x_3,x_4,x_5,x_6\}$。

根据前面给出的分析准则，得到雷达发射机的相关性矩阵，如表 3-6 所示。

表 3-6　雷达发射机的相关性矩阵

故　障	测　试			
	功率放大模块 t_1	电源模块 t_2	发射信号 t_3	发射机 t_4
功率放大模块 1 故障	1	0	1	1
功率放大模块 2 故障	1	0	1	1
频率控制故障	0	0	1	1
信号调制故障	0	0	1	1
电源模块 1 故障	0	1	0	1
电源模块 2 故障	0	1	0	1

3.2.3　相关性矩阵的简化

对于雷达装备来说，使用上述方法生成的相关性矩阵会比较庞大，而且矩阵中存在许多冗余信息，不便于评估装备的测试性水平和进行诊断策略设计。因此，需要优化装备的相关性模型，并对相关性矩阵进行化简，识别和剔除其中的冗余信息，减少不必要的测试点及相应的测试，从而节约测试的时间和成本。以下几种情况时需要对矩阵进行化简。

(1) 当 $t_i=t_j$，$i\neq j$，即矩阵的两列完全相同时，测试 t_i 和 t_j 互为冗余测试，通过设置冗余测试可以减少虚警的概率。在不需要冗余测试的情况下，优先选用成本较低或容易实现的测试。

(2) 当 $f_x=f_y, x\neq y$，即矩阵的两行完全相同时，故障源 f_x 和 f_y 合成一个模糊组，也就是说通过现有的测试无法把它们隔离开，那么可以在相关性矩阵中把它们合并为一行；如果需要把它们分开，则需要增加合适的测试点。

(3) 若矩阵的某一列全为"0"，说明该列对应的测试检测不到任何功能模块故障，则称此测试为无用测试。因此，在优化模型时删除该列。

(4) 若矩阵的某一列全为"1"，说明该列对应的测试能检测到任何一个单元故障，那么此测试点为无效测试，不能有效区分故障状态，可以删除该列。

例如，在表3-5所示的相关性矩阵中，t_9 和 t_{10} 互为冗余测试，f_9 和 f_{10} 为一组模糊组。故在进行矩阵的化简时，应在 t_9 和 t_{10} 中选择一个测试进行保留，删除另外一个测试；同时，将 f_9 和 f_{10} 合并为一行。

3.3 测试性模型

测试性设计经历了从基于经验的测试性设计、结构化的测试性设计到基于模型的测试性设计的发展过程。基于模型的测试性设计是测试性设计的主流和发展方向。近年来，国外提出了逻辑模型、信息流模型、多信号流图模型、混合诊断模型等不同类型的测试性模型，并开发了相关辅助软件应用于测试性工程。国内也对国外测试性模型进行了跟踪，并开展了一些改进和应用研究。本节简单介绍逻辑模型、信息流模型、多信号流图模型和混合诊断模型，并对四种典型模型进行对比。

3.3.1 逻辑模型

逻辑模型(logic model)由美国学者 Ralph De Paul Jr 提出，主要由功能流框图和相关性图表组成。

功能流框图用有向图表示，在整体上大概描述系统的功能信息传播路径。某层级的功能流框图一般包括以下要素。

(1) 功能模块集 $M=\{m_1, m_2, \cdots, m_a\}$，指该层级的所有组件或元件集合。

(2) 测试点集 $P=\{p_1, p_2, \cdots, p_b\}$，指该层级的所有测试位置集合。

(3) 有向边集 $E=\{e_{ij}\}$，其中 e_{ij} 表示由顶点 i 指向顶点 j 的有向边。

相关性图表把具体的各条信息流抽象出来，根据实际情况对某些信息流作具体的局部修改和调整。

逻辑模型对系统中的具体实现方法并不太关注，而是以故障和测试的相关性知识为基础，通过有向图的形式反映装备测试诊断过程中功能模块与测试之间的相关性和因果关系，进而进行诊断推理和测试性分析。因此，该模型也称为相关性模型、推理模型等。

逻辑模型不直接对装备硬件设计进行描述，使得装备的描述直观，建模难度低，是测试性设计与分析中应用较多的模型。逻辑模型对故障模式、具体的测试方法和手段不太关注，不能反映测试与具体故障模式的相关性。因此它适用于装备研制初期，此时各功能模块设计初步完成，但故障模式不明确，测试点位置只是初步确定，还有待优化，在此阶段可以借助逻辑模型对装备的测试性水平进行初步分析，寻找薄弱环节并予以改进，优化测试点，实现研制阶段的测试性增长。由于逻辑模型自身的缺陷，其应用领域受限，逐渐被后来其他的测试性模型取代。

以逻辑模型为基础，相继开发了数种软件工具来辅助维修性工程、可测试性工程、可诊断性工程等。例如，美国的 DSI International 公司推出软件 LOGMOD，应用于军事装备的测试性和可诊断性设计、仿真、分析等领域，主要是针对小规模的电子系统，该软件工具的诞生和使用成为基于模型的测试性设计、分析思想的开端。后来 DSI 公司在此基础上又陆续开发了一系列工具，如与美国海军水下作战中心（naval undersea warfare center，NUWC）合作开发的武器系统测试性分析（weapon system testability analysis，WSTA）工具，后来又推出较通用的软件“系统测试性分析工具”（system testability analysis tool，STAT）等。

3.3.2 信息流模型

信息流模型（information flow model）是由美国航空无线电公司的 Sheppard J W 和 Simpson W R 提出的。它是 20 世纪 80 年代主要的测试性信息模型，影响以后的许多相关标准的制定和信息流模型软件的开发。例如，IEEE Std 1232—2002《所有测试环境的人工智能交换与服务标准》就是基于信息流模型的；系统可测试性分析工具（STAT）、武器系统可测试性分析器（WSTA）以及自适应诊断系统（adaptive diagnostic system，ADS）等软件均采用信息流模型。

信息流模型是一种面向故障的诊断推理模型，最早用于故障诊断，采用信息融合技术和人工智能技术进行故障推理。通过测试获取信息，故障推理通过模式识别方式对测试特征进行分析，最终定位故障。

与逻辑模型相比，信息流模型比逻辑模型深了一层。它采用有向图的形式直观反映故障与测试的信息流，利用图论的有关算法和计算机辅助推理，可以自动计算获得相关性矩阵，快速计算各项测试性指标。

1. 信息流模型的要素

以某层级的信息流模型为例，它主要包括以下要素。

(1) 功能模块集 $M=\{m_1,m_2,\cdots,m_a\}$，指该层级的所有组件或元件集合。

(2) 故障模式集 $F=\{f_1,f_2,\cdots,f_b\}$，指该层级中模块的所有故障模式集合。

(3) 每个模块 m_i 包含的故障模式集 $MF(m_i)$，$MF(m_i)\subseteq F$。

(4) 测试点集 $P=\{p_1,p_2,\cdots,p_c\}$，指该层级的测试位置集合。

(5) 测试集 $T=\{t_1,t_2,\cdots,t_d\}$，指该层级中所有测试项目集合。

(6) 每个测试点 p_i，包含的一组测试集 $TT(p_i)$，$TT(p_i)\subseteq T$。

(7) 可测试输入集 $\mathrm{INT}=\{\mathrm{int}_1,\mathrm{int}_2,\cdots,\mathrm{int}_d\}$，指该层级所有可测试的输入信号集合。

(8) 有向边集 $E=\{e_{ij}\}$，其中 e_{ij} 表示由顶点 i 指向顶点 j 的有向边。

(9) 每个故障模式的属性集 $AF(f_i)=\{af_{i1},af_{i2},\cdots,af_{ih}\}$，如故障名称、发生频率、严酷度等属性，其中元素 af_{ij} 表示第 i 个故障模式的第 j 个属性。

(10) 每个测试的属性集 $AT(t_i)=\{at_{i1},at_{i2},\cdots,at_{ip}\}$，如测试的名称、手段、时间、成本等属性，其中元素 at_{ij} 表示第 i 个测试的第 j 个属性。

2. 信息流模型的基本元素

信息流模型的基本元素包括测试、故障隔离结论、可测试的输入、不可测试的输入和无故障的结论等。

测试是指任何可用于指示系统运行状态的信息来源，是指用于判断一个系统健康状况的所有信息源，如观察不到的不正常物理现象、BIT 的数据、ATE 的激励响应等。可测试的输入也被看作一种特殊的测试。

故障隔离结论是指系统内可能存在的故障源，主要包括元件、芯片、组件、子系统和系统等功能故障，特殊的非硬件故障(如总线时钟错误)、特殊的多故障、故障指示失灵、系统输入不正常等所有故障。

可测试的输入是指可以通过测试来判断其正确与否的外部激励，又可认为是一种特殊的测试；与之对应的不可测试输入则无法通过测试进行判断；同理，无故障结论是指测试集无法发现故障存在的情形，表示系统测试集发现系统无故障，有时也表示系统重测合格的状态。

3. 信息流模型的建立方法

建立信息流模型的目的在于通过系统信息的获取诊断其潜在的故障，所以在确定模型组成对象后，设计者必须确定测试点和故障隔离对象间的相互关系。在相互关系中主要考虑测试失败的故障结论和测试通过的故障结论。信息流模型通常采用有向图进行描述，如图 3-6 所示，即利用图中节点表示各个测试和故障隔离结论，边代表信息流动的方向，然后通过相关性分析得到描述测试和故障结论之间相互关系的相关性矩阵。

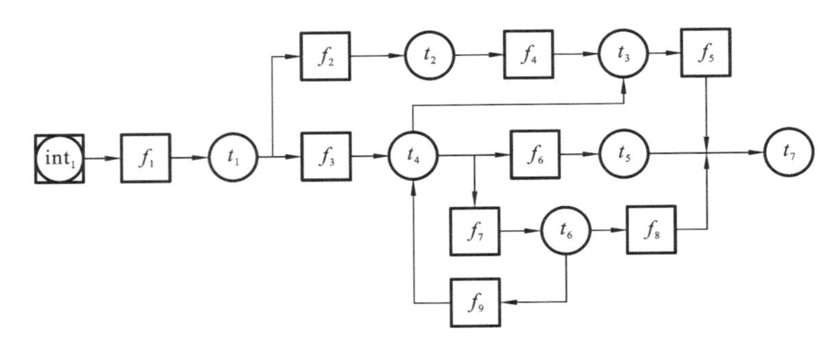

图 3-6　信息流模型示意图

在信息流模型建模过程中，建模人员按照故障信息流动方向将故障和测试用有向图连接起来，这种方法能清晰地表达故障、测试的关联关系，但也存在弊端，例如，当系统的结构、功能、信号流向复杂时，其故障模式、测试类型、故障信息流将变得复杂，由于只在故障空间和测试空间建模，信息流模型将与系统的实际结构产生较大的偏差，这给模型检验带来困难，这是信息流模型最大的不足。

3.3.3　多信号流图模型

多信号流图模型(multi-signal flow graphs model)是美国康涅狄格大学的 Somnath Deb 教授和 Krishna R. Pattipati 教授带领的科研团队在研究了定量、定性、结构、信息模型的基础上，于 1994 年提出的测试性建模方法。多信号流图模型与信息流模型一样，都是面向故障空间的一种模型，但多信号流图与信息流模型相比，主要区别如下。

1）建模的出发点不同

多信号流图模型只关注系统相关的信号属性，建模者在元件相关的信号属性和测试的信号属性之间建立相关性，是从信号的多维属性进行建模的。信息流模型是对所有的故障模式以及与之相关的所有测试进行建模，建模难度大，且建模过程受建模者主观因素的影响，模型不够准确。

2）模型的结构不同

多信号流图模型是在结构模型上叠加相关性模型，模型更接近系统的实际结构。信息流模型是把系统的多维属性的空间映射到一个一维的相关空间，建模过程受建模者主观因素的影响，可能会造成模型结构的失真。

3）故障空间不同

多信号流图模型中，故障对系统的影响表现在：要么影响系统功能的正常运行，要么阻碍正常信号。影响程度超过正常性能的承受能力而导致系统功能丧失。模块失效将影响特定的功能属性或流过的所有的功能属性。因此，把故障分为两种形式：功能故障(functional fault)和全局故障(general fault)。功能故障是指组成单元的故障导致系统部分功能下降，系统并没有完全中断；全局故障是指导致整个系统无法正常工作的组成单元故障。在信息流模型中，故障模式属于系统的物理故障，故障空间是二维的。

多信号流图模型将故障与测试的关系以功能信号为纽带联系起来，早期称为“功能—行为—结构”模型，其中“行为”与多信号流图模型中的“信号”含义相似。美国康涅狄格大学以“功能—行为—结构”模型为基础，开发了系统测试性分析与研究工具(system testability analysis and research tool，START)，后来“功能—行为—结构”模型更名为多信号流图模型，START也进行升级和更名，发展成测试性工程与维护系统(testability engineering and maintenance system，TEAMS)。美国Qualtech Systems Inc公司(简称QSI)以Somnath Deb教授为技术首席，专门负责TEAMS软件的升级、开发、维护、销售等，并与DSI公司的产品eXpress竞争。中国国防科技大学自主开发了测试性分析与设计系统(testability analysis and design system，TADS)，TADS主要包括三个功能模块，即测试性需求分析模块、测试性建模设计与分析模块、测试性验证与评估模块。中国航空工业集团公司航空611所与北京运通恒达科技有限公司合作开发了测试性设计分析工具软件TesDA，用于测试性工程管理、测试性指标预计和分析等。

从公开发表的文献资料可以得出，多信号流图模型是最受关注的测试性模型，相关的研究文献也比较多，这源于它创新性地将功能信号纳入模型之中，以功能信号为纽带，故障与测试的关系一目了然，所建立的模型结构与系统的功能框图类似，便于测试性知识的表达，该类模型的检验、核查也比较容易。本章3.4节中还将进一步地介绍此模型。

3.3.4 混合诊断模型

美国DSI公司于2000年提出了混合诊断模型(hybrid diagnostic model)，实现了功能与故障模式在同一个相关性模型中进行统一建模的目标，DSI公司将该模型应用于eXpress软件中。

混合诊断模型借鉴了多信号流图模型的思想，将功能模块、故障模式、测试在一个有向图中表示。它融合了逻辑模型和信息流模型的优点，既可以在研制阶段初期分析功能模块与测试的关联关系，也可以在研制阶段后期故障模式明确后分析故障模式与测试的关联关系，并建立较强大的诊断推理规则。在混合诊断模型中，故障模式与功能之间的关系有两种：① 故障模式一直影响一组功能，只要通过检测其中任何一个功能，就可以确定该故障模式是否存在；② 故障模式可能影响一组功能，只有检测到全部功能，才能确定故障模式是否存在。

由于故障模式对功能的影响方式不同，混合诊断模型的诊断推理过程也会有所区别，诊断推理分为基于故障模式的诊断推理和基于功能的诊断推理两大类。

基于故障模式的诊断推理规则用文字描述为：① 当确认某故障模式存在故障时，由该故障模式直接影响的所有未被证实的功能均应被怀疑存在故障；② 诊断时直接影响某功能的所有故障模式都被排除存在故障，则可推断该功能是完好的。

基于功能的诊断推理规则用文字描述为：① 当确认某功能存在故障时，直接影响该功能的所有未被证实的故障模式均应被怀疑存在故障；② 诊断时确认某功能完好，一直影响该功能的所有故障模式均应从被怀疑中排除；③ 当诊断时确认某故障模式可能影响的所有功能都是完好的，该故障模式应从被怀疑中排除。

与多信号流图模型相比，混合诊断模型增加了一些更符合工程实际的诊断推理规则，这些规则在多信号流图建模时也可以根据实际情况人工添加和修改。从本质上来讲，多信号流图模型和混合诊断模型非常类似，并无较大的差别。

DSI 公司以混合诊断模型为基础，开发了 eXpress 软件，用于测试性设计、故障诊断分析和可靠性分析等领域，与 QSI 公司的 TEAMS 软件一起，成为测试性工程领域两大主流软件，由于混合诊断模型和多信号流图模型类似，因而 eXpress 软件和 TEAMS 软件的建模过程、主要功能也非常相似。

3.3.5 测试性模型比较

四种典型的测试性模型的主要特点及比较如表 3-7 所示。

表 3-7 四种典型的测试性模型的主要特点及比较

比较项	逻辑模型	信息流模型	多信号流图模型	混合诊断模型
描述形式	有向图、表格	有向图、矩阵	有向图、矩阵	有向图、矩阵
描述的关联关系	功能—测试	故障—测试	功能—故障—测试	功能—故障—测试
与结构图相似程度	较相似	有较大差异	相似	相似
适用的研制阶段	前期	后期	前期、中期、后期	前期、中期、后期
相关辅助工具	LOGMOD、WSTA、STAT 等	STAMP、POINTER 等	TEAMS、TADS 等	eXpress

按各类模型产生的先后顺序从左到右排列，通过分析和比较，可得出结论如下。

(1) 用有向图的形式来描述装备测试性知识成为测试性模型的主流。

(2) 测试性模型主要描述的关联关系由初期的“故障—测试”或“功能—测试”关联关系，发展为以功能信号为纽带的“功能—故障—测试”三者关联关系，从而使测试性模型与结构图越来越相似，便于建模和模型检验。

(3) 由于测试性模型可描述的测试性知识越来越丰富，其适用的研制阶段越来越广。

(4) 相关的辅助工具和软件向通用化软件平台发展。

逻辑模型、信息流模型、多信号流图模型、混合诊断模型等典型的测试性模型都通过有向图来描述装备功能、故障和测试三者之间的信息流，通过图论推理算法获得故障与测试的相关性矩阵，然后在相关性矩阵的基础上分析和预计装备的测试性指标。这些模型的建模过程简单，模型浅显易懂，便于工程实现，能够较快地预计出装备的部分测试性指标，但它们还存在以下不足。

(1) 模型误差较大。这些模型借助研制人员的定性关联分析，只定性地考虑故障与测试的关联关系，最后生成包含元素0和1的相关性矩阵，是一种较粗糙的定性建模方法。这种模糊化处理方法给建模带来简便的同时，忽略了一些有用的定量信息，模型误差较大，往往导致分析结果与实际情况偏差较大。

(2) 应用范围有限。这些测试性模型主要用于测试性预计，是在测试完全可靠、故障率为常值、修复如新等假设下计算装备的测试性指标，是一种测试性指标简化计算方法，由于其未考虑试验条件、故障发生随机性、测试不确定性、环境影响、维修条件等实际问题，测试性指标预计结果往往与实际值偏差较大，预计结果的置信度难以满足装备鉴定和验收要求，因而，上述测试性模型难以应用于测试性验证。

3.4　测试性建模方法

3.4.1　测试性建模方法分类

从建模方法的角度，测试性建模模型可分为定量模型、定性模型、结构模型和相关模型四类。

1. 定量模型

定量模型需要知道系统的详细信息，如系统的每个元件、与每个元件相关的状态，以及可观测的变量、状态变量在功能上的相互关系等。定量模拟对大系统来说建模费用十分昂贵。

2. 定性模型

定性模型是简化的定量模型，依据简单的定性代数约束和/或差分方程所代表的物理系统来模拟定性行为。定性模拟对大系统来说建模费用仍然十分昂贵。

定量模型和定性模型都需要做大量的建模工作，并且它们需要的信息通常在设计的早期阶段是无法获得的。

3. 结构模型

结构模型以有向图的形式反映系统的连通性和故障传播方向，且有向图与系统的原理图密切相关。结构模型中的节点与实际系统中的模块有直接的对应关系，得出的模型也比较容易验证，建立在结构模型上的分析简单而迅速，因此可以用于大型系统的测试性分析与故障诊断。一个简单的结构中可能包括许多复杂的功能，而结构模型有时并不能反映功能关系，所以仅仅基于结构模型的分析比较粗糙，并且经常得出错误的诊断结论。

4. 相关模型

相关模型是以有向图的形式反映系统测试诊断过程中测试与元件之间的因果关系，不直接对系统硬件设计进行描述，使得系统的描述直观，建模难度低，是测试性设计与分析中应用最多的一种模型。

相关模型是一种以相关性推理为基础的模型，按照故障被发现的过程设计诊断策略。美国 DSI 公司将相关模型应用于装备的诊断设计，并命名为逻辑模型，之后的测试性建模方法主要是在逻辑模型基础上不断发展完善起来的。具有代表性的测试性模型有 ARINC 公司的信息流模型、QSI 公司的多信号流图模型和 DSI 公司的混合诊断模型等。

本章 3.3 节对逻辑模型、信息流模型、多信号流图模型和混合诊断模型做了简单的分析和比较。本节从建模的原理、步骤，模型的应用等方面做进一步介绍。

3.4.2 基于相关性的测试性建模方法

1. 假设

（1）被测单元仅有两种状态：正常状态和故障状态。

（2）当被测单元处于故障状态时，认为只有一个组成单元出现了故障，即为单故障假设。即使 UUT 同时存在两个以上的故障(概率很小),实际诊断时也是一个一个地隔离较为简便。

(3) 当被测单元的状态完全取决于各组成单元的状态,某一个组成单元发生故障,在其信息流可达的测试点上都可以被测量出。

2. 相关性图示模型

相关性图示模型表示在合理划分 UUT 的结构和功能之后,清楚地标明信息流和各个部件的相互连接关系,标明测试点的位置和编号,以此来表明各个组成部件和测试点之间的相关性关系,如本章 3.2 节中的图 3-2 所示。

3. 相关性数学模型

被测单元的相关性数学模型可以用相关性矩阵表示,如本章 3.2 节式(3.1)所示。

相关性图示模型与相关性数学模型是一一对应的。当相关性图示模型已确定时,对应的相关性数学模型也唯一确定;反过来,当相关性数学模型已确定时,相关性图示模型也唯一确定。

4. 相关性建模分析流程

雷达装备由成千上万个元器件构成,其结构和功能非常复杂。因此,在对雷达装备进行故障检测和隔离时,如果直接把单个元器件作为最小可隔离单元,其故障诊断和测试所花费的时间和费用会相当多,同时也会影响装备的故障诊断效率。因此,为了合理分配测试资源,降低雷达装备故障诊断和维护费用,就要求在对雷达装备进行测试性设计时区分装备的不同层级,建立相应的测试性模型。在此基础上,进行测试性设计和分析,以满足相应的测试性要求。因此,对雷达装备进行相关性模型的建模,首先要对装备进行系统划分,区分不同层级,收集相应的设计资料,以此来掌握装备的设计原理、工作模式、接口和信号关系等信息。其次,根据雷达装备的故障模式、影响及危害性分析(FMECA),确定功能模块可能存在的故障模式,同时分析各个故障模式产生的原因和造成的影响;在 FMECA 的基础上,根据故障模式的严酷度和发生频率等属性对被测单元的功能和结构进行划分。然后,根据雷达装备的测试性要求对建模的数据进行分析和检查,结合雷达装备的功能框图和测试点位置属性等信息,建立测试性图示模型。最后,在完成模型验证的基础上,分析建模对象的一阶相关性关系,通过可达性算法获得雷达装备的故障—测试相关性矩阵。

在建立了测试性数学模型后,可通过定性分析和定量计算,分析和评估雷达装备的测试性水平。通过静态分析,可以获得装备的故障检测率和故障隔离率等测试性参数,同时得到未检测故障、无用测试、冗余测试和故障模糊组等模型中的冗余信息。在此基础上，完成雷达装备的诊断策略设计，并根据静态分析和诊断策略设计结果对相关性模型进行修正和迭代分析。雷达装备测试性建模分析流程如图3-7所示。

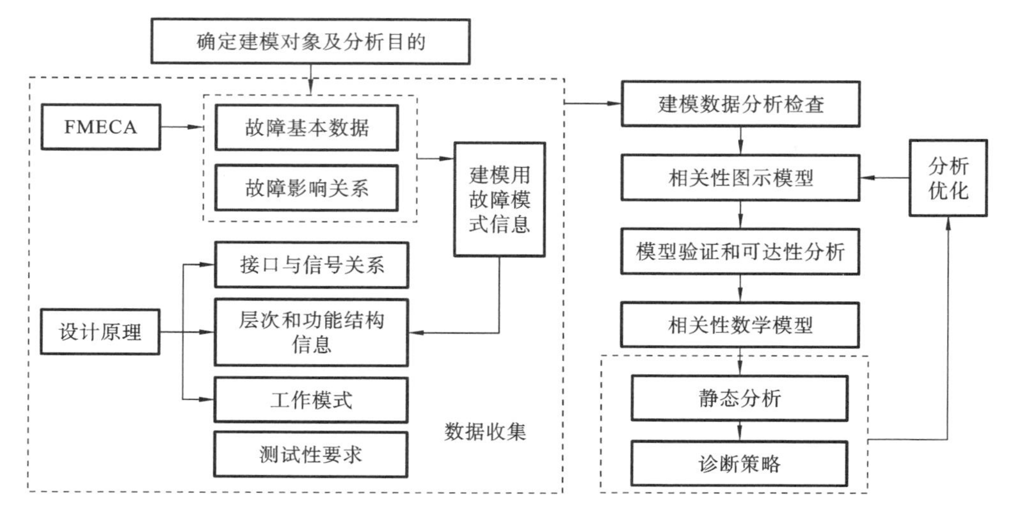

图 3-7 雷达装备测试性建模分析流程

3.4.3 基于多信号流图的测试性建模方法

1. 多信号流图模型基本理论

1）基本概念

多信号流图模型是在系统结构和功能分析的基础上，以分层有向图表示信号流导向和各组成单元（故障模式）的构成及相互连接关系，并通过定义信号（功能）以及组成单元（故障模式）、测试与信号之间的关联性，来表征系统组成、功能、故障及测试之间相关性的一种模型表示方法。

在多信号流图模型中，信号（功能）是指表征系统或其组成单元特性的特征、状态、属性及参量，既可以为定量的参数值，又可以为定性的特征描述，并能够区分为正常和异常两种状态，相应测试结论为通过或不通过。

被测对象各组成单元的故障模式根据作用结果不同分为功能故障（functional failure）和全局故障（general failure），分别用符号 F 和 G 表示。其中，功能故障仅影响该单元的正常功能，而不影响其他单元的正常功能；全局故障不仅导致所在单元工作异常，还导致后续单元无法正常运行。全局故障和功能故障所影响的“信号”是不同的，这需要经过分析才能确定。

多信号流图模型通过在故障空间建模，简单、准确地表征故障模式的传播过程，与其他建模方式相比，能够明显降低建模难度、减少建模开支，是目前应用最广泛、建模效率最高的测试性建模方法。

2）多信号流图模型的有向图表示

多信号流图模型也是一种有向图模型，由节点和有向边构成，其中节点包括模块节点、测试节点、与节点和开关节点。

(1) 模块节点(module note)表示系统的功能单元，可以是任何一级的可更换单元。模块的最高层级是一个子系统，最低层级为故障模式，有时直接把模块视为一个潜在的故障源。

(2) 测试节点(test node)表示测量的位置(物理的或逻辑的)。一个测试节点可以有多个测试。

(3) 有向边(directed arc)用于连接两个模块节点或者模块节点和测试节点，其方向表示各模块之间故障影响传播的方向和测试信息的流动方向。

以上三个部件就可以描述基本的多信号模型，有时为了进一步描述一些特殊的地方，引入以下两个部件。

(4) 与节点(and node)用于描述系统冗余特性。冗余系统的特性是，当冗余模块都发生故障时，其故障影响才会向后传播到下一个模块。因此引入一个与节点，将其输入端点分别连接冗余模块，输出端连接后续模块，即可描述这种特性。

(5) 开关节点(switch node)用于改变系统模块的连接方式。一方面可用于反映系统不同的工作模式，另一方面可用于系统诊断时中断的反馈回路。

3）多信号流图模型的元素

多信号流图的建模思想是用有向边将组成模块与组成模块、组成模块与测试点(test point，TP)之间连接起来，并在组成模块中添加该模块可能出现的故障模式，用信息流反映故障传播方向。在通常情况下，一个组成模块可能存在多个故障模式，我们将每种故障模式视为一种信号，因此该模型称为多信号模型。

从形式上看，每个多信号流图可由下列元素构成。

(1) 系统有限的模块集合 $F=\{f_1,f_2,\cdots,f_m\}$。这里模块可以对应于故障模式、元件、部件、LRU、SRU 或子系统等。

(2) 与系统故障模块相关的信号集合 $S=\{s_1,s_2,\cdots,s_k\}$。

(3) 系统可用测试点的有限集合 $\mathrm{TP}=\{\mathrm{TP}_1,\mathrm{TP}_2,\cdots,\mathrm{TP}_p\}$。

(4) 系统可用测试的有限集合 $T=\{t_1,t_2,\cdots,t_n\}$。

(5) 每个测试点 TP_p 对应的测试集 $\mathrm{SP}(\mathrm{TP}_P)$。

(6) 每个故障模块 f_i 影响的信号集合 $\mathrm{SC}(f_i)$。

(7) 每个测试 t_j 能够检测到的信号集合 $ST(t_j)$。

(8) 有向图 $DG=\{F,TP,E\}$，其中，有向图的边 E 表示的是系统的物理连接。

4) 多信号流图模型的矩阵表示

多信号流图模型除用有向图表示外，还用相关性矩阵表示，即故障—测试相关矩阵表示形式。它在完成多信号流图模型的数学抽象的基础上，以布尔矩阵的形式描述模型中所有可能发生的故障 $F=\{f_1,f_2,\cdots,f_m\}$ 与所有可用测试 $T=\{t_1,t_2,\cdots,t_n\}$之间的相关关系，其具体形式为

$$\boldsymbol{D}_{m\times n}=\begin{bmatrix} d_{11} & d_{12} & \cdots & d_{1n} \\ d_{21} & d_{22} & \cdots & d_{2n} \\ \vdots & \vdots & & \vdots \\ d_{m1} & d_{m2} & \cdots & d_{mn} \end{bmatrix} \tag{3.11}$$

式中：d_{ij} 表示的是故障 f_i 与测试 t_j 的相关性。当故障 f_i 发生，且测试 t_j 能够发现时，$d_{ij}=1$；否则 $d_{ij}=0$。

5) 多信号流图模型的建模步骤

多信号流图模型的建模步骤如下。

(1) 进行所要建模系统的结构和功能分析，根据功能的不同完成系统结构的划分，得到系统的组成模块及其信号功能，确定能够添加测试的测试点位置、能够采用的测试及其测试信号等信息。

(2) 根据所要建模系统的结构和功能划分，绘制系统的结构框图。

(3) 按照分析得到的模块、测试的特性，进行相关信号的设置。

(4) 为了符合系统的实际运行情况，需要对所建模型进行适当的微调、校正，并进行有效性验证。

2. 雷达收发系统多信号流图建模示例

下面以某型雷达的收发分系统为例，对其进行多信号流图模型建模。

1) 雷达收发分系统功能组成

雷达收发分系统主要由频综组件、一本振功分组件、二本振功分组件、激励组件、激励功分移相组件、T/R 组件、辅助接收组件、多路监测开关组件及电源组件等组成。其功能组成框图如图 3-8 所示。

2) 雷达收发分系统测试性建模要素

基于多信号模型的测试性建模方法，雷达收发分系统测试性建模要素如下。

(1) 故障组件的集合。

依据各模块的功能划分，收发分系统中主要的故障模块有频综组件 f_1、激励组件 f_2、激励功分移相组件 f_3、T/R 组件 f_4、一本振功分组件 f_5、二本振功分组件

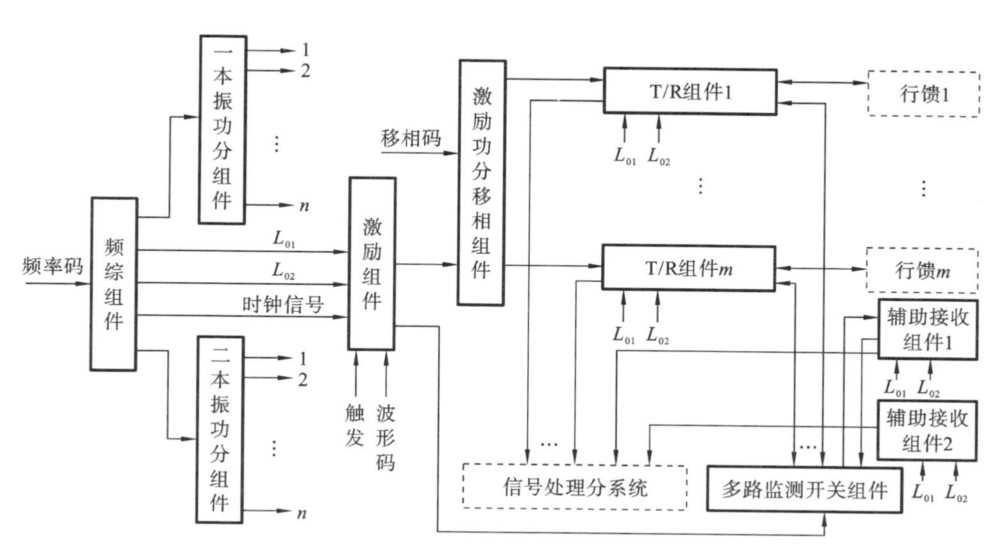

图 3-8　雷达收发分系统功能组成框图

f_6、多路监测开关组件 f_7、辅助接收组件 f_8。因此，故障组件的集合为 $F=\{f_1,f_2,\cdots,f_8\}$。

(2) 与故障组件相关的集合。

根据收发分系统的 FMECA 分析，结合收发分系统中各功能组件可能出现的故障及其故障信号，对其故障信号进行编号并设计了对应的测试，具体如表 3-8 所示。因此，与故障组件相关的信号集合为 $S=\{s_1,s_2,\cdots,s_{17}\}$，测试集合为 $T=\{t_1,t_2,\cdots,t_{17}\}$。

表 3-8　测试单元的信号集、测试项目、测试编号与测试点对应关系表

编号	测试单元	信号集	测试项目	测试编号	测试点
f_1	频综组件	s_1	一本振信号 L_{01}	t_1	TP_1
		s_2	二本振信号 L_{02}	t_2	
		s_3	时钟信号	t_3	
f_2	激励组件	s_4	射频激励信号	t_4	TP_2
		s_5	触发信号	t_5	
		s_6	波形控制码信号	t_6	
f_3	激励功分移相组件	s_7	射频激励信号	t_7	TP_3
		s_8	移相码信号	t_8	

续表

编号	测试单元	信号集	测试项目	测试编号	测试点
f_4	T/R 组件	s_9	直流电源信号	t_9	TP_4
		s_{10}	工作温度	t_{10}	
		s_{11}	输出功率	t_{11}	
		s_{12}	功放工作电流	t_{12}	
f_5	一本振功分组件	s_{13}	一本振信号	t_{13}	TP_5
f_6	二本振功分组件	s_{14}	二本振信号	t_{14}	TP_6
f_7	多路监测开关组件	s_{15}	射频测试信号	t_{15}	TP_7
		s_{16}	射频前端回波信号	t_{16}	TP_8
f_8	辅助接收组件	s_{17}	中频信号	t_{17}	TP_9

根据雷达收发分系统的故障类型划分：系统中仅可能发生全局故障(G)的组件为$\{f_1, f_2\}$；仅可能发生功能故障(F)的组件为$\{f_4, f_8\}$；两种故障均可能发生的组件为$\{f_3, f_5, f_6, f_7\}$。

为了达到较好的测试效果，在雷达收发分系统各组件的输入端口、输出端口设置测试节点，每个测试节点中设计的测试分别检测不同故障组件特征信号，每个测试点所对应的测试集分别为 $SP(TP_1)=\{t_1, t_2, t_3\}$，$SP(TP_2)=\{t_4, t_5, t_6\}$，$SP(TP_3)=\{t_7, t_8\}$，$SP(TP_4)=\{t_9, t_{10}, t_{11}, t_{12}\}$，$SP(TP_5)=\{t_{13}\}$，$SP(TP_6)=\{t_{14}\}$，$SP(TP_7)=\{t_{15}\}$，$SP(TP_8)=\{t_{16}\}$，$SP(TP_9)=\{t_{17}\}$。

3）雷达收发分系统多信号流图模型

基于以上相关分析，建立的雷达收发分系统多信号流图模型如图 3-9 所示。多信号流图模型可以清晰地表现故障与测试点之间的关系，模型中的矩形方框表示极易出现故障的模块，模型中设计的测试节点用圆圈表示，测试节点中包含针对故障所设置的测试。依据模型中所包含的信息，可以进一步完成雷达收发分系统的测试性分析和测试性优化。

3.4.4 基于层次化的测试性建模方法

雷达装备具有层次性结构的特点，按照装备功能实现、物理结构、连接关系、信号传输等依据进行划分，最终形成层次化的结构。

1. 测试性建模要素

在建立测试性模型时，要确定模型所需要的测试性要素。多信号流图模型得

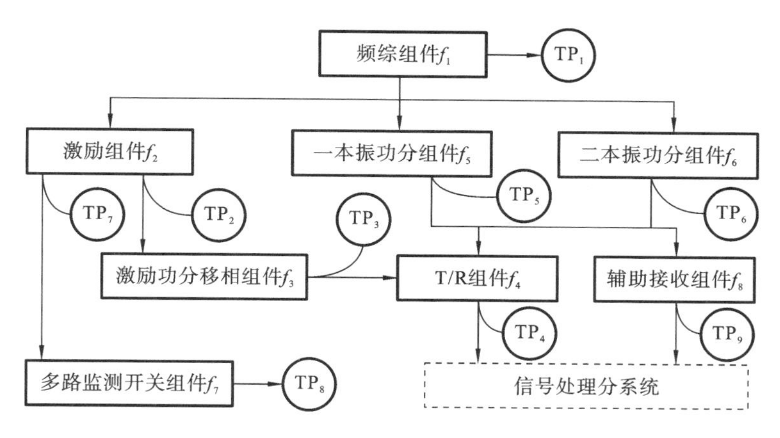

图3-9 雷达收发分系统多信号流图模型

到了广泛的应用,借鉴其建模思想,该模型定义了4类要素和4类包含关系。

(1) 模块:表示一个具有特定功能集的硬件,模块允许分层建模。

(2) 测试点:表示物理或逻辑的测量位置。一个测试点中可以定义多个测试项目。

(3) 表决节点:表示冗余连接关系的节点,应用于容错系统建模中。

(4) 开关节点:表示内部连接的变动关系,用于系统不同工作状态的建模。

(5) 每个模块包含的信号集。

(6) 每个测试点包含的测试集。

(7) 每个测试项目对应的信号集。

(8) 该组信号集所隶属的模块。

多信号流图的建模条件是以故障具有多维属性为依据的,多维属性正是层次划分的依据。

2. 层次化测试性建模

层次化测试性模型的建模过程是在多信号流图模型的基础上,对其测试性要素进行层次化的属性扩展,对层内和层间进行分析,得到层次化测试性模型。因此,对层次上的模块集、故障模式集、测试点集、测试集等测试性要素进行层次化定义;对层内可以采用多信号流图模型进行建模,以实现层内与层间的多层次测试性建模。

如果装备具有L个层级,用$l\in[1,L]$代表处于装备的第l层,则其测试性模型可以用层次化的模块集、故障模式集、信号集、测试集和测试点集的数组表示。

1) 层次化模块集

层次化模块集定义为

$$U^s=\{U^1,U^2,\cdots,U^l,\cdots,U^L\} \tag{3.12}$$

式中：U^s 是所有层次的模块集合；U^l 是第 l 层模块集，$U^l=\{U_1^l,U_2^l,\cdots,U_n^l\}$，$n$ 代表第 l 层具有 n 个模块，$U^l=\{U_1^l,U_2^l,\cdots,U_n^l\}$ 既可以是单个故障模块，也可是模糊组单元。

2）层次化故障模式集

层次化故障模式集定义为

$$F^s=\{F^1,F^2,\cdots,F^l,\cdots,F^L\} \tag{3.13}$$

式中：F^s 是所有层次的故障模式集合；F^l 是第 l 层故障模式集，$F^l=\{F_1^l,F_2^l,\cdots,F_m^l\}$，$m$ 代表第 l 层具有 m 个故障模式。

3）层次化信号集

层次化信号集定义为

$$S^s=\{S^1,S^2,\cdots,S^l,\cdots,S^L\} \tag{3.14}$$

式中：S^s 是所有层次的信号集合；S^l 是第 l 层的信号集，$S^l=\{S_1^l,S_2^l,\cdots,S_k^l\}$，$k$ 代表第 l 层有 k 个信号。信号名称全局唯一，信号间相互独立，每个单元模块影响一个或多个信号。信号集间存在包含关系，即父模块包含子模块定义的信号集。一个信号可以与多个测试项目关联，一个测试项目也可以检测多个信号。

4）层次化测试集

层次化测试集定义为

$$T^s=\{T^1,T^2,\cdots,T^l,\cdots,T^L\} \tag{3.15}$$

式中：T^s 是所有层次的测试集合；T^l 是第 l 层的测试集，$T^l=\{T_1^l,T_2^l,\cdots,T_i^l\}$，$i$ 代表第 l 层有 i 个测试项目。测试集 T^l 可以检测到信号集 S^l 中的所有信号。

5）层次化测试点集

层次化测试点集定义为

$$\mathrm{TP}^s=\{\mathrm{TP}^1,\mathrm{TP}^2,\cdots,\mathrm{TP}^l,\cdots,\mathrm{TP}^L\} \tag{3.16}$$

式中：TP^s 是所有层次的测试点集合；TP^l 是第 l 层的测试点集，$\mathrm{TP}^l=\{\mathrm{TP}_1^l,\mathrm{TP}_2^l,\cdots,\mathrm{TP}_j^l\}$，$j$ 代表第 l 层有 j 个测试点。

6）层次化测试性模型

依据上述层次化分析过程，在第 l 层中测试性模型 G^l 表示为

$$G^l=\{U^l,F^l,S^l,T^l,\mathrm{TP}^l\} \tag{3.17}$$

式中：上标 l 代表装备的第 l 层；U^l 是第 l 层模块集；F^l 是第 l 层故障模式集；S^l 是第 l 层的信号集；T^l 是第 l 层的测试集；TP^l 是第 l 层的测试点集。

3. 层次化测试性模型的建模流程

层次化测试性模型的建模流程如图 3-10 所示。

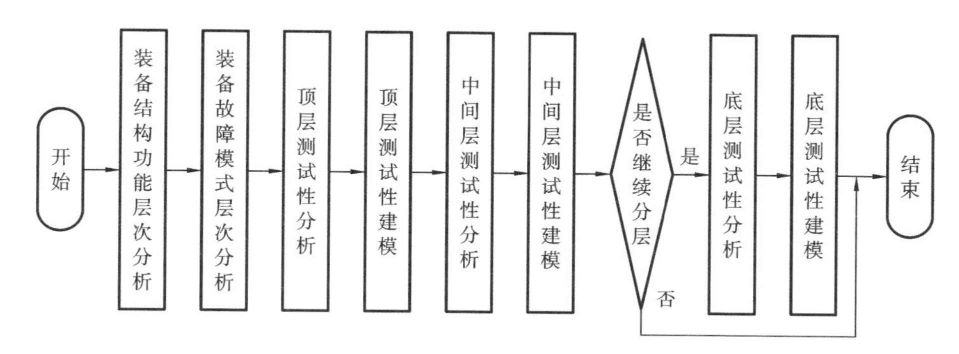

图 3-10 层次化测试性模型的建模流程

(1) 装备结构功能层次分析。在进行测试性建模前,首先要进行装备结构功能层次分析,主要包括装备整机/系统、子系统、LRU、SRU、模块/组件、元器件等结构层次、功能原理的分析。

(2) 装备故障模式层次分析。在系统、子系统、LRU、SRU 等各层次开展 FMECA。分析输出的故障模式、测量参数、测试点、测试内容、测试方法等信息是测试分析的基础数据。

(3) 分析顶层单元模块的建模要素,建立顶层的测试性模型。

(4) 对中间层进行建模,分析对象为该层上的故障,不考虑底层故障模式。对中间层组成模块分别建模,完成中间层测试性建模。

(5) 根据层次关系及实际需要,分析至底层。其中在建立任一层的测试性模型时,应当仅分析该层单元模块的故障模式,而不考虑相对较低层的故障模式。

4. 某型雷达伺服分系统层次化测试性建模示例

某型雷达装备采用了层次化和模块化的设计,其结构层次划分为分系统、组件。维修主要采用换件维修,其设计及维修特点使得在故障诊断过程中具有很明显的层级特点,因此,可采用层次化测试性建模方法进行建模分析。

雷达伺服分系统主要完成控制雷达天线的转动与转速,产生天线的方位信号供全机使用。伺服分系统主要由天线控制单元、方位处理单元、伺服控制器、伺服电机、同步机、电源模块和天线传动机构等组成。其功能组成框图如图 3-11 所示。

根据伺服分系统的结构功能组成以及 FMECA 的结果,可分析出伺服分系统中模块的故障模式、模块端口包含的信号集、测试点及测试项目等参数。伺服分系统的模块集、故障模式集、信号集对照表如表 3-9 所示。测试点、测试项目、影响信号集对照表如表 3-10 所示。因天线传动机构可靠性较高,主要是机械故障,这里就不考虑其故障情况。

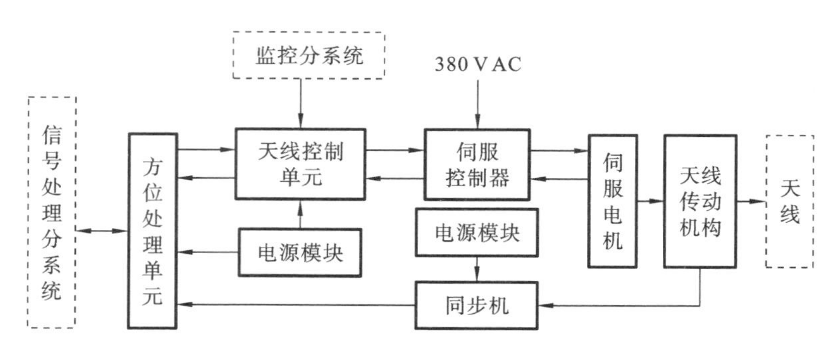

图 3-11　伺服分系统功能组成框图

表 3-9　伺服分系统的模块集、故障模式集、信号集对照表

第 1 层	第 2 层	故障模式	影响信号
伺服分系统 U_1^1	天线控制单元 U_1^2	控制单元面板电源指示灯不亮 F_1^2，天线控制电路故障 F_2^2	220 V AC 电源输入信号，天线控制电路输出信号，方位处理单元输出信号
	方位处理单元 U_2^2	方位电路故障 F_3^2	电源模块+5 V DC 输出信号，同步机输出信号，天线控制单元输出信号
	伺服控制器 U_3^2	伺服控制器故障灯亮 F_3^2	380 V AC 电源输入信号，伺服控制使能信号，伺服电机反馈信号
	伺服电机 U_4^2	伺服电机无法运行 F_3^2	380 V AC 电源输入信号，伺服控制器报警信号
	同步机 U_5^2	同步机故障 F_3^2	电源模块 400 V DC 输出信号，同步机绕组阻值
	电源模块 U_6^2	电源模块故障 F_3^2	220 V AC 电源输入信号，电源模块+12 V DC 输出信号

表 3-10　测试点、测试项目、影响信号集对照表

测试点	测试项目	影响信号
TP_1	电源模块 220 V AC 电源输入信号测试(t_1)	220 V AC 电源输入信号
TP_2	天线控制单元 220 V AC 电源输入信号测试(t_2)	220 V AC 电源输入信号
TP_3	380 V AC 电源输入信号测试(t_3)	380 V AC 电源输入信号
TP_4	天线控制电路输出信号测试(t_4)	天线控制电路输出信号
TP_5	方位处理单元输出信号测试(t_5)	方位处理单元输出信号

续表

测试点	测 试 项 目	影 响 信 号
TP_6	伺服控制使能信号测试(t_6)	伺服控制使能信号
TP_7	伺服电机反馈信号测试(t_7)	伺服电机反馈信号
TP_8	伺服控制器报警信号测试(t_8)	伺服控制器报警信号
TP_9	同步机绕组阻值测试(t_9)	同步机绕组阻值
TP_{10}	同步机输出信号测试(t_{10})	同步机输出信号
TP_{11}	电源模块＋5 V DC 输出信号测试(t_{11})	电源模块＋5 V DC 输出信号
TP_{12}	电源模块＋12 V DC 输出信号测试(t_{12})	电源模块＋12 V DC 输出信号
TP_{13}	电源模块＋400 V DC 输出信号测试(t_{13})	电源模块＋400 V DC 输出信号

根据表 3-9、表 3-10 的分析，伺服分系统测试性模型如图 3-12 所示。

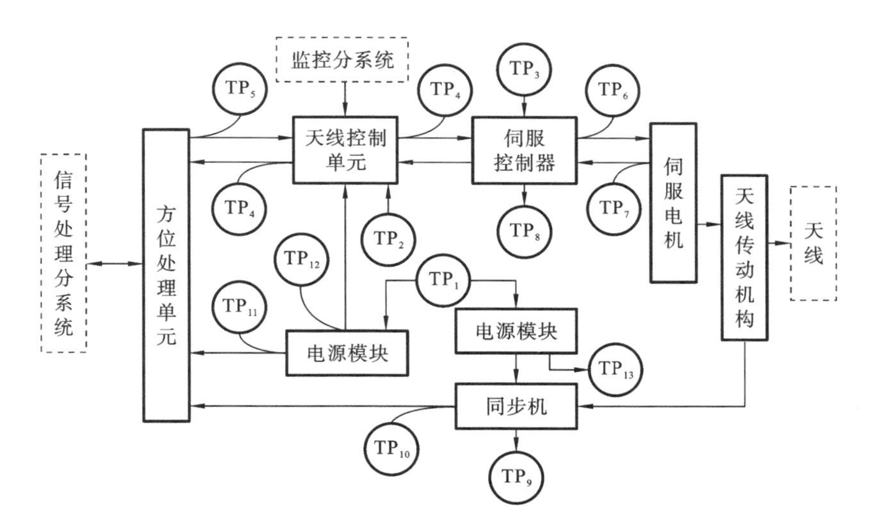

图 3-12　伺服分系统测试性模型

3.4.5　基于贝叶斯网络的测试性建模方法

1. 贝叶斯网络

贝叶斯网络(bayesian networks，BN)又称为概率因果网或信度网，是一种在节点上隐含条件概率表(conditional probability table，CPT)的有向无环图(directed acyclic graph，DAG)，是进行不确定性推理、建模的有效工具。BN 支持自顶向下的建模，可由模型片段构建整个系统的模型，降低复杂系统的建模难度。BN 定量分析和学习能力强，利用其概率推理功能能够计算假设的后验概率，依据不完全(不确定)信息进行推理，对于解决不确定性问题具有实际意义。

BN 由代表变量的节点及连接这些节点的有向边构成，有向边由父节点指向子节点。图 3-13 为典型的贝叶斯网络示意图。

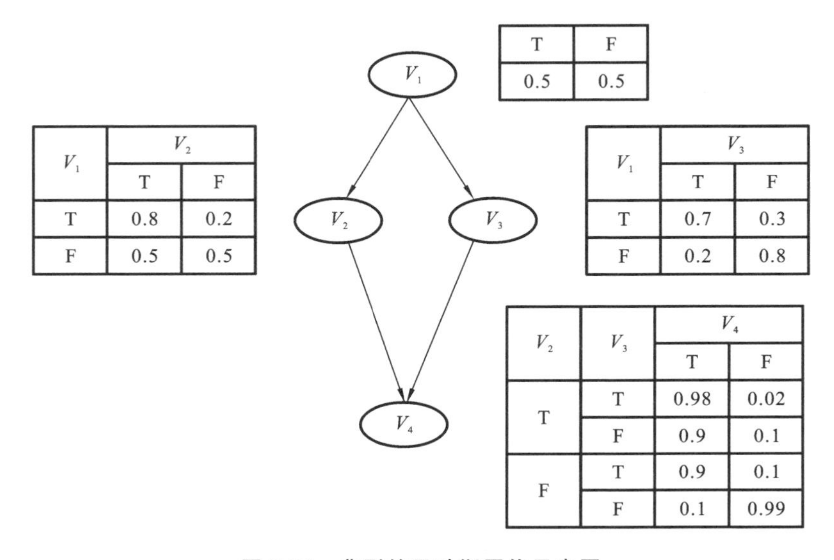

T	F
0.5	0.5

V_1	V_2	
	T	F
T	0.8	0.2
F	0.5	0.5

V_1	V_3	
	T	F
T	0.7	0.3
F	0.2	0.8

V_2	V_3	V_4	
		T	F
T	T	0.98	0.02
	F	0.9	0.1
F	T	0.9	0.1
	F	0.1	0.99

图 3-13　典型的贝叶斯网络示意图

可用符号 BN(V,E,P)表示一个贝叶斯网络，由节点集 V、有向边集 E 和每个节点相关的条件概率表 P 构成。

(1) 节点集 V。节点代表随机变量，节点变量可以是任意测试性问题的抽象，如系统组成部件、故障模式、测试点、测试项目等信息。

(2) 有向边集 E。有向边代表了节点变量间的相关关系或因果关系。贝叶斯网络测试性模型主要关注故障与测试间的相关关系，所以有向边主要建立故障与测试间的联系。

(3) 每个节点相关的条件概率表 P。它以条件概率的形式表示该节点同其父节点的相关关系，没有任何父节点的节点条件概率称为先验概率。条件概率表示储藏节点以及节点与其父节点关系的不确定信息。

贝叶斯网络规定图中的每个节点 V_i 条件独立于由 V_i 的父节点给定的非 V_i 后代节点构成的任何节点子集，相关规则如下。

1) 条件独立性

如果用 $a(V_i)$表示非 V_i 后代节点构成的任何节点子集，用 $P_a(V_i)$表示 V_i 的直接双亲节点，则 $I(V_i,a(V_i)|P_a(V_i))$，意义为

$$P(V_i | a(V_i), P_a(V_i)) = P(V_i | P_a(V_i)) \tag{3.18}$$

2）链规则（用条件概率表示联合概率分布）

$$P(V_1, V_2, \cdots, V_n) = \prod_{i=1}^{n} P(V_i \mid V_{i-1}, \cdots, V_1) = \prod_{i=1}^{n} P(V_i \mid P_a(V_i)) \tag{3.19}$$

有了节点及其相互关系（有向边）、条件概率表，贝叶斯网络就可以表达网络中所有节点（变量）的联合概率，并可以根据先验概率信息或某些节点的取值计算其他任意节点的概率信息。图 3-13 所示的联合概率为

$$P(V_1, V_2, V_3, V_4) = P(V_1)P(V_2 | V_1)P(V_3 | V_1)P(V_4 | V_2, V_3)$$

2. 贝叶斯网络测试性模型

贝叶斯网络测试性模型基于部件故障模式与系统测试之间的因果关系构建，输入为系统部件的故障模式，输出为与各故障模式相关的测试信息。贝叶斯网络测试性模型示意图如图 3-14 所示。

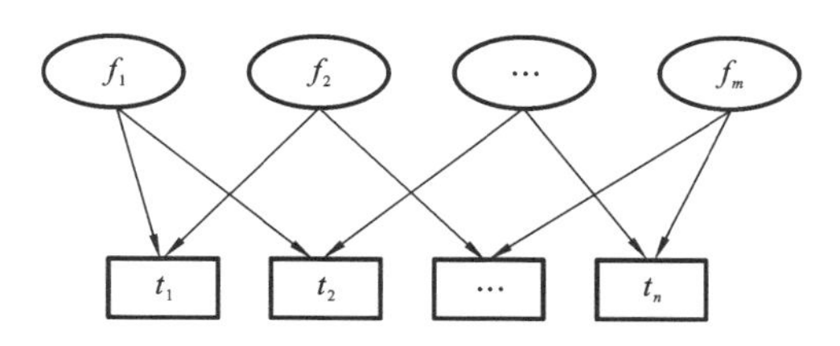

图 3-14　贝叶斯网络测试性模型示意图

贝叶斯网络测试性模型可用一个四元组〈F, T, E, P〉表示。其中，$F = \{f_1, f_2, \cdots, f_m\}$为系统故障模式集；$T = \{t_1, t_2, \cdots, t_n\}$为系统测试集；$E$ 为连接节点的有向边集；P 为节点所含条件概率集。

3. 贝叶斯网络测试性建模步骤

(1) 明确系统的结构组成、各层次间的关联关系及功能框图。进行故障模式、影响及危害性分析（FMECA），提取系统测试信息，生成故障列表和测试列表，并将它们表达为模型的节点变量。

(2) 根据对系统的分析及系统部件故障和测试之间的因果关系，构建子系统（SRU 级或 LRU 级）模型片段，最后依据子系统间的功能关系，构建基于 BN 的系统测试性模型。

(3) 通过 FMECA 分析、查阅相关资料和咨询领域专家，获取所需概率信息，确定各个节点的 CPT，进行测试性分析。可根据实际使用阶段所获取的信息对模型进行学习和修正。

4. 故障—测试相关性矩阵

对模型中故障节点和测试节点之间的连接关系进行相关性分析，可得故障—

测试相关性矩阵 $\boldsymbol{D}$。其中，矩阵元素 d_{ij} 满足：如果 f_i 能被 t_j 测试到，则 $d_{ij}=1$；否则 $d_{ij}=0$。其相关性矩阵记为

$$\boldsymbol{D}_{m\times n}=\begin{matrix} \\ f_1 \\ f_2 \\ \vdots \\ f_m \end{matrix}\begin{matrix} t_1 & t_2 & \cdots & t_n \\ \begin{bmatrix} d_{11} & d_{12} & \cdots & d_{1n} \\ d_{21} & d_{22} & \cdots & d_{2n} \\ \vdots & \vdots & & \vdots \\ d_{m1} & d_{m2} & \cdots & d_{mn} \end{bmatrix} \end{matrix} \tag{3.20}$$

式中：矩阵 $\boldsymbol{D}_{m\times n}$ 的行对应系统的故障模式集 $F=[f_1,f_2,\cdots,f_m]$，矩阵的列对应测试集 $T=[t_1,t_2,\cdots,t_n]$。

5. 条件概率矩阵

假设故障与测试的布尔情况如下：

$$f_i=\begin{cases}1, & \text{故障 } f_i \text{ 发生}\\ 0, & \text{故障 } f_i \text{ 不发生}\end{cases} \tag{3.21}$$

$$t_j=\begin{cases}1, & \text{测试 } t_j \text{ 输出为不通过信号(故障)}\\ 0, & \text{测试 } t_j \text{ 输出为通过信号(无故障)}\end{cases} \tag{3.22}$$

故障与测试之间的不确定性关系用条件概率 $P(t_j|f_i)$ 表示，有以下四种情形。

(1) $P(t_j=0|f_i=0)$：故障 f_i 不发生，测试 t_j 输出为通过信号，t_j 指示正确。虽然对于后者 t_j 没有指出系统存在故障，但是 t_j 的指示结果不会带来负面影响。

(2) $P(t_j=1|f_i=0)$：故障 f_i 不发生，测试 t_j 输出为不通过信号，表达式对应 t_j 对 f_i 的虚警概率。

(3) $P(t_j=0|f_i=1)$：故障 f_i 发生，测试 t_j 输出为通过信号，表达式对应 t_j 对 f_i 的漏检概率。

(4) $P(t_j=1|f_i=1)$：故障 f_i 发生，测试 t_j 输出为不通过信号，t_j 指示正确，表达式对应 t_j 对 f_i 的检测概率。

其中，如果故障 f_i 与测试 t_j 不相关(即 $d_{ij}=0$)，则 $P(t_j|f_i)=0$。如果故障 f_i 与测试 t_j 相关(即 $d_{ij}=1$)，则 $P(t_j|f_i)\neq 0$。将这些不确定参数作为系统的先验概率，可分别得到基于以上四种情况的条件概率矩阵 $\boldsymbol{P}$。其形式为

$$\boldsymbol{P}_{m\times n}=\begin{bmatrix} P(t_1|f_1) & P(t_2|f_1) & \cdots & P(t_n|f_1) \\ P(t_1|f_2) & P(t_2|f_2) & \cdots & P(t_n|f_2) \\ \vdots & \vdots & & \vdots \\ P(t_1|f_m) & P(t_2|f_m) & \cdots & P(t_n|f_m) \end{bmatrix} \tag{3.23}$$

另外，测试 t_j 对逻辑相关故障的检测概率必然远大于该测试的虚警概率，即 $P(t_j=1|f_i=1)$ 远大于 $P(t_j=1|f_i=0)$，否则与实际不符。

思 考 题

1. 简述测试性建模的目的和作用。
2. 测试性建模的程序是什么?
3. 简述相关性矩阵表达的内涵。
4. 简述逻辑模型、信号流模型、多信号流图模型与混合诊断模型的特点。
5. 多信号流图模型包含哪些元素?
6. 基于贝叶斯网络的测试性建模方法有哪些特点?

参 考 文 献

[1] 邱静,刘冠军,杨鹏,等.装备测试性建模与设计技术[M].北京:科学出版社,2012.
[2] 王红霞,叶晓慧.装备测试性设计分析验证技术[M].北京:电子工业出版社,2018.
[3] 中央军委装备发展部. GJB 8892.12—2017 武器装备论证通用要求 第12部分:测试性[S].北京:国家军用标准出版发行部,2017.
[4] 中国人民解放军总装备部.GJB 2547A—2012 装备测试性工作通用要求[S].北京:总装备部军标出版发行部,2012.
[5] 李善强.基于智能体的某型雷达天线测试性建模与虚拟验证[D].武汉:湖北工业大学,2021.
[6] 刘雪纯.基于混合诊断模型的系统测试性建模及软件架构设计[D].哈尔滨:哈尔滨工业大学,2021.
[7] 张钊旭.鱼雷测试性建模方法及应用研究[D].北京:中国舰船研究院,2018.
[8] 丁昊.基于多信号流图的系统测试性建模分析及软件设计[D].哈尔滨:哈尔滨工业大学,2013.
[9] 赵杰,唐建立,靳为东,等.基于多信号流图的测试性建模与分析方法[J].电子制作,2021(14):19-21.
[10] 葛名立.机载设备测试性建模与应用[J].计算机测量与控制,2022,30(12):

36-41.

[11] 尹高扬,翟禹尧,史贤俊.基于 GSPN 与 BN 的测试性建模方法[J].电子测量与仪器学报,2021,35(06):205-212.

[12] 翟禹尧,史贤俊,韩露,等.基于广义随机有色 Petri 网的测试性建模方法[J].兵工学报,2021,42(03):655-662.

[13] 王青麾.测试性建模中的数据处理及验证方法[J].电子产品可靠性与环境试验,2020,38(06):54-57.

[14] 张晓洁,李政.基于"功能故障传递关系模型"的测试性建模方法[J].电子产品可靠性与环境试验,2019,37(06):44-47.

[15] 秦玉峰,史贤俊,王康.考虑不确定因素的系统测试性建模与分析方法研究[J].舰船电子工程,2019,39(02):150-152,170.

[16] 曲秀秀,种强.系统测试性建模及其数据分析[J].航空维修与工程,2018(05):62-63.

[17] 文学栋,贺国,马志强,等.考虑 FDR 的复杂机电装备测试性建模技术[J].海军工程大学学报,2016,28(04):54-58.

[18] 闵庭荫,江露,刘莉.测试性建模以及测试性验证试验应用[J].航空电子技术,2016,47(01):41-46,51.

[19] 翟助群,许正,刘刚.复杂可修系统任务测试性建模[J].兵工自动化,2016,35(01):37-41.

[20] 欧爱辉.一种基于多信号流图的雷达系统测试性建模分析方法[J].兵工自动化,2014,33(04):56-60.

[21] 方子豪.装备测试性建模与分析软件框架设计[J].电子产品可靠性与环境试验,2013,31(04):27-30.

[22] 刘刚,吕建伟,胡斌.复杂装备测试性建模问题研究[J].舰船电子工程,2013,33(05):137-139.

[23] 张勇,邱静,刘冠军.测试性模型对比及展望[J].测试技术学报,2011,25(06):504-512.

[24] 吕晓明,黄考利,连光耀.基于多信号流图的分层系统测试性建模与分析[J].北京航空航天大学学报,2011,37(09):1151-1155.

[25] 蒋俊荣,黄考利,吕晓明,等.基于混合诊断模型的测试性建模技术研究[J].计算机测量与控制,2010,18(12):2690-2693,2698.

[26] 连光耀,黄考利,吕晓明,等.基于混合诊断的测试性建模与分析[J].计算机测量与控制,2008(05):601-603.

[27] 石君友,龚晶晶,徐庆波.考虑多故障的测试性建模改进方法[J].北京航空航

天大学学报,2010,36(03):270-273,298.
[28] 杨智勇,许爱强,牛双诚.基于多信号模型的系统测试性建模与分析[J].工程设计学报,2007(05):364-368,394.
[29] 刘海明,易晓山.多信号流图的测试性建模与分析[J].中国测试技术,2007(01):49-50,98.
[30] 王宝龙,黄考利,魏忠林,等.面向生命周期的复杂电子装备测试性建模[J].仪器仪表学报,2006(S2):1230-1232.
[31] 林志文,贺喆,杨士元.基于多信号模型的雷达测试性设计分析[J].系统工程与电子技术,2009,31(11):2781-2784.
[32] 赵继承,顾宗山,吴昊,等.雷达系统测试性设计[J].雷达科学与技术,2009,7(03):174-179.
[33] 李璠.系统测试性建模及验证方法[J].航空维修与工程,2016(08):39-43.
[34] 尹园威,尚朝轩,马彦恒,等.装备层次测试性建模分析方法[J].火力与指挥控制,2015,40(09):40-44.
[35] 韩露,史贤俊,秦玉峰,等.基于相关性矩阵合并算法的系统级测试性建模方法研究[J].兵工自动化,2021,40(08):80-87,91.
[36] 姜晨,宋帆.机载装备测试性模型设计与优化[J].测控技术,2019,38(12):77-82.
[37] 李璐,窦爱萍,侯小盈.基于某SOC记录设备的测试性建模[J].信息技术与信息化,2022(04):134-137.
[38] 杨新星,秦赟,奚俊,等.基于多信号相关性模型的TMAS测试性建模仿真分析技术[J].雷达与对抗,2021,41(01):1-6,11.
[39] 韩露,史贤俊,翟禹尧.基于贝叶斯网络的测试性分层建模方法[J].电光与控制,2021,28(10):49-54.
[40] 王晓伟,孙波,吕英军,等.基于贝叶斯网络的系统测试性建模与分析[J].中国测试,2011,37(05):90-93.
[41] 代京,张平,李行善,等.航空机电系统测试性建模与分析新方法[J].航空学报,2010,31(02):277-284.

第4章 雷达装备测试性分配

4.1 概 述

我国有关测试性的国家军用标准对测试性分配均有规定。GJB 2547A—2012《装备测试性工作通用要求》在工作项目“测试性分配(工作项目 302)”中规定了测试性分配的目的、工作项目要点、工作项目输入和输出内容,在附录中提到了等值分配法、按故障率分配法、加权分配法等。GJB 4260—2001《侦察雷达测试性通用要求》在附录中给出了加权分配法。GJB 1770.2—1993《对空情报雷达维修性—维修性的分配和预计方法》给出了故障检测率和故障隔离率的分配方法。

在国内出版的测试性著作中,曾天翔的《电子设备测试性及诊断技术》、田仲和石君友的《系统测试性设计分析与验证》、石君友等的《测试性设计分析与验证》、黄考利的《装备测试性设计与分析》、邱静等的《装备测试性建模与设计技术》等均对测试性分配方法做了介绍,这其中包括等值分配法、经验分配法、按故障率分配法、加权分配法、综合加权分配法及优化分配法等。

近年来国内学者对测试性分配开展了一些研究,将层次分析法、遗传算法、粒子群算法、搜寻者算法、三角模糊数、D-S 证据理论等应用在测试性分配上,极大丰富了测试性分配理论。

4.1.1 测试性分配的目的与时机

1. 测试性分配的目的

测试性分配是将装备测试性定量要求按一定的原则和方法,逐级分配给装备的各组成部分。其目的是明确装备各组成部分的测试性定量要求,并落实到合同或任务书中,以明确装备各组成部分的测试性设计目标,作为装备测试性设计的初始依据。

2. 测试性分配的时机

测试性分配工作主要在论证立项和工程研制初期阶段进行,转入研制阶段后进行必要的调整和修正。在确定了系统级的测试性指标之后,就应该把它们分配到各组成部分,以便进行测试性设计的技术管理与评价。

装备分为多个层次,如系统、分系统、LRU、SRU 等,测试性分配是从整体到局部、从上到下的指标分解过程,也是一个逐步深入和不断修正的过程。首先把系统的指标分配给分系统或设备,再把分系统或设备的指标分配给其组成部分。

在工程研制初期阶段,因为能得到的信息有限,所以只能在系统较高层次上进行初步分配。在详细设计阶段,系统的设计已逐步确定,可获得更多、更详细的信息,此时可对分配的指标做必要调整和修正,必要时可重新进行一次分配,使指标分配更合理。

4.1.2 测试性分配的指标与原则

1. 测试性分配的指标

测试性分配的指标主要是故障检测率(fault detection rate,FDR)和故障隔离率(fault isolation rate,FIR)两个参数的量值。

其他测试性参数一般不用分配,如系统级的虚警率要求的范围大多在1%～5%,分配给各组成部分的分配值也相差不多,所以可用系统级要求作为各组成部分的要求,采用等值分配法。故障检测时间与故障隔离时间是与使用和准备状态(战备完好性)密切相关的,一般规定对使用安全性最关键的故障检测时间不超过1 s,其他检测时间不超过1 min 等,不需要进行分配。故障隔离时间是平均修复时间的组成部分,维修性分配中已考虑,不需另外分配。因此,测试性分配一般只考虑故障检测率和故障隔离率。

2. 测试性分配的原则

测试性分配是将指标从上到下、从整体到局部进行分解的过程,每个层次单元之间的指标分配过程是相同的,同时分配过程应当进行一定的修正和迭代,从而保证整体和部分协调，使系统的测试性分配更加合理。进行系统测试性分配工作时，应按照以下原则进行。

(1) 采用合适的方法将系统的故障检测率、故障隔离率指标分配给系统的各组成单元，其量值一般应大于 0 小于 1，极值是等于 0 或等于 1。需要建立合理的测试性分配数学模型。

(2) FDR、FIR 指标分配时一般应考虑有关影响因素，如故障率、故障影响(或重要度)、平均修复时间、测试费用等。可以只考虑一种或两种影响因素，也可以综合考虑多种影响因素。

① 故障率高的组成单元应分配较大的测试性指标，保证通过多次测试发现故障；故障率低且测试复杂的组成单元应分配较小的测试性指标。

② 故障重要度或者故障影响程度高的组成单元应分配较大的指标；通过 FMECA 分析得到的关重件应该分配较大的指标。

③ 维修时间较少的单元分配较小的指标。故障检测和故障隔离困难的组成单元应分配较小的指标，如含有大量机械部件的单元可分配较小的指标。

④ 测试与维护成本高或增加测试会引入很大干扰的组成单元应当分配较小的指标，反之具有成熟先进检测手段、流程和设备的组成单元则分配较大指标。

(3) 通过求解测试性分配的数学模型得到各组成单元的测试性指标后，依据各组成单元分配的测试性指标，通过计算得到的系统指标应当大于或者等于系统初始的总体指标要求，以便验证测试性分配结果是否合理。

(4) 分配是自动测试设计的 FDR 与 FIR 的指标，应用所有测试方法(包括人工测试)进行测试时，产品故障检测与隔离能力应达到 100%。

(5) 大型相控阵雷达阵面分系统的故障检测率和故障隔离率应不低于系统的故障检测率和故障隔离率。

(6) 测试性指标可预分配到各个分系统，完成测试性设计和指标预计后，可根据实际情况进行调整。

4.2 测试性分配程序和模型

4.2.1 测试性分配的程序

根据 GJB 2547A—2012《装备测试性工作通用要求》，测试性分配的一般程序如图 4-1 所示。

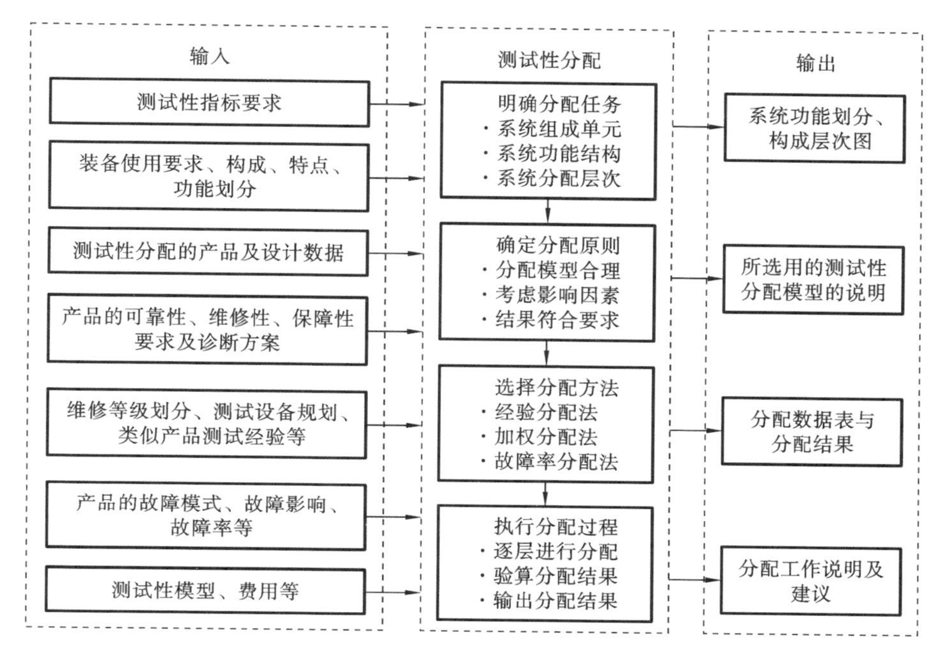

图 4-1　测试性分配的一般程序

1. 明确分配任务

装备总承制方要同订购方明确系统级的测试性指标,也就是待分配的指标;总承制方收集装备功能结构信息,建立装备结构树,根据分承制方或转承制方的情况确定指标分配的层级。这一步解决分配的指标是什么和分配给谁的问题。

明确分配的层次。通常装备若按功能层次划分,可分为系统级(装备)、分系统级(设备)、模块级(组件)、零部件级(插件);若按维修级别划分,则可分为系统级、LRU 级(可能是设备、机组或单机)、SRU 级(可能是部件、组件或插板)。一般可选择第一种划分方式进行分配,若产品做了维修级别分析(level of repair analysis, LORA),则可按照维修级别分配。事实上,两种划分方式是可以对应起来的。分配的层级深度根据系统的复杂程度层级数量而定,如对于构成相对简单的系统,则仅向下分配一级。

当需要做多次分配时,只要将上次的分配结果作为待分配指标输入,并更新相关输入数据,然后再次使用分配方法,就可得到较低层级的分配结果。

2. 确定分配原则

为了使测试性分配结果尽可能合理,分配时尽量考虑各方面相关因素,如装备任务要求、使用要求、功能性能特点、故障发生频率、故障影响、维修级别的划分、平均修复时间要求、测试设备的规划、类似装备测试性历史数据、系统技术构成及特性等。根据上述因素，定性给出测试性分配的基本原则。

3. 选择分配方法

根据分配原则，依据可取的有关数据的情况选择分配方法，确定各有关影响因素系数和各组成单元的综合影响系数（等值分配方法除外）。

4. 执行分配过程

按所选分配方法给出数学模型，将系统指标逐级分配下去，计算出各组成单元的指标分配值。计算出指标分配值（取两位小数，需要时可进行必要的调整），作为各组成单元的指标分配值。根据各组成单元指标分配值，综合求出的系统指标应大于等于要求值，否则对分配结果进行修正，直至满足分配要求。

4.2.2 测试性分配的模型

测试性分配模型包括系统测试性分配图示模型和数学模型。测试性分配图示模型可按系统的功能原理、信号流程和功能划分与构成层次关系构建。数学模型用测试性参数的数学方程表示，反映系统整体与局部的数学关系。

测试性分配的基本要求：在使用要求和系统特性等约束条件下，由系统指标要求求得各组成单元的指标，并保证由各组成单元分配指标综合得到的系统指标等于或大于原指标要求，在数学上可表示为

$$P_i = f_1(P_{sr}, K_i), \quad i=1,2,\cdots,n \tag{4.1}$$

$$P_s = f_2(P_1, P_2, \cdots, P_i, \cdots, P_n) \tag{4.2}$$

$$0 \leqslant P_i \leqslant 1, \quad i=1,2,\cdots,n \tag{4.3}$$

$$P_{sr} \leqslant P_s \leqslant 1 \tag{4.4}$$

式(4.1)描述的是分配过程，f_1 为分配函数；P_{sr} 为系统测试性指标要求，具体分配时用 FDR、FIR 代替；P_i 为系统第 i 个组成单元的分配值；K_i 为第 i 组成单元特性影响系数或约束条件，通常 K_i 越大，则对应单元分配值越大；n 为系统组成单元个数。

式(4.2)描述的是验算过程，f_2 为验算函数；P_s 为根据各单元的分配值计算得到的系统测试性指标。

式(4.3)和式(4.4)为测试性分配的约束条件，式(4.3)表示系统各组成单元的分配值应在[0,1]区间。式(4.4)表示由各单元分配得到的测试性指标，反向计算出的系统测试性指标应大于等于系统要求的测试性指标。

当各组成单元指标已知时，计算系统指标应主要考虑诊断能力问题，即发生和诊断的故障次数或相关故障率。对于电子装备，较容易找到 P_i 和 P_s 函数关系的

具体表达式。

1. 组成单元的FDR、FIR与故障率成线性关系时的分配模型

1）故障检测率分配模型

故障检测率定义为

$$P_s = \frac{\sum_{i=1}^{n} \lambda_{Di}}{\sum_{i=1}^{n} \lambda_i}, \quad P_i = \frac{\lambda_{Di}}{\lambda_i} \tag{4.5}$$

则

$$P_s = \frac{\sum_{i=1}^{n} \lambda_i P_i}{\sum_{i=1}^{n} \lambda_i} \tag{4.6}$$

式中：λ_i 为第 i 个组成单元的故障率；λ_{Di} 为第 i 个组成单元检测的故障率。

综合式(4.4)和式(4.6)可知，测试性指标分配结果必须满足式(4.7)，即故障检测率的验算函数为

$$P_s = \frac{\sum_{i=1}^{n} \lambda_i P_i}{\sum_{i=1}^{n} \lambda_i} \geqslant P_{sr} \tag{4.7}$$

组成单元 λ_i 越大，分配值 P_i 越大。因此，分配函数为线性函数，其分配函数为

$$P_i = \lambda_i x, \quad i = 1, 2, \cdots, n \tag{4.8}$$

式中：x 是某个常量。将式(4.8)中的 P_i 代入式(4.7)，指标分配结果正好满足 $P_s = P_{sr}$，则解 x 可得

$$x = \frac{P_{sr} \sum_{i=1}^{n} \lambda_i}{\sum_{i=1}^{n} \lambda_i^2} \tag{4.9}$$

再将式(4.9)代入式(4.8)，可得第 i 个组成单元的分配指标为

$$P_i = \frac{P_{sr} \lambda_i \sum_{i=1}^{n} \lambda_i}{\sum_{i=1}^{n} \lambda_i^2} \tag{4.10}$$

式中：P_i 为分配给第 i 个组成单元的指标；P_{sr} 为系统测试性的指标（要求值）；λ_i 为第 i 个组成单元的故障率。

如果将式(4.10)中 P_i 用分配给第 i 个组成单元的故障检测率 R_{FDi} 代替，P_{sr} 用

系统要求的故障检测率 R_{FDsr} 代替，则故障检测率分配模型也可表示为

$$R_{\mathrm{FD}i}=\frac{R_{\mathrm{FDsr}}\lambda_i\sum_{i=1}^{n}\lambda_i}{\sum_{i=1}^{n}\lambda_i^2} \tag{4.11}$$

2）故障隔离率分配模型

由 n 个单元组成的系统，其系统的故障检测率 R_{FDs} 和故障隔离率 R_{FIs} 为

$$R_{\mathrm{FDs}}=\frac{\sum_{i=1}^{n}\lambda_{\mathrm{D}i}}{\sum_{i=1}^{n}\lambda_i}=\frac{\sum_{i=1}^{n}\frac{\lambda_{\mathrm{D}i}}{\lambda_i}\lambda_i}{\sum_{i=1}^{n}\lambda_i}=\frac{\sum_{i=1}^{n}R_{\mathrm{FD}i}\lambda_i}{\sum_{i=1}^{n}\lambda_i} \tag{4.12}$$

$$R_{\mathrm{FIs}}=\frac{\sum_{i=1}^{n}\lambda_{\mathrm{I}i}}{\sum_{i=1}^{n}\lambda_{\mathrm{D}i}}=\frac{\sum_{i=1}^{n}\frac{\lambda_{\mathrm{I}i}}{\lambda_{\mathrm{D}i}}\frac{\lambda_{\mathrm{D}i}}{\lambda_i}\lambda_i}{\sum_{i=1}^{n}\frac{\lambda_{\mathrm{D}i}}{\lambda_i}\lambda_i}=\frac{\sum_{i=1}^{n}R_{\mathrm{FI}i}(R_{\mathrm{FD}i}\lambda_i)}{\sum_{i=1}^{n}(R_{\mathrm{FD}i}\lambda_i)} \tag{4.13}$$

式中：$R_{\mathrm{FD}i}$ 为第 i 个组成单元的故障检测率；$\lambda_{\mathrm{D}i}$ 为第 i 个组成单元被检测出的故障率；λ_i 为第 i 个组成单元的故障率；$\lambda_{\mathrm{I}i}$ 为第 i 个组成单元被隔离的故障率；$R_{\mathrm{FI}i}$ 为第 i 个组成单元的故障隔离率。

根据故障隔离率的分配，不妨令

$$R_{\mathrm{FI}i}=\lambda_i y \tag{4.14}$$

式中：y 是某个常量，将式(4.14)中的 $R_{\mathrm{FI}i}$ 代入式(4.13)，指标分配结果正好满足 $R_{\mathrm{FIs}}=R_{\mathrm{FIsr}}$，则解 y 可得

$$y=\frac{R_{\mathrm{FIsr}}\sum_{i=1}^{n}(R_{\mathrm{FD}i}\lambda_i)}{\sum_{i=1}^{n}\lambda_i(R_{\mathrm{FD}i}\lambda_i)} \tag{4.15}$$

将式(4.15)代入式(4.14)，可得故障隔离率的分配模型为

$$R_{\mathrm{FI}i}=\frac{R_{\mathrm{FIsr}}\lambda_i\sum_{i=1}^{n}(R_{\mathrm{FD}i}\lambda_i)}{\sum_{i=1}^{n}\lambda_i(R_{\mathrm{FD}i}\lambda_i)} \tag{4.16}$$

2. 不能检测到故障的概率与单元的相关要素成比例的分配模型

组成单元的 FDR、FIR 与组成单元的故障率等要素之间不能构成比率关系，相反，单元 FDR、FIR 的逆事件，即不能检测到故障、不能隔离故障的概率却与单元的相关要素成比例关系。例如，按照组成单元故障率大小来分配 FDR 的分配模型，

即故障率高的单元分配高的FDR，故障率低的单元分配低的FDR。在此条件下，可设定式为

$$\bar{R}_{\mathrm{FD}i}=\frac{A}{\lambda_i}\bar{R}_{\mathrm{FDs}} \tag{4.17}$$

式中：$\bar{R}_{\mathrm{FD}i}$为分配给第i个组成单元不能检测到故障的概率；$\bar{R}_{\mathrm{FDs}}$为系统容忍不能检测到故障的概率；A为待求的比例常数；λ_i为第i个组成单元的故障率。

由故障检测概率的定义及式(4.12)，可以得到系统与组成单元的故障检测率的关系为

$$\sum_{i=1}^{n}R_{\mathrm{FD}i}\lambda_i = R_{\mathrm{FDs}}\lambda_{\mathrm{s}} \tag{4.18}$$

式中：λ_{s}为系统的故障率。

把式(4.18)中$R_{\mathrm{FD}i}$、R_{FDs}变为不能检测到故障的概率，将式(4.17)代入式(4.18)中，因不能检测到故障的概率为常数，故可解出待定的比例常数为

$$A=\frac{\lambda_{\mathrm{s}}}{n} \tag{4.19}$$

同时，故障检测率与不能检测到故障的概率之间的关系式为

$$R_{\mathrm{FD}i}=1-\bar{R}_{\mathrm{FD}i} \tag{4.20}$$

将式(4.19)、式(4.20)代入式(4.17)，可得到故障检测率的分配模型为

$$R_{\mathrm{FD}i}=1-\frac{\lambda_{\mathrm{s}}(1-R_{\mathrm{FDs}})}{n\lambda_i} \tag{4.21}$$

式中：$R_{\mathrm{FD}i}$为第i个组成单元的FDR分配值；R_{FDs}为系统FDR要求值；λ_{s}为系统的故障率；λ_i为第i个组成单元的故障率；n为系统组成单元个数。

同理，可以得到故障隔离率的分配模型为

$$R_{\mathrm{FI}i}=1-\frac{\lambda_{\mathrm{Ds}}(1-R_{\mathrm{FIs}})}{n\lambda_{\mathrm{D}i}} \tag{4.22}$$

式中：$R_{\mathrm{FI}i}$为第i个组成单元的FIR分配值；R_{FIs}为系统FIR要求值；λ_{Ds}为系统可检测的故障率($\lambda_{\mathrm{Ds}}=\lambda_{\mathrm{s}}R_{\mathrm{FDs}}$)；$\lambda_{\mathrm{D}i}$为第$i$个组成单元可检测的故障率($\lambda_{\mathrm{D}i}=\lambda_i R_{\mathrm{FD}i}$)；$n$为系统组成单元个数。

在测试性分配完成后，要检验分配结果是否满足约束条件：各组成单元的分配值必须在[0,1]；由各单元分配值验算得到的系统指标不能低于其要求值，即$R_{\mathrm{FDs}}\geqslant R_{\mathrm{FDsr}}$($R_{\mathrm{FDs}}$为各单元分配值验算得到的故障检测率，$R_{\mathrm{FDsr}}$为系统要求的故障检测率)；$R_{\mathrm{FIs}}\geqslant R_{\mathrm{FIsr}}$($R_{\mathrm{FIs}}$为各单元分配值验算得到的故障隔离率，$R_{\mathrm{FIsr}}$为系统要求的故障隔离率)。

4.3　测试性分配方法

故障检测率(FDR)和故障隔离率(FIR)指标要求的分配方法基本相同,假定指标要求(FDR、FIR 的要求值)用 P_{sr} 表示;分配给第 i 个组成单元的指标用 P_i 表示($i=1,2,\cdots,n$);综合各组成单元的分配值得到的系统指标用 P_s 表示。分配方法的关键是找出 $P_i=f_1(P_{sr},K_i)$ 的具体表达形式。因其表达形式不同,就有不同的分配方法。

4.3.1　等值分配法

1. 适用范围

当系统的各个组成单元之间的特性很接近、构成单元类似,既没有历史型号数据作为参考,又没有故障率等基本数据,并且要求进行测试性指标分配时,可以采用等值分配法,初步得出一个分配结果,随着设计过程的发展,数据逐渐充足后可进行重新分配,一般用于方案阶段。

2. 分配模型

等值分配法是直接使各组成单元的指标等于系统的指标要求。其分配模型为

$$P_i=P_{sr},\quad i=1,2,\cdots,n \tag{4.23}$$

式中:P_i 为第 i 个组成单元的 FDR、FIR 分配指标;P_{sr} 为系统测试性要求的 FDR、FIR 指标;n 为系统组成单元的个数。

该方法没有考虑影响分配的各种因素与约束条件,直接令各组成单元的分配值等于系统的要求值,分配结果显然满足系统的指标要求,不需要用式(4.7)验算,因为 P_i 为常值且等于 P_{sr},所以保证了 $P_s=P_{sr}$。

4.3.2　按故障率分配法

1. 适用范围

按故障率分配法是将系统的测试性指标按照构成单元故障率的大小进行分配。该方法适用于仅已知构成单元故障率的系统,一般在设计早期阶段用来初步分配测试性指标。

该方法是加权分配法的简化法。它是仅以各组成单元的故障率为分配权重进

行比例分配的。对于已进行可靠性预计获得了故障率预计值的系统，可以采用加权分配法，但是在分配结果不合理时需要进行修正。

2. 分配步骤

按故障率分配法的步骤如下。

(1) 进行系统功能、结构划分，画出功能层次图。

(2) 分析各层次产品的组成单元特性，获取各组成单元的故障率数据(从可靠性分析资料中获取)和系统指标要求。

(3) 计算各组成单元的分配值 P_i。按照 4.4.2 节中测试性分配模型计算 P_i。

(4) 根据需要，可能修正计算的分配值 P_i。需要对分配值进行修正，修正的原则如下。

① 故障检测率和隔离率都不能大于 1。因此，对于 $P_i \geqslant 1$ 的情况，将取 $P_{sr} < P_i < 1$ 的某个值。

② 如果进行过原则①的修正，则应对 $P_i < P_{sr}$ 的组成单元，适当提高其分配值。

③ 对要求平均修复时间少的组成单元，适当提高其分配值。

④ 发生故障将对雷达正常工作产生重大影响，对雷达产生严重危害的组成单元或容易实现 BIT 的组成单元，应提高其分配值。

(5) 验算分配值是否满足要求，即

$$P_s = \frac{\sum_{i=1}^{n} \lambda_i P_i}{\sum_{i=1}^{n} \lambda_i} \geqslant P_{sr} \tag{4.24}$$

如果 $P_s \geqslant P_{sr}$(要求值)，则分配工作完成。否则，应重复第(4)步的工作。

3. 应用示例

某雷达系统由天馈、收发、信号处理、终端、伺服、监控、冷却、电源等 8 个分系统组成，其功能层次图如图 4-2 所示，故障率数据如表 4-1 所示，系统故障检测率要求为 $P_{sr}=0.95$。

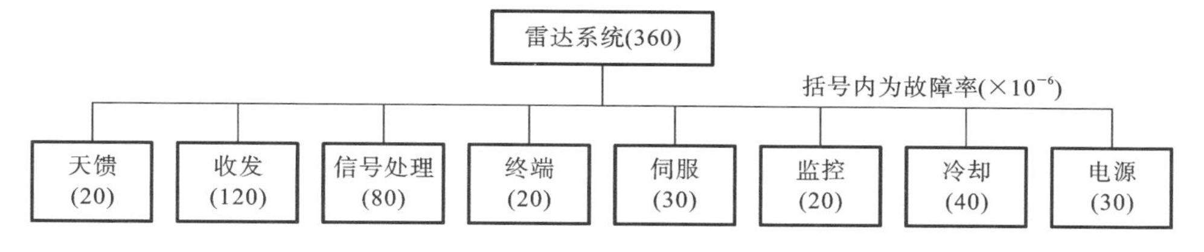

图 4-2　某雷达系统功能层次图

表 4-1　故障率数据($P_{sr}=0.95$)

分系统名称	编号	数量	故障率 $\lambda_i(\times 10^{-6})$	P_i 计算值	P_i 修正值
天馈	1	1	20	0.2693	0.90
收发	2	1	120	1.6157	0.99
信号处理	3	1	80	1.0772	0.99
终端	4	1	20	0.2693	0.90
伺服	5	1	30	0.4039	0.95
监控	6	1	20	0.2693	0.90
冷却	7	1	40	0.5386	0.90
电源	8	1	30	0.4039	0.90
雷达系统		8	$\sum\lambda_i=360$	0.95	0.9528

按照式(4.11),将各分系统依次定义为 $P_1\sim P_8$,则指标分配如下:

$$P_1=\frac{P_{sr}\lambda_i\sum_{i=1}^{n}\lambda_i}{\sum_{i=1}^{n}\lambda_i^2}=\frac{0.95\times 20\times(20+120+80+20+30+20+40+30)}{20^2+120^2+80^2+20^2+30^2+20^2+40^2+30^2}$$
$$=0.2693$$

同样可算出:$P_2=1.6157$,$P_3=1.0772$,$P_4=P_6=0.2693$,$P_5=P_8=0.4039$,$P_7=0.5386$。

调整后为:$P_1=0.90$,$P_2=0.99$,$P_3=0.99$,$P_4=P_6=0.90$,$P_5=0.95$,$P_7=P_8=0.90$。

经验算

$$P_s=\frac{20\times0.90+120\times0.99+80\times0.99+20\times0.90+30\times0.90+20\times0.95+40\times0.90+30\times0.90}{20+120+80+20+30+20+40+30}$$
$$=0.9528$$

可见,$P_s\geqslant P_{sr}$,分配结果有效。

上例表明,故障率高的组成单元,用公式计算出的分配值也高。示例中,故障率最高的收发分系统是最低的天馈分系统的 6 倍,其对应的分配值之比(P_2/P_1)也是 6 倍关系。由于只考虑了故障率这单一因素,对于各分系统的故障率相差倍数较大的系统,分配给各分系统的指标也相差比较大,会出现大于 1 的情况,因而也就需要有较大的调整量。但该分配方法比较简单,在早期初步分配时还是很有用的。

4.3.3 加权分配法

1. 适用范围

加权分配法考虑了各有关因素，主要包括故障率、故障影响、维修级别的划分、MTTR要求、测试设备的规划、类似产品测试性经验，以及系统的构成及特性、动态规划等，一般用于工程研制阶段。

2. 分配步骤

加权分配法根据工程分析结果和专家的经验，确定各个影响因素对各项目的影响系数和加权系数，然后按照有关数学公式计算出各组成单元的分配值。其步骤如下。

(1) 把系统划分为定义清楚的分系统、设备、LRU和SRU，画出系统功能层次图和功能框图。系统划分的详细程度取决于指标分配到哪一级。

(2) 进行FMECA，取得故障模式、影响和故障率数据，或从可靠性分析结果中获得有关数据资料。

(3) 按照系统的构成、FMECA结果、MTTR要求、以前类似产品的经验、实现故障检测与隔离的难易程度和成本，确定第i个组成单元的影响系数。

① K_{i1}为故障率系数。故障率高的组成单元应取较大的K_{i1}值。考虑的方法之一是，按照此组成单元(如某LRU)的故障率占系统总故障率的比例大小来确定K_{i1}值。

② K_{i2}为故障影响系数。受故障影响大的组成单元应取较大的K_{i2}值。考虑的方法之一是按照FMECA结果，计算各组成单元Ⅰ类～Ⅱ类故障模式占系统总故障模式的比例大小。

③ K_{i3}为MTTR影响系数。一般来说，要求MTTR小的组成单元，其K_{i3}应取较大的值，否则有可能达不到维修性要求。此外，对于人工检测和隔离故障需要较长时间的组成单元，应尽量采用BIT，分配较大的K_{i3}值，以便有效降低系统MTTR。

④ K_{i4}为实现故障检测与隔离的难易系数。容易实现的，K_{i4}应取较大值。

⑤ K_{i5}为故障检测与隔离成本系数。成本低的，K_{i5}应取较大值。

以上K_{i1}～K_{i5}的取值范围为1～5。不考虑某项因素(如成本或难易程度)时，其对应的K值取零。

(4) 确定第i个组成单元的影响系数K_i。

$$K_i = K_{i1} + K_{i2} + K_{i3} + K_{i4} + K_{i5} \tag{4.25}$$

(5) 计算第i个组成单元的指标分配值P_i。

按故障率分配法是加权分配法的特例，用 K_i 代替式(4.10)中 λ_i 的即可。

$$P_i = \frac{P_{sr} K_i \sum_{i=1}^{n} \lambda_i}{\sum_{i=1}^{n} (\lambda_i K_i)} \tag{4.26}$$

式中：P_i 为分配给第 i 个组成单元的指标；P_{sr} 为系统测试性的指标（要求值）；λ_i 为第 i 个组成单元的故障率。

（6）将以上各步所得数据及时填写到测试性分配表格中。

（7）调整和修正计算所得 P_i 值，使其满足 $0 \leqslant P_i \leqslant 1$。

因为各加权系数是通过分析和专家经验确定的，取值不一定很合理。计算所得各 P_i 值都是多位小数，有时 P_i 值会过大或过小，这时就需要调整和修正。对于过大的 P_i 可取其最大可能实现值；对于过小的 P_i 值可适当提高，一般取两位小数即可。如果有高故障率的组成单元的分配值减小了，则必须有另外的组成单元提高分配值，否则不能满足系统总的指标要求。

（8）验算。在调整和修正 P_i 值后，验算分配的指标是否满足系统要求。

$$P_s = \frac{\sum_{i=1}^{n} \lambda_i P_i}{\sum_{i=1}^{n} \lambda_i} \geqslant P_{sr} \tag{4.27}$$

式中：P_s 为综合各组成单元的分配值得到的系统指标（故障检测率或故障隔离率）；P_i 为分配给第 i 个组成单元（如 LRU）的指标；λ_i 为第 i 个组成单元的故障率。

如果计算的 P_s 值大于要求的指标 P_{sr}，则分配工作完成，P_i 可作为第 i 个组成单元的要求列入其设计规范中。

在确定影响系数时各组成单元之间需要相互比较，可参考表 4-2 的示例。

表 4-2　确定权值示例

影响系数	权值				
	5	4	3	2	1
K_{i1}	故障率最高	较高	中等	较低	最低
K_{i2}	故障影响安全	可能影响安全	影响任务	可能影响任务	影响维修
K_{i3}	MTTR 最短	较短	中等	较长	最长
K_{i4}	诊断最容易	较容易	中等	较困难	最困难
K_{i5}	费用最少	较少	中等	较多	最多

3. 应用示例

仍以4.3.2节中某雷达系统的分系统组成为例，用加权分配法进行分配，确定的影响系数、计算的分配值和调整后的值都列入表4-3中。

表4-3　确定影响系数示例

分系统名称	编号	数量	$\lambda_i(\times 10^{-6})$	K_{i1}	K_{i2}	K_{i3}	K_{i4}	K_{i5}	K_i	P_i 计算值	P_i 修正值
天馈	1	1	20	2	4	1	3	2	12	0.7817	0.90
收发	2	1	120	5	3	4	3	2	17	1.1074	0.99
信号处理	3	1	80	3	3	3	2	2	13	0.8469	0.95
终端	4	1	20	1	3	3	2	3	12	0.7817	0.90
伺服	5	1	30	2	3	2	3	3	13	0.8469	0.92
监控	6	1	20	2	3	2	2	4	13	0.8469	0.92
冷却	7	1	40	4	3	1	4	2	14	0.9120	0.92
电源	8	1	30	3	4	2	4	3	16	1.0423	0.99
合计		8	$\sum\lambda_i=360$							$P_{sr}=0.95$	$P_s=0.9536$

从分配结果看，验算值 $P_s=0.9536$ 大于要求值 $P_{sr}=0.95$。分配值可作为各组成单元的要求值列入其技术规范。另外，考虑多种因素，利用加权分配方法计算的各分配值 P_i 之间相差比较小，调整和修正也比较容易。

4.3.4　综合加权分配法

1. 适用范围

综合加权分配法是综合考虑影响分配的各种因素(复杂度或故障率、重要度或故障影响、平均修复时间和费用等)的影响及其权值的测试性指标的分配方法。

综合加权分配法是对加权分配法的改进。如果不考虑各影响因素的权重，它就是综合分配法。如果只考虑故障率一种影响因素，它就成了按故障率分配法。如果考虑两种影响因素，如故障率和费用，它同样也可以进行分配。

当系统结构较为复杂，组成单元的数目较多且各单元的功能特性都存在差异时，如果应用加权分配法得到的分配结果不合理，那么对分配结果进行人为调整修正就显得十分烦琐且不现实。综合加权分配法通过约束分配结果的上限，解决加权分配法分配结果可能不合理的问题。

对于已进行可靠性预计获得了故障率预计值，还能得到专家对装备各种影响测试性分配因素打分，并且分配结果不需要人为调整、修正的装备，可采用综合加权分配法。

2. 分配步骤

综合加权分配法的分配和步骤如下。

(1) 把系统划分为定义清楚的子系统、设备、LRU 和 SRU，画出系统功能层次图，功能层次图的详细程度取决于指标分配到哪一级。

(2) 从可靠性、维修性设计与分析和有关资料中，获得有关测试性分配需要考虑的各影响因素的数据，如故障率、故障影响、平均修复时间(MTTR)和费用等。

(3) 按照系统的构成情况和诊断方案要求等，通过工程分析、专家知识和以前类似产品的经验，确定各组成单元的影响系数，如故障率影响系数(K_{λ})、故障影响系数(K_{F})、MTTR 影响系数(K_{M})、费用影响系数(K_{C})等。

(4) 确定第 i 个组成单元的综合影响系数 K_i。

① 在不考虑各影响因素的权重时，第 i 个组成单元的综合影响系数 K_i 为

$$K_i = K_{\lambda i} + K_{\mathrm{F}i} + K_{\mathrm{M}i} + K_{\mathrm{C}i} \tag{4.28}$$

式中：$K_{\lambda i}$为第 i 个组成单元的故障率影响系数；$K_{\mathrm{F}i}$为第 i 个组成单元的故障影响系数；$K_{\mathrm{M}i}$为第 i 个组成单元的 MTTR 影响系数；$K_{\mathrm{C}i}$为第 i 个组成单元的费用影响系数。

② 在考虑各影响因素的权重时，第 i 个组成单元的综合影响系数 K_i 为

$$K_i = \alpha_{\lambda} K_{\lambda i} + \alpha_{\mathrm{F}} K_{\mathrm{F}i} + \alpha_{\mathrm{M}} K_{\mathrm{M}i} + \alpha_{\mathrm{C}} K_{\mathrm{C}i} \tag{4.29}$$

式中：α_{λ} 为故障率因素权值；α_{F} 为故障影响因素权值；α_{M} 为 MTTR 影响因素权值；α_{C} 为费用影响因素权值。

各影响因素的加权值由测试性分配者依据各影响因素的重要性确定，各影响因素权值之和应等于 1。

当不考虑某项影响因素(如故障影响因素)时，可删去相应系数项。在只考虑一个故障率影响因素时，按故障率分配方法。

(5) 计算第 i 个组成单元的分配值 P_i。

综合加权分配法的基本原理是组成单元的权重与分配值成正比关系，组成单元的权重越大，则测试性分配值越大。如果把对应最大影响系数 $K_{\max}$的组成单元指标分配值用 $P_{\max}$表示(取其最大可能实现值)，则可得出等比例关系式为

$$\frac{P_i - P_{\mathrm{sr}}}{K_i - K_{\mathrm{s}}} = \frac{P_{\max} - P_{\mathrm{sr}}}{K_{\max} - K_{\mathrm{s}}} \tag{4.30}$$

$$P_i = \frac{P_{\max} - P_{\mathrm{sr}}}{K_{\max} - K_{\mathrm{s}}}(K_i - K_{\mathrm{s}}) + P_{\mathrm{sr}} \tag{4.31}$$

式中：P_i 为分配给第 i 个组成单元的指标；P_{sr}为系统测试性的指标(要求值)；K_i

为第 i 个组成单元的综合影响系数；K_s 为系统的影响系数，其与各组成单元的影响系数 K_i 的关系为

$$K_s = \frac{\sum_{i=1}^{n} \lambda_i K_i}{\sum_{i=1}^{n} \lambda_i} \tag{4.32}$$

可以看出，式(4.32)与式(4.6)具有相同的函数形式，这样可以保证以 K_i 求得的各组成单元的分配值 P_i 满足 $P_s \geqslant P_{sr}$ 的要求。

在确定 K_i 值的基础上，根据式(4.32)计算出 K_s；并选取 P_{max} 值为大于 P_{sr} 的最大可能实现值后，进而用式(4.31)计算出各组成单元的 P_i 值。

(6) 调整和检验。计算出来的各组成单元的指标分配值是多位小数，一般取两位即可。再用式(4.6)由初定分配值计算 P_s 值，应保证 $P_s \geqslant P_{sr}$，否则应稍增加初定分配值。如果确定分配值，则对于 P_i 的第 3 位小数不用四舍五入的办法，而是非零就进位，得到的分配值可保证 $P_s \geqslant P_{sr}$，可省去验算 P_s 值的麻烦。

3. 确定各影响系数的方法

1）确定各影响系数的定量方法

将要考虑的各影响因素进行归一化处理并去掉量纲，以便综合统一考虑。

(1) 故障率影响系数 K_λ。该系数代表组成单元的复杂度或可靠性对测试性分配的影响，用故障率 λ 表示。它与分配值成正比。则第 i 个组成单元的故障率影响系数 $K_{\lambda i}$ 为

$$K_{\lambda i} = \frac{\lambda_i}{\sum_{i=1}^{n} \lambda_i} \tag{4.33}$$

式中：λ_i 为第 i 个组成单元的故障率；n 为系统组成单元个数。

(2) 故障影响系数 K_F。考虑故障影响的方法之一是用影响安全和任务的故障模式数 F 表示，按故障模式、影响及危害性分析结果计算各组成单元Ⅰ类和Ⅱ类故障数占系统故障模式总数的比例大小，按此比例确定 K_F 值，它与分配值成正比，则第 i 个组成单元的故障影响系数 K_{Fi} 为

$$K_{Fi} = \frac{F_i}{\sum_{i=1}^{n} F_i} \tag{4.34}$$

式中：F_i 为第 i 个组成单元的故障模式数；n 为系统组成单元个数。

(3) MTTR 影响系数 K_M。该参数代表基本维修性要求对测试性分配的影响，用平均修复时间 M 表示，它与分配值成反比，则第 i 个组成单元的 MTTR 影响系数 K_{Mi} 为

$$K_{Mi}=\frac{a_i}{M_i},\quad a_i=\left(\sum_{i=1}^{n}\frac{1}{M_i}\right)^{-1} \tag{4.35}$$

式中：M_i 为第 i 个组成单元的 MTTR；n 为系统组成单元个数。

（4）费用影响系数 K_C。该参数代表研究开发与设计实现费用对测试性分配的影响，用费用 C 表示，它与分配值成反比，则第 i 个组成单元的费用影响系数 K_{Ci} 为

$$K_{Ci}=\frac{b_i}{C_i},\quad b_i=\left(\sum_{i=1}^{n}\frac{1}{C_i}\right)^{-1} \tag{4.36}$$

式中：C_i 为第 i 个组成单元的费用；n 为系统组成单元个数。

2）确定各影响系数的评分方法

当没有各影响因素的具体数据时，可以采用评分方法确定各影响因素的系数。

（1）故障率影响系数 K_λ。对于故障率较高的组成单元，K_λ 应取较大的值，分配给较高的自动测试设计指标。

（2）故障影响系数 K_F。对于故障影响大的组成单元，K_F 应取较大的值，分配给较高的自动测试设计指标。

（3）MTTR 影响系数 K_M。对于要求 MTTR 值小的组成单元，K_M 应取较大的值，分配给较高的自动测试指标才有可能达到维修性要求。

（4）费用影响系数 K_C。对于实现故障检测与隔离费用较少的组成单元，K_C 应取较大的值，分配给较高的指标，以便用较少的费用达到规定要求。

依据系统特性分析结果，各组成单元特性之间相互比较，参考表 4-4 对各影响因素进行评分。

表 4-4　确定各影响系数的评分示例

影响系数	权值				
	10～9	8～7	6～5	4～3	2～1
K_λ	故障率最高	较高	中等	较低	最低
K_F	故障影响安全	可能影响安全	影响任务	可能影响任务	影响维修
K_M	MTTR 最短	较短	中等	较长	最长
K_C	费用最少	较少	中等	较多	最多

4. 应用示例

仍以 4.3.2 节中某雷达系统的分系统组成为例，各加权值暂定为 1，取 $P_{max}=0.98$。

（1）取得各影响因素的有关数据，列入表 4-5 中。

表 4-5 各影响因素有关数据示例

分系统名称	编号	$\lambda_i(\times 10^{-6})$	F_i	M_i	$a_i=1/M_i$	C_i	$b_i=1/C_i$
天馈	1	20	2	20	0.0500	200	0.0050
收发	2	120	2	15	0.0667	300	0.0033
信号处理	3	80	3	15	0.0667	300	0.0033
终端	4	20	2	20	0.0500	100	0.0100
伺服	5	30	5	25	0.0400	200	0.0050
监控	6	20	3	20	0.0500	200	0.0050
冷却	7	40	3	25	0.0400	400	0.0025
电源	8	30	3	25	0.0400	100	0.0100
合计		$\sum\lambda_i=360$	$\sum F_i=23$		$\sum a_i=0.4033$		$\sum b_i=0.0442$

(2) 利用式(4.33)～式(4.36),计算各组成单元的影响系数,将结果列入表 4-6 中。

(3) 从表 4-6 中可看出,$K_2=0.6604$ 为最大值,则取 $K_{max}=0.6604$,其对应的分配值取 $P_{max}=0.98$。

(4) 根据式(4.32)计算雷达系统的影响系数 $K_s=0.5557$。

(5) 根据式(4.31)计算各分系统的分配值 P_i,列入表 4-6 中。

(6) 修正后的值取两位,根据式(4.7)计算得 $P_s=0.9525>P_{sr}$,说明分配符合要求。

表 4-6 各影响系数及分配结果示例($P_{sr}=0.95$)

分系统名称	$K_{\lambda i}$	K_{Fi}	K_{Mi}	K_{Ci}	K_i	K_s	P_i 计算值	P_i 修正值
天馈	0.0556	0.0870	0.1240	0.1132	0.3797	0.5557	0.8996	0.91
收发	0.3333	0.0870	0.1654	0.0747	0.6604		0.9800	0.98
信号处理	0.2222	0.1304	0.1654	0.0747	0.5927		0.9606	0.96
终端	0.0556	0.0870	0.1240	0.2264	0.4929		0.9320	0.94
伺服	0.0833	0.2174	0.0992	0.1132	0.5131		0.9378	0.94
监控	0.0556	0.1304	0.1240	0.1132	0.4232		0.9120	0.92
冷却	0.1111	0.1304	0.0992	0.0566	0.3973		0.9046	0.91
电源	0.0833	0.1304	0.0992	0.2264	0.5394		0.9453	0.95
合计							$P_{sr}=0.95$	$P_s=0.9525$

综合加权分配方法考虑故障率、故障影响、MTTR 和费用等多种影响因素，还可以考虑个别因素，也可考虑组合因素，在实际工程运用中，可根据实际情况选用不同的影响因素。

4.3.5 新老产品组合分配法

1. 适用范围

新研制系统组成中往往有部分老产品，其测试性指标已知，这时，只需对新设计的部分进行指标分配。首先根据系统指标要求，求出新品部分的总指标，再把它分配给各新的组成单元。其余步骤和方法与前述分配方法相同。

2. 分配模型

假设系统由 n 个单元组成，其中有 r 个是新品，则老品数量为 $n-r$ 个。新品部分总的指标要求用 P_n 表示，依据式(4.6)可得如下关系式：

$$P_{sr}\sum_{i=1}^{n}\lambda_i = \sum_{i=1}^{r}\lambda_i P_i + \sum_{j=1}^{n-r}\lambda_j P_j \tag{4.37}$$

$$P_n\sum_{i=1}^{r}\lambda_i = \sum_{i=1}^{r}\lambda_i P_i \tag{4.38}$$

则有

$$P_n = \frac{P_{sr}\sum_{i=1}^{n}\lambda_i - \sum_{j=1}^{n-r}\lambda_j P_j}{\sum_{i=1}^{r}\lambda_i} \tag{4.39}$$

式中：P_n 为新品部分总的指标要求；λ_j、P_j 分别是各老产品的故障率和测试性指标。

根据 P_n 值，用前述分配方法求得新品各组成单元的分配值可保证满足整个系统(包括老产品)的指标要求。

3. 应用示例

仍以 4.3.2 节中某雷达系统的分系统组成为例，并假设其中冷却分系统和电源分系统为老产品，指标分别为 $P_7=0.90$、$P_8=0.95$，其他数据不变，$P_{sr}=0.95$。选用按故障率分配方法，取 $P_{max}=0.98$。

(1) 根据式(4.32)计算，得到新品部分的影响系数 $K_s=0.2723$。

(2) 根据式(4.39)计算，得到新品部分总的指标要求 $P_n=0.9569$。

(3) 根据式(4.31)计算，得到新品部分各分系统的分配值 P_i，列入表 4-7 中。

(4) 修正后的值取两位，根据式(4.7)计算得 $P_s=0.9569=P_n$，说明分配符合要求。

将新品部分指标要求和分配结果列于表 4-7 中。

表 4-7　系统中有部分老产品时的分配示例

<table>
<tr><th>分系统名称</th><th>编号</th><th>$\lambda_i = K_i$</th><th>K_s</th><th>P_n</th><th>P_i 计算值</th><th>P_i 修正值</th></tr>
<tr><td>新品-天馈</td><td>1</td><td>20</td><td rowspan="6">0.2723</td><td rowspan="6">0.9569</td><td>0.9168</td><td>0.92</td></tr>
<tr><td>新品-收发</td><td>2</td><td>120</td><td>0.9731</td><td>0.98</td></tr>
<tr><td>新品-信号处理</td><td>3</td><td>80</td><td>0.9506</td><td>0.96</td></tr>
<tr><td>新品-终端</td><td>4</td><td>20</td><td>0.9168</td><td>0.92</td></tr>
<tr><td>新品-伺服</td><td>5</td><td>30</td><td>0.9224</td><td>0.93</td></tr>
<tr><td>新品-监控</td><td>6</td><td>20</td><td>0.9168</td><td>0.92</td></tr>
<tr><td>老品-冷却</td><td>7</td><td>40</td><td rowspan="2"></td><td rowspan="2"></td><td>0.90</td><td></td></tr>
<tr><td>老品-电源</td><td>8</td><td>30</td><td>0.95</td><td></td></tr>
<tr><td>合计</td><td></td><td>$\sum \lambda_i = 360$</td><td></td><td></td><td></td><td>$P_s = 0.9569$</td></tr>
</table>

4.3.6　优化分配法

1. 适用范围

优化分配法是将费用最少，测试性水平任务成功率、战备完好率最高等作为优化目标，在给定系统测试性资源的情况下，按照一定的优化算法，求出目标函数最优解的方法。该方法可以同时满足多个约束条件，但是不同的优化目标得到的分配结果往往差别很大。

对于有明确优化目标以及相关约束条件的装备，可以采用优化分配法进行分配。

2. 基于费用的测试性指标优化分配

基于费用的测试性指标优化分配可以描述为两种形式：一种是在给定的系统费用的情况下，使测试性最高；另一种是在给定系统测试性及设计要求的情况下，使系统费用最少。下面以系统费用最少作为优化目标介绍优化分配法。

1）优化分配模型

设系统由 n 个单元组成，系统要求的测试性指标为 P_{sr}，在总费用最少的情况下将该指标分配给各组成单元，这一问题的数学模型为

$$\min C = \sum_{i=1}^{n} C(P_i) \tag{4.40}$$

$$P_s = \frac{\sum_{i=1}^{n} \lambda_i P_i}{\sum_{i=1}^{n} \lambda_i} \geqslant P_{sr} \tag{4.41}$$

$$P_{i,\min} \leqslant P_i \leqslant P_{i,\max} \tag{4.42}$$

式(4.40)中：C 为系统费用；$C(P_i)$ 为第 i 个组成单元的费用函数；P_i 为分配给第 i 个组成单元的测试性指标(具体为故障检测率或故障隔离率)，即第 i 个组成单元的分配值。式(4.40)表示目标函数最小，即测试性分配的费用最少。

式(4.41)中：P_s 为根据各组成单元的分配值计算得到的系统测试性指标；λ_i 为第 i 个组成单元的故障率；P_{sr} 为系统要求的测试性指标。式(4.41)要求分配得到的各组成单元测试性指标综合后要大于系统的测试性指标。

式(4.42)中：$P_{i,\min}$ 为第 i 个组成单元的最低测试性指标；$P_{i,\max}$ 为第 i 个组成单元可以达到的最高测试性指标。

求解这一模型，首先需要获取系统的参数，然后建立各组成单元测试性和费用之间的函数关系，最后求解费用函数。

从优化分配的数学模型可知，它是一个非线性约束优化问题。解决非线性约束规划问题的常用方法都可以使用，例如拉格朗日乘子法、单纯形法、爬山法、模拟退火法等。

2) 费用函数需满足的条件

费用函数最初被称为努力函数(effort function)，表示测试性分配指标与费用之间的关系。子系统的测试性指标由 P_i^1 提高到 P_i^2 所需的费用为 $C(P_i^1, P_i^2)$，费用函数应该满足以下条件。

(1) $C(P_i^1, P_1^2) \geqslant 0, 0 \leqslant P_i^1 \leqslant P_i^2 \leqslant 1$，即所需费用为非负量。

(2) $C(P_i^1, P_i^2) \leqslant C(P_i^1, P_i^2 + \Delta P_i^2), \Delta P_i^2 \geqslant 0$，即系统测试性分配指标越大，所花费的费用就越多。

(3) $C(P_i)$ 可微。

(4) $\dfrac{\partial^2}{\partial p^2} C(P_i) \geqslant 0, 0 \leqslant P_i \leqslant 1$，即 $C(P_i)$ 是凸函数。

(5) 对任意固定的 $P_i^1, 0 \leqslant P_i^1 < 1$，若 P_i^2 趋近于 1，则 $C(P_i^1, P_i^2)$ 趋近于 ∞。

(6) $C(P_i)$ 是单调增函数。

3) 费用函数

根据费用函数需满足的条件，可以构建费用函数为

$$C(P_i) = a_i \ln\left(\frac{P_{i,\max} - P_{i,\min}}{P_{i,\max} - P_i}\right) \tag{4.43}$$

式中：$C(P_i)$ 为第 i 个组成单元的测试性指标从 $P_{i,\min}$ 提高到 P_i 所需的费用；a_i 为提高第 i 个组成单元的测试性指标的费用系数，$0 < a_i < 1$，a_i 越大，说明提高第 i 个组成单元测试性指标的费用越多。

假设第 i 个组成单元的最高测试性指标 $P_{i,\max} = 1$；最低测试性指标 $P_{i,\min} = 0$，

则式(4.31)变为

$$C(P_i)=a_i\ln\left(\frac{1}{1-P_i}\right) \tag{4.44}$$

从费用函数可以得出：费用是关于组成单元的非线性单调递增函数；测试性指标要求越高，费用越多。

4）费用系数 a_i

费用系数 a_i 为常量，用以表征提高组成单元所需费用多少的程度。费用系数越大，费用变化越快速；反之，费用变化越缓慢。

影响费用系数的因素很多，主要包括体积、重量、故障率、设计费用、使用保障费用等。其中，体积、重量与系统某一组成单元的物理因素有关，体积大、重量大的组成单元相应的测试性代价就高。故障率越大的组成单元，测试性代价越高。设计费用主要考虑严酷度水平、设计改进措施的难易程度以及故障影响程度；设计费用与测试性指标所达到的程度有关，设计的测试性指标越大，测试性代价越高。使用保障费用主要考虑故障发生时检测方法的难易程度和使用补偿措施的难易程度。

影响费用系数的各因素评分可采用专家评分法评分，评分示例如表4-8所示。

表4-8　影响费用系数的各因素评分示例

影响因素	分值				
	10～9	8～7	6～5	4～3	2～1
体积	最大	较大	中等	较小	最小
重量	最大	较大	中等	较小	最小
故障率	最高	较高	中等	较低	最低
设计费用	最多	较多	中等	较少	最少
使用保障费用	最多	较多	中等	较少	最少

根据影响因素评分表得到影响因素评分向量为

$$\boldsymbol{K}_i=[k_{i1},k_{i2},k_{i3},k_{i4},k_{i5}] \tag{4.45}$$

式中：$\boldsymbol{K}_i$ 为第 i 个组成单元的测试性影响因素评分向量；$k_{i1}\sim k_{i5}$ 为第 i 个组成单元在表4-8中各影响因素的评分值。

各个影响因素对不同的组成单元测试性的影响程度不同，需根据实际情况给定影响因素权值。采用专家评分法评分，将权重分为5个等级：很重要(10～9)、较重要(8～7)、一般重要(6～5)、较不重要(4～3)、很不重要(2～1)，并得到影响因素权重向量为

$$\boldsymbol{\omega}_i=[\omega_{i1},\omega_{i2},\omega_{i3},\omega_{i4},\omega_{i5}] \tag{4.46}$$

式中：$\boldsymbol{\omega}_i$ 为第 i 个组成单元的测试性影响因素权重向量；$\omega_{i1}\sim\omega_{i2}$ 为第 i 个组成在表4-8中各影响因素的权重值。

完成影响因素和影响因素权重的评分后，进行加权平均并归一化，得出费用系数。费用系数计算公式为

$$a_i=\boldsymbol{K}_i\omega_i^{\mathrm{T}}\sum_{j=1}^{5}\omega_{ij} \tag{4.47}$$

5）可达到的最高测试性指标

可达到的最高测试性指标为常量，用以表征在现有理论和技术条件下，组成单元可以达到的测试性水平的极限值。最高测试性指标的理想值为1，但是受技术或经济方面的限制，一般达不到。

6）最低测试性指标

当前达到的测试性水平为常量，用以表征组成单元已经达到的测试性水平。所有组成单元当前最低测试性指标的极限值为0。

3. 基于多目标的测试性指标优化分配

如果将系统费用最少和系统测试性水平达到最大作为优化目标，则可以建立多目标测试性优化模型。

1）目标函数

测试性费用考虑设计费用、采购费用和使用保障费用三部分。提高测试性设计的故障检测率和故障隔离率，降低故障虚警率，会增加测试的复杂度，增加装备的设计和采购费用，但同时会减少装备的使用保障费用。

设计费用与测试性指标要求之间呈指数关系，可表示为

$$C_{\mathrm{d}}(P_i)=\exp(a_i\cdot P_i) \tag{4.48}$$

式中：$C_{\mathrm{d}}(P_i)$为第 i 个组成单元的设计费用函数；a_i 为第 i 个组成单元的测试性指标对设计费用的影响系数，$0<a_i<1$；P_i 为分配给第 i 个组成单元的测试性指标。

当装备由 n 个子系统（或单元）组成时，则其设计（design）费用函数为

$$C_{\mathrm{d}}=\sum_{i=1}^{n}\exp(a_i\cdot P_i) \tag{4.49}$$

设装备的采购费用与测试性要求呈线性关系，则其采购（acquistion）费用函数为

$$C_{\mathrm{a}}=\sum_{i=1}^{n}b_i\cdot P_i \tag{4.50}$$

式中：b_i 为第 i 个组成单元的测试性指标对采购费用的影响系数，$0<b_i<1$。

由于虚警率一般不需要分配，可假设测试可靠，则使用保障费用与故障检测率

和故障隔离率负相关,即故障检测率和隔离率越高,使用保障费用越少。则使用保障(operation and support)费用函数为

$$C_o = \sum_{i=1}^{n} \exp(-c_i \cdot P_i) \tag{4.51}$$

式中:c_i 为第 i 个组成单元的测试性指标对使用保障费用的影响系数,$0<c_i<1$。

装备的故障率越高,对测试性的要求也越高。因此,故障率较高的组成单元要求分配较高的故障检测率和故障隔离率,这样才能提高系统的测试性水平。装备测试性水平与各组成单元的测试性分配值的函数关系为

$$\varphi = \sum_{i=1}^{n} \left[(\lambda_i / \sum_{i=1}^{n} \lambda_i) P_i \right] \tag{4.52}$$

式中:φ 为与测试性分配值相关的装备测试性水平;λ_i 为第 i 个组成单元的故障率。

2) 约束函数

将测试性参数量值分为目标值和门限值。门限值是测试设计时必须达到的指标,也是确定最低可接收值的依据。规定各组成单元的测试性指标的门限值(threshold value)为 P_{it},为保证设计满足要求,则应满足

$$P_i \geqslant P_{it} \tag{4.53}$$

规定值是在合同中规定的期望达到的指标。考虑研制方的设计能力,可设期望值为测试性设计的最大值。设各组成单元的测试性指标的期望值(expected value)为 P_{ie},则可得到测试性指标规定值的约束条件为

$$P_i < P_{is} \tag{4.54}$$

根据各组成单元的分配值计算得到的系统测试性指标应大于系统的测试性要求,则约束条件为

$$P_s \geqslant P_{sr} \tag{4.55}$$

根据以上分析,可建立多目标的测试性指标优化分配模型如下。

目标函数为

$$\begin{cases} \min(C) = \sum_{i=1}^{n} \exp(a_i \cdot P_i) + \sum_{i=1}^{n} b_i \cdot P_i + \sum_{i=1}^{n} \exp(-c_i \cdot P_i) \\ \max(\varphi) = \sum_{i=1}^{n} \left[(\lambda_i / \sum_{i=1}^{n} \lambda_i) P_i \right] \end{cases} \tag{4.56}$$

约束函数为

$$\begin{cases} P_{it} \leqslant P_i \leqslant P_{ie} \\ P_s \geqslant P_{sr} \end{cases} \tag{4.57}$$

4. 基于遗传算法的求解过程

遗传算法(genetic algorithm,GA)是由进化论和遗传学机理产生的直接搜索

优化方法。它从任一种群出发，通过选择、交叉、变异，产生一群更适合环境的个体，并经过数代的繁衍进化，最后收敛至一群最适应环境的群体，从而求得问题的最优解。区别于传统的优化算法，它具有不受函数约束条件限制、出现局部极小的可能性小、并行实现容易、善于搜索复杂问题和非线性问题等优点。

基于费用的测试性指标优化分配模型和基于多目标的测试性指标优化分配模型均可用遗传算法求解。遗传算法的求解过程如下。

1）编码方案

综合考虑系统的故障率、故障影响、MTTR，实现故障检测与隔离难易等相关影响因素，对遗传算法中个体的染色体采取实数编码描述。每个染色体由可行解向量 CH_k 的元素列 $P_k^1,P_k^2,\cdots,P_k^n$，表示，$k=1,2,\cdots,q$，因此，相应染色体是 $CH=(CH_1,CH_2,\cdots,CH_q)$，在此基础上，根据系统测试性的相关要求确定其搜索空间。

2）生成初始种群

产生初始种群就是构建初始解，即随机产生染色体个体。初始种群规模的大小可以影响遗传算法的搜索质量和速度。大群体可以改进遗传算法的搜索质量，防止成熟前收敛。但是，大群体会增加个体适应性评价的计算量，从而降低算法收敛速度。在搜索空间内随机产生 M 个初始染色体，构成初始种群，并检验该染色体种群是否达到测试性分配要求，如不符合，则重新生成新的个体，直到该种群符合测试性分配的基本要求为止。M 一般取 20～200。

3）适应度函数

适应度函数用于对个体进行评价，也是优化过程发展的依据。遗传算法按照与个体适应度成正比的概率来决定当前群体中各个个体的生存机会，保留适应度较高的染色体，要求所有个体的适应度为非负数。可以直接利用目标函数变换成适应度函数。

4）选择算子

选择是在群体中选择适应性强的个体产生新的群体的过程。遗传算法使用选择算子来对群体中的个体进行优胜劣汰操作。选择算子选用不当，会造成进化停滞或产生早熟现象。

5）交叉算子

交叉是指对两个相互配对的染色体按照某种方式交换部分基因，从而形成两个新的个体。遗传算法的收敛性主要取决于交叉算子的收敛性。交叉概率 P_C 一般取 0.4～0.99。

6）变异算子

变异是指将个体染色体编码串中的某些基因座上的基因值用该基因座的其他等位基因替换，从而形成新的个体。变异算子可以改善遗传算法的局部搜索能力，维持群体的多样性，防止早熟。变异概率 P_m 一般取 0.001～0.1。

7）终止条件判断

最常用的终止条件是规定算法的终止进化代数 T，当算法迭代次数达到 T 时，停止运算，输出进化过程中所得到的具有最大适应度的个体作为最优解。T 一般取 100～500。

通过以上步骤，利用遗传算法求解带有线性不等式约束条件的问题，从而确定测试性指标的优化分配。

4.3.7 测试性分配方法的比较

对测试性分配方法的特点和适用条件做比较，结果如表 4-9 所示。

表 4-9 测试性分配方法的比较

序号	方法名称	方法特点	适用条件
1	等值分配法	系统指标与各分系统指标相等，无需做具体分配工作	仅适用于系统各组成单元特性基本相同的情况
2	按故障率分配法	故障率高的分系统分配较高的指标，有利于用较少的资源达到系统指标要求，分配工作较简单	适用于已知系统各组成单元的故障率数据，且数据不相等的情况
3	加权分配法	考虑故障率、故障影响、MTTR、实现故障检测与隔离的难易度、故障检测与隔离成本等多种因素的影响，分配工作量比较大	适用于可靠性预计获得了故障率预计值，且能得到专家对各种影响测试性分配因素打分的系统
4	综合加权分配法	考虑故障率、故障影响、MTTR、费用等多个影响因素及其权重，分配工作量比较大	适用于系统各组成单元有关数据齐全的情况
5	新老产品组合分配法	考虑系统中有部分老产品的具体情况	适用于有部分老产品的情况
6	优化分配法	将费用最少、测试性水平最高、任务成功率、战备完好率等作为优化目标，在一定的约束条件下求出其最优解	适用于明确优化目标以及相关约束条件的系统

在测试性设计工作中，可以采用不同的方法进行测试性分配。具体采用哪种方法，可根据方法的适用范围和掌握的数据选择合适的分配方法。

思 考 题

1. 测试性分配的目的和时机是什么?
2. 简述测试性分配的一般程序。
3. 按故障率分配法有哪些优缺点?分配计算公式如何得来的?
4. 加权分配法考虑了哪些影响因素?
5. 综合加权分配法与加权分配法有哪些区别?
6. 结合两种不同的优化目标,建立不同的优化分配模型。

参 考 文 献

[1] 邱静,刘冠军,杨鹏,等. 装备测试性建模与设计技术[M]. 北京:科学出版社,2012.

[2] 黄考利. 装备测试性设计与分析[M]. 北京:兵器工业出版社,2005.

[3] 田仲,石君友. 系统测试性设计分析与验证[M]. 北京:北京航空航天大学出版社,2003.

[4] 石君友. 测试性设计分析与验证[M]. 北京:国防工业出版社,2011.

[5] 王红霞,叶晓慧. 装备测试性设计分析验证技术[M]. 北京:电子工业出版社,2018.

[6] 中国人民解放军总装备部. GJB 2547A—2012 装备测试性工作通用要求[S]. 北京:总装备部军标出版发行部,2012.

[7] 中国人民解放军总装备部. GJB 1909A—2009 装备可靠性维修性保障性要求论证[S]. 北京:总装备部军标出版发行部,2009.

[8] 中国人民解放军总装备部. GJB 3970—2000 军用地面雷达测试性要求[S]. 北京:总装备部军标出版发行部,2000.

[9] 中国人民解放军总装备部. GJB 4260—2001 侦察雷达测试性通用要求[S]. 北京:总装备部军标出版发行部,2001.

[10] 中央军委装备发展部. GJB 8892.12—2017 武器装备论证通用要求 第12部分:测试性[S]. 北京:国家军用标准出版发行部,2017.

[11] 沈亲沐. 装备系统级测试性分配技术研究及应用[D]. 长沙:国防科技大学,2007.

[12] 吕晓明,黄考利,连光耀,等. 复杂装备系统级测试性指标确定方法研究[J]. 计算机测量与控制. 2008,16(3);357-359.

[13] 王贺,朱智平,王贵腾,等. 基于费用函数的测试性指标优化分配方法[J]. 信息技术与网络安全,2018,37(2):51-54,62.

[14] 汤文超,李文海,罗恬颖. 基于费用函数的测试性优化分配方法研究[J]. 测试技术学报,2015,29(4):355-358.

[15] 王宝龙,黄考利,苏林,等. 基于遗传算法的复杂电子装备测试性优化分配[J]. 计算机测量与控制,2007,15(7):925-928.

[16] 张延生,黄考利,陈建辉. 基于遗传算法的测试性优化分配方法[J]. 测试技术学报,2011,25(2):153-157.

[17] 冉红亮,张琦,朱春生,等. 一种基于多目标优化的测试性分配方法[J]. 中国机械工程,2011,22(15):1775-1778.

第5章

雷达装备测试性预计

5.1 概　述

5.1.1 测试性预计的目的与参数

1. 测试性预计的目的

GJB 3385A—2020《测试与诊断术语》对测试性预计(testability prediction)的定义为：根据测试性设计资料，估计测试性参数可能达到的量值，并比较是否满足指标要求。

测试性预计是根据系统各层次(系统、分系统、LRU、SRU)的设计资料和数据，特别是BIT、分析设计、结构与功能划分、测试点的设置及有关测试方法的设计资料和数据，来估计产品的测试性，确定所提出的设计方案在规定的保障条件下是否能满足规定的测试性定量要求。

测试性预计的目的如下。

(1) 将测试性预计的结果与测试性指标要求进行比较，审查设计是否能达到设计任务书要求的测试性指标，或确定测试性要求是否合理。

(2) 在装备测试性论证阶段，通过测试性预计，可对不同的设计方案进行比较,选择最优方案。

(3) 在装备设计阶段,通过测试性预计,发现设计中的薄弱环节,改进设计,提高测试性。

(4) 为测试性验证试验、测试性评价提供依据。

(5) 为装备测试性指标分配和权衡分析提供依据。

2. 测试性预计的参数

测试性预计的基本参数包括故障检测率(fault detection rate,FDR)、故障隔离率(fault isolation rate,FIR)、虚警率(false alarm rate,FAR)、故障检测时间(fault detection time,FDT)和故障隔离时间(fault isolation time,FIT)。其中,最主要的是 FDR 和 FIR 的预计。

由于虚警率涉及很多不确定因素,目前还没有有效的方法进行预计,因此,仅对 BIT 故障率进行了预计,此外,为了确认对 BIT 采取了防虚警措施,在 BIT 描述表格中增加了对防虚警措施的说明项。故障检测时间和故障隔离时间的预计主要是检查是否符合使用要求、安全要求和 MTTR 要求。

预计工作一般是根据系统的组成,按由下往上、由局部到总体的顺序进行,即先分析估计各元件或故障模式的检测与隔离情况,或者部件故障能检测与隔离的百分数,再估计 SRU 的故障检测与隔离的百分数,最后预计 LRU 和系统的故障检测率和隔离率等指标。

5.1.2 测试性预计的时机与要求

1. 测试性预计的时机

测试性预计应在整个研制过程中进行。

在方案阶段,测试性预计是选择最佳设计方案的一个关键因素。由于在这个阶段可利用的具体数据量有限,所以测试性预计主要依赖于历史数据与经验。

在工程研制的初步设计阶段,测试性预计可以用来确定装备的固有测试性特征、建议的工程更改对测试性的影响,还可支持装备特性的权衡。在这个阶段有更多的具体的装备信息可以利用,所作预计一般要比在方案阶段更准确。

测试性预计主要是在详细设计阶段进行。因为在此阶段诊断方案已定,机内测试(BIT)工作模式、故障检测与隔离方法等也已经确定,考虑了测试点的设置和防止虚警措施,进行了 BIT 软/硬件设计和对外接口设计。在详细设计阶段可以获得装备更多、更真实的数据,预计的结果可以作为评价是否达到设计要求的初步依据。

测试性预计在整个项目过程中是反复迭代的,并且与可靠性分配或预计、产品技术状态项目分析工作等密切关联,在论证和工程研制阶段订购方均应对测试性预计提出要求。此外，在测试性验证之前，也应进行测试性预计。所以测试性预计是一个不断细化和改进，以达到指标要求的过程。

2. 测试性预计的要求

1）预计的基本原则

（1）规定进行测试性预计的最低产品层次。

（2）最终的测试性预计应以装备的实际可靠性预计数据为基础。

2）预计的基本假设

（1）故障率很低的无源元器件可以忽略。

（2）假设在某一时刻只发生一个故障。

3）预计的条件

（1）已作出了系统的初步设计。

（2）已经完成可靠性的初步预计。

（3）掌握有关资料和数据，并权衡它们是否合理、可用，这些资料和数据包括相似装备的历史数据，现有的维修保障分系统情况，与所研制的装备及各部分有关的故障率数据，维修工作顺序和维修工作时间元素的数据等。

4）预计的注意事项

（1）测试性预计应以 FMECA 工作为前提，在 FMECA 提供的故障模式和故障率数据的基础上开展。

（2）元器件的故障模式和故障率数据应该根据可靠性预计报告和 FMEA 报告确定。

（3）根据产品的 BIT 设计以及外部测试设计确定产品的测试描述。

（4）测试性预计值应该大于研制要求或合同中确定的指标，通常以规定值作为设计要求值，门限值不能作为预计值的比较标准。当预计值不满足要求时，应提供改进措施的建议。

（5）BIT 预计工作应作为测试性预计的重点内容。

（6）测试性预计应随着技术状态的变化迭代进行。

（7）对预计中发现的问题，应分析原因，并提出有效的改进措施。

5.1.3 测试性预计的输入与输出

测试性预计是在详细设计的基础上进行的，需要尽可能详细、准确的信息和数据。测试性预计的输入与输出如图 5-1 所示。

1. 测试性预计的输入

测试性预计输入的内容如下。

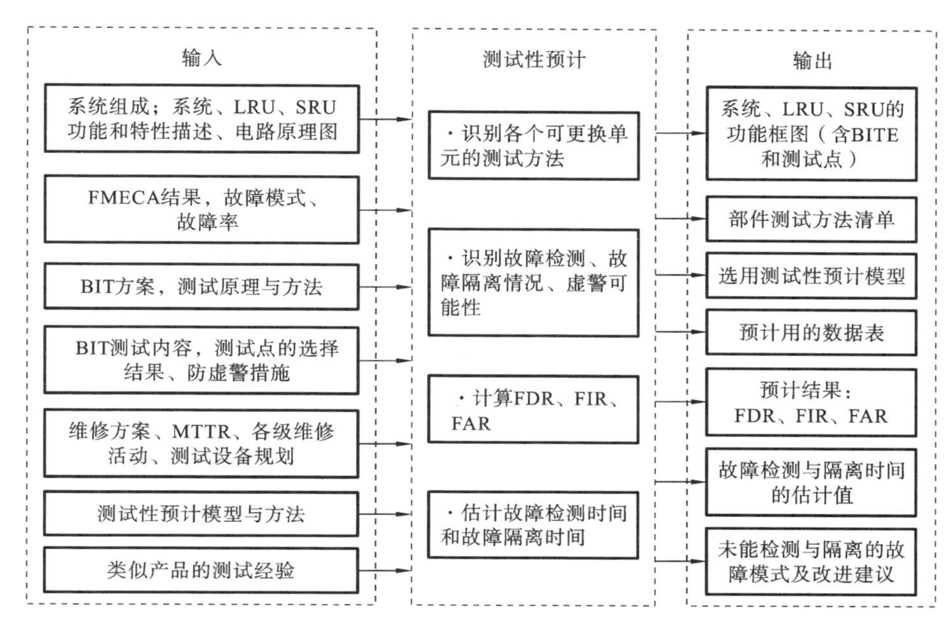

图 5-1 测试性预计的输入与输出

(1) 装备及其组成部分的功能和特性描述、功能划分与电路原理图。

(2) 要进行测试性预计的产品设计数据(BIT 方案,测试原理与方法,BIT 测试内容,测试点的选择结果、防虚警措施等)。

(3) 故障模式、影响及危害性分析(FMECA)结果,产品的故障模式、故障率。

(4) 维修方案。

(5) 测试性预计模型和预计方法。不同的研制阶段采用不同的测试性预计方法,应指明预计产品测试性所采用的专门技术。根据预计的时机、产品的类型、预计的要求等,确定预计的方法和应用的数学模型。

(6) 类似产品的测试经验。

2. 测试性预计的输出

测试性预计的输出是测试性预计报告,内容如下。

(1) 系统、LRU、SRU 的功能框图(含 BITE 和测试点)。

(2) 部件测试方法清单。

(3) 选用的测试性预计模型。

(4) 测试性预计用的数据表和预计结果(包括检测与隔离能力、虚警百分数的预计值以及检测与隔离时间的评定等)。记录预计过程及结果。

(5) 未能检测与隔离的功能、部件或故障模式。与测试需求对比,确定未能检测与隔离的功能。

(6) 改进建议。与测试性定量要求比较,对诊断方案、测试性设计等提出修改建议。

如果要求输出 BIT 分析报告,则内容上还应包括整个 BIT 方案,每个 BIT 工作模式应用原理、实现方法的说明,防虚警措施的描述,以及其他测试方法的说明等。

5.2 测试性预计的程序

测试性预计的一般程序如图 5-2 所示。

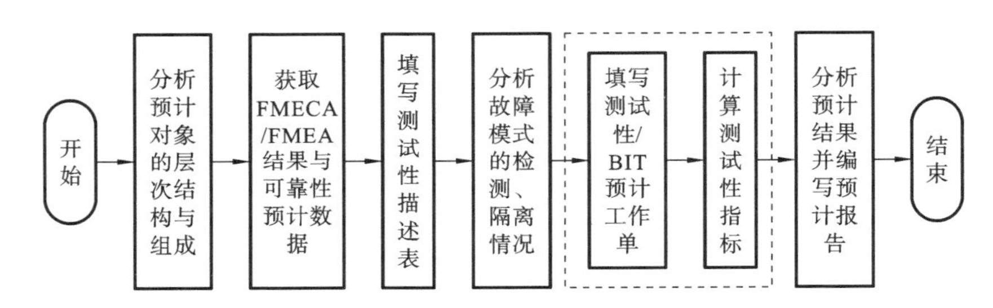

图 5-2 测试性预计的一般程序

5.2.1 分析预计对象的层次结构与组成

结合预计对象的功能和特性,分析预计对象的层次结构与组成,绘制功能框图、结构层次图和测试流程图。

1. 绘制功能框图

按预计要求逐级画出从系统到元器件组的各层次功能框图,功能框图应清楚地表明系统或设备的组成单元、各单元之间的信号流向和功能通道、输入和输出关系、测试点、由 BIT 或外部测试设备提供的测试激励、控制、比较与测试有关的通道等,并进行必要的描述或说明。

2. 绘制结构层次图

功能结构一般分为四个层次。顶层为系统或分系统;第二层为现场可更换单元(LRU)或设备;第三层为内场可更换单元(SRU)或组件;第四层为元器件组或部件。元器件组是可完成某种最基本功能或任务的元器件的组合,它们是故障检测和故障隔离的最低层次。部件是针对机电或机械产品而言的。部件由两个以上的零件组成,不一定是故障检测和故障隔离的最低层次,可能没有特定的基本功能,但在基地级维修时可整体更换。

3. 绘制测试流程图

测试流程图应按BIT和脱机测试的要求分别绘制。测试流程图应反映所设计的测试算法,如故障确认的算法、间歇故障的处理算法、严重故障的快速处理算法、重构或降级的处理算法以及测试顺序等。

对于BIT,应分别绘制每一BIT工作模式的测试流程图。每一BIT、工作模式的流程图应能反映其功能,以及与其他BIT工作模式测试流程图之间的交联关系。

5.2.2 获取FMECA/FMEA结果与可靠性预计数据

根据故障模式、影响及危害性分析(FMECA)结果获取相关产品的故障模式、故障模式影响概率和故障模式发生频率比等,FMECA方法参见GJB/Z 1391—2006《故障模式、影响及危害性分析指南》。

根据可靠性预计结果,获取相关产品故障率的预计值。

如果未进行FMECA/FMEA和可靠性预计,则应补做。

5.2.3 填写测试性描述表

根据测试类型填写BIT描述表和外部测试性描述表。BIT描述表示例如表5-1所示,外部测试性描述表示例如表5-2所示。

表5-1 系统/LRU/SRU的BIT描述表示例

①系统/LRU/SRU名称: ②系统/LRU/SRU编号:

③序号	④BIT编号	⑤测试项目名称(测试部件、功能)	⑥测试内容与方法说明	⑦减少虚警方法	⑧适用类别			⑨备注
					PBIT	PUBIT	MBIT	

表5-1各栏填写内容如下。

①栏:填写系统/LRU/SRU名称。

②栏:填写系统/LRU/SRU编号,格式为所属系统/LRU/SRU的编号,两位数字。

③栏:填写序号。

④栏:填写BIT编号,格式为××—××—××—××(系统编号—LRU编

号—SRU 编号—BIT 顺序号)。

⑤栏:填写 BIT 的测试项目名称,表明 BIT 的测试部件、功能等。

⑥栏:填写 BIT 的测试内容与方法说明。

⑦栏:填写对该 BIT 采取的减少虚警方法。

⑧栏:填写此 BIT 能否用于周期 BIT(PBIT)、加电 BIT(PUBIT)和维修 BIT(MBIT),也可以根据工程实际增加和删减 BIT 工作模式或重新给出 BIT 工作模式。

周期机内测试(periodic BIT)是以规定的时间间隔启动的 BIT。加电机内测试(power-on BIT)是在 UUT 电源接通时启动,并当系统准备好时结束测试的 BIT。维修机内测试(maintenance BIT)是系统运行后的维修检测,检查运行中故障情况,进一步隔离故障,或用于修理后的检验。

⑨栏:备注。

表 5-2　系统/LRU/SRU 的外部测试性描述表示例

①系统/LRU/SRU 名称:　　　　②系统/LRU/SRU 编号:

③ 序号	④外部测试编号	⑤测试项目名称 (测试部件、功能)	⑥测试点 (测试接口)	⑦测试方法	⑧激励	⑨备注

表 5-2 中,①②③⑤⑨栏的填写同表 5-1,其余栏的填写内容如下。

④栏:填写外部测试编号,格式为××—××—××—××(系统编号—LRU 编号—SRU 编号—BIT 顺序号)。

⑥栏:填写测试所用的测试点(测试接口)。

⑦栏:填写该测试所用测试方法。

⑧栏:填写测试所用的激励,当不用激励时可为空白。

5.2.4　分析故障模式的检测与隔离情况

根据获取的 FMECA/FMEA 结果与可靠性预计数据,分析故障模式的检测与隔离情况,并填写到预计工作单。

(1) 分析每个故障模式(或功能单元/部件)BIT 能否检测,哪一种 BIT 工作模式可以检测,或者被其他的测试手段检测,并把其故障率数据填入测试性/BIT 预计工作单。

(2) 分析 BIT 检测出的故障模式(或功能单元/部件)能否用 BIT 或其他测试和诊断手段隔离,可隔离到几个可更换单元(LRU/SRU)上,并把其故障率数据填入测试性/BIT 预计工作单。

(3) 根据 BIT 算法和有关电路的分析结果，识别防虚警措施的有效性。

(4) 分析故障判据、测试容差设置是否合理，以及可能导致虚警的因素和事件的频率。

(5) 分析 BITE 的故障模式和影响，并找出导致虚警的故障模式的故障率。

(6) 根据测试特性设计(如故障告警、指示灯和功能单元状态指示器等)，分析判断使用人员可观测或感觉到的故障及其故障率，或者从 FMEA 表格中得到有关数据。

(7) 分析系统维修方案和计划维修活动安排、外部测试设备规划及测点的设置等，识别通过维修人员现场维修活动可以检测的故障及其故障率；或者从维修分析资料和 FMEA 表格中得到这些数据。

(8) 分析工作连接器 I/O 信号可检测和隔离哪些失效模式及其故障率；分析专用检测连接器 I/O 信号可检测哪些失效模式及其故障率数据。

5.2.5 填写测试性/BIT 预计工作单

把以上分析结果，即可检测故障的故障率、可隔离故障的故障率，以及会导致虚警的事件的频率等数据填入测试性预计工作单，如表 5-3 所示。

表 5-3 系统/LRU/SRU 测试性预计工作单

①系统/LRU/SRU： 所属装备/系统/LRU： 分析者： 日期：

<table>
<tr><td colspan="3">②组成单元</td><td colspan="3">③故障率</td><td colspan="5">④λ_D(检测)</td><td colspan="3">⑤λ_L 隔离到 L 个 LRU/SRU/零部件</td><td rowspan="2">⑥备注</td></tr>
<tr><td>序号</td><td>名称代号</td><td>λ_p</td><td>FM</td><td>α</td><td>λ_{FM}</td><td>系统/LRU/SRU 测试编号</td><td>BIT</td><td>ATE 测试</td><td>人工测试</td><td>UD</td><td>1 个</td><td>2 个</td><td>3 个</td></tr>
<tr><td></td><td></td><td></td><td></td><td></td><td></td><td></td><td></td><td></td><td></td><td></td><td></td><td></td><td></td><td></td></tr>
<tr><td></td><td></td><td></td><td></td><td></td><td></td><td></td><td></td><td></td><td></td><td></td><td></td><td></td><td></td><td></td></tr>
<tr><td colspan="5">⑦故障率总计</td><td></td><td>—</td><td></td><td></td><td></td><td></td><td></td><td></td><td></td><td></td></tr>
<tr><td colspan="7">⑧故障检测率、故障隔离率预计值/(%)</td><td></td><td></td><td></td><td></td><td></td><td></td><td></td><td></td></tr>
</table>

表 5-3 各栏填写内容如下。

①栏：表头。填写所分析的系统/LRU/SRU 和该系统/LRU/SRU 所属的装备/系统/LRU 的名称，如系统所属的装备、LRU 所属的系统、SRU 所属的 LRU 的名称。

②栏：组成单元。填写组成系统/LRU/SRU 内部被分析的功能单元(元器件)

序号、名称代号和故障率 λ_p。λ_p 从可靠性预计中得到。

③栏:故障率。填写检测到的项目组成单元 LRU/SRU/最小可置换的各种可能的故障模式(FM),包括 FMECA 中所有预计的故障。发生频数比(α)是 LRU/SRU 以该故障模式故障的概率,用十进制小数表示,从可靠性预计中获取数据。如果项目的所有故障模式都考虑到了,则全部模式系数之和应等于 1。故障率(λ_{FM})等于 λ_p 栏和 α 的乘积,表示该故障模式的故障率。

故障模式(FM)、发生频数比(α)和故障率(λ_{FM})之间的关系为

$$\lambda_{FMi} = \alpha_i \lambda_p$$
$$\sum_{i=1}^{n_p} \lambda_{FMi} = \lambda_p \tag{5.1}$$
$$\sum_{i=1}^{n_p} \alpha_i = 1$$

式中:λ_{FMi}表示第 i 个故障模式的故障率;α_i 表示故障模式发生频数比;λ_p 表示该故障模式所属的第 p 个组成单元的故障率;n_p 表示第 p 个组成单元的故障模式数目。

④栏:λ_D(检测)。填写可检测的故障模式的故障率。该栏包括以下内容。

系统/LRU/SRU 测试编号:填写系统/LRU/SRU 的测试编号,包括 BIT 和外部测试的编号,具体对照表 5-1 和表 5-2。

BIT:填写系统(LRU/SRU)内 BIT 可检测的故障模式的故障率。

ATE 测试:填写利用 ATE 可检测(自动或半自动)的故障模式的故障率。

人工测试:填写通过人工测试观察点、指示器和内部测试点可检测的故障模式的故障率。

UD:填写以上三种方式都检测不到的故障模式的故障率。

⑤栏:填写 λ_L 故障隔离的有关数据,即可隔离到 1 个、2 个或 3 个 LRU/SRU/零部件的故障模式的故障率。如果某个故障模式可隔离到 1 个 LRU 上,则在对应栏下填写它的故障率 λ_D。如果不能做到唯一性隔离(即模糊隔离情况),则可隔离到几个 LRU,就在对应栏下填入其故障率 λ_D。

⑥栏:填写备注信息。

⑦栏:填写对应列内的故障率汇总结果。λ_{FM}、④栏、⑤栏的总计可写在对应栏的底部。

⑧栏:填写对应列的故障检测率和故障隔离率预计值,它是用⑦栏内数据计算出来的。

先计算工作单上各栏的故障率的总和,再分别用式(5-2)和式(5-3)计算系统/LRU/SRU 的故障检测率和故障隔离率。

$$R_{\mathrm{FD}}=\frac{\lambda_{\mathrm{D}}}{\lambda}=\frac{\sum\lambda_{\mathrm{D}i}}{\sum\lambda_i}\times100\% \tag{5.2}$$

式中：λ_{D} 为被检测出的故障模式的总故障率；λ 为所有故障模式的总故障率；$\lambda_{\mathrm{D}i}$ 为第 i 个被检测出故障模式的故障率；λ_i 为第 i 个故障模式的故障率。

$$R_{\mathrm{FI}}=\frac{\lambda_L}{\lambda_{\mathrm{D}}}=\frac{\sum\lambda_{Li}}{\lambda_{\mathrm{D}}}\times100\% \tag{5.3}$$

式中：λ_L 为可隔离到小于等于 L 个可更换单元的故障模式的总故障率；λ_{Li} 为可隔离到小于等于 L 个可更换单元的故障中第 i 个被检测出故障模式的故障率；L 为隔离组内的可更换单元数，也称故障隔离的模糊度。

5.2.6 分析预计结果并编写预计报告

把测试性/BIT 预计值与要求值或分配值进行比较，判断是否满足要求。

对于不能满足测试性与 BIT 指标要求的产品，找出不能满足要求的原因。原因分析主要考虑以下方面。

(1) 如果故障是能检测的，但因测试序列(指测试流程图序列)不完全而检测不到，则应考虑在测试序列中增加测试激励。

(2) 如果故障是能检测的，但因产品的硬件设计妨碍了合理地使用测试序列，则应改进产品的固有测试性。

对于不能检测或不能隔离的故障模式和功能，按其影响和发生频率，分析它们对安全、使用的影响，以便决定是否需要进一步采取改进措施。

把以上分析和预计的结果与规定的系统测试性要求进行比较，评定是否满足要求，必要时提出测试性设计改进建议，并使建议得到贯彻执行。

5.3 测试性预计方法

5.3.1 工程预计方法

1. 工程预计方法的主要内容

工程预计方法是在详细设计的基础上进行的，需要尽可能详细、准确的信息和数据。其预计工作是一个自下而上、由局部到整体的过程。开展这项工作，必须详细分析系统的组成结构，认真分析系统最底层组成部分的所有故障模式，然后再分析其检测、隔离工作如何开展，虚警如何控制等；接下来就由 SRU 到 LRU 逐一进行分析，直至系统约定层次；最终综合得出系统总的测试性水平。

工程预计方法主要的输入有系统及各组成部分的功能描述、划分情况和电路原理图，FMECA/FMEA 结果，故障率数据，BIT 方案、测试方法和原理，BIT 测试内容和算法，防虚警措施，测试点的选择结果，维修方案，类似装备的测试经验等。

工程预计方法的预计程序与本章 5.2 节介绍的大致相同，主要内容如下。

(1) 分析预计对象的层次结构与组成。结合被预计对象的功能，分析其结构和组成信息；绘制出系统功能框图。

(2) 测试性方案分析。分析系统运行前 BIT、运行中 BIT 和运行后维修 BIT 的工作原理和它们所测试的范围，启动和结束条件，故障显示记录情况等。

(3) 获得 FMECA 资料和可靠性预计数据，以便列出所有的故障模式，掌握故障影响情况和功能单元或部件的故障率以及故障模式发生的频数比。

(4) 指标分析。根据前面分析的结果，识别每个故障模式(或功能单元/部件)BIT 能否检测，哪一种 BIT 工作模式可以检测，并把其故障率数据填入测试性预计工作单。

(5) 填写测试性描述表，根据测试类型填写 BIT 描述表和外部测试性描述表。

(6) 计算测试性指标。分别计算工作单上各栏的故障率的总和。先从部件及 LRU 开始计算，然后再计算系统的预计指标。

(7) 结果分析。把预计值与要求值比较，看是否满足要求。如果达到要求值，则预计工作结束；如果没有达到要求值，则应开展一系列改进工作并重新开展预计，直至达到要求值。

下面主要通过应用示例对工程预计方法进行介绍。

2. SRU 测试性预计

对于系统中每个 LRU，LRU 中的每个 SRU 应进行测试性预计。SRU 测试性预计为 LRU 测试性预计打下基础，而 LRU 测试性预计也为系统测试性预计打下基础。LRU/SRU 测试性预计可评定 LRU/SRU 的设计特性能否满足测试性要求，即通过 BIT、外部测试设备(ETE)和观察测试点(TP)等方法进行故障检测和故障隔离的能力。

对于 SRU，需要分析位于该 SRU 内，并针对该 SRU 进行测试的所有 BIT 测试项目和内容。

(1) 按照表 5-1 填写 SRU 的 BIT 描述表。SRU 的 BIT 描述表示例如表 5-4 所示。

表 5-4 SRU 的 BIT 描述表示例

SRU 名称:功率放大器　　SRU 编号:01-01-01

序号	BIT 编号	测试项目名称(测试部件、功能)	测试内容与方法说明	减少虚警方法	适用类别			备注
					PBIT	PUBIT	MBIT	
1	01-01-01-A1	放大器输出测试	通过测试平台注入信号,显示放大器输出功率,进行对比判断	多次重复测试	√	√	√	

(2) 按照表 5-2 填写 SRU 的外部测试性描述表。SRU 的外部测试性描述表示例如表 5-5 所示。

表 5-5 SRU 的外部测试性描述表示例

SRU 名称:功率放大器　　SRU 编号:01-01-01

序号	外部测试编号	测试项目名称(测试部件、功能)	测试点(测试接口)	测试方法	激励	备注
1	01-01-01-B1	放大器输出功率	放大器输出端口	在功率放大器输入端加激励信号,用功率计在输出端测量输出功率	射频信号	

(3) 按照表 5-3 填写 SRU 测试性预计工作单。SRU 测试性预计工作单如表 5-6 所示。

表 5-6 SRU 测试性预计工作单

SRU:功率放大器　　所属 LRU:T/R 组件　　分析者:　　日期:

组成单元			故障率			λ_D(检测)					λ_L 隔离到 L 个零部件			备注
序号	名称代号	λ_p	FM	α	λ_{FM}	SRU 测试编号	BIT	ATE 测试	人工测试	UD	1 个	2 个	3 个	
1	LRU1	94	FM1	0.3	48	01-01-01-A1	48				48			
			FM2	0.5	10	01-01-01-A1			10			10		
			FM3	0.2	36	01-01-01-B1		36			36			
故障率总计					94	—	48	36	10		66	36		
故障检测率、故障隔离率预计值/(%)							51.1	38.3	10.6		89.4	10.6		

3. LRU 测试性预计

对于 LRU，需要分析位于该 LRU 内，并针对该 LRU 内多个 SRU 组合进行额外测试的所有 BIT 测试项目和内容。下面以 LRU 为例介绍几个表格内容的填写方法。

(1) 按照表 5-1 填写 LRU 的 BIT 描述表。LRU 的 BIT 描述表示例如表 5-7 所示。

表 5-7　LRU 的 BIT 描述表示例

LRU 名称：T/R 组件　　　　　　　　　　LRU 编号：02-01

序号	BIT 编号	测试项目名称（测试部件、功能）	测试内容与方法说明	减少虚警方法	适用类别			备注
					PBIT	PUBIT	MBIT	
1	02-01-A1	接口电路 BIT 传输功能	在测试平台，对过温度、过功率、欠功率等汇总处理，输出 BIT 信号	多次重复测试	√	√	√	

(2) 按照表 5-2 填写 LRU 的外部测试性描述表。LRU 的外部测试性描述表示例如表 5-8 所示。

表 5-8　LRU 的外部测试性描述表示例

LRU 名称：T/R 组件　　　　　　　　　　LRU 编号：02-01

序号	外部测试编号	测试项目名称（测试部件、功能）	测试点（测试接口）	测试方法	激励	备注
1	02-01-B1	T/R 组件输出功率	T/R 组件输出端口	频谱分析仪连接在组件输出端口进行测试	射频信号	

(3) 按照表 5-3 填写 LRU 测试性预计工作单。LRU 测试性预计工作单如表 5-9 所示。

4. 系统测试性预计

系统（或分系统）测试性预计是根据系统设计的可测试特性来估计可达到的故障检测能力和故障隔离能力。

对于系统测试性预计，需要分析位于该系统内，并针对该系统内多个 LRU 组合进行额外测试的所有 BIT 测试项目和内容。下面以某系统为例介绍几个表格内容的填写方法。

表 5-9　LRU 测试性预计工作单

LRU：T/R 组件、频综组件　　所属系统：收发分系统　　分析者：　　日期：

组成单元			故障率			λ_D（检测）					λ_L 隔离到 L 个 SRU			备注
序号	名称代号	λ_p	FM	α	λ_{FM}	LRU 测试编号	BIT	ATE 测试	人工测试	UD	1 个	2 个	3 个	
1	LRU1	100	FM1	0.3	50	02-01-A1	50				50			
			FM2	0.5	36	02-01-A1		36			36			
			FM3	0.2	14	02-01-B1			14			14		
2	LRU2	82	FM1	0.4	48	02-02-A1	48				48			
			FM2	0.3	24	02-02-A1		24			24			
			FM3	0.2	10	02-02-B1			10			10		
故障率总计					182	—	98	60	24		158	24		
故障检测率、故障隔离率预计值/(%)							53.8	33.0	13.2		86.8	13.2		

（1）按照表 5-1 填写系统的 BIT 描述表。系统的 BIT 描述表示例如表 5-10 所示。

表 5-10　系统的 BIT 描述表示例

系统名称：收发分系统　　系统编号：01

序号	BIT 编号	测试项目名称（测试部件、功能）	测试内容与方法说明	减少虚警方法	适用类别			备注
					PBIT	PUBIT	MBIT	
1	01-A1	T/R 组件发射通道测试	通过检测发射信号有无，来判断通道正常与否	多次重复测试	√	√	√	

（2）按照表 5-2 填写系统的外部测试性描述表。系统的外部测试性描述表示例如表 5-11 所示。

表 5-11　系统的外部测试性描述表示例

系统名称：收发分系统　　系统编号：01

序号	外部测试编号	测试项目名称（测试部件、功能）	测试点（测试接口）	测试方法	激励	备注
1	01-B1	T/R 组件发射通道测试	T/R 组件射频检测端口	通过测试平台，在 T/R 组件射频检测端口测试信号有无来判断	射频信号	

(3) 按照表 5-3 填写系统测试性预计工作单。系统测试性预计工作单如表 5-12 所示。

表 5-12　系统测试性预计工作单

系统：　　　　所属装备：　　　　分析者：　　　　日期：

组成单元			故障率			λ_D(检测)					λ_L 隔离到 L 个 LRU			备注
序号	名称代号	λ_p	FM	α	λ_{FM}	系统测试编号	BIT	ATE测试	人工测试	UD	1个	2个	3个	
1	LRU1	120	FM1	0.3	36	01-A1	36				36			
			FM2	0.3	36	01-B1	36				36			
			FM3	0.4	48	01-D1			48		48			
		40	FM4	1	40	01-E1	40				40			
		14	FM5	1	14	01-F1				14				
2	LRU2	477	FM1-7	1	477	01-G2	477				477			
		53	FM7	1	53	01-H1		53				53		
3	LRU3	186	FM1-4	1	186	01-I1	186				186			
故障率总计					890	—	775	53	48	14	823	53		
故障检测率、故障隔离率预计值/(%)							87.1	5.95	5.39	1.57	93.9	6.1		

5. 工程预计方法的不足

工程预计方法存在以下不足。

(1) 在计算 FDR 中，必须把 UUT 分解为互不相交的故障类，并确定哪个故障类已被检测，哪个未被检测。划分故障类可以通过分解 UUT 为部件组和小的区域来实现。但是，如果假定诊断能力可选的每个区域的所有故障都被检测到了，就会导致太乐观的 FDR 估计。例如，通过几个数相乘并检查其结果的方法来测试一个乘法装置，这是一项普通的测试技术，但它通常不能检测乘法装置的所有故障。为了确定固定"0"或"1"(s-a-0/1)类型故障中有多少已被检测和多少未被检测，需要进一步分解乘法装置和故障仿真，需要门级电路模型，因此这可能做不到或不能实际构成。s-a-0/1 故障仅是全体故障的一个子集，其他故障的覆盖方法还有待研究。

(2) 现代测试诊断技术中使用了功能测试和覆盖策略。在这种策略下，一个测试专用于检测某个装置的故障，另外一个测试检测另一个装置，同时也检测前一个装置。这样就有更多故障被检测的可能性，如果忽略了这些，就会使 FDR 估计值偏低。因此，对某个装置需要分析评价运用于它的所有测试，即除分析为此装置设计的测试程序之外，还应分析用于此装置的所有附加测试，而工程预计法没有这样做。

(3) 在计算 FIR 时，要求建立每个故障类的“故障特征”，在应用功能测试和重叠策略的系统中，这是很困难的。例如，考虑前面乘法装置检测的例子，若还有另外一个测试也检测此乘法装置，则两个测试可用四个特征表示，即对于有的故障，两个测试都失败；两个测试都成功；有的故障一个测试失败，另一个测试成功；有的故障测试一个成功，另一个失败。为找出故障和特征的对应关系，就需要进一步分解乘法装置，这重复了检测时的故障仿真问题。应用先进 CAD 技术设计的装置包含许多 VLSI 和专利设计，进行各种测试激励条件下的故障仿真是不现实的。

5.3.2　概率方法

1. 基本思想

概率方法和集合论方法都是以故障测试数据为基础，把 UUT 分解为单独的故障类，所用诊断被分解为单独的测试。故障类可以定义为部件组、部件、部件的功能、元器件或故障模式。测试可以包括单个测试步骤、单个 BITE 功能操作，或一组测试步骤、测试程序和/或 BIT 硬件操作。两种方法都需要以下信息。

(1) 测试列表和其他可能的输出结果。

(2) 考虑的 UUT 全面故障类列表(最好不相交)及故障率。

(3) 每一故障导致各测试输出的百分数。

(4) 诊断输出结果与可能的测试输出结果的关系——判断逻辑。

为便于分析，可用故障测试数据表表示前三项信息，如表 5-13 所示。

表 5-13　故障测试数据表

故　障　类	测 试 输 出			
	T_1	T_2	T_3	故障率
F_1	f_{11}	f_{12}	f_{13}	
F_2	f_{21}	f_{22}	f_{23}	
F_3	f_{31}	f_{32}	f_{33}	

表 5-13 中，F_i 表示故障类识别符，T_j 为测试输出识别符，f_{ij} 为故障类 i 引起测试 j 输出的百分数。

为了使表中内容填得更准确，可以应用分层次分析方法，将各故障类和测试输出进一步分解得到其数据。

这些故障诊断能力分析信息，需要设计者通过诊断设计资料分析 FMECA/FMEA 和工程判断获得，分析得越深入，估计的 FDR 和 FIR 越准确。

2. 概率方法的简单例子

概率方法假设故障检测事件是独立的，下面通过简单例子说明概率方法的应用。

假设系统故障类 F_1 由测试 1 检测不正常，或者由测试 2 检测不正常，而测试 3 检测正常，即 F_1 用三个测试进行诊断，按各测试输出是正常或不正常（通过或不通过），可得出逻辑变量 d 和 t 的逻辑关系为

$$d=t_1+t_2\overline{t_3} \tag{5.4}$$

式中：用 t_j 表示测试 j 的输出，$j=1,2,3$，其取值为 1 或 0。测试不通过，t_j 已发生时为 1；否则为 0。各 t_j 之间用逻辑或（加号）或者逻辑与（乘号）连接。d 为诊断输出。$d=1$ 时，诊断输出为“真”，表示 d 已经或将会发生，能够诊断出故障。

作为计算 FDR 的一部分，需要考虑的是实际引起诊断输出发生（$d=1$）的故障的百分数，因此需要各测试数据 f_{ij} 的具体量值。

此例中，假设 $f_{11}=0.9$，$f_{12}=0.8$，$f_{13}=0.05$。注意，这里对于所有的测试 j，f_{ij} 值之和不需要等于 1。

在概率方法中，把所有的百分数作为概率处理，即故障类 F_i 导致 $d=1$ 的百分数被认为是 F_i 发生时给出 $d=1$ 的概率，或者表示为 $P(d=1|F_i)$。f_{ij} 被认为是 F_i 发生时给出测试输出 t_j 发生的概率，或者表示为 $P(t_j=1|F_i)$。根据 $P(t_j=1|F_i)$ 计算 $P(d=1|F_i)$ 时需要重复应用有关的标准概率公理和定理。

为了便于理解，这里列出重要概率特性。使用符号 a 和 b 代表两个事件，符合 $P(x)$ 表示的含义为 $P(x=1)$。

$$P(\bar{a})=1-P(a) \tag{5.5}$$

$$P(a+b)=P(a)+P(b)-P(ab) \tag{5.6}$$

$$P(ab)=P(a)\times P(b) \quad (\text{事件 } a \text{ 和 } b \text{ 是独立的}) \tag{5.7}$$

现在可应用上述特性，根据 $P(t_j|F_i)$ 和判断逻辑可以计算 $P(d|F_i)$ 的值。因为所有的概率都是以 F_i 发生为条件的，所以下面将省略条件概率符号。

$$P(\overline{t_3})=1-P(t_3) \tag{5.8}$$

$$P(t_2\overline{t_3})=P(t_2)\times[1-P(t_3)] \tag{5.9}$$

$$P(d)=P(t_1+t_2\overline{t_3})=P(t_1)+P(t_2\overline{t_3})-P(t_1)P(t_2\overline{t_3}) \tag{5.10}$$

t_2 和 t_3 是独立的，t_1 是独立于 t_2 和 t_3 的。

把式(5.9)的结果代入式(5.10)，并转到符号 f_{ij}，则有

$$
\begin{aligned}
P(d=1|F_i) &= f_{11}+f_{12}(1-f_{13})-f_{11}f_{12}(1-f_{13}) \\
&= 0.9+0.8\times(1-0.05)-0.9\times0.8\times(1-0.05) \\
&= 0.976
\end{aligned}
$$

FIR 指标的预计也可以用类似方法求解。

5.3.3 集合论方法

在概率方法中，测试是相互独立的，而集合论方法是不需考虑测试独立假设的。按照测试是否重叠，FDR 的预计分以下三种情况。

1. 专用测试的 FDR

假设测试输出 t_i 和故障类 F_i 存在着一对一的对应关系，仅在 F_i 中某故障发生时，才有 $t_i=1$(即只有专用的测试功能)。f_{ij} 表示发生故障 F_i 时对应开展测试输出 t_j 的概率。除非 $i=j$，$f_{ij}\neq 0$（即所有故障类是不相交的)，且至少有一个 $t_i=1$ 时，检测才发生。

对于有 n 个故障类的情况，其故障检测率 R_{FD} 为

$$
R_{FD}=\frac{\sum_{i=j=1}^{n}\lambda_i f_{ij}}{\sum_{i=1}^{n}\lambda_i} \tag{5.11}
$$

例如，对于有三个故障类和三个测试的例子，其故障测试数据表示例如表 5-14 所示。

表 5-14　故障测试数据表示例

故障类	T_1	T_2	T_3	λ_i
F_1	f_{11}	0	0	λ_1
F_2	0	f_{22}	0	λ_2
F_3	0	0	f_{33}	λ_3

故障检测诊断输出逻辑表达式为 $d=t_1+t_2+t_3$，则其故障检测率为

$$
R_{FD}=(\lambda_1 f_{11}+\lambda_2 f_{22}+\lambda_3 f_{33})/(\lambda_1+\lambda_2+\lambda_3)
$$

得到各设备、分系统的 FDR 后，利用测试性预计模型求出系统的预计指标。

2. 测试重叠覆盖的 FDR

在现代测试性设计中，所有诊断资源专用测试功能的假设是不成立的，这是因为普遍有效地使用了功能测试和重叠 BIT 技术，专用测试的情况是非常少的，大部分的测试都是相互重叠的，而测试重叠又分为判断逻辑为加和判断逻辑为乘两种

情况。

1）判断逻辑为加的情况

假设存在单一故障类 F_1，令 $d=t_1+t_2+t_3+\cdots+t_n$，即判断逻辑为加，使 $d=1$ 的故障的百分数 FDR 服从

$$R_{\mathrm{FD}}=[\max\{f_{11},f_{12},f_{13},\cdots,f_{1n}\},\min\{1,f_{11}+f_{12}+f_{13}+\cdots+f_{1n}\}] \tag{5.12}$$

该区间是最优的，即下限是最大的下限，上限是最小的上限，$i=1,2,\cdots,n$。

例如，假设单故障类 F_1，令 $d=t_1+t_2$，使 $d=1$ 的故障检测率区间为

$$R_{\mathrm{FD}}=[\max\{f_{11},f_{12}\},\min\{1,f_{11}+f_{12}\}]$$

2）判断逻辑为乘的情况

假设存在单一故障类 F_i，令 $d=t_1t_2t_3\cdots t_n$，即判断逻辑为乘，使 $d=1$ 的故障的百分数 FDR 服从

$$R_{\mathrm{FD}}=[\max\{0,f_{11}+f_{12}+f_{13}+\cdots+f_{1n}-(n-1)\},\min\{f_{11},f_{12},f_{13},\cdots,f_{1n}\}] \tag{5.13}$$

该区间是最优的，即下限是最大的下限，上限是最小的上限，$i=1,2,\cdots,n$。

例如，假设单故障类 F_1，令 $d=t_1t_2$，使 $d=1$ 的故障检测率区间为

$$R_{\mathrm{FD}}=[\max\{0,f_{11}+f_{12}-1\},\min\{f_{11},f_{12}\}]$$

得到各设备、分系统的 FDR 后，利用测试性预计模型求出系统的预计指标。

3. 故障不相交和相交的 FDR

前面两种方法讨论的是测试是否重叠的情况，工程实际中还存在故障是否相交的情况，这时对 FDR 也是有影响的。

1）故障不相交的情况

对于故障不相交的情况，可以对每一类故障计算其中引起诊断输出的故障的百分数进行分析，设这些百分数为 f_i。一般情况下，对应每个 f_i 的范围是知道的，即 $f_i=[L_i,H_i]$。如果所有故障类是不相交的，则 FDR 的区间范围为

$$R_{\mathrm{FD}}=\left[\frac{\sum_{i=1}^{n}L_i\lambda_i}{\sum_{i=1}^{n}\lambda_i},\frac{\sum_{i=1}^{n}H_i\lambda_i}{\sum_{i=1}^{n}\lambda_i}\right] \tag{5.14}$$

2）故障相交的情况

当包含相交故障时，给出两个相交故障类 F_1 和 F_2，其故障率分别为 λ_1 和 λ_2，且给出每类故障中导致相应诊断输出 $d=1$ 的故障百分数 f_1 和 f_2，则总的导致 $d=1$的故障的百分数 FDR 由下式给出：

$$R_{\mathrm{FD}}=\left[\frac{\max\{\lambda_1f_1,\lambda_2f_2\}}{\lambda_1+\lambda_2-\min\{\lambda_1f_1,\lambda_2f_2\}},\min\left\{\frac{\lambda_1f_1+\lambda_2f_2}{\max\{\lambda_1,\lambda_2\}},1\right\}\right] \tag{5.15}$$

对于FIR的预计，集合论方法没有给出新的计算公式，仅仅对传统工程方法计算组合。

5.3.4　多信号模型预计方法

多信号模型预计方法是运用TEAMS(testability engineering and maintenance system)软件来开展测试性预计工作。该方法依次从部件、子模块、模块、SRU、LRU、子系统、系统等逐级开展建模工作，然后从仿真角度描述同级之间及各级之间的功能关系，其中模型的基本要素还包括功能模块、模式转换开关、测试、测试点、故障传播关系等。

基于多信号模型的测试性预计流程如图5-3所示。

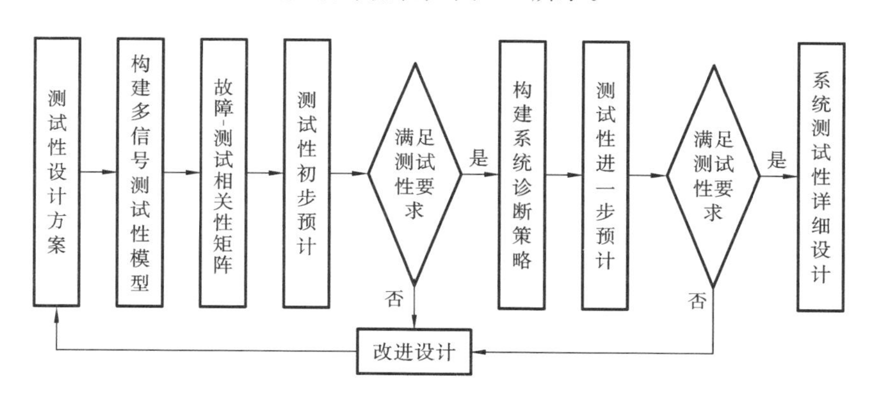

图5-3　基于多信号模型的测试性预计流程

首先对基于第3章方法建立的系统相关性矩阵模型做初步的测试性预计，当预计结果满足测试性要求时，开始诊断策略设计；再做进一步的测试性预计，若满足测试性要求，则进入测试性详细设计。如果两次预计结果均未达到测试性要求，则需要改进测试性设计，并重复建模和预计，直到满足测试性要求为止。

基于多信号模型的预计方法本质上是基于相关性矩阵进行测试性预计。故障-测试相关性矩阵为被测对象的组成单元故障与测试相关性的数学表示，可表示为

$$\boldsymbol{D}_{m\times n}=\begin{bmatrix} d_{11} & d_{12} & \cdots & d_{1n} \\ d_{21} & d_{22} & \cdots & d_{2n} \\ \vdots & \vdots & & \vdots \\ d_{m1} & d_{m2} & \cdots & d_{mn} \end{bmatrix} \tag{5.16}$$

式中：d_{ij}表示的是故障f_i与测试t_j的相关性。当故障f_i发生且测试t_j能够发现

时,$d_{ij}=1$;否则 $d_{ij}=0$。矩阵第 i 行矢量描述了故障 f_i 发生时全部测试的输出结果,可视为故障 f_i 的征兆;第 j 列矢量描述了测试 t_j 可以检测到的所有故障,可反映 t_j 的故障检测能力。

用测试集 $\mathrm{FS}(f_i)$ 描述 f_i 的故障特征,测试集记为

$$\mathrm{FS}(f_i)=\{t_j \mid d_{ij}=1, \forall t_j\} \tag{5.17}$$

式中:$\forall t_j$ 代表任意测试 t_j;$\mathrm{FS}(f_i)$ 就是可检测 f_i 的测试集,$\mathrm{FS}(f_i)=\varnothing$ 代表故障是不可测故障,$\mathrm{FS}(f_i)\neq\varnothing$ 代表故障是可测故障。

1. 故障与测试之间的相关性分析

(1) 可达性分析。从故障所在组成单元 c_i 出发,沿输出方向按广度优先搜索遍历模型图,凡是能够达到的测试点节点,即为该故障可达测试点。

(2) 相关性分析。在多信号模型中,组成单元故障按其故障影响分为全局故障(故障导致装备无法正常工作,工作完全中断,以 G 表示)和功能故障(故障导致系统部分功能下降,系统并没有完全中断,以 F 表示)。若故障 $c_i(G)$ 或 $c_i(F)$ 可达测试点 TP_k,该点测试 t_j。

在全局故障相关矩阵中,当测试与故障节点之间可达时,其可达矩阵 $P(G)$ 中对应的元素为 1,并将故障模块信号与测试集合信号进行比较,如果存在公共信号,则功能故障相关矩阵中 $d_{it_j}(F)=1$,否则 $d_{it_j}(F)=0$。随后逐个分析即可获得系统的功能故障相关矩阵 $D(F)$。功能故障相关矩阵 $D(F)$ 定义如下:

$$\begin{cases} d_{it_j}(G)=1 \\ \mathrm{SC}(c_i)\cap\mathrm{ST}(t_j)\neq\varnothing \end{cases} \Rightarrow d_{it_j}(F)=1 \tag{5.18}$$

式中:c_i 表示故障模块;t_j 表示测试点中的测试;$\mathrm{SC}(c_i)$ 代表每个故障模块的相关故障信号集合;$\mathrm{ST}(t_j)$ 表示各测试点中各测试 t_j 所包含的信号集合。

2. 故障检测率预计

根据故障检测率的定义和系统相关性矩阵,可得故障检测率的预计公式为

$$R_{\mathrm{FD}}=\frac{\sum\limits_{f_i\in\mathrm{DF}}\lambda_i}{\sum\limits_{f_k\in F}\lambda_k}\times 100\% \tag{5.19}$$

式中:F 为系统测试性模型中所描述的全部故障模式集;λ_i 为第 i 个故障模式的故障率;DF 为可测的故障集合,若故障 f_i 满足测试集 $\mathrm{FS}(f_i)\neq\varnothing$,则 $f_i\in\mathrm{DF}$。

由于式(5.19)是基于式(5.16)的相关性矩阵的,此时没有考虑测试过程可能出现的漏检情况,因此预计结果往往高于实际情况。对此,若已获取了故障-测试不确定相关性矩阵,则可在构建诊断策略之后,进一步基于诊断策略来预计故障检测率。

3. 故障隔离率预计

故障隔离是在知道有故障的情况下，准确找出故障的过程。根据故障隔离率定义和系统相关性矩阵，可得到隔离到单个现场可更换单元(LRU)的故障隔离率的预计公式为

$$R_{\mathrm{FI}}=\frac{\sum\limits_{\forall \mathrm{FS}(f_i)\neq\varnothing,f_i\in U_q,\mathrm{FS}(f_j)\neq\varnothing,f_j\notin U_q,\mathrm{FS}(f_i)\neq\mathrm{FS}(f_j)}\lambda_i}{\sum\limits_{\forall \mathrm{FS}(f_k)\neq\varnothing}\lambda_k}\times 100\% \tag{5.20}$$

式中：U_q 表示系统中第 q 个可更换单元；$f_i\in U_q$ 表示 f_i 是 U_q 中发生的故障，$f_i\notin U_q$表示 f_j 不是 U_q 中发生的故障，因此 f_i 和 f_j 隶属于不同的可更换单元；λ_i 表示 f_i 的故障率；$\mathrm{FS}(f_i)\neq\varnothing$表示故障 f_i 是可测的故障；$\mathrm{FS}(f_i)\neq\mathrm{FS}(f_j)$表示可检测 f_i 和 f_j 的测试集不同，即 f_i 可以同 f_j 隔离。

综上可知，$\forall\,\mathrm{FS}(f_i)\neq\varnothing,f_i\in U_q,\mathrm{FS}(f_j)\neq\varnothing,f_i\notin U_q,\mathrm{FS}(f_i)\neq\mathrm{FS}(f_j)$表示任意一个可检测且可以同任意一个与之非同一可更换单元的可测故障相隔离的故障。

由于式(5.20)是基于式(5.16)的相关性矩阵，此时没有考虑隔离过程可能出现的误诊情况，因此预计结果往往高于实际情况。对此，若已获取了故障-测试不确定相关性矩阵，则可在构建诊断策略之后，进一步基于诊断策略预计故障隔离率。

5.3.5 贝叶斯网络预计方法

贝叶斯网络预计方法是在概率方法的基础上进行改进的，是运用贝叶斯网络模型求解系统故障与测试关系的预计方法。

1. 适用条件

在第 3 章 3.4.5 节“基于贝叶斯网络的测试性建模方法”中，介绍过贝叶斯网络的数学描述。基于图论思想，可用符号 BN(V,E,P)表示一个贝叶斯网络，由节点集 V、有向边集 E 和每个节点相关的条件概率表 P 构成。

贝叶斯网络测试性预计是建立和求解故障-测试贝叶斯网络模型的过程。将节点集 V 划分为三个子集 F、T 和 O，分别对应组成单元的故障集、测试集和观测值集。这样，贝叶斯网络预计模型可以用五元有向图 BN(F,T,O,E,P)表示。其中：

$$\begin{cases}F\cap T=\varnothing\\ F\cup T=V\cap\bar{O}\end{cases} \tag{5.21}$$

$$F_i=\begin{cases}0, & \text{组成单元 } i \text{ 未发生故障}\\ 1, & \text{组成单元 } i \text{ 发生故障}\end{cases} \tag{5.22}$$

$$T_j=\begin{cases}0, & \text{测试输出为无故障}\\ 1, & \text{测试输出为有故障}\end{cases} \tag{5.23}$$

式(5.21)表明,该方法适用于在故障检测事件独立和测试独立的情况下进行测试性预计。

欲建立故障-测试贝叶斯网络模型,需要已知以下信息:测试列表和其可能的输出结果;考虑的电子装备全面故障类列表(最好不相交)及故障率;每一故障导致各测试输出的百分数;诊断输出结果与可能的测试输出结果的关系——判断逻辑。

为了得到测试性指标(故障检测率、故障隔离率)的预计值,必须计算在组成单元发生故障 F_i 的情况下,F_i 对应的检测判据 J_i(或隔离判据 L_i)正确或错误判断的概率值,即 $P(J_i|F_i)$。假设 J_i 为二值判据,对应与 F_i 相关的测试结果 $O(T_{F_i})$ 的逻辑组合,它的取值范围为

$$J_i=\begin{cases}0, & \text{正确判断}\\ 1, & \text{错误判断}\end{cases} \tag{5.24}$$

因此,运用贝叶斯网络开展系统故障检测率与故障隔离率预计的数学模型如下。

2. 故障检测率模型

故障检测率的数学模型为

$$R_{\mathrm{FD}}=\frac{\lambda_{\mathrm{D}}(\mathrm{mdl},\mathrm{lvl})}{\lambda(\mathrm{mdl},\mathrm{lvl})}=\frac{\sum\lambda_i(\mathrm{mdl},\mathrm{lvl})}{\lambda(\mathrm{mdl},\mathrm{lvl})}\times 100\% \tag{5.25}$$

式中:λ_{D} 表示被检测出的诊断模式的总诊断率;λ 表示所有诊断模式的总诊断率;λ_i 表示第 i 个被检测出的诊断模式的诊断率;mdl 表示分析所用的诊断模型;lvl 表示诊断模型所处的级别。

基于贝叶斯理论,单诊断模式 D_i(或 F_i)的故障检测率为

$$R_{\mathrm{FD}i}=P(J_i=1|F_i=1)=\frac{P(J_i=1,F_i=1)}{P(F_i=1)}\times 100\% \tag{5.26}$$

因此,系统故障检测率预计的数学模型为

$$R_{\mathrm{FD}}=\frac{\sum\lambda_i\times R_{\mathrm{FD}i}}{\lambda}\times 100\% \tag{5.27}$$

3. 故障隔离率模型

计算之前,必须明确 UUT 的隔离模糊组,并假设这些模糊组是相互独立的。模糊组由 i 个诊断变量组成。因此,模糊组 AG_i 的故障隔离率为

$$R_{\mathrm{FI}i}=\frac{\sum_{\forall D_j\in \mathrm{AG}_i}P(L_j=1,\mathrm{AG}_i=1)}{\sum_{\forall D_{\mathrm{AG}_i}}P(\mathrm{AG}_i=1)}\times 100\%$$

$$=\frac{\sum_{\forall D_j\in \mathrm{AG}_i}P(L_j=1,\mathrm{AG}_i=1)}{\lambda_{\mathrm{D}}(\mathrm{mdl},\mathrm{lvl})}\times 100\% \tag{5.28}$$

式中：λ_{D} 表示模糊组 AG_i 中被隔离的诊断模式的诊断率；D_j 表示 AG_i 中第 j 个被隔离的诊断模式的诊断率。

系统的故障隔离率预计数学模型为

$$R_{\mathrm{FI}}=\sum_{i=1}^{n}R_{\mathrm{FI}i}\times 100\% \tag{5.29}$$

5.3.6　虚警率的预计方法

虚警率(false alarm rate，FAR)是指在规定的工作时间内，发生的虚警数与同一时间内故障指示总数之比，用百分数表示。

虚警率由装备的工作环境、产品的稳定性、其他综合因素等决定。目前，在开展测试性预计时，故障检测率、故障隔离率的预计方法已较为成熟，然而由于虚警率没有具体的数据，给开展预计带来了一些困难。下面介绍一种虚警率预计的方法。

假设虚警率为 R_{FA}，故障检测率为 R_{FD}，BIT 无故障工作概率为 P_k，初始装备(即除去 BIT 部分)无故障工作概率为 P_0，其中 P_k 和 P_0 可以通过装备故障率和等效任务时间计算得出。

因此，装备在进行 BIT 检测时，可以从以下三种情况进行分析。

(1) 装备正常状态，BIT 判断为正常状态的概率 P_1 为

$$P_1=P_0P_k(1-R_{\mathrm{FA}}) \tag{5.30}$$

(2) 装备故障状态，BIT 判断为正常状态的概率 P_2 为

$$P_2=(1-R_{\mathrm{FD}})P_0P_k(1-R_{\mathrm{FA}}) \tag{5.31}$$

(3) 装备正常状态，BIT 判断为故障状态的概率 P_3 为

$$P_3=(1-P_k)P_0+P_0P_kR_{\mathrm{FA}} \tag{5.32}$$

在实际工程应用中，当 P_2 作为 BIT 判断依据时，装备订购方(使用方)承担了这部分风险；而当 P_3 作为 BIT 判断依据时，装备承制方应承担这部分风险。假设双方承担的风险是相同的，即 $P_2=P_3$，则有

$$(1-R_{\mathrm{FD}})P_0P_k(1-R_{\mathrm{FA}})=(1-P_k)P_0+P_0P_kR_{\mathrm{FA}} \tag{5.33}$$

由此可得，虚警率预计的计算公式为

$$R_{FA}=\frac{(1-R_{FD})P_k-(1-P_k)}{(1-R_{FD})P_k+P_k} \tag{5.34}$$

由式(5.34)可以看出，虚警率预计与故障检测率 R_{FD}、BIT 无故障工作概率 P_k 有关，与初始装备(即除去 BIT 部分)无故障工作概率 P_0 无关。

例如，假设某装备对 BIT 检测时，预计的故障检测率 $R_{FA}=0.95$、初始装备(除去 BIT 部分)无故障工作概率 $P_0=0.9$、BIT 无故障工作概率 $P_k=0.99$，则预计的虚警率为

$$R_{FA}=\frac{(1-0.95)\times0.99-(1-0.99)}{(1-0.95)\times0.99+0.99}\times100\%=0.47\%$$

5.3.7 测试性预计方法的比较

对测试性预计方法的特点和适用条件做比较，如表 5-15 所示。

表 5-15 测试性预计方法的比较

序号	方法名称	方法特点	适用条件
1	工程预计方法	通过绘制功能框图、测试流程图和填写 BIT 预计表格等获取测试性信息，并计算测试性指标(需要手工计算)来实施	适用于装备结构不太复杂、工程量小的情况
2	概率方法	按照故障-测试的逻辑关系，运用概率的方法开展产品测试性指标预计工作	适用于产品故障-测试逻辑关系明确，检测、隔离概率明确的情况
3	集合论方法	按照测试的重叠关系和故障的相交关系，分不同情况预计产品的 FDR 指标	适用于测试关系、故障关系都比较明确的产品，且故障率、故障测试相关数据齐全的情况
4	多信号模型预计方法	采用有向图表示系统功能结构及故障传播信息，自下而上开展建模仿真得到产品的测试性预计指标，简化预计过程，自动化程度高	适用于产品结构层次清晰、关系明确，且故障率数据齐全的情况
5	贝叶斯网络预计方法	在概率方法的基础上，通过建立及求解故障-测试贝叶斯模型来开展测试性预计工作	适用于故障-测试关系明确、条件概率数据齐全的情况
6	虚警率的预计方法	考虑产品使用方与承制方风险相同，按照 BIT 故障误判的概率求解虚警率的方法	适用于带 BIT 的产品，且可以得到 BIT 及产品正常工作的概率

在工程应用中，应该根据实际情况，适当选取合适的方法，或者将几种方法综合运用，使估计的测试性参数能够满足测试性指标要求。

思 考 题

1. 简述测试性预计的目的和时机。
2. 测试性预计的输入/输出包含哪些内容？
3. 简述测试性预计的程序。
4. 系统测试性预计与 BIT 预计有什么区别？
5. 工程预计方法的优缺点有哪些？
6. 概率方法和贝叶斯网络预计方法有何优缺点？各在什么情况下使用？

参考文献

[1] 石君友. 测试性设计分析与验证[M]. 北京：国防工业出版社，2011.
[2] 田仲，石君友. 系统测试性设计分析与验证[M]. 北京：北京航空航天大学出版社，2003.
[3] 邱静，刘冠军，杨鹏，等. 装备测试性建模与设计技术[M]. 北京：科学出版社，2012.
[4] 王红霞，叶晓慧. 装备测试性设计分析验证技术[M]. 北京：电子工业出版社，2018.
[5] 黄考利. 装备测试性设计与分析[M]. 北京：兵器工业出版社，2005.
[6] 中国人民解放军总装备部. GJB 2547A—2012 装备测试性工作通用要求[S]. 北京：总装备部军标出版发行部，2012.
[7] 中国人民解放军总装备部. GJB 1909A—2009 装备可靠性维修性保障性要求论证[S]. 北京：总装备部军标出版发行部，2009.
[8] 中国人民解放军总装备部. GJB 3970—2000 军用地面雷达测试性要求[S]. 北京：总装备部军标出版发行部，2000.
[9] 中国人民解放军总装备部. GJB 4260—2001 侦察雷达测试性通用要求[S]. 北京：总装备部军标出版发行部，2001.

[10] 中国航空工业总公司. HB 7503—1997 测试性预计程序[S]. 北京：中国航空工业总公司第三〇一研究所出版,1998.

[11] 刘刚,黎放. 测试性预计方法综述[J]. 造船技术,2014(03):14-18.

[12] 王宝龙,黄考利,张亮,等. 基于混合诊断贝叶斯网络的测试性不确定性建模与预计[J]. 弹箭与制导学,2013,33(02):177-181.

[13] 杨智勇,牛双诚,姜海勋. 基于多信号模型的测试性预计方法研究[J]. 微计算机信息,2009,25(16):268-269,297.

[14] 徐赫,王宝龙,武建辉. 基于贝叶斯网络的测试性预计方法[J]. 弹箭与制导学报, 2007,27(04):232-235,239.

[15] 马晓艳. 基于仿真分析的复杂电子装备测试性预计技术研究[J]. 环境技术,2016,34(05):44-49.

[16] 常少莉,时钟,胡泊. 基于虚拟仿真的测试性预计技术研究及应用示例[J]. 环境技术,2012,37(02):37-41.

[17] 谢娜,崔广宇. 系统测试性指标初步预计方法研究[J]. 计算机测量与控制,2014,22(02):358-360.

[18] 霍俊龙. 鱼雷测试性指标预计技术[C]. 中国造船工程学会年度优秀学术论文,北京:中国造船工程学会,2010.

第6章

雷达装备测试性分析

6.1 概　　述

6.1.1 测试性分析的目的

测试性分析是根据系统和设备测试性要求，在FMECA基础上，对各层次上故障模式的检测和隔离情况进行分析，确定可测试的故障模式和不可测试的故障模式；进行测试性权衡分析，为诊断方案、测试性设计准则、固有测试性设计、机内测试设计、外部测试设计、诊断设计等提供数据支撑。

测试性分析的内容主要包括装备层次结构与故障分析，测试性权衡分析，故障模式、影响及危害性分析，BIT对系统的影响分析等内容。

6.1.2 测试性分析的流程

1. 测试性分析的主要阶段

测试性分析的主要阶段如下。

(1) 收集用来作为测试性分析输入数据的技术文件。

(2) 进行分析处理。

(3) 以分析报告形式给出结果数据,系统设计人员利用它改善系统测试性。

测试性分析的输入与输出流程如图 6-1 所示。

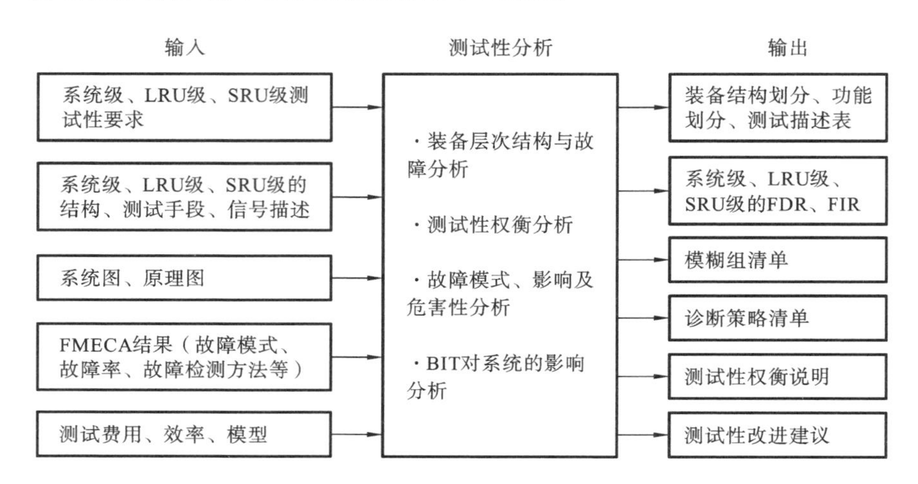

图 6-1 测试性分析的输入与输出流程

2. 测试性分析的输入

在准备有关系统测试性分析过程中,必须搜集与被分析的系统及设备相关的技术数据,因此,应该从收集所有必需的技术文件开始。所有用于分析的数据源(文件、图样等)均应列入分析报告作为参考资料。作为测试性分析的输入数据如下。

(1) 测试性要求。

合同规定的系统级、LRU 级、SRU 级测试性要求。

(2) 描述文件。

① 系统级、LRU 级、SRU 级的结构直至功能等级的描述,包括各种 LRU 的详细清单以及它们在系统中的位置。

② 系统级、LRU 级、SRU 级采用的测试手段的描述,如果采用 BIT,则应详述其方案和工作模式。

③ LRU 识别数据(项目名称、参考号和零部件号等)。

④ 输入和输出数据及信号名称。

⑤ 专门设计的测试连接器和测试点。

(3) 系统图、原理图等。

① 系统级、LRU 级、SRU 级的电气图、机械图、原理图。

② 系统各 LRU 间详细的电气及机械连接(包括连接器和针脚号)。

(4) FMECA 结果。

在准备测试性分析的过程中,要利用 FMECA 报告中的某些数据项,这些数据项包括所分析的每个 LRU 的故障模式描述、故障检测方法、每个 LRU 的故障率、故障模式比。

(5) 测试的费用、效率以及测试性模型等。

3. 测试性分析过程

测试性分析主要进行装备层次结构与故障分析，测试性权衡分析，故障模式、影响及危害性分析，BIT 对系统的影响分析等。

LRU 测试性分析方法是基于将 LRU 分解为各种 SRU 和把每个 SRU 进一步分解成功能部件。该方法可以利用内部 BTT 或 ATE 来确定故障可检测性和隔离等级，未能检测出的任何功能件故障应列出并计算其故障率。

LRU 测试性分析过程分为两步：第一步着眼于 LRU 故障检测分析，第二步着眼于把 LRU 检测出的故障隔离到 SRU 的能力分析。

SRU 测试性分析是要证实在 SRU 接口连接器的针脚处有足够的测试(或激励、控制)点，以允许 ATE/ETE 检测故障并把故障隔离到满足规范要求的部件组。

4. 测试性分析的输出

测试性分析的输出包括一些数据项。

(1) 编制专用的测试性描述表，填入所有可用于测试性分析的数据项，辅助分析人员进行分析计算。

(2) 分析结果用作测试性数据库，以备设计人员在未来的系统改善和改进中采用。这些数据项包括：① 系统级、LRU 级、SRU 级的故障检测率；② 在规定模糊度下，为 1 个、2 个和 3 个 LRU 的系统级、LRU 级、SRU 级故障隔离等级；③ 系统级、LRU 级、SRU 级模糊组清单；④ 诊断策略清单、测试性权衡说明、测试性改进建议。

(3) 在测试性分析结束后，应编写测试性分析报告，以总结分析期间进行的所有工作。

6.1.3　测试性分析的要求

测试性分析的要求如下。

(1) 仅当分析人员收集到所有需要的技术资料后，才可进行测试性分析。

(2) 根据维修级别，确定 UUT 的结构层次图。

(3) 必须画出每一项功能框图或信号流程图，确定影响功能或信号流程的 LRU/SRU，确定该功能的测试参数和测试点位置。

(4) 结构划分、功能、测试应填入测试性描述表，根据这些表建立测试性模型，计算出相应维修级别的故障检测率和故障隔离率。

(5) 把分析所得到的数据与规定的要求比较，如果不能满足要求，建议对测试性实施改进措施。

6.2 雷达装备层次结构与故障分析

6.2.1 雷达装备层次结构与特点

1. 雷达装备层次结构

一个装备不论多么复杂,从结构上说,它都有特定的形式,即由几个独立的部分组成;从功能上说,它都是一定功能单元的组合体,每一个组合单元都要实现一定的功能并共同完成系统的整体功能。这样,装备可以分为系统级、分系统级、组合级、可更换单元级和元器件级等。可见装备系统的结构和功能是有层次性的。

雷达装备同样具有明显的层次性结构特点,即具有整机、分系统、子系统、LRU和SRU的层次顺序。某型雷达装备的层次结构如图6-2所示,第1层为雷达整机,包括雷达整体组成结构和雷达工作方舱内环境;第2层为雷达分系统,如天馈、收发、信号处理、终端、伺服等分系统;第3层为现场可更换单元LRU,如收发分系统天中T/R组件、激励组件、频综组件等,信号处理分系统中脉压组件、副瓣相消组件、副瓣匿隐组件、滤波器组件等;第4层为车间可更换单元SRU。第1、2层属于雷达装备的功能分类层次,第3、4层属于故障定位的可更换单元。分层次结构使雷达装备测试性设计中状态监测和故障诊断问题的分析清晰、容易,更加利于对雷达装备进行分层、分单元测试性评估。

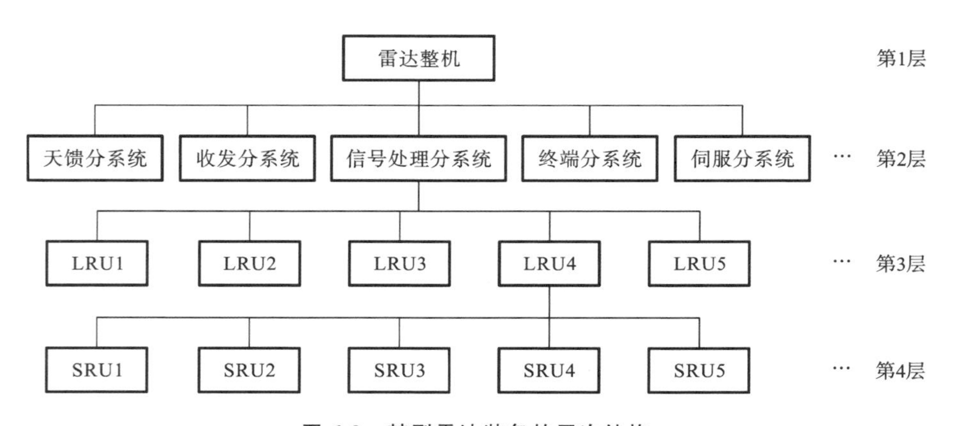

图6-2 某型雷达装备的层次结构

2. 雷达装备特点

随着微电子技术、计算机技术的快速发展和雷达技术的不断进步，雷达装备变得越来越复杂，其系列化、模块化和通用化程度也越来越高。现代雷达装备是一种典型的大型复杂机电一体化系统，一般都具有以下结构显著特点。

(1) 分系统多、继承性好。雷达装备一般由天馈、收发、信号处理、终端、监控、伺服、冷却、电源等分系统组成，且每个分系统一般又由多个机电结合的部件或功能单元组成。不同的分系统的工作特点、接口方式不尽相同。庞大的分系统给装备的研制带来了较大困难，特别是对于当前更新较快的新型雷达装备来说，由于受研制进度和费用等因素限制，装备研制时难以对每个分系统做到全新设计，往往选用部分已有的雷达分系统，或对现有的分系统加以改进以满足更大的作战使用需求，因此新研雷达装备的继承性比较好，即总会有一些分系统是沿用的，也有一些是改进和新研的，这些特点给雷达装备的测试性设计与评估带来了极大便利。

(2) 电路的种类和形式多样、结构复杂。现代雷达装备的电路种类多样，包括数字、模拟和数字模拟混合电路等，其中大量采用数字技术是主要特点，从硬件结构来看，数字电路的特点是闭环电路多，电路联系往往呈网状，而不是树状或级联结构，这种结构造成电路的故障隔离远比树状结构的模拟电路麻烦得多。此外，现代雷达装备大量采用了超大规模集成电路(VLSIC)、超高速集成电路(VHSIC)、可编程逻辑器件(PLD)等，其中 VLSIC 的使用使得电路复杂程度增加，也使得电路测试性变差，PLD 和 ASIC 的使用使得电路变得不透明，难以进行测试。尤其值得注意的是表面贴装技术(SMT)和多层板技术的应用，使测试的可达性和可控性越来越差，以至不得不对测试性设计提出要求，同时也给雷达装备测试性验证中的故障注入试验带来了难度。

(3) 信号复杂多变。雷达系统中的信号不仅复杂，而且信号变换比较频繁，特别是分系统的增加和大量新技术的应用，不仅使信号的数量增加，而且使信号类型更加复杂，一些系统同时需要测试上百路不是罕见的事，这就要求测量测试设备具有同时检测上百路甚至几百路信号的能力，也正是因为这些信号的特点，使雷达装备的测试性设计分析与验证变得越来越困难。

6.2.2 雷达装备故障分析

1. 雷达装备故障类型

雷达装备故障的类型按其性质、原因、影响、特点等，有不同的分法。根据雷达故障的持续时间和相关特点，现将雷达装备运行过程中出现的故障类型进行分析，故障分类如表 6-1 所示。

表 6-1　雷达装备故障分类

序号	故障分类	说　明
1	突发型故障	这类故障的发生通常没有任何征兆，只能在故障发生后进行检测和隔离，由系统的元部件硬故障所致，其持续时间是永久的，因此又称阶跃型故障，除非更换损坏元部件，否则故障在整个测试期间均存在
2	脉冲型故障	该类故障主要由系统内部缺陷或特定的外界环境引发，其发生没有明显的频率，持续时间往往较短，如系统中出现的间歇故障或瞬态故障
3	渐变型故障	该类故障的发生是渐进的，具有一定的渐变趋势，由于发热、湿度变化、振动、恶劣环境等外部因素作用，造成雷达器件参数随时间变化而逐渐变化，因此可在故障发生前对其进行故障预测

2. 雷达装备故障特点

新型雷达装备的结构越来越复杂，科技含量越来越高，在雷达装备结构和故障测试诊断中也呈现了诸多新的特点，主要表现在以下几方面。

(1) 复杂性：由于结构复杂，雷达装备各分系统、子系统、部件和功能单元之间相互联系、紧密耦合，致使故障原因与故障征兆之间表现出极其错综复杂的关系。往往同一故障征兆对应着几种故障原因，同一故障原因又往往会引起多种故障征兆，它们之间常常是一种复杂的线性或非线性关系，如图 6-3 所示。这种故障原因和故障征兆之间不明确的对应关系使得雷达装备的测试性数据的收集与检验变得越来越困难。

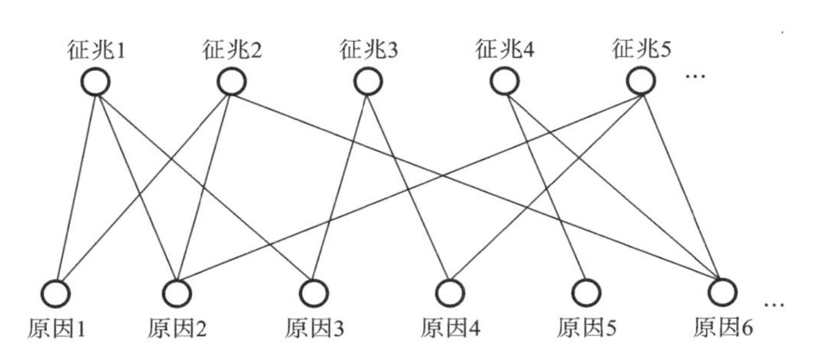

图 6-3　故障原因与故障征兆关系图

(2) 层次性：雷达装备一般都具有明显的层次性结构特点，可划分为整机系统、分系统、子系统、LRU(如插件板)和 SRU(如分离元器件)等层次组成结构。结构的层次性必然导致故障的层次性。雷达装备的层次性特点影响故障检测、测试程序/诊断策略与方案的确定，以及所采用的测试技术和测试设备。

(3) 相关性：当系统的某一层次的某个部件发生故障后，常常会导致同它相关的部件的状态发生变化，从而引起这些部件的功能也发生变化，致使该部件所处的层次产生新的故障，也导致系统中同一层次有多个故障并存的现实，这就是系统故障的相关性。多故障的诊断是雷达装备测试性分析需要解决的一个关键问题。

(4) 延时性：故障的传播机理表明，从原发故障到系统级故障的发生、发展与形成，是一个由量变到质变的过程，这个渐进的过程必然具有"时间性"。这一特性为故障的早期诊断与预测提供了机会，从而使"防患于未然"的设想成为现实。其实现方法是在对象的特征信号或征兆尚未超越允许范围之前，检测出这些变化，并获得变化规律，据此做出有关系统、部件等的当前状态、状态趋势与未来的判断。

(5) 不确定性：现代雷达系统结构复杂，其构件之间以及构件内部一般都存在很多错综复杂、关联耦合的相互关系，不确定因素和不确定信息充斥其间。雷达故障不确定性产生的原因复杂，涉及各种主观和客观因素，给测试性工作带来很大的困难。

3. 故障层次传播特性

根据故障产生的因果关系，可将其分为两类：一类是原发性故障，即故障源；另一类是引发性故障，即由其他故障引发的故障。但不论何种故障，其发生部位总是可以归属到一定的功能单元上。

系统高层次故障可以由低层次故障引起，而低层次故障必定引起高层次故障。这种由系统的低层次向高层次逐级发生故障的特点就是故障的层次性，也称为故障的"纵向性"。当系统某一层次的某个元素发生故障后，势必导致与它相关的元素发生故障，从而引起这些元素的功能也发生故障，致使该元素所处的层次产生新的故障，这就带来了系统中同一层次有多个故障并存的状况，这就是系统故障的相关性，也称为故障的"横向性"。对于故障的"横向性"，可以按照功能结构层次和故障层次关系对相应节点进行权值分配，理论上是从根节点开始，按权值降序进行，对于直接影响较大的部件节点和故障节点，相应地提高权重，并进行归一化处理。这样就将故障的"横向性"转化为故障的"纵向性"。由此看来，故障的传播特性同样具有层次性。

由以上分析可见，对雷达装备的结构和故障模式进行分层处理，可以充分利用雷达装备的层次性特点，大大降低故障检测与隔离的复杂性，提高测试性设计分析的效率。

雷达装备在实际使用过程中所出现的故障，一般可分为电气和机械两类，由于某些零件的损伤、破裂或磨损而引起的故障属于机械故障；整个设备或各部件中由于电气元件的性能变坏而直接或间接造成的故障均属于电气故障。电气故障在雷达装备中比较容易发生，而且原因较多。所以对雷达装备发生的故障必须做具体分析，并不断总结经验，从中找出规律性的东西，以便更快、更好地排除故障，保证雷达装备经常处于良好的战备状态，发挥雷达装备的最大效能。同时，对雷达装备测试性设计与评估中的故障判别也具有很好的指导意义。

4. 雷达装备故障产生的原因

雷达装备故障产生的原因很多，归纳起来雷达装备故障产生的主要原因如表6-2所示。

表6-2　雷达装备故障产生的主要原因

序号	故障原因	说　明
1	元器件失效	元器件是雷达整机的物质基础，元器件的可靠性直接影响整机的可靠性，故其失效在整机故障中占有很大的比例。从实际情况看，各类电真空器件、各种半导体器件、各类接插件、继电器、集成电路等失效比例较大
2	设计有误	一般来说，雷达装备在设计阶段都是依据元器件失效机理的共同规律，按照优化设计的原则，有效地实施可靠性保障设计。其可靠性较之早期雷达装备有了很大的提高。但雷达的设计是一个复杂的系统工程，有很多无法预测的因素，甚至可能造成实际容限不足、参数选用临界，一旦参数出现较大范围的变化，装备就可能发生故障
3	制造工艺缺陷	设备或元器件的生产也存在一些难以控制的因素，生产工艺、设备的缺陷都可能影响器件的质量，如焊接不良、设备结构和组装有缺陷、元器件布局走线不合理、元器件调整和校正方面存在缺陷等
4	使用维护不当	在操作使用和维护修理中，由于没有按规定的操作程序、调校方法、装拆步骤、保养规定等进行，加速了设备耗损，甚至出现人为故障或事故。除了设备本身问题以外，使用维修人员技术水平差、操作不合理、维修条件限制等因素也会直接导致故障
5	环境影响	环境也是影响雷达装备故障的重要原因。在环境特别恶劣条件下工作的雷达，如在冰雪、盐雾、风沙、潮湿、炎热和雷雨条件下，其失效率会大大增加

6.3　测试性权衡分析

不同研制阶段的系统权衡分析重点有所侧重。在确定装备测试性定量要求时，应考虑测试性指标对可靠性、维修性、保障性的影响，进行测试性与RMS的权衡分析。在方案论证阶段，应进行BIT与ATE、ETE与人工测试的权衡分析；在工程研制阶段,应进行 BIT 设计分析。

6.3.1 权衡分析考虑的因素

测试性权衡分析考虑的主要因素如下。

(1) 装备的使命任务。

(2) 装备性能特征对完成任务的关键性。

(3) 使用与保障要求(需要测试项目的复杂程度、测试的数量和频率、测试的准确性与精度要求)。

(4) 装备技术保障能力。

(5) 测试能力要求(技术人员的现有水平)。

(6) 进行测试的维修级别。

(7) 设计上的约束条件。

(8) 研制周期、采购及使用费用约束。

(9) 装备效能要求。

(10) 通用或标准化测试设备的可用性。

6.3.2 测试性要求之间的权衡

测试性要求之间的权衡主要包括定性与定量要求之间的权衡,测试性要求与测试保障资源配置、诊断方案之间的权衡。

根据测试点设置结果,考虑诊断资源的配置。由于 BIT 技术在电子设备中日益普及,在数据传输、处理、记录、显示能力允许的情况下,尽可能应用 BIT 技术进行故障诊断。其他的诊断资源包括部队级维修测试用的外部测试设备(ETE)、基地级维修测试用的自动测试设备(ATE)和人工测试设备等。应当综合考虑测试保障资源配置,确定诊断方案。所有测试保障资源的总和应能覆盖系统所有的故障模式。

6.3.3 BIT 与 ETE/ATE 的权衡

通常把机内测试(BIT)、外部测试设备(ETE)(包含自动测试设备(ATE))和人工测试结合在一起权衡分析,以提供符合系统可用性要求和寿命周期费用要求的能力。分析各种可供选择的测试性设计方案的性能、保障性及费用要求,并选出费用最少且能达到测试性工作目标的设计方案,实现测试资源和方法的最优化组合。

1. BIT/BITE 与 ETE/ATE 的比较

BIT/BITE 与 ETE/ATE 的权衡主要综合分析特性、费用、进度和对系统设计的影响等因素(见表 6-3、表 6-4)。

表 6-3　BIT/BITE 与 ETE/ATE 的比较

	BIT/BITE	ETE/ATE
用途	主要用于系统或设备的初始故障检测,并把故障隔离到可更换单元(部队级维护可隔离到 LRU,基地级维护可隔离到 SRU)	主要用于系统内可更换单元(配置项目)的故障检测,并把故障隔离到 UUT 内组件(SRU)
特点	• 在系统工作的同时就能对系统进行性能监控、报警; • 能提供专门的 BIT,参与余度管理和故障预测; • 可存储、记录故障信息,迅速隔离故障,减轻维修人员负担; • 减少在维修车间的测试时间和测试设备需求; • 减少 UUT 与 ETE 之间接口装置的需求和与 ATE、接口装置有关的条例指令等的需求; • 降低维修人员技术水平的要求; • 减少人工排除故障时盲目拆除的次数; • 避免人工测试引起的故障; • 可减少系统总的 LCC; • BITE 总有故障和虚警,会降低系统的可靠性,造成无效维修活动; • BITE 会增加系统的重量、体积和功耗,降低系统的可靠性	• 与 BIT 相比,有更强的故障检测与故障隔离能力,并可对 LRU、SRU 测试; • 增加了测量参数,增强了输入激励信号的能力,可更准确地判断性能和检测 BITE 不能检测的故障; • 允许较好的隔离间歇故障; • 分析可能判断 BIT 虚警的原因; • 与 BIT 相比,减少了系统(BITE)的初期硬件费; • 可选用已有的测试设备,节省研制费; • 不占用系统的重量、体积和功耗; • 不降低系统的可靠性; • ETE 不能在系统执行任务时进行测试,因而不能实时监控性能; • 增加了地面测试设备和有关的综合技术保障需求

2. BIT、ETE/ATE 的选用

要解决此问题,首先要识别在线测试的要求和离线测试的要求各是什么,然后结合 BIT、ETE/ATE 的特性、费用、进度以及对系统设计的影响因素,进行综合分析。

在线测试与离线测试需求比较如表 6-4 所示。

表6-4 在线测试与离线测试需求比较

	在线测试	离线测试
特点	•从分析系统特性和任务要求入手，决定在线监控要求； •能在执行任务的工作环境中运行，可实时对系统状态进行监控、检测	•极大地依赖规定的维修级别、地点和条件； •相比在线测试，提供更详细、精确的测试能力，不增加系统的体积、重量、功耗
需求	•重要的系统性能监控和显示； •冗余装置的功能及系统配置的监控和显示； •重要的外界环境(电磁干扰、安全要素等)的监控； •要求有运行中检测和存储记录故障信息的功能	部队级维修中，当BIT/BITE不能完成必需的功能测试、故障检测与隔离时，要用ETE/ATE完成。部队级故障诊断主要依赖ETE/ATE进行
考虑因素	费用、对系统设计的影响和使用要求	费用、进度、维修计划、综合技术保障、使用/布置情况及LCC

3. BIT与ETE的权衡

BIT设计应注意与ETE兼容。BIT设计应尽可能为ATE或人工测试提供方便，为ETE提供最大支持和接口方便，ETE应尽可能利用BITE能力，以使维修测试简便和费用最少。ETE测试容差应比BITE更严。

从表6-3、表6-4可以看出，BIT与ETE的权衡主要考虑：装备使用维修人员的技能水平；使用与保障要求；装备的尺寸、重量要求；装备的可靠性和维修性；费用等。

在分析、比较、判断测试设备的类型时主要考虑：购买或研制测试设备的费用及对LCC的影响；保障测试设备使用所需人员的技术水平要求；测试设备对系统设计改变时的适应性；测试设备的编程要求和费用；使用测试设备对UUT进行故障诊断所需时间；测试设备的故障率、维修要求和修理时间；测试设备满足系统测试要求的能力；测试设备与UUT的接口要求；是否满足原系统的可用性和维修要求；合同规定的其他有关要求。

4. BIT工作模式的权衡

在BIT设计中，为满足规定的BIT测试能力，应根据系统特性和维修测试的要求进行比较分析，对BIT的方式进行权衡分析。BIT工作模式的权衡应考虑表6-5所列因素。

表 6-5　BIT 工作模式的权衡

序号	选择方式	特　点
1	有源激励式 BIT	测试设备和被测系统输入一定的测试信号，检测激励信号的响应，这种 BIT 检测能力强，但可能对工作参数产生影响
2	无源激励式 BIT	不输入测试信号，检测被测系统工作参数的响应，一般作为周期 BIT，可有更强的检测能力
3	集中式 BIT	指除信号采集以外的 BIT 功能（如信号处理、判别诊断、显示、记录等）都集中完成的布局形式。它适用于大的系统，或多个小的系统/设备联合测试的场合
4	分布式 BIT	指各系统或设备各自完成自己的 BIT 功能，它适用于单个设备或各设备间相互联系比较少的情况。经验表明，集中式与分布式结合的方法更经济

从表 6-5 可以看出，分布测试与集中测试的权衡主要考虑：任务划分和软/硬件费用的权衡；数据处理速度的权衡；数据传输量的权衡；系统结构复杂性的权衡；测试能力的权衡。

5. 人工测试设备与 ATE 的权衡

在确定外部测试设备时，应进行人工测试设备和 ATE 的权衡分析，以便为各维修级别确定最佳的人工测试设备与 ATE 的组合，并对用于性能验证和维修测试的设备类型做出判断。进行人工测试设备和 ATE 权衡分析时，应以修理策略和整个维修方案为基础，考虑因素：测试的复杂性；功能验证测试时间；故障隔离时间；使用环境；综合技术要求；操作者和维修人员的技术水平；研制时间和费用。

6. 人工测试与自动测试的权衡

人工测试和自动测试权衡的目的是确定在各维修等级中两种方案之间的最优组合。它们的选择取决于维修策略、总的维修计划、测试性指标要求和待测系统的数目。人工测试与自动测试的权衡主要考虑：满足使用要求；测试设备的采购、研制和使用费用；测试设备保障所需要的人员、技术等级要求；研制周期；测试设备更改的适应性；测试设备的故障率，故障检测、隔离要求；测试设备满足产品测试要求的能力；被测对象对可用性和维修性的要求；测试单元对测试设备和（或）接口的要求。

6.3.4　测试性与可靠性、维修性、保障性的权衡

1. 测试性与可靠性的权衡

BIT 增加设备复杂性，使基本可靠性下降；BIT 故障增加虚警率；如果设计不当，BIT 故障可能导致设备故障。

通过余度管理，BIT 可提高任务可靠性，减少人为故障；预测故障趋势可增加工

作可靠性；系统重构（自修复）可提高可靠性生存能力；减少开机时间可提高平均无故障运行时间。但冗余会增加维修工作量并且使故障检测更加复杂，同时还增加费用。

2. 测试性与维修性的权衡

在故障检测中，BIT可在运行中进行故障检测、显示和记录，减轻执勤负担；可进行故障预测分析；减少间歇故障维修时间，使隐蔽故障变为明显故障；有助于做出更有效的维修报告；虚警会引起无效维修活动。

在故障隔离中，BIT可在使用环境中快速、原位隔离故障；对设备内部单元故障隔离，减少停机修理时间，降低对维修人员水平的要求，减少人工干预，从而减少人为故障；减少对测试设备的需求和备件库存。

3. 测试性与保障性的权衡

测试性分析是进行保障性分析的一个重要输入条件。装备保障分析就是从保障性的角度确定对装备测试性及BIT能力的需求。维修方案是保障方案的重要组成部分。维修方案包括以下主要内容：维修类型及其主要内容（计划维修和非计划维修）；维修原则（不可修复、局部及全部可修复）；维修级别及任务；主要保障资源及要求；维修工作的约束条件（费用、供应及运输等）。

根据装备的维修方案，进一步分析装备维修的项目是否需要迅速检测和诊断，是否需要利用外部测试设备（ETE）以及机内测试（BIT）来达到这一目的。

测试设备在保障资源中占有较大的份额，进行测试性资源分析，就是分析在现有条件下，可以利用何种BIT实现对故障的检测与隔离，是利用ETE、ATE等外部检测设备，还是只能采用人工方式实现故障检测与隔离。

6.3.5 测试性与寿命周期费用的权衡

由于装备构成、承担任务、工作环境、使用方式和保障方案的多样性，测试性与寿命周期费用的关系不可能用一种统一的方法确定。装备寿命周期费用可以分为研究、发展、试验和评定费用，采购费用以及使用保障费用。测试性要求对这些费用都会产生影响，应对各种不同的测试性要求、诊断方案以及测试保障资源配备等进行综合权衡。

6.4 测试性信息分析

故障模式、影响及危害性分析（FMECA）是分析系统所有可能故障模式及其可能产生的影响，并按每个故障模式产生影响的程度及其发生概率大小予以分类的一种归纳方法。FMECA 是装备可靠性分析的一个重要工作项目，也是开展维修性、测试性、安全性和保障性分析的基础。

故障模式、影响及危害性分析简称测试性信息分析。

6.4.1 测试性信息分析的目的与考虑因素

1. 测试性信息分析的目的

进行测试性信息分析的目的是依据 FMECA 的结果，进一步收集和分析包括故障检测能力和故障隔离能力等的测试性信息，确定在规定维修级别与故障检测和故障隔离有关的测试性设计所需要的信息，为装备的测试性建模、分配、预计、故障注入(故障模拟)、测试点设计和机内测试设计以及试验与评价等工作提供支持。

2. 测试性信息分析考虑的因素

(1) 在 FMECA 中，首先应确定可更换单元以上各层次产品的所有重要的故障模式，对产品使用没有影响或是出现概率很小的故障模式可以忽略。

(2) 测试性信息与 BIT、自动测试和人工测试设计有关，包括这些测试活动的故障检测能力、故障隔离能力和虚警率。

(3) 测试性信息分析的深度和范围取决于测试性要求、维修级别、产品的复杂程度及其特点。对于简单设备，其要求可能只限于部队级测试，FMECA 深度只到现场可更换单元(LRU)。对比较复杂的设备，可能对部队级和基地级测试都有要求，这种设备的 FMECA 深度要求达到基地级可更换单元，即车间可更换单元(SRU)。

(4) 有测试性设计要求的系统、LRU 和 SRU 均应进行测试性信息分析，以获取装备的测试性设计信息，支持测试性建模、详细设计和测试性预计等。

(5) 注意测试性信息与 FMECA、维修性信息分析结合，引用相关分析结果，避免重复工作。

(6) 测试性信息分析在不同研制阶段分析的重点有所不同。在方案和初步设计阶段，重点是装备的功能故障模式、组成单元的功能故障模式和适用的检测方法。在详细设计阶段，重点是 LRU 和 SRU 的功能故障模式、影响和选用的检测方法。在详细设计阶段，完成各层次产品测试程序设计。

6.4.2 测试性信息分析的内容与实施流程

1. 测试性信息分析的输入与输出内容

测试性信息分析的输入与输出内容如图 6-4 所示。

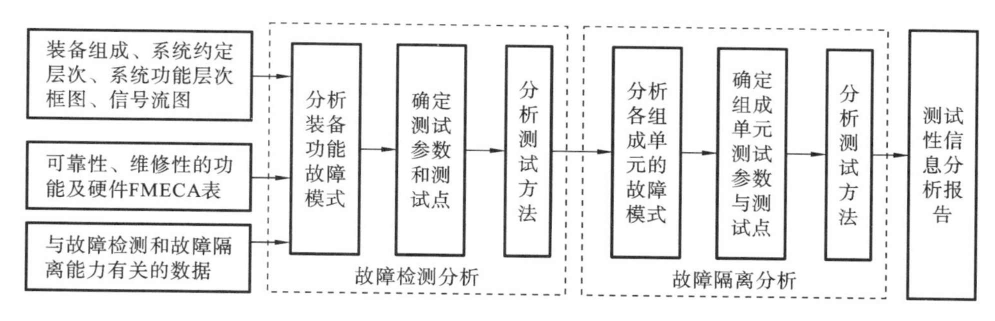

图6-4 测试性信息分析的输入与输出内容

1）测试性信息分析的输入与输出

测试性信息分析的输入内容如下。

(1) 要进行测试性分析的装备及设计信息:装备组成、系统约定层次、系统功能层次框图、信号流图、接口说明、严酷度定义、维修和(或)故障诊断的难易程度等。

(2) 可靠性、维修性的功能及硬件 FMECA 表。

(3) 与故障检测和故障隔离能力有关的数据。

测试性信息分析的输出是测试性信息分析报告。

2）故障检测分析与故障隔离分析

根据装备的组成和 FMECA 结果,确定被分析装备/组成单元的功能故障模式。故障模式的确定是逐步细化的过程,在不同的设计阶段分析的侧重点也不同。在方案和初步设计阶段,重点进行系统级的故障模式分析工作;在详细设计阶段,重点进行 LRU 和 SRU 的故障模式分析工作;在详细测试性阶段,重点进行产品组成部件的故障模式分析工作。

在确定故障模式后,进一步分析并确定测试参数和测试点。所提供的测试点应能进行定量测试、性能监控、故障隔离、校准或调整,通过确定合理的测试参数和测试点,实现对故障模式的有效检测和隔离。在满足故障检测与隔离要求的条件下,测试点的数量应尽可能少。

在分析确定测试参数、测试点的基础上,进一步分析适用的测试方法。针对不同的测试对象、不同的维修级别,应选用最经济、最有效的方法及手段检测和隔离故障,具体的测试方法包括 BIT、自动测试和人工测试等。

2. 测试性信息分析的实施流程

测试性信息分析包括系统、LRU、SRU 测试性信息分析。

在分析过程中,首先进行系统测试信息分析,在此基础上进行 LRU 测试信息分析,最后进行 SRU 测试信息分析。在系统测试信息分析时,要对组成系统的各个LRU进行分析；在LRU测试信息分析时，要对组成LRU的各个SRU进行相应的分析；在SRU测试信息分析时，要对组成SRU的部件或元器件的故障进行分析。测试性信息分析的实施流程如图6-5所示。

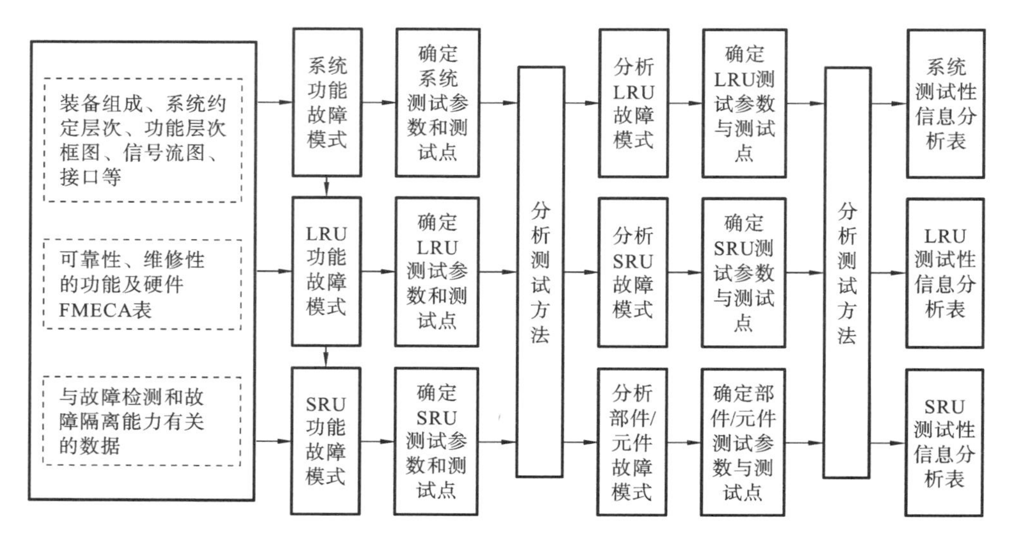

图6-5　测试性信息分析的实施流程

系统测试性信息分析示例表如表6-6所示。

表6-6　系统测试性信息分析示例表

系统/组成单元	故障模式	故障率	测试参数	测试点	BIT故障检测需求			BIT故障隔离需求		外部测试需求	
					加电BIT	连续或周期BIT	启动BIT	隔离到1个LRU	隔离到2个LRU	ATE	人工
LRU1	1										
	2										
	…										
LRU2	1										
	2										
	…										
…											
合计											

LRU测试性信息分析示例表如表6-7所示。

表6-7 LRU测试性信息分析示例表

LRU/组成单元	故障模式	故障率	测试参数	测试点	BIT故障检测需求			BIT故障隔离需求		外部测试需求	
					加电BIT	连续或周期BIT	启动BIT	隔离到1个SRU	隔离到2个SRU	ATE	人工
LRU	1										
	2										
	…										
SRU1	1										
	2										
	⋮										
…											
合计											

SRU测试性信息分析示例表如表6-8所示。

表6-8 SRU测试性信息分析示例表

SRU/组成单元	故障模式	故障率	测试参数	测试点	BIT故障检测需求			BIT故障隔离需求		外部测试需求	
					加电BIT	连续或周期BIT	启动BIT	隔离到1个元器件	隔离到2个元器件	ATE	人工
SRU	1										
	2										
	…										
元器件1	1										
	2										
	…										
⋮											
合计											

6.5 BIT对系统的影响分析

BIT作为系统结构和功能的组成部分，由于其类型不同与实现方式不同，势必会对装备可靠性、维修性、可用性和寿命周期费用等带来不同的影响，因此分析

BIT 是 BIT 设计的基础工作。

6.5.1 BIT 对可靠性的影响

为提高雷达装备的测试性水平,需要增加测试用的硬件和软件,即 BITE。这增加了装备复杂性,从而会降低系统基本可靠性,但 BIT 会提高系统的任务可靠性。这是因为 BIT 完成规定的功能,可监控系统状态、预测系统任务能力、参与余度管理和重构,可以减少非任务开机时间和人为差错,从而提高装备任务可靠性。

衡量一个系统的基本可靠性,我们通常用平均故障间隔时间(MTBF)度量。为此,本节首先分析雷达 BIT 对 MTBF 的影响,进而分析雷达 BIT 对其维修性和可用性的影响。

1. BIT 的故障率和单位时间平均虚警数对 MTBF 的影响分析

BIT 检测出故障发生报警信息,在没有证实报警信息是真实故障还是虚警前,我们都需要对系统进行维修活动。所以在分析具有 BIT 的雷达装备故障时应该考虑三种情况:系统本身故障率 λ_S、BIT 故障率 λ_B 和单位时间平均虚警数 λ_{FA}。

假设在没有 BIT 时,系统的故障率为 λ_S,则原系统的 MTBF 为

$$\mathrm{MTBF}=\frac{1}{\lambda_S} \tag{6.1}$$

而加入 BIT 后,系统故障率为

$$\lambda_{SB}=\lambda_S+\lambda_B+\lambda_{FA} \tag{6.2}$$

则具有 BIT 的雷达系统 MTBF_{SB} 为

$$\mathrm{MTBF}_{SB}=\frac{1}{\lambda_{SB}}=\frac{1}{\lambda_S+\lambda_B+\lambda_{FA}} \tag{6.3}$$

为了便于分析,令

$$u=\frac{\lambda_{FA}}{\lambda_S},\quad v=\frac{\lambda_B}{\lambda_S} \tag{6.4}$$

则有

$$\mathrm{MTBF}_{SB}=\frac{1}{1+u+v}\mathrm{MTBF} \tag{6.5}$$

由式(6.5)可知,系统加入 BIT 后,雷达 MTBF 随着 λ_B、λ_{FA}的增加而下降。对于 BIT 设计,一般要求 BIT 对 MTBF 的影响小于 10%,那么就必须限制$(u+v)$的值,即要求$(u+v)<0.11$。

2. BIT 故障检测率和虚警率对 MTBF 的影响

根据故障检测率和虚警率的定义,可得 BIT 的故障检测率(FDR)和虚警率(FAR)为

$$\mathrm{FDR}=\lambda_{\mathrm{FD}}/\lambda_{\mathrm{S}} \tag{6.6}$$

$$\mathrm{FAR}=\lambda_{\mathrm{FA}}/(\lambda_{\mathrm{FA}}+\lambda_{\mathrm{FD}}) \tag{6.7}$$

式中：λ_{FD}为 BIT 检测到的故障模式的总故障率。

由式(6.6)和式(6.7)，得

$$\lambda_{\mathrm{FA}}=\lambda_{\mathrm{S}}\cdot\mathrm{FDR}\cdot\mathrm{FAR}/(1-\mathrm{FAR}) \tag{6.8}$$

将式(6.4)和式(6.8)代入式(6.2)，可得

$$\lambda_{\mathrm{SB}}=\frac{1-(1-\mathrm{FDR})\mathrm{FAR}+\nu(1-\mathrm{FAR})}{1-\mathrm{FAR}} \tag{6.9}$$

$$\mathrm{MTBF}_{\mathrm{SB}}=\frac{1}{\lambda_{\mathrm{SB}}}=\frac{1-\mathrm{FAR}}{1-(1-\mathrm{FDR})\mathrm{FAR}+\nu(1-\mathrm{FAR})}\mathrm{MTBF} \tag{6.10}$$

当 $\nu=0.1$，FDR=0.95 时，由式(6.10)可得

$$\frac{\mathrm{MTBF}_{\mathrm{SB}}}{\mathrm{MTBF}}=\frac{1-\mathrm{FAR}}{1.1-0.05\times\mathrm{FAR}} \tag{6.11}$$

由式(6.11)可以看出，随着 BIT 虚警率 FAR 的增加，MTBF 的值将下降。

当 $\nu=0.1$，FAR=0.05 时，由式(6.10)可得

$$\frac{\mathrm{MTBF}_{\mathrm{SB}}}{\mathrm{MTBF}}=\frac{0.95}{1.045+0.05\times\mathrm{FDR}} \tag{6.12}$$

由式(6.12)可以看出，随着 BIT 故障检测率 FDR 的增加，MTBF 的值将下降。但是 FDR 对 MTBF 的影响很小，在工程上进行系统设计时可以忽略不计。

从以上分析可知，BIT 参数对 MTBF 有较大影响，进行系统设计时必须充分考虑 BIT 和可靠性之间的关系。在进行定量分析时，根据情况，可用式(6.5)或式(6.10)计算 $\mathrm{MTBF}_{\mathrm{SB}}$。

6.5.2　BIT 对维修性的影响

装备维修性通常由平均故障修复时间(MTTR)度量，对于良好测试性的雷达装备，由于 BIT 具有自动检测与隔离故障的能力，可以大大减少装备故障修复时间；但是 BIT 本身故障及虚警也需要采取维修活动，这会增加雷达的 MTTR。所以具有 BIT 的雷达装备故障修理时间有 4 种类型，即 BIT 检测与隔离出故障修复时间、BIT 未检测出而需要其他方法或设备诊断修复时间、BIT 故障修复时间和虚警检修时间。因此，具有 BIT 的雷达装备系统平均故障修复时间 $\mathrm{MTTR}_{\mathrm{SB}}$ 可表示为

$$\mathrm{MTTR}_{\mathrm{SB}}=\frac{\lambda_{\mathrm{S}}\cdot\mathrm{FDR}\cdot t_{\mathrm{D}}+\lambda_{\mathrm{S}}\cdot(1-\mathrm{FDR})\cdot t_{\mathrm{NB}}+\lambda_{\mathrm{B}}t_{\mathrm{B}}+\lambda_{\mathrm{FA}}t_{\mathrm{FA}}}{\lambda_{\mathrm{S}}+\lambda_{\mathrm{B}}+\lambda_{\mathrm{FA}}} \tag{6.13}$$

式中：t_{D} 为 BIT 诊断出故障的平均修复时间；t_{NB} 为利用 BIT 未能诊断出故障的平均修复时间；t_{B} 为 BIT 的故障平均修复时间；t_{FA} 为 BIT 的虚警平均修复时间；λ_{S} 为

系统本身的故障率；FDR 为 BIT 的故障检测率；λ_B 为 BIT 的故障率；λ_{FA} 为 BIT 的虚警频率。

由式(6.13)可知，$MTBF_{SB}$ 随着 BIT 的故障检测率 FDR 的增加而减少。由此可见，BIT 设计参数对 MTTR 有较大影响，在进行系统和设备设计时必须充分注意 BIT 和系统维修性之间的关系。

6.5.3 BIT 对可用性的影响

可用性是雷达装备可靠性和维修性的综合表征，可用性是由可用度 A 度量的，可表示为

$$A=\frac{\text{系统能工作时间}}{\text{系统能工作时间}+\text{系统不能工作时间}} \tag{6.14}$$

可靠性、维修性同为保障性的设计特性，可靠性与维修性共同决定了装备的固有可用度，三者之间的关系可用固有可用度 A_i(inherent availability)表示为

$$A_i=\frac{\text{MTBF}}{\text{MTBF}+\text{MTTR}} \tag{6.15}$$

式中：MTBF 为平均故障间隔时间；MTTR 为平均修复时间。

可靠性(指基本可靠性)是关键的保障性设计特性，是影响装备保障性水平的重要因素，通过使用可用度的表达式可反映这种相应的制约关系，即

$$A_o=\frac{T_{BM}}{T_{BM}+T_M+T_{MD}} \tag{6.16}$$

式中：A_o 为使用可用度(operational availability)，是战备完好性(即保障性)的顶层参数；T_{BM} 为平均维修间隔时间，是可靠性使用参数；T_M 为平均修复时间，包括平均修复性维修时间和平均预防性维修时间，是维修性参数；T_{MD} 为平均延误时间，是平均保障资源延误时间与平均管理延误时间之和，是保障系统参数。

从前面分析结果可知，良好的 BIT 设计可减小系统的故障检测和隔离时间，从而大大减少系统不能工作时间 T_{MD}，对 MTTR 的影响更大，从而提高了系统的可用性。BIT 对系统能工作时间 T_{BM} 和系统平均故障间隔时间 MTBF 也会产生不利影响，即减少了 T_{BM} 或 MTBF 值，可通过限制 BIT 的故障率和采取防虚警措施等降低这种不利影响。因此，良好的 BIT 设计可提高系统的可用性。

6.5.4 BIT 对寿命周期费用的影响

系统寿命周期费用(LCC)通常包括研制费用、采办费用和使用保障费用三个部分。系统中加入 BIT 会对研制费用和采办费用产生不利影响，而 BIT 虚警也会导致无效的维修活动，从而增加使用维修费用，但合理的 BIT 会对使用保障费用产

生有利影响。因此，BIT设计时需要进行权衡分析，保证采用的BIT方案有利于减少系统总的寿命周期费用。

BIT寿命周期费用模型计算的是受BIT影响的那部分费用增量，并不是系统全寿命周期总费用值，此模型用于帮助设计者通过LCC权衡分析来选取BIT方案和设计特性。其模型为

$$\begin{aligned}\Delta \mathrm{LCC}=&\Delta \mathrm{RDT\&E}\text{费用}+\Delta\text{采购费用}+\Delta\text{使用保障费用}\\&+\Delta\text{可用性费用}+\Delta\text{系统运行负担费用}\end{aligned}\tag{6.17}$$

式中：Δ RDT&E费用为增加的研究、发展、试验与评定费用，Δ RDT&E中每项费用应单独估算，以工程经验和历史数据为基础，估算包括具有先进工艺水平的硬件和软件开发费用，对于多数系统选用成熟的BIT技术，其值为零；Δ采购费用是除Δ RDT&E以外的所有BIT费用，主要是生产费用和初始保障费用，包括设计费用、制造费用、测试设备及软件费用和初始备件费用；Δ使用保障费用是BIT改善维修难度、减少维修工时所带来的费用改变；Δ可用性费用是指引入BIT而改进可用性时引起的费用改变；Δ系统运行负担费用是指应用BIT带来的附加质量、功耗等导致的额外费用。

思 考 题

1. 测试性分析的目的和内容有哪些？
2. 雷达装备故障产生的原因有哪些？
3. BIT与ETE/ATE权衡时主要考虑的因素有哪些？
4. 测试性信息分析包括哪些内容？
5. BIT对系统的影响有哪些？

参 考 文 献

[1] 石君友.测试性设计分析与验证[M].北京：国防工业出版社，2011.
[2] 田仲，石君友.系统测试性设计分析与验证[M].北京：北京航空航天大学出版社，2003.
[3] 黄考利.装备测试性设计与分析[M].北京：兵器工业出版社，2005.

[4] 常春贺,杨江平.雷达装备测试性理论与评估方法[M].武汉:华中师范大学出版社,2016.

[5] 陈立.某型雷达天线阵面的测试性分析与优化研究[D].武汉:湖北工业大学,2021.

[6] 陈长乐,赵杰,周靖宇,等.诊断权衡优化测试性分析技术[J].电子测试,2020(07):107-108.

[7] 李睿峰,李文海,唐小峰,等.基于故障物理注入的模拟电路测试性分析方法[J].科学技术与工程,2017,17(01):43-48.

[8] 马瑞萍,董海迪,马长李.基于故障-测试相关性矩阵的测试性分析[J].兵工自动化,2016,35(05):5-7.

[9] 苏瑞祥,张海鹰,薛红.基于多信号模型的电子装备测试性分析[J].电子世界,2014(15):39,42.

[10] 陈俐,张永慧,王强.某雷达发射机测试性分析和设计[J].计量与测试技术,2012,39(01):2-3.

[11] 冯婷婷,赵越让,孙炎,等.机载雷达系统测试性分析与优化[J].测控技术,2012,31(01):92-95.

[12] 杨林,赵越让,马存宝,等.机载雷达系统测试性分析[J].机械与电子,2010(12):3-5.

第7章

雷达装备测试性设计

7.1 概　　述

7.1.1 测试性设计的目的

测试性设计是指系统、分系统、设备、组件和部件设计过程中，通过综合考虑并实现测试的可控性与观测性、初始化与可达性、BIT 以及外部测试设备兼容性等，达到测试性要求的设计过程。它是将测试性设计到产品中，实现装备测试性要求的关键。

测试性设计的目的是提高装备的固有测试性，增强装备状态（性能）监测、故障诊断、虚警抑制、故障预测、健康管理等能力，在尽可能少的附加硬件和软件基础上，使装备在技术上可实现、在费用上能承受，支持装备使用与维修，使装备达到规定的测试性要求。

1. 状态（性能）监测

状态（性能）监测（condition monitoring，performance monitoring）是指观察和测量产品状态特性/性能参数，以便确定产品状态/性能是否满足规定要求，从而进行故障诊断和趋势分析。性能检测是在不中断装备工作的情况下对选定的性能参数进行连续或周期性观测，以确定装备是否在规定的极限范围内工作。状态监测是实时监测装备性能状况，显示、存储系统状态信息，必要时能发出告警，给出提示信息。

2. 故障诊断

故障诊断能力就是故障检测能力和故障隔离能力。故障检测是发现故障存在的过程。通过故障检测，可以确定产品是否存在故障。故障隔离是把故障定位到实施修理所要求的产品层次的过程。通过故障隔离，可以确定装备具体的故障可更换单元。

3. 虚警抑制

虚警抑制是对故障检测和故障隔离中的虚假指示进行抑制和消除的过程。通过虚警抑制，可以降低虚警率，给出准确的故障指示。

4. 故障预测

故障预测(fault prognostics)是根据产品的当前状态(性能、使用环境、运行历史等)信息，对未来任务时间段内可能出现的故障性质、部位、时机进行预报、分析和判断。通过故障预测，可以及时采取有效处理措施，如提前更换故障部件等。

5. 健康管理

健康管理可以根据诊断/预测信息、可用的资源和运行要求，对维修和后勤活动进行智能的、有信息的、适当的判决，是减少测试设备、简化使用和维修训练的重要手段。

7.1.2 测试性设计的内容

测试性设计是指在系统、分系统、组件和部件的设计过程中，通过综合考虑实现测试的可控性与观测性、初始化与可达性、BIT 以及外部测试设备兼容性等，达到测试性要求的设计过程。

对于雷达装备来说，测试性设计主要包括以下内容。

1. 确定测试性要求和诊断方案

系统的测试性要求是以使用方为主，根据系统使用要求、维修要求和使用保障分析确定的，当然也需要研制方参与协商。在初步设计时，研制方应通过对系统组成特性分析，建立测试性模型，把装备测试性要求分配给各组成单元。

通常，系统和设备是综合利用 BIT、自动测试和人工测试来提供满足可用性及寿命周期费用要求的诊断测试能力的。所以，应进行 BIT 与 ATE 的比较分析、自动测试与人工测试的比较分析以及性能和费用分析等，即通过权衡分析确定最佳的系统诊断方案。

2. 制定测试性设计准则

测试性设计准则规定了装备测试性设计中应遵循的一般原则和要求，也包括装备各组成部分测试性设计的原则或指南。

制定测试性设计准则是将测试性要求及使用和保障约束转化为具体的装备测试性设计准则，以指导和检查装备设计。应依据通用测试性准则和装备测试特性制定专用测试性设计准则。

通过对贯彻测试性设计准则的检查和评审，可尽早发现设计缺陷，采取改进措施。

3. 固有测试性设计

固有测试性设计主要是系统硬件测试特性设计，要通过合理地划分系统来提高故障诊断能力。从结构上把系统划分为 LRU 和 SRU，在功能上尽可能使每个功能都单独用一个可更换单元实现。

硬件设计要考虑测试的可控性和观测性，还要考虑测试初始化问题，设计的被测系统或设备应有明确的初始状态，以便用统一方式重复进行测试。

4. 机内测试设计

机内测试（BIT）设计是测试性设计的重要组成部分，是监控系统关键功能、检测隔离系统故障的主要手段和方法，应按系统测试性要求和技术规范进行系统 BIT 设计，详见 7.5 节。

5. 外部测试设计

所设计的被测单元（unit under test，UUT）应与选用的或新设计的外部测试设备（ATE/ETE）在电气上和机械上兼容。例如，根据故障诊断要求选择必要的测试参数、测试点和设置外接检测插头，使 UUT 能快速连接到 ATE/ETE 上；考虑测量精度要求、高电压和大电流的安全要求以及必要的诊断程序设计等，以便减少和简化专用接口装置设计，提高外部测试的故障诊断能力。

考虑装备的诊断设计还应包括测试程序集（test program set，TPS）、ATE/ETE 设计和软件测试性设计。

7.1.3 测试性设计的流程

根据规定的测试性要求和确定的诊断方案，以及制定的测试性工作计划，进行测试性设计，其流程如图 7-1 所示。

在各阶段进行的测试性设计工作如下。

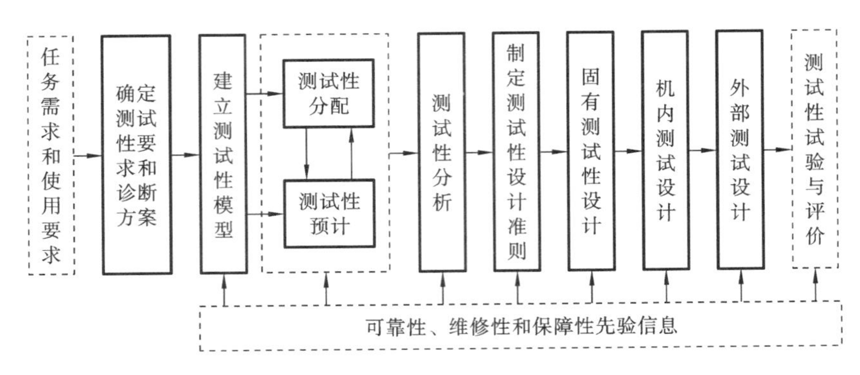

图 7-1　测试性设计流程

(1) 在获取产品的设计数据以及可靠性、维修性、保障性、费用等测试性设计所需的基本信息的基础上,建立测试性模型。

(2) 将系统级的测试性要求逐级分配到规定的功能层次,进行测试性初步预计,确定各功能层次产品的测试性要求。

(3) 进行测试性分析,开展 FMECA 测试性信息分析工作,将测试性要求及使用和保障约束转化为具体的测试性准则,以指导和检查产品设计。

(4) 进行固有测试性设计、分析与评价,将固有测试性设计到系统或设备中,输出满足测试性定性要求的装备结构。

(5) 进行诊断设计(包括嵌入式诊断设计/机内测试设计和外部测试设计),开展测试性预计,输出满足测试性定量要求的产品设计,当预计不能达到规定测试性要求时更改设计。

(6) 在测试性设计和分析过程中,需要利用可靠性、维修性和保障性等先验信息。

测试性设计与分析的各项工作应反复迭代、不断改进和完善,对研制和试验中发现的装备测试性问题与缺陷,应在该装备定型前采取有效措施,切实予以纠正,以满足装备测试性要求。

7.2　诊断方案

测试性设计从确定诊断方案开始,提出能满足所选定的诊断方案的系统测试性要求,并把这些要求分配到各层次产品,纳入装备设计。

在型号立项和研制总要求论证中，任务需求导出使用要求。在装备使用方案、技术方案与保障方案权衡分析时，测试性是要考虑的重要因素。不同的诊断方案对任务能力、性能参数和保障费用等有重大影响，为此，应明确需要诊断功能的系统任务和性能要求，把这些系统任务和性能要求转换成诊断需求，根据系统总目标对测试性参数和诊断资源进行综合评价，确定系统级诊断需求。

诊断方案是保障方案的重要组成部分。诊断方案的研究始于立项综合论证，并在研制总要求论证中获得更详细的数据而得到进一步细化。

7.2.1　诊断方案的组成要素

GJB 451B—2021《装备通用质量特性术语》对诊断方案的定义为：系统或设备诊断能力的范围、功能和运行的初步设想。

GJB 3385A—2020《测试与诊断术语》对诊断方案的定义为：对系统或设备诊断的总体设想，它主要包括诊断对象、范围、功能、要求、方法、维修级别、诊断要素和诊断能力。

对系统、设备或 UUT 进行故障诊断，通常采用嵌入式诊断和外部诊断来提供完全的故障检测与隔离能力。所以任何诊断方案的组成都少不了这两种诊断方法，只是以哪种诊断为主、哪种诊断为辅的问题，以及用什么设备和检测方法完成诊断的问题。可以选用 BIT、自动测试、人工测试或远程诊断来完成诊断。无论对哪一级产品进行测试都需要一定硬件、软件和设备，还需要支持统一的信息模型，这些就是组成诊断方案的要素，如图 7-2 所示。

机内测试(built-in test，BIT)又称为内建自测试(built in self-test，BIST)或嵌入式测试(embedded test)，它是在系统内部设计了 BIT 硬件和软件，或利用部分功能部件检测和隔离故障、监测系统本身状况，使得系统自身可检查是否正常工作，或确定何处发生了故障的检查测试。

外部测试(external test，ET)是指通过外部测试资源对装备进行测试。它包括外部自动测试、人工测试和远程诊断。

外部自动测试通常借助自动测试设备(ATE)完成。ATE 是用于自动完成对被测单元(UUT)故障诊断、功能参数分析以及性能评价的测试设备，通常是在计算机控制下完成分析评价并给出判断结果，使人员的介入减到最少。

人工测试是指以维修人员为主进行的故障诊断测试。它需要借用一些简单通用的仪器设备和工具，如测量电参数的电压/电流表、数字万用表；测量温度、压力、应力、振动等物理参数的传感器和测量设备等。

远程诊断是指利用无线通信和现代网络技术在系统一定距离之外通过测试设

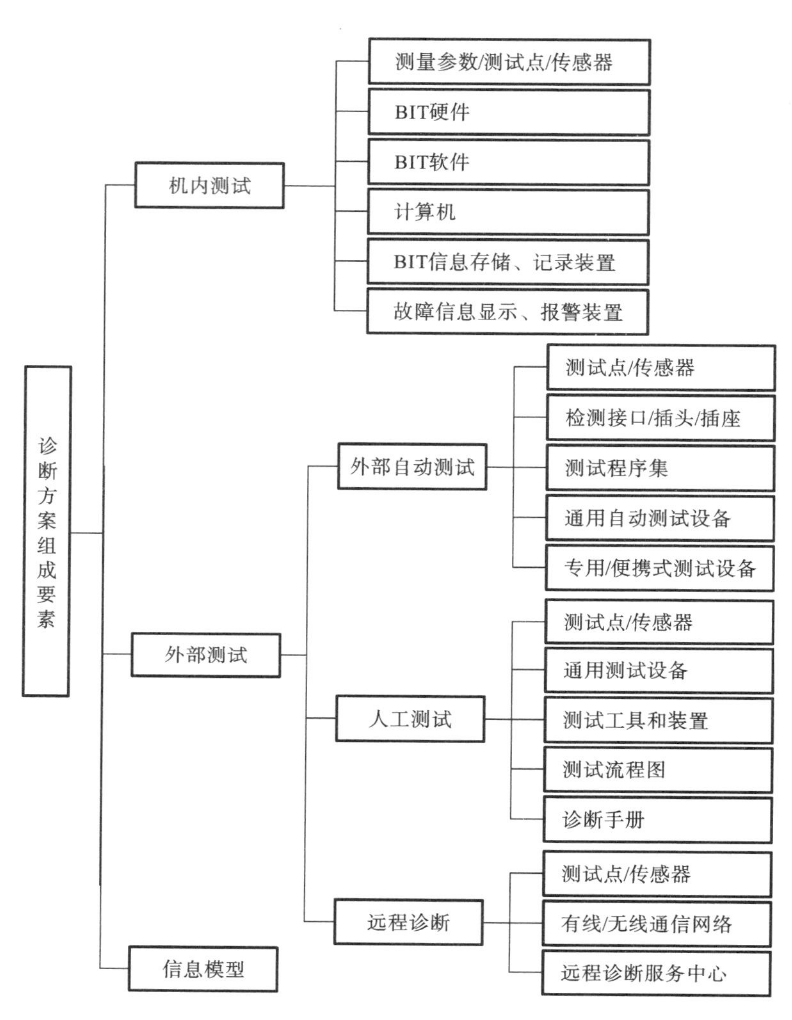

图 7-2　诊断方案组成要素

备进行的检测和隔离故障的测试。随着现代装备电子设备向大型化、自动化、智能化和复杂化发展，其故障诊断也变得十分复杂，只利用现场的 ATE 和人工测试有一定的局限性，远程诊断可以整合更多可利用的诊断资源以增强其故障诊断能力，如可以利用嵌入式计算机、无线通信、网络通信以及数据库等技术建立装备远程故障诊断系统，用以实时监测其运行状况，并与远程诊断服务中心保持无线通信或网络通信连接，对其进行远程诊断技术支持。

信息模型是一种在系统测试和诊断领域内使用的严格、正规的模型。基于该信息模型，诊断信息可以由参与系统测试和诊断过程的所有人员共享。信息模型强调了诊断数据应该是什么样子。例如,一个BIT代码若没有支持信息是没有用的。诊断需要了解BIT代码代表的是什么(如故障的特性)和该BIT代码是由系统中哪个部件产生的,以及故障发生的时间或系统的状态等。这些信息称为诊断数据。

7.2.2 诊断方案的制定程序

装备诊断方案的确定始于论证阶段,并在方案阶段得到进一步细化。通过定性的诊断权衡分析确定初步的装备诊断方案。考虑备选诊断方案各方面因素,对其诊断能力、费用进行分析,确定诊断方案;根据最少费用、最大诊断能力、最佳效费比等选择最佳诊断方案。

雷达装备故障诊断可以采用各种测试方法,如机内测试、外部测试、人工测试和自动测试等。机内测试可以用硬件或软件实现。外部测试可用专用测试设备或自动测试设备。人工测试要用测试流程图或手册,以及简单、通用的检测设备实现。在测试性设计中要通过权衡分析,选出满足测试性要求且费用少的诊断方案。

雷达装备诊断方案的制定程序如图7-3所示。

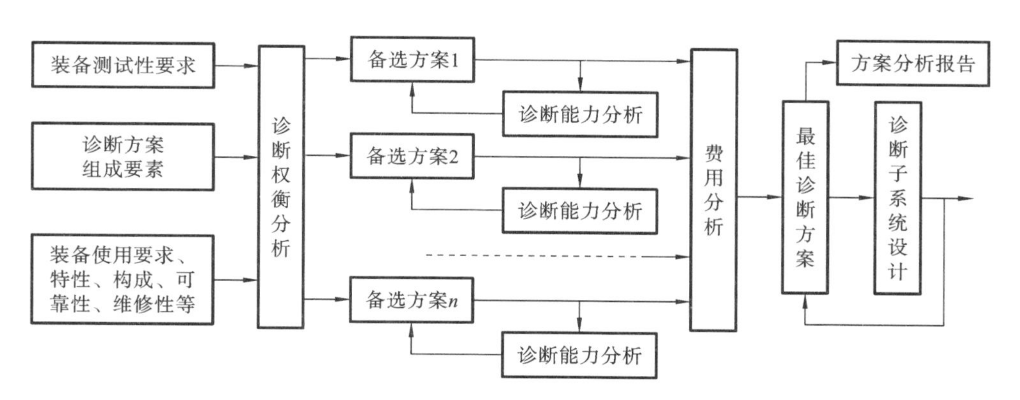

图7-3 雷达装备诊断方案的制定程序

7.2.3 诊断方案的确定与选择

1. 确定诊断方案的依据

诊断方案应根据装备的使用要求、系统特性、维修和测试性要求等提出,并构成故障诊断子系统(FDS),以便通过费用分析确定最佳测试方案。

诊断方案确定的依据如表7-1所示。

表 7-1 诊断方案确定的依据

序号	分类	特性
1	装备使用要求	FDS的定性、定量要求
		BIT和ATE
		设计约束条件,如质量、尺寸、功耗等
		装备工作环境,如工作位置、温度、湿度、人机接口、电磁兼容性等
2	装备特性和构成	装备的性能和特点
		装备的配置和构成
3	装备可靠性	依据可靠性要求和分析结果确定检测的重点及使用的检测方法
		FDS选用BIT时应注意BIT虚警及BITE故障对系统可靠性造成的不利影响
4	装备维修性和使用与保障	依据MTTR的要求确定FDS中BIT和ATE所占的比例
		依据使用与保障要求确定BIT和ETE的数量
		权衡分析时要考虑BIT和ATE虚警对维修产生的不利影响

2. 诊断方案的确定

根据雷达装备的需要,首先通过对各测试方法及其组成要素进行权衡、比较分析,选出备用的初步诊断方案,并估计其故障检测与隔离能力,如果能满足要求,则可作为备选方案之一。一般应确定多个备选方案,以便选出最佳方案。

1)诊断权衡分析

诊断权衡分析主要是比较分析各种测试方法和组成要素的特点,依据使用和维修要求确定选用的测试方法和相关要素,构成初步的备选方案。例如,选用BIT还是ATE?选用人工测试还是自动测试?定性权衡分析如表7-2所示。

表 7-2 定性权衡分析

序号	定性权衡分类	说明
1	BIT与ETE/ATE的权衡	选用BIT还是ETE/ATE,首先要识别在线测试的要求是什么、离线测试的要求是什么,然后结合BIT和ATE的特性和费用、进度、对系统设计的影响等因素进行综合分析
2	BIT工作模式的权衡	在BIT设计中,为达到规定的BIT能力,可通过各种BIT工作模式和实现方法,根据原系统特性和维修测试要求进行比较分析,才能选出较好的BIT方案
3	人工测试设备和ATE的权衡	进行人工测试和ATE权衡分析时,应以修理级别分析和整个维修方案为基础,还要考虑被测系统或设备测试的复杂性、故障检测与隔离时间(MTTR组成部分)要求、维修人员技术水平、测试设备费用等

2）备选诊断方案考虑的因素

备选诊断方案包括系统或设备的BIT、性能监测、中央测试系统、测试信息传输、每个维修级别的人工和自动测试、提交的技术资料、人员技能等级和训练方案等的各种组合。备选诊断方案的确定应考虑以下因素。

(1) 可利用的和已计划的标准诊断资源(如测试设备系列、维修辅助手段等)以及其他的资源约束。

(2) 应避免相似装备的诊断问题。

(3) 在装备研制和诊断要素研制中可采用的，并有可能提高诊断有效性、减少诊断费用或提高装备可用性的技术成果。

3）诊断能力分析

诊断能力是指检测和隔离故障有关的所有能力，包括机内测试、自动测试、人工测试、维修方案、技术资料以及人员和培训等。对备选诊断方案应进行以下分析。

(1) 应实时监测的UUT功能或特性是否都进行了监测。

(2) UUT各个组成部分或功能是否全部可以检测。

(3) UUT的故障是否能够隔离到规定的可更换单元。

(4) 估计该初步检测方案的故障检测率和故障隔离率是多少。

4）备选诊断方案的评价

备选诊断方案的评价应包括以下内容。

(1) 确定装备战备完好性对诊断要素的不同组合以及关键测试性参数变化的敏感性。

(2) 确定寿命周期费用对关键测试性参数、诊断要素组合和诊断资源的配置变化的敏感性。

(3) 估计备选诊断方案对每个维修级别所要求的维修作业类别、技能等级和维修工时或其他诊断度量的影响。

(4) 估计每个备选诊断方案的技术风险。

5）诊断方案确定的内容

装备诊断方案确定的内容通常涉及以下内容。

(1) 确定监测任务关键功能和安全关键功能的嵌入式诊断要求。

(2) 确定通过采用冗余设备、冗余功能、备用的或降级的工作方式等提高装备可用性的嵌入式诊断要求。

(3) 确定用于装备功能检测的嵌入式诊断要求，以支持在装备工作之前或在装备运行期间以一定周期进行置信度测试。

(4) 确定上述(1)(2)(3)中嵌入式诊断能力，确定支持初步维修方案的附加嵌入式诊断要求。

(5) 确定外部诊断要求,以弥补因嵌入式诊断技术和经费上的限制造成的诊断能力的不足(嵌入式诊断和外部诊断的组合应能在每一维修级别上提供100%的维修能力)。

(6) 确定哪些现有的基层级 BIT 能力在更高维修级别上可以使用,确定对 ATE 及技术文件等的要求,以便和 BIT 一起提供总维修能力。

上述(4)(5)(6)可在方案阶段获得了更详细的数据后确定。

3. 最佳诊断方案的选择

选择最佳诊断方案一般可按照最少费用、最大诊断能力和最佳效费比的原则进行。

(1) 最少费用方案。在各备选方案故障诊断能力满足要求的条件下,计算各个备选方案构成的故障诊断子系统的有关研制和使用费用,费用最少的即为最佳诊断方案。

(2) 最大诊断能力方案。在各备选诊断方案的研制费用不超过规定限额的条件下,尽可能准确地预计各备选方案的故障检测与隔离能力,选用其中诊断能力最大者为最佳诊断方案。在初步设计阶段确定诊断方案时,备选方案不可能很详细、完整,很难准确估计其诊断能力,所以按此原则优选诊断方案比较困难。

(3) 最佳效费比方案。用备选方案的诊断能力估计值代表备选方案,用备选方案效能和备选方案费用的比值作为优选指标,选用该比值最大者为最佳诊断方案。按此原则优选诊断方案在一定程度上可以淡化诊断能力估计和费用估计不准确带来的影响。

在雷达装备测试性设计中,BITE 应作为雷达整机检测与诊断的主体,测试覆盖应根据实现 LRU 故障检测隔离、站级故障修复比指标要求设计。诊断方案确定后,必须在装备的研制初期就将其贯彻到设计中去,并解决测试设备的配套和设置问题,这样就可以在雷达部队迅速形成技术保障能力,大大提高雷达装备的保障水平和战备完好性,提高装备战斗力,降低装备的全寿命周期费用。

7.3 测试性设计准则

7.3.1 制定测试性设计准则的目的与依据

1. 制定测试性设计准则的目的

测试性设计准则是为了将装备及系统的测试性要求及使用和保障约束转化为

具体的产品设计而确定的通用或专用设计准则。确定合理的测试性设计准则，并严格按准则的要求进行设计和评审，就能确保装备测试性要求落实在装备设计中，并最终实现这一要求。

测试性设计准则的作用如下。

(1) 落实测试性设计与分析工作项目要求。

(2) 进行测试性定性设计分析的重要依据。

(3) 达到装备测试性要求的重要途径。

(4) 规范设计人员的测试性设计工作。

(5) 检查测试性设计符合性的基准。

2. 制定测试性设计准则的依据

制定测试性设计准则的依据如下。

(1) 装备的测试性要求和诊断方案。

(2) 制定测试性设计准则的相关资料。

(3) 有关标准、手册和规范中提出的与测试性要求有关的设计准则。

(4) 相似装备中制定的测试性设计准则。

(5) 在测试性设计方面的经验和教训。

(6) 装备的特性。

7.3.2 测试性设计准则的制定程序

测试性设计准则的制定程序如图7-4所示。

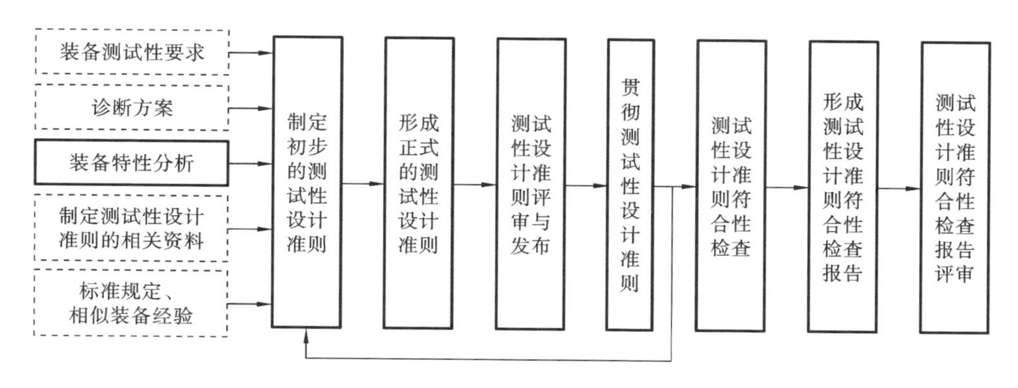

图7-4　测试性设计准则的制定程序

测试性设计准则在方案阶段就应着手制定。在初步设计评审时，应提供一份将要采用的测试性设计准则，随着设计的进展，不断改进和完善该准则，并在详细设计开始之前最终确定其内容和说明。

1. 装备特性分析

分析产品层次和结构特性以及影响测试性的因素与问题，明确测试性设计准则针对的产品层次及类别。产品层次范围是指装备、系统、分系统、设备、组件等，不同层次产品的测试性设计准则是不同的；产品类别包括电子类产品、机械类产品、机电类产品，以及这些类别的各种组合等，不同类别产品的测试性设计准则是不同的。

2. 制定初步的测试性设计准则

装备测试性要求是制定测试性设计准则的重要依据，通过分析研制合同或者任务书中规定的测试性要求，尤其是测试性定性要求，可以明确测试性设计准则的范围，避免重要测试性设计条款的遗漏。在制定配套设备的测试性设计准则时，应参照上一层次测试性设计准则进行剪裁。

测试性设计准则中包括通用和专用条款，通用条款对装备中各组成单元是普遍适用的；专用条款是针对装备中各组成单元的具体情况制定的，只适用于特定的组成单元。在制定测试性设计准则通用和专用条款时，可以收集并参考与测试性设计准则有关的标准、规范或手册，以及相似产品的测试性设计准则文件。其中，相似装备的测试性设计经验和教训是编制专用条款的重要依据。

3. 形成正式的测试性设计准则

经有关人员（设计、测试、工艺、管理等人员）的讨论、修改后，形成正式的测试性设计准则文件。

4. 测试性设计准则评审与发布

邀请专家对测试性设计准则进行评审，根据其意见进一步完善准则文件，最后经过型号总师批准，发布测试性设计准则文件。

5. 贯彻测试性设计准则

装备设计人员依据发布的测试性设计准则文件，进行装备的测试性设计。反馈发现的问题，提出完善设计准则的建议。

6. 测试性设计准则符合性检查

根据规定的方法和表格将装备的测试性设计状态与测试性设计准则进行对比分析和评价。

7. 形成设计准则符合性检查报告

按规定的格式和要求，整理完成测试性设计准则符合性检查报告。

8. 测试性设计准则符合性检查报告评审

邀请专家对测试性设计准则符合性检查报告进行评审。

7.3.3 测试性设计准则的内容

本章固有测试性设计7.4.1节装备结构设计中，介绍了装备的层次、功能、结构和电气划分，模块接口、测试可控性、测试观测性和元器件选择的设计准则。7.6节介绍了测试点设计、兼容性设计、测试程序集设计、接口适配器设计、ATE/ETE设计的要求和准则。

1. 性能测试

(1) 为了满足使用和维修要求，应明确需要实时监测和定期测试的各种性能参数、每个参数的测试频度和测试精度以及在哪一修理级别进行测试。

(2) 涉及安全、关键功能的性能参数，应进行内部实时监测，在雷达执行任务前和执行任务中提供有效的性能参数指示，表明该系统、分系统(项目、部件)是否工作正常。

(3) 涉及雷达整机安全、关键功能的重要性能参数，应在总控制台进行集中监测，以便于监视适当的指示装置。对于分布在各分机的监测项目，面板上也应有便于观测和精度适当的指示装置。

(4) 需要进行外部人工检测的参数，应设置与计划的外部检测设备匹配的检测插孔或接口，有明确的标识，其参数性质、形式和量级应与外部检测设备匹配。需人工检测的参数，其检测仪表、检测程序、正常参数值(含波形)和检测周期以及在哪一修理级别进行检测，应在有关雷达随机技术文件中逐项说明。

2. 状态监控

状态监控是指雷达内部提供的对其主要状态进行的监测和控制。

(1) 系统和分系统的各种工作状态(正常或不正常)应有明显的实时监视装置，涉及整机关键功能的指示装置应设置在总控制台。

(2) 涉及装备和人身安全的项目，其工作状态应有明显的指示，若发生不正常现象，则应有明显的告警。重要安全项目的告警指示装置除安装在有关部位外，还应安装在总控制台上。

(3) 被监控项目发生不安全状态时，应有自动保护的功能，如截断有关电路电源或停止有关机械运动等，以防止不正常或不安全后果扩大、蔓延。

(4) 状态监控传感器、告警指示装置和保护控制装置应有比被监控系统高一个数量级的可靠性，以防虚警和失灵。

3. 系统BIT

(1) 系统应设置加电BIT、连续或周期BIT、启动BIT和中央BIT，并设置：① 注入式射频模拟目标测试和数字模拟目标测试功能；② 辐射式射频模拟目标或中频模拟目标测试功能；③ 分系统之间的信号传输(包括光纤传输)测试功能。

(2) 加电 BIT 应满足雷达加电的故障检测、故障隔离和雷达开机时间要求。加电 BIT 检测项目应包括：① 分系统的主要功能；② 分系统之间的通信接口；③ 影响雷达运行安全的状态参数。

(3) 连续或周期 BIT 应满足雷达正常工作期间的故障检测和故障隔离需要，并保证雷达工作正常。检测周期可根据实际情况设定，检测项目应包括各分系统的工作状态参数。

(4) 启动 BIT 应满足系统离线(在非正常工作期间)状态下的故障检测和故障隔离需要，检测项目应包括天线阵面的幅相一致性测试，接收机通道和信号处理分系统的性能测试等。在启动 BIT 工作模式下，可指定单个或多个测试项目进行测试。

(5) 需要多个分系统配合完成的 BIT 测试项目应确定为系统级测试项目。

(6) 对于测试成本较高、测试技术较复杂，或重量/体积超过限制的分系统，应借助于系统测试和中央 BIT，实现故障检测和故障隔离。

(7) 中央 BIT 可运用数据库中各种诊断知识，进行故障诊断推理，并应具有采集系统全部的 BIT 信息、故障诊断、故障级别划分、虚警过滤、信息显示、信息记录和查询等功能。

(8) 优先使用软件实现故障检测和故障隔离功能。

(9) 外部测试应能测试 BIT 测试未能覆盖的测试项目和 BIT 测试精度不能满足要求的测试项目。

(10) 在确定外协项目的技术指标要求时，应包括测试性要求，并把测试性设计工作纳入系统管理。

(11) 系统 BIT 应提供对关键功能和影响安全的项目进行监测的能力，必要时应采用并行测试技术，以缩短测试时间。

(12) 系统 BIT 应提供系统工作状态和重构降级模式监测的能力，并能及时、准确地控制冗余系统的切换。

(13) 系统 BIT 应提供系统级故障(如影响两个以上分系统的故障)诊断的能力，并能综合各分系统的故障诊断情况，把故障隔离到规定的分系统、分机或 LRU。

(14) 系统周期测试和启动测试的频度与每次检测的时间应满足被测项目耗损规律、允许的最大故障测试时间和诊断方案的要求。

(15) 系统 BIT 和分系统 BIT 之间的接口应匹配良好，便于故障检测与隔离。

(16) 系统 BIT 应提供与外部辅助测试设备连接的接口，具有外部加载扩大检测程序的能力，以及和外部测试设备合作测试的能力。

(17) 系统 BIT 应编配相应的系统故障码，有自动显示记录、储存和传输的功能，并具有直接与通信网络进行连接，实现远距离数据传输的能力。

4. 分系统 BIT

（1）根据测试性需求和故障模式分析结果，确定用于分系统的性能或功能测试项目和用于故障定位的测试项目。

（2）周期 BIT 主要用于检测系统关键特性参数。周期 BIT 所占用的测试时间应小于系统分配的时间。

（3）维护 BIT 在系统非正常工作情况下进行测试，用于故障定位的测试项目应尽可能安排在维护 BIT 中完成。启动 BIT 在系统非正常工作情况下进行测试，用于故障隔离的测试项目应尽可能安排在启动 BIT 中完成。

（4）BIT 的可靠性应高于被测试电路的可靠性。

（5）BIT 故障应不影响系统的正常工作，应提供对 BIT 本身故障屏蔽的功能。

（6）应尽可能利用软件实现 BIT 的功能，实现 BIT 功能的硬件量一般应小于系统总硬件量的 15%。

（7）在确定 BIT 容差时，应考虑环境变化的影响。

（8）可以用取多次测量结果的平均值降低虚警。

（9）分系统 BIT 采集到的状态信息应尽可能上报给中央 BIT，以便利用中央 BIT 的强大故障诊断能力实现准确故障定位。

（10）各分系统之间应协调完成系统级指标的测试。

（11）测试信号源要能满足规定的测试项目需要。

（12）分系统 BIT 应能对本分系统的故障进行检测并将故障隔离到规定的 LRU。

（13）分系统 BIT 应能对本分系统的关键功能和影响安全的重要状态进行实时监测。

（14）分系统 BIT 与系统 BIT、LRU 的 BIT 之间的接口应匹配良好，各个接口具有一致性。

（15）分系统 BIT 应编配相应的分系统故障码，便于把故障信息传输到系统 BIT。

5. 离线 BIT

（1）系统 BIT 和分系统 BIT 通常采用在线和离线 BIT 两种形式，当在线 BIT 测试无法确认和隔离故障时，可设置离线 BIT 进行检测和隔离。

（2）离线 BIT 应能将在线 BIT 无法准确隔离的故障隔离到规定的 LRU。

（3）离线 BIT 可以由在线 BIT 控制而自动进行检测，也可以由人工启动进行检测。

(4) 在离线 BIT 检测结束无故障时，被测单元应能自动恢复正常工作。

(5) 离线 BIT 与在线 BIT、LRU 的 BIT 之间的接口应匹配良好。

6. 模拟电路设计

(1) 每一级的有源电路应至少引出一个测试点到连接器上。

(2) 每个测试点应经过适当的缓冲或与主信号隔离，以避免干扰。

(3) 应避免对产品进行多次有相互影响的调整。

(4) 应保证即使不用借助其他被测单元上的偏置电路或负载电路，电路的功能仍是完整的。

(5) 与多相位有关的或与时间相关的激励源的数量应最少。

(6) 要求对相位和时间测量的次数最少。

(7) 要求复杂调制测试或专用定时测试的数量应最少。

(8) 激励信号的频率应与测试设备能力协调。

(9) 激励信号的上升时间或脉冲宽度应与测试设备能力协调。

(10) 测量的响应信号频率应与测试设备能力协调。

(11) 测量时，响应信号的上升时间或脉冲宽度应与测试设备能力兼容。

(12) 激励信号的幅值应在测试设备的能力范围之内。

(13) 测量时，响应信号的幅值应在测试设备的能力范围之内。

(14) 应避免外部反馈回路。

(15) 应避免使用温度敏感元件或保证可对这些元器件进行补偿。

(16) 应尽可能允许在没有散热条件下进行测试。

(17) 应尽量使用标准连接器。

(18) 放大器和反馈电路结构应尽可能简单。

(19) 在一个器件中功能完整的电路不应要求任何附加的缓冲器。

(20) 输入和输出插针应从结构上分开。

(21) 如果电压电平是关键，那么所有超出 1 A 的输出就应设有多个输出插件，以便允许对模拟输出采用开尔文型连接，并可将电压读出且反馈到 UUT 中的电流控制电路，开尔文型连接允许在 UUT 输出端维持一规定的电压。

(22) 电路的中间各级应可通过利用开关连接器切断信号的方法进行独立测试。

(23) 模拟电路所有级的输出(通过隔离电阻)应适用于模块插针。

(24) 带有复杂反馈电路的模块应具有断开反馈的能力，以便对反馈电路和(或)元器件进行独立测试。

(25) 所有内部产生的参考电压应引到模块插针。

(26) 所有参数控制功能应能独立测试。

7. 数字电路设计

(1) 数字电路应设计成主要以同步逻辑电路为基础的电路。

(2) 所有不同相位和频率的时钟都应来自单一主时钟。

(3) 所有存储器应都用主时钟导出的时钟信号定时(避免使用其他部件信号定时)。

(4) 设计应避免使用阻容单稳触发电路和避免依靠逻辑延时电路产生定时脉冲。

(5) 数字电路应设计成便于“位片”测试。

(6) 在重要接口设计中应提供数据环绕电路。

(7) 所有总线在没有选中时,应设置缺省值。

(8) 对于多层印制电路板,每个主要总线的布局应便于电流探头或其他技术在节点外进行故障隔离。

(9) 只读存储器中每个字应确切规定一个已知输出。

(10) 选择了不用的地址时,应产生一个明确规定的错误状态。

(11) 每个内部电路的扇出数应低于一个预定值。

(12) 每块电路板输出的扇出数应低于一个预定值。

(13) 在测试设备输入端时滞可能成为问题的情况下,电路板的输入端应设有锁存器。

(14) 设计上应避免“线或”逻辑。

(15) 设计上应采用限流器以防发生“多米诺”效应。

(16) 如果采用了结构化测试性设计技术(如扫描通道、信号特征分析等),那么应满足所有的设计规则要求。

(17) 电路应初始化到一明确的状态以便确定测试的方式。

(18) 时钟和数据应是独立的。

(19) 所有存储单元必须能变换两种逻辑状态(即状态 0/1),并且对于给定的一组规定条件的输出状态必须是可预计的,它们必须为存储电路提供直接数据输入(即预置输入),以便对带有初始测试数据的存储单元加载。

(20) 计数器中测试覆盖率损失与所加约束的程度成正比,应保证通过计数器高位字节输入是可观察的,至少可部分地提高测试性。

(21) 不应从计数器或移位寄存器中消除模式控制。

(22) 计数器的负载或时钟线不应被同一计数器的存储输出激励。

(23) 所有 ROM 和 RAM 输入必须可在模块 UO 连接器上观察。所有 ROM

和 RAM 的芯片选择线在允许主动操作的逻辑极性上不应固定，RAM 应允许测试人员进行控制以执行存储测试。

(24) 可在不损失测试性的情况下利用单脉冲激励存储块的时钟线。如果用单脉冲激励组合电路，则测试性会大大损失。

(25) 较多的顺序逻辑应借助门电路断开和再连接。

(26) 大的反馈回路应借助门电路断开和再连接。

(27) 对大量存储块，应利用多条复位线代替一条共用的复位线。

(28) 所有奇偶发生和校验器必须能变换成两种输出逻辑状态。

(29) 所有模拟信号和地线必须与数字逻辑分开。

(30) 没有可预计输出的所有器件必须与所有数字线分开。

(31) 来源于 5 个或更多不同位置的“线或”信号必须分成几个小组。

(32) 模块设计和 IC 类型应最少。

(33) 模块特性(功能、插针数、时钟频率等)应与所计划的 ATE 资源兼容。

(34) 改错功能必须具有禁止能力以便主电路对故障进行独立测试。

8. 射频电路设计

(1) 发射机(变送器)输出端应有定向耦合器或类似的信号敏感/衰减技术，以用于 BIT 或脱机测试监控(或两种兼用)。

(2) 如果射频发射机使用脱机 ATE 测试，应在适当的地点安装测试(微波暗室、屏蔽室)，以便在规定的频率和功率范围内准确地测试所有项目。

(3) 为准确模拟要测试的所有 RF 信号负载要求，在脱机 ATE 或者 BIT 电路中应使用适当的终端负载装置。

(4) 在脱机 ATE 内应提供转换测试射频被测单元所需的全部激励和响应信号。

(5) 为补偿测量数据中的开关和电缆导致的误差，脱机 ATE 或 BIT 的诊断软件应提供调整 UUT 输入功率(激励)和补偿 UUT 输出功率(响应)的能力。

(6) 射频的 UUT 使用的信号频率和功率应不超出 ATE 激励/测量能力，如果超过，则 ATE 内应使用信号变换器，以使 ATE 与 UUT 兼容。

(7) UUT 与 RF 测试输入/输出(I/O)接口部分，在机械上应与脱机 ATE 的 I/O 部分兼容。

(8) UUT 与 ATE 的 RF 接口设计，应保证系统操作者不用专门工具就可迅速且容易地连接和断开 UUT。

(9) 射频 UUT 设计应保证无需分解就能完成任何组件或分组件的修理或更换。

(10) 应提供充分的校准 UUT 的测试性措施(可控性和观测性)。

(11) 应建立 RF 补偿程序和数据库，以便用于校准激励信号和通过 BIT 或脱机 ATE 连接到射频 UUT 接口测量的响应信号。

(12) 在 RF 类 UUT 接口处每个要测试的 RF 激励/响应信号均应明确规定。

9. 大规模集成电路(LSI)、超大规模集成电路(VLSI)和微处理器

(1) 应最大限度地保证 LSL、VLSI 和微处理器可直接并行存取。驱动 LSI、VLSI 和微处理器输入的保证电路应是三稳态的，以便测试人员可以直接驱动输入。

(2) 采取措施保证测试人员可以控制三态启动线和三态器件的输出。

(3) 如果在微处理器模块设计中使用双向总线驱动器，那么这些驱动器应布置在处理器/控制器及其任一支撑芯片之间。微处理器 I/O 插针中双向缓冲控制器应易于控制，最好是在无需辨认每一模式中插针是输入还是输出的情况下由微处理器自动控制。

(4) 应使用信号中断器存取各种数据总线和控制线内的信号，如果由于 I/O 插针限制不能采用信号中断器，那么应考虑采用扫描输入和扫描输出以及多路转换电路。

(5) 选择特性(内部结构、器件功能、故障模式、可控性和可观测性等)已知的部件。

(6) 为测试设备留出总线，数据总线具有最高优先级。尽管监控能力有助于分辨故障，但测试设备的总线控制仍是最希望的特性。

(7) 含有其他复杂逻辑器件的模块中的微处理器也应作为一种测试资源。对于有这种情况的模块，有必要在设计中引入利用这一资源所需的特性。

(8) 通过相关技术或独立的插针输出控制 ATE 时钟。

(9) 如果可能，提供“单步”动态微处理器或器件。

(10) 利用三态总线改进电路划分，从而将模块测试降低为一系列器件功能块的测试。

(11) 三态器件应利用上拉电阻控制浮动水平，以避免模拟器在生成自动测试向量期间将未知状态引入电路。

(12) 自激时钟和加电复位功能在它们不能禁止和独立测试时，不应直接连接到 LSI/VLSI/微处理器中。

(13) 设计 LSI、VLSI 或二者混合，或者微处理器中的所有 BITE 应通过模块 I/O 连接器提供可控性和可观察性。

10. 计算机、控制器连接总线和软件

(1) 应能在任何时刻通过遥控或复位开关或按钮将系统复位。

(2) 提供直接存取地址/数据总线，以便ATE可以直接从系统和各个部件读取数据。

(3) 在系统、分系统和LRU之间采用标准通信信号，以便不相似的系统和具有1553B能力的所有ATE可以在没有适配器的情况下连接在一起。

(4) 将系统软件按系统功能分成通用的软件模块/结构，以改善软件和硬件各个功能的测试性。

(5) 采用高级指令语言，以易于系统综合、测试和调试。

(6) 尽量使用标准的通信和故障报告系统进行诊断和维修，尽量少用用户定制的ATE。

(7) 对于余度电路，必须保证可以对余度单元进行独立测试。

7.4 固有测试性设计

固有测试性仅取决于装备的设计，不受测试激励数据和响应数据的影响。它是使得装备便于用BIT/BITE或ETE检测隔离故障的一种设计特性。它既支持BIT，也支持外部测试，是达到测试性要求和测试性设计的基础。

固有测试性设计的主要目的是把固有测试性设计到产品中，分析和评价固有测试性，以确定产品的设计特性是否支持测试并确定其问题范围。

固有测试性设计工作项目的输入包括：规定的诊断方案和测试性要求；产品设计资料；产品测试性设计准则；各研制阶段评审规定的固有测试性要求值，并经订购方认可；相关约束条件。

固有测试性设计工作项目的输出包括：固有测试性设计分析报告；产品的测试性特征描述、诊断体系结构说明、测试点选择结果等。测试性设计准则符合性报告包括选用的固有测试性评分方法及说明和固有测试性评价结果及说明。

固有测试性设计主要涉及三方面的工作：装备的结构设计、诊断体系结构设计、贯彻测试性设计准则并进行符合性检查。

7.4.1 装备结构设计

装备的结构设计主要考虑划分、初始化、模块接口、测试控制(可控性)、测试观测(观测性)和元器件选择等，目的是提高装备故障检测和故障隔离能力的水平。

1. 划分

装备越复杂，故障越难找。把复杂装备划分为较简单的、可单独测试的UUT，可使功能性能测试、故障检测和隔离更容易，也可减少相关费用。

划分的基本原则是：以功能的组成为基础，简化故障诊断和修理。

与划分有关的参数是划分 UUT 的数量、质量、体积和接口等。UUT 的数量、复杂性影响故障查找和修理简化。UUT 的质量影响搬运工具和设备。UUT 的体积影响搬运是否方便。UUT 的 I/O 引脚数量和插头影响接口要求。

1）层次划分

根据装备自身特性和确定的维修方案，可以把复杂装备分为多个层次，采用分层测试和更换的方法进行维修。通常是将装备划分为若干个分系统或设备，分系统再分为若干个现场可更换单元（LRU）；LRU 再划分为若干个车间可更换单元（SRU）。

2）功能划分

（1）功能划分是结构划分和封装的基础，设计时应充分注意为测试提供方便，以简化故障隔离和维修。

（2）应明确区分实现各个功能的模块和其他有关硬件。

（3）作为被测单元（UUT）的可更换单元，最好一个单元只实现装备的一种功能。

（4）如果一个可更换单元实现多个功能，则应保证能对每个功能进行单独测试。

（5）产品应设计成在更换某一个可更换单元后不需要进行调整和校准。

（6）如有可能，在电子装置中只使用一种逻辑系列。在任何情况下，都保持所用逻辑系列数量最少。

（7）尽量将功能不能明确区分的电路和元器件划分在一个可更换单元中。

3）结构划分

（1）结构划分应有利于故障隔离，在不影响功能划分的基础上，在结构上把实现适当功能的硬件划分为一个可更换单元。

（2）划分时应考虑各单元的质量与体积不过大、复杂度适当、相互间连线尽可能少，以便于故障隔离、更换与搬运。

（3）在不影响功能划分的基础上，应将模拟电路和数字电路分开。

（4）只要有可能，应使每个较大的可更换单元有独立的电源。

（5）各元器件之间应留有人工检测空间，以便于插入测试探针和测试夹子。UUT 和元器件应有清晰的标志。

（6）如有可能，应尽量把数字电路、模拟电路、射频（RF）电路、高压电路分别划分为单独的可更换单元。

（7）在反馈不能断开、信号扇出关系不能做到唯一性隔离，或故障不能准确隔离元(部)件组时,应尽量将属于同一个隔离模糊组的电路和部件封在同一个可更换单元中。

(8) 如有可能,还应按可靠性和费用进行划分,即把高故障率或高费用的电路和部件划分为一个可更换单元。

(9) 产品及可更换单元应有外部连接器,其引脚数目和编号应与所选择的ATE/ETE兼容。

(10) 连接电源、接地、时钟、测试和其他公共信号的插针应布置在连接器的标准(固定)位置。

(11) 每个UUT均应有清晰的标志。

4) 电气划分

对于较复杂的可更换单元,应尽量利用隔离器、三态器件或继电器把要测试的电路与暂不测试的电路隔离开,以简化故障隔离,并缩短测试时间。

2. 初始化

初始化要求主要适用于数字系统和设备。初始化设计的目的是保证在功能测试和故障隔离过程的起始点建立一个唯一初始状态。严格设计的初始化能力可降低BIT和ATE软件费用和现场测试费用。

(1) 系统或设备应设计成具有一个严格定义的初始状态。从初始状态开始隔离故障,如果没有达到正确的初始状态,应把这种情况与足够的故障隔离特征数据一起告诉操作人员。

(2) 系统或设备应能够预置到规定的初始状态,以便能够对给定故障进行多次重复测试,并可得到多次测试响应。

3. 模块接口

模块接口应尽量使用现有的连接器插针进行测试控制和测试观测,对于高密度的电路和印制电路板,可优先选用多路转换器和移位寄存器等电路,免得增加插针。

4. 测试可控性

GJB 451B—2021《装备通用质量特性术语》对测试可控性(test controllability)的定义为:确定或描述系统和设备有关信号可被控制程度的一种设计特性。

测试可控性设计主要是在内部节点实现,附加必要的电路和数据通道,用于测试输入,使测试设备(BIT/ATE/ETE)能够控制UUT内部的元器件工作,从而简化故障检测与隔离工作,减少测试设备和测试程序的复杂性。

测试可控性设计准则如下。

(1) 应提供专用测试输入信号、数据通道和电路,使测试系统(BIT/ATE/

ETE)能够控制内部功能部件或元器件工作，以便检测和隔离故障。应特别注意对时钟线、清零线、反馈环路的断开以及三态器件的独立控制。

(2) 应使用连接器的插针将所需的外部测试激励信号和控制信号从测试设备引到电路内部的节点。

(3) 电路初始化应尽可能容易和简单。

(4) 冗余电路和元件，应能进行独立测试。

(5) 应可利用测试设备的时钟信号断开印制电路板上振荡器和驱动的所有逻辑电路。

(6) 在测试模式下，应能将长的计数器链分成几段，每一段都能在测试设备控制下进行独立测试。

(7) 测试设备应能将被测单元从电气方面将项目划分成几个较小的易于独立测试的部分(如将三态器件置于高阻抗状态)。

(8) 应避免使用单稳触发电路，不可避免时，应具有旁路措施。

(9) 应采取措施保证可以将系统总线作为一个独立整体进行测试。

(10) 反馈回路应能在测试设备控制下断开。

(11) 对微处理器的系统或设备，测试设备应能访问数据总线、地址总线和重要的控制线。在保证可靠性的前提下，微处理器应可以更换，以便接入仿真器。

(12) 对于有总线的电路板，应留有接口或将内部总线连接至边缘连接器上。

(13) 测试控制点应设置在器件高扇入的节点(测试瓶颈)。

(14) 应为具有高驱动能力要求的控制信号设置输入缓冲器。

(15) 需要大驱动电流的有源测试点应有它们自己的驱动器。

(16) LRU 便于测试设备能容易地将其预置到一个已知的初始状态。

(17) LRU 便于测试设备控制断开有关时钟振荡器，并同步所有的逻辑电路。

(18) LRU 便于在测试设备控制下断开有关反馈电路，进行开环测试。

5. 测试观测性

GJB 451B—2021《装备通用质量特性术语》对测试观测性(test observability)的定义为：确定或描述系统和设备有关信号可被观测程度的一种设计特性。

测试观测性设计准则如下。

(1) 应提供测试点、数据通道和电路，使测试系统(BIT 和 ATE)能观测 UUT 内故障特征数据，便于故障检测与隔离。

(2) 观测点/测试点的选择应足以准确地确定有关内部节点的数据。

(3) 对高密度电路尤其是采用球栅阵列(BGA)封装器件的电路板，鼓励采用边界扫描(JTAG)技术，以提高测试覆盖率及故障定位的准确性。

(4) 应使用连接器的备用插针将附加的内部节点数据传输给测试仪器。

(5) 信号线和测试点应设计成能驱动测试设备的容性负载。

(6) 应提供使测试设备能监控印制电路板上的时钟并与之同步的测试点。

(7) 电路的测试通道点应位于器件高扇出点上。

(8) 应采用缓冲器和多路分配器保护那些可能因偶然短路导致损坏的测试点。

(9) 当测试点是锁存器且易受反射信号影响时,应采用缓冲器。

(10) 使用连接器的插针应能将需要测试的内部节点(测试点)数据传输给测试设备。

(11) 为了与测试设备兼容,被测单元中的所有高电压在提供给测试通道前,应按比例降低。

(12) 测试设备的测量精度应满足被测单元的容差要求。

(13) 时钟应由专门的测试线引出,以便和测试设备同步。

(14) 测试点应采用适当的隔离和缓冲措施,以防止可能的信号反射影响或偶然短路造成损坏。

(15) 测试点提供的被检测信号应对故障有高的响应灵敏度。

6. 元器件选择

在满足性能要求的前提下,应优先选用具有良好测试特征的元器件或装配好的模块;优先选用内部结构和故障模式已充分描述的集成电路。

7.4.2 诊断体系结构设计

诊断体系结构设计主要包括诊断设计的权衡、测试点布局和嵌入式诊断结构设计。

嵌入式诊断结构设计包括机内测试(BIT)配置方案设计,性能监测方案设计,故障信息的显示、记录和输出设计,中央测试系统方案设计等。

1. 诊断设计的权衡

诊断设计通常是把嵌入式诊断、脱机自动测试和人工测试等有机结合在一起,以提供符合装备可用性要求和寿命周期费用要求的诊断能力。当有两种以上测试方法可以选用时,通过权衡分析选用简单的、费用最少的测试方法。分析系统的设计应保证其所有功能都能进行规定程度的诊断测试,确保诊断测试功能与系统级的其他诊断资源(如维修辅助手段、技术手册等)进行了有效的综合。

诊断设计的权衡可参见第6章6.3节测试性权衡分析的内容。

2. 测试点布局

测试点的选择与设计是测试性设计的一项重要工作，测试点设置得适当与否直接关系到UUT的测试性水平、诊断测试时间和费用。系统/分系统、LRU和SRU作为不同维修级别的UUT都应进行测试点的优选工作，选出自己的故障检测与隔离测试点。一般说来，UUT的输入和输出或有关的功能特性测试接口是故障检测用测试点，而UUT各组成单元的I/O或功能特性测试接口是故障隔离用测试点。这些隔离测试点也是UUT组成单元(下一级维修测试对象)的检测用测试点，所以应注意各级维修测试点之间的协调。

测试点布局相关内容可参见本章7.6.1节测试点设计。

3. 嵌入式诊断结构设计

1) BIT配置方案设计

在固有测试性设计中，BIT配置方案设计的重点是确定BIT配置，即哪些系统、设备、LRU或LRM设置BIT，确定BIT的运行模式和类型、BIT软件运行环境、系统BIT和分系统BIT之间的通信接口以及系统BIT的自测试功能等，必要时需要通过权衡分析确定。

2) 性能监测方案设计

性能监测主要针对非电子系统(设备、装置)、发动机和关键结构。对于没有BIT的系统和设备，应进行传感器及相关信息处理能力的设计。

在固有测试性设计时应分析确定需要进行监测的性能、功能或特性参数，考虑相应的传感器和相关信息处理软件，以便进行实时性能监测。

对于关键的性能、功能或特性参数的监测信息，应随时报告给操作者，并应具有能够存储足够多数据的能力，或者传输给中央测试系统，以便进一步分析。在嵌入式诊断详细设计阶段，应完成与性能监测相关的硬件和软件的具体设计工作。

3) 故障信息的显示、记录和输出设计

在进行该部分设计时，一般应遵循以下原则。

(1) 依据故障的影响程度设计相应的报警或显示方法，如指示灯、指示器、显示控制单元、显示器、告警装置、维修监控板、中央维修计算机等。对影响严重的故障应同时使用声和光的方式及时告警。

(2) 根据使用需求设计BIT的故障检测与隔离信息以及相关信息的记录方法。简单的用非易失存储器，要求高的可用移动存储器。

(3) 根据使用需求设计BIT的故障检测与隔离信息以及相关信息的输出方法，如外部测试接口(利用外部测试设备)、磁带/磁盘、打印机、远程通信装置等。

(4) 使用ATE测试UUT的故障信息也应设计相应的显示、报警和存储装置。

4) 中央测试系统方案设计

中央测试系统(CTS)方案设计旨在考虑装备级测试性设计问题,依据设计方案中规定的构成和功能进行软件和硬件设计。

CTS方案设计应考虑CTS的主要功能、系统硬件与软件的构成、与其他系统和设备的关系等。

在中央测试系统软件设计时宜采用先进的诊断设计技术,最大限度地利用传统的故障特征检测技术,并综合先进的软件建模、多传感器信息融合技术和人工智能技术等,来增强诊断能力、状态预测能力、维护决策能力,获得虚警率几乎为零的精确的故障检测和隔离结果,并收集和处理关键部件和设备的性能信息,以对这些部件和设备即将发生的故障和剩余使用寿命进行预测和健康管理。

中央测试系统方案设计应建立在对以下需求分析的基础上。

(1) 通信协议标准和总线拓扑结构分析。

(2) 维护人员操作规程分析。

(3) 基于测试性分析结果确定测试、维护、故障信息流,包括测试数据、维护数据、故障数据等。

(4) 基于测试性分析结果提出诊断和接口描述文件(IDD)需求。

(5) 基于测试性分析结果确定维护测试策略和综合诊断策略。

(6) 对机械结构和非电子系统的测试性分析结果进行状态监测详细设计,包括监控状态的确定、状态超限的判定、传感器的分布、测试点的规划以及传感器数据的预处理等。

另外,为便于现场维修,CTS还应具有以下特点。

(1) 统一的、直观的、友好的信息显示界面和统一的信息表达方式。

(2) 为维修人员提供不同层次测试的控制能力。

(3) 提供准确的故障定位能力,出现模糊组时,进行引导测试。

(4) 提供维修训练程序,使维修人员熟练掌握CTS的使用技能、故障诊断和预测方法等。

7.4.3 固有测试性符合性检查

固有测试性符合性检查可参见GJB 2547A—2012《装备测试性工作通用要求》的附录B“固有测试性评价”。固有测试性符合性检查的内容如下。

1. 一般要求

一般要求的内容主要包括:测试性设计和主设备设计同步,测试点选择、设计和测试划分,故障模式及影响分析,BIT/BITE和ATE分析和故障模拟覆盖范围,测试性设计方法改进,修理级别分析;在各维修级别上,对每个UUT是否已确定了如何使用BITE、ATE和通用电子测试设备来进行故障检测和故障隔离;计划的测试自动化程度与维修技术人员的能力;对每个UUT,测试性设计的水平与修理级别、各种测试手段组合及决策自动化的符合性;对BITE和ETE设计进展的监控和评价,在研制计划中时间和资金的分配对BITE和ETE设备的效能的影响;进行综合诊断设计,使故障检测率达到100%;各维修级别的测试容差等。

2. 测试数据

测试数据的主要内容:时序电路的状态图,计算机辅助设计的数据,大规模集成电路,计算机辅助测试生成,测试性特性包含在测试要求文件中,测试流程图,信号的容差范围,人机工程分析,数据输出格式等。

3. 性能测试、状态监控和BIT设计

性能测试、状态监控和BIT设计的主要内容:能识别UUT的当前状态及预测故障,诊断能在测试设备的控制下执行,硬件、软件和固件的配置经过优化,指示器的设计,诊断电路可自测试,保存联机测试数据的方法,测试程序集(TPS)利用,诊断电路的故障率,诊断电路引起的附加重量、体积、功耗、所需增加的元件数量,每个UUT分配的诊断能力,嵌入式诊断门限值,虚警处理等。

4. 测试控制

测试控制的主要内容:连接器的插针将测试激励和控制信号从测试设备引到电路内部的节点,预置的初始状态,冗余元件独立测试,测试设备的时钟信号,UUT在电气上的划分,系统总线,反馈回路,数据总线、地址总线和重要的控制,高扇入的节点,输入缓冲器等。

5. 测试通道

测试通道的主要内容:连接器的备用插针将附加的内部节点数据传输给测试设备,测试设备的容性负载,时钟同步,缓冲器和多路分配器,与测试设备兼容,设备测量的精度。

6. 模拟电路设计

模拟电路设计的主要内容:每一级分立的有源电路是否引出一个测试点到连接器,每个测试点缓冲或与主信号通道隔离,偏置电路或负载电路,电路的功能完整,激励源的数量,测试的数量,激励信号的频率,激励信号,外部反馈回路,散热等。

7. 数字电路设计

数字电路设计的主要内容:逻辑电路,单一主时钟,时钟定时,定时脉冲,总线的布局,印刷电路板的输入端是否有锁存器等。

8. 射频电路设计

射频电路设计的主要内容:耦合器,测试安装(微波暗室)设计,终端负载装置,测试射频 UUT 所需的全部射频激励和响应信号,脱机 ATE 或 BIT 的诊断软件提供调整 UUT 输入功率(激励)和补偿 UUT 输出功率(响应)的能力,UUT 和 ATE 的 RF 接口设计,测试性措施(可控性和观测性),RF 补偿调整程序和数据库,RF 测试参数及其定量要求,在射频 UUT 接口处每个要测试的 RF 激励和响应信号等。

7.5 机内测试设计

雷达装备的 BIT 设计的主要目标是提高性能监控、工作检查和故障隔离的能力,使系统具备完善的状态监控、故障检查、故障隔离和故障预测的能力。在雷达装备的 BIT 设计中,既希望能进行全面监控,在故障发生时可以进行完善的检测和定位,又要权衡设置故障检测点对系统可靠性、实现难易程度和费用的影响。

GJB 2547A—2012《装备测试性工作通用要求》中测试性设计与分析的工作项目 307 为诊断设计。诊断设计包括嵌入式诊断设计和外部测试设计,它是在固有测试性设计的基础上,对产品不同层次的测试对象(UUT)进行诊断策略的设计。其输出是满足规定故障检测率和故障隔离率的产品测试性设计,主要适用于工程研制阶段。

诊断设计的主要内容包括诊断策略设计、嵌入式诊断详细设计、测试点详细设计、诊断逻辑和测试程序设计、UUT 与外部测试设备兼容性设计以及测试需求文件编写等。其中,嵌入式诊断详细设计主要是机内测试设计,见本节;诊断策略设计见第 8 章;测试点详细设计诊断逻辑和测试程序设计、UUT 与外部测试设备兼容性设计,详见 7.6 节。

7.5.1 BIT 设计要求与类型

1. BIT 设计要求

(1) 定量要求。BIT 的定量要求参数通常包括 FDR、FIR、FAR。不同型号装备的 FDR、FIR、FAR 指标要求范围差异明显,一般在装备的研制要求中应提出明确的 BIT 性能指标要求。

（2）定性要求。BIT 的定性要求内容一般包括：① 系统测试项目应综合雷达的测试性指标、标校测试、可靠性、维修性、安全性和测试成本等要素后确定；② 测试项目应满足系统功能测试需求、故障隔离到分系统的需求、系统标校需求和分系统之间的接口测试需求；③ 加电 BIT 的测试时间应小于系统允许的最长加电时间；④ 周期 BIT 应满足需要连续工作的雷达的故障检测需求；⑤ 应明确如何处理 BIT 的信息，确定是否要求对 BIT 信息进行记录存储、指示报警和数据导出；⑥ 应明确 BIT 的工作模式组成和要求；⑦ 应明确 BIT 的诊断测试功能组成和要求；⑧ 应明确 BIT 运行时间要求；⑨ 应明确 BIT 的可靠性要求。一般要求 BIT 的平均故障间隔时间是 UUT 平均故障间隔时间的 10 倍以上。

2. BIT 类型

BIT 可以从不同的角度进行分类，BIT 类型如图 7-5 所示。

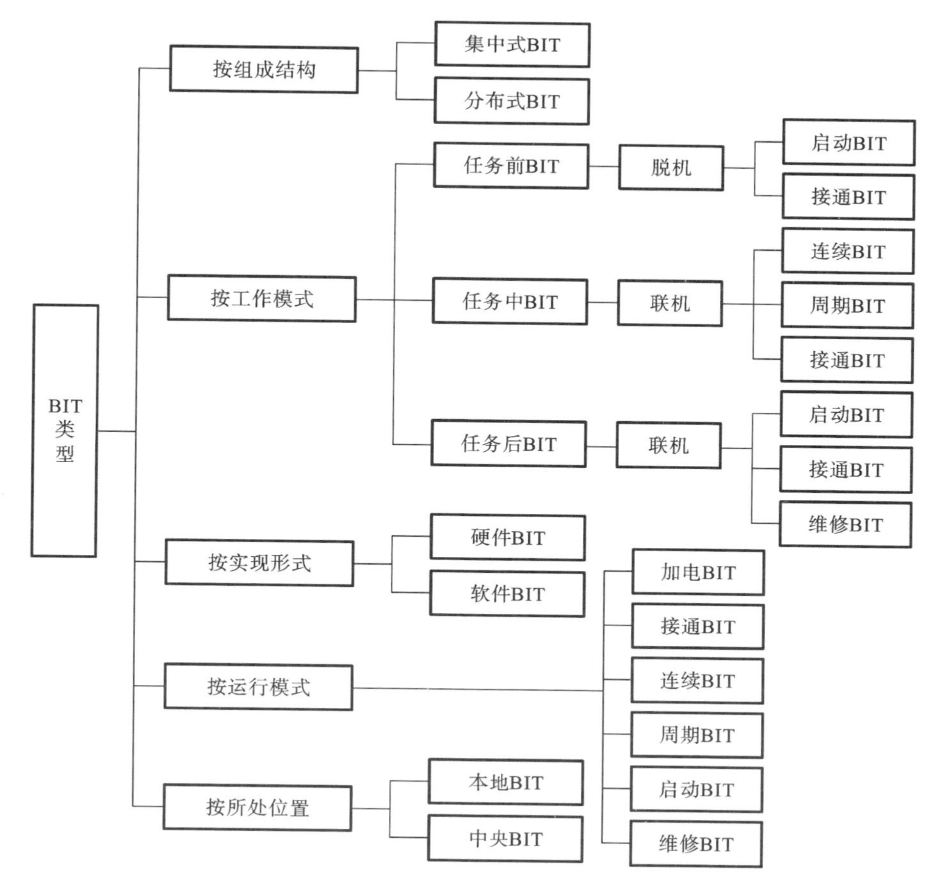

图 7-5　BIT 类型

(1) 按组成结构,BIT 可分为分布式 BIT 和集中式 BIT。分布式 BIT 是指分系统或设备设计有各自的故障检测和隔离功能,并根据测试结果,利用归纳法判断系统是否正常;集中式 BIT 是指分系统或设备不具备自诊断功能,由系统中央处理器收集各状态信息,并利用系统级测试与诊断功能判断系统是否处于正常状态。

(2) 按实现方式,BIT 可分为硬件 BIT 和软件 BIT。硬件 BIT 主要由硬件实现系统或设备的测试与诊断功能;软件 BIT 通常以软件程序为主实现其测试与诊断功能。

(3) 按工作模式,根据系统特点和使用要求,BIT 可以分为任务前 BIT、任务中 BIT 和任务后 BIT。任务前 BIT 主要是执行任务前检验装备是否可以进入正常工作;任务中 BIT 在装备执行任务过程中连续地或周期性地检测装备各组成部分的工作状况,特别是影响安全和关键任务的部件;任务后 BIT 也称维修 BIT,主要是在装备执行任务以后检查任务中的故障情况,进行详细检测与隔离,或维修时对装备状况进行全面检测。

(4) 按照 BIT 在系统中的运行模式,BIT 可分为加电 BIT、接通 BIT、连续 BIT、周期 BIT、启动 BIT、维修 BIT。

① 加电 BIT。加电 BIT 在系统通电后立即开始工作,用于上电测试或复位测试,自动进行故障检测与诊断。系统接通电源或复位,执行加电 BIT 后,如系统无故障,则自动切换至工作模式,同时启动连续和周期 BIT。加电 BIT 进行规定范围的测试,包括对在系统正常运行时无法验证的重要参数进行测试,且无需操作人员的介入。在这种状态下,系统只进行自检测。

② 接通 BIT。接通 BIT 由操作人员接通 BIT 控制开关来执行自诊断功能。

③ 连续 BIT。连续 BIT 是一种在线 BIT,随系统工作,对系统功能进行实时监测。连续 BIT 能够对发射机、频率源、伺服、电源等分系统,以及相控阵雷达的 T/R 组件、冷却系统、机柜温度、配电柜等的工作状态进行监测。

④ 周期 BIT。周期 BIT 是雷达在正常工作中以一定周期对系统自动进行故障检测,从系统启动的时刻开始,直到电源关闭之前都在运行。周期 BIT 用于需注入测试信号的分系统(如接收、信号处理分系统)的在线故障检测。每个测试周期的测试时长设置应以满足故障检测需要且不影响雷达对目标的探测为前提。

⑤ 启动 BIT。用于系统离线(在非正常工作期间)状态下的故障检测和故障隔离,通常用于需要注入测试信号的分系统的离线测试,如天线阵面的幅相一致性检查,接收机和信号处理器的性能测试等。相对于周期 BIT,启动 BIT 可进行更完整的测试。

⑥ 维修 BIT。维修 BIT 在系统完成任务后进行维修、检查和校验工作。它可以启动运行系统所具有的任一种 BIT,属于启动 BIT 类型。

(5) 按照 BIT 在系统中的所处的位置，BIT 可分为本地 BIT 和中央 BIT。

本地 BIT(local BIT)是指雷达分系统所设置的 BIT。中央 BIT(central BIT)是指雷达系统所设置的 BIT，它负责对来自本地 BIT 的信息进行采集、处理、显示、存储和远程输出。

7.5.2　BIT 设计内容与流程

1. BIT 设计内容

BIT 设计内容包括系统 BIT 设计、中央测试系统设计、单元 BIT 设计和测试管理器设计。

系统 BIT 设计是指站在整个系统的角度，考虑总体的功能、工作模式、结构布局和信息处理等方面的设计。中央测试系统设计是对系统中的多个分系统、LRU 的 BIT 进行综合管理，与系统 BIT 设计一同考虑，可分解为多个不同级别的测试管理器设计。单元 BIT 设计泛指 LRU、SRU 的 BIT 设计。

机内测试设计内容如表 7-3 所示。

表 7-3　机内测试设计内容

设计分类	设计内容								
	测试对象分析	功能设计	工作模式设计	结构布局设计	测试流程设计	诊断策略设计	软/硬件设计	防虚警设计	信息处理设计
系统 BIT 设计	×	√	√	√	×	×	×	×	√
单元 BIT 设计	√	√	√	×	√	√	√	√	△
测试管理器设计	√	√	√	△	×	√	√	×	△
中央测试系统设计	√	√	√	√	√	√	√	×	√

表中：√表示适用；△表示有选择地应用；×表示不适用。

2. BIT 设计流程

在明确 BIT 设计的定性和定量要求的基础上，根据表 7-3 所列的各类设计的设计内容，进行系统 BIT 设计、中央测试系统设计、单元 BIT 设计和测试管理器设计，BIT 设计流程如图 7-6 所示。

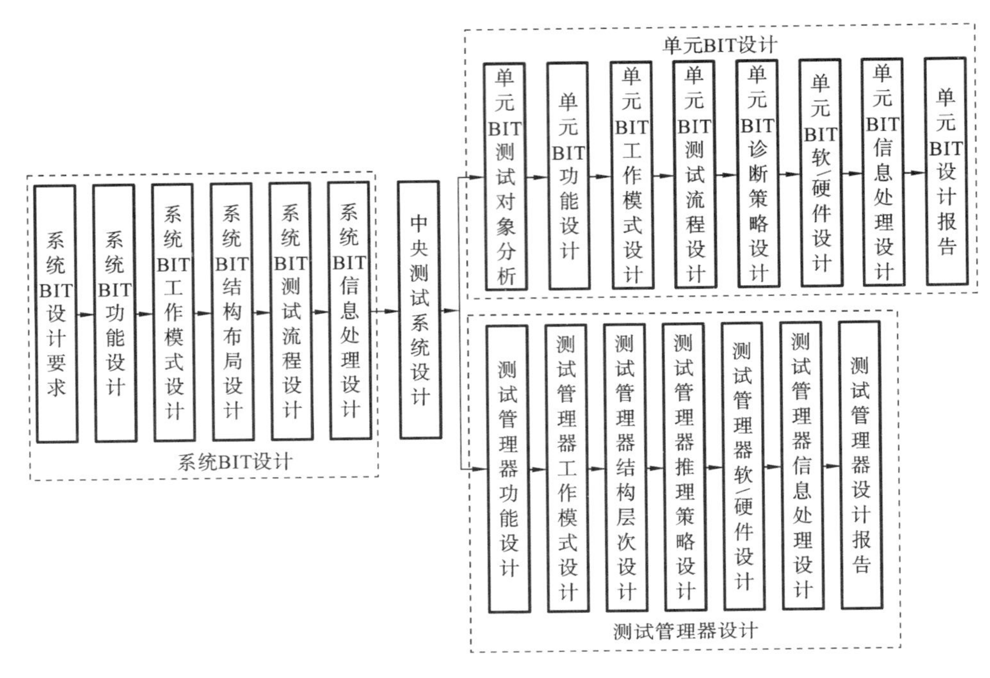

图 7-6 BIT 设计流程

7.5.3 系统 BIT 设计

1. 系统 BIT 功能设计

根据使用要求和诊断方案确定系统 BIT 要测试的对象、测量参数和测试功能。系统功能设计主要是使装备满足信息采集、状态监测、故障检测、故障隔离、增强诊断、故障预测及健康管理等功能。

(1) 信息采集:采集雷达系统和分系统的 BIT 信息。

(2) 状态监测:对装备关键特性参数进行实时监测,并随时报告给操作人员,确保装备正常运行。

(3) 故障检测:及时发现装备发生的故障并给出相应的指示或报警,判断系统和分系统工作状态是否正常,确保装备的任务可靠性和安全性。

(4) 故障隔离:进行故障相关处理,消除关联故障,快速地将故障定位于可更换单元,提高装备维修效率、缩短维修时间。

(5) 确定故障级别:对出现的故障进行故障级别划分,故障级别(包括严重故障、故障和轻微故障)。

(6) 故障屏蔽:屏蔽BIT自身故障。当雷达某个分系统或现场可替换单元(LRU)的BIT出现故障时,应使其不影响雷达执行任务。

(7) 虚警过滤:具有虚警过滤能力。

(8) 信息记录:记录故障模式名称、故障代码、故障类型、故障出现时间和消失时间等相关信息。

(9) 信息显示:以图形方式和状态列表方式显示系统的工作状态。

(10) 故障预测:通过故障预测可以在故障发生之前预测到故障将要发生的时刻,是装备实现任务可靠性和安全性及自主保障的重要手段。

(11) 增强诊断:通过增强诊断可以确定组件执行规定功能状态的过程,是提高装备故障检测和隔离能力、降低虚警率的重要手段。

(12) 健康管理:通过健康管理可以根据诊断/预测信息、可用的资源和运行要求,对维修和后勤活动进行智能的、有信息的、适当的判决,是减少测试设备、简化使用和维修训练的重要手段。

BIT完成的功能不同,所进行的测试程度也不同,即实现性能监测、故障检测和故障隔离等功能所对应的BIT各有它们的特点和应用目的,因此,在进行BIT设计时,应满足以下设计原则。

(1) 根据BIT的定性要求,选择并确定BIT应具备的诊断测试功能。

(2) 当BIT定性要求无明确规定时,简单的BITE一般应具备状态监测或者故障检测功能。

(3) 复杂的BITE一般应具备状态监测、故障检测和故障隔离功能。

(4) 一般系统BIT应具备状态监测、故障检测、故障隔离和故障预测等功能。

(5) 更高系统BIT还应具有增强诊断和健康管理功能。

2. 系统BIT工作模式设计

根据装备特点和使用要求、运行阶段的不同,系统工作模式可以分为以下三种类型。

1) 系统任务前BIT

系统任务前BIT在执行任务前工作,用来检验装备是否可以进入正常工作,也称为工作前/运行前BIT。通常使用的BIT运行模式为启动式BIT。按启动方式不同,又可分为加电BIT和接通BIT。

2) 系统任务中BIT

系统任务中BIT在执行任务过程中工作,用来监测装备关键功能特性,在装备运行中检测和隔离故障,也称为工作中/运行中BIT。其使用的BIT运行模式一般为周期BIT和(或)连续BIT。

3）系统任务后 BIT

系统任务后 BIT 在装备任务完成后工作，主要用于装备任务后的维修检测，检查任务中的故障情况，进一步隔离故障，或用于维修后的检验等，所以也称维修 BIT。其运行模式一般为接通 BIT。

由此可见，BIT 工作模式的设计和 BIT 运行模式紧密关联。一般较复杂的电子系统都设有上述三种 BIT 工作模式。简单分系统、LRU 或机电设备多单独设计第二种 BIT 工作模式，常常将第一种和第三种 BIT 工作模式合二为一进行设计。

在进行 BIT 工作模式设计时，应满足以下设计原则。

（1）根据 BIT 定性要求，选择确定 BIT 应具备的工作模式。

（2）BIT 的工作模式必须包括任务前 BIT。任务前 BIT 在启动后只运行一次就自动停止，属于单次 BIT；任务前 BIT 可以采用主动式 BIT 设计，也可以采用被动式 BIT 设计；任务前 BIT 的运行时间应满足要求。

（3）在任务阶段存在状态监控和任务安全要求时，BIT 的工作模式应包括任务中 BIT。任务中 BIT 应在启动后持续运行，不能中断系统任务运行，应选择被动式 BIT 设计，其运行时间应满足要求。

（4）在任务结束后需要维修时，BIT 的工作模式应包括任务后 BIT。任务后 BIT 应可以启动全部的任务前 BIT 和任务中 BIT，同时还可以调取 BIT 的记录数据。

3. 系统 BIT 结构布局设计

系统 BIT 结构布局设计包括系统 BIT 结构层次设计和系统 BIT 分布形式设计。

1）系统 BIT 结构层次设计

根据 BIT 的规模大小，实现 BIT 的途径可以分为 BITE、BITS。其中，BITE 是指完成 BIT 功能的设备或装置，包括 BIT 专用的以及与系统功能共用的硬件和软件。根据 BITE 所在位置的差异，BIT 可以分为系统 BIT、分系统 BIT、LRU 级 BIT、SRU 级 BIT、元器件级 BIT 等。BITS 是指由多个 BITE 构成的测试系统。

系统、分系统、LRU、SRU 和元器件级都可以设置 BIT。针对具体系统特点和诊断方案要求，应确定组成系统的各级产品是否都设计 BIT。如果设计 BIT，还应确定各个 BIT 测试的程度，即只检测还是检测加隔离。因此，BIT 测试的程度可分为性能监测、故障检测和故障隔离三种，它们都有各自的特点和应用目的。

通常，系统或分系统应设具有性能监测、故障检测与隔离功能的 BIT；LRU 级产品应设具有故障检测功能或具有故障检测及隔离功能的 BIT；SRU 级产品可以只用外部测试设备检测和隔离故障，也可以依据需要和可能，设置完成检测故障的BIT。

(1) 系统BIT：在系统设系统BIT或者中央测试系统，对系统进行测试。

(2) 分系统BIT：在分系统设分系统BIT或者测试管理器，对分系统进行测试。

(3) LRU级BIT：在LRU设LRU级BIT，对LRU进行测试。

(4) SRU级BIT：在SRU设SRU级BIT，对SRU进行测试。

(5) 元器件级BIT：在元器件设元器件级BIT，对元器件自身进行测试。

在确定BIT测试产品等级时，应满足以下设计原则。

(1) BIT可以应用到不同的产品层次上，如系统/中央测试系统、分系统/测试管理器、LRU/LRM、SRU/SRM、元器件；根据需要选择在指定的某个层次或多个层次上设置BIT。

(2) 产品层次越高，相应级别BIT的诊断测试功能应越完备。

(3) 系统BIT和分系统BIT应具有状态监测、故障隔离、增强诊断和健康管理功能。

(4) LRU级BIT应具有状态监测、故障检测功能。

(5) SRU级BIT、元器件级BIT应具有故障检测功能。

(6) 应优先考虑采用高层次BIT设计，以提供更完备的诊断测试功能。

(7) 上层BIT应能够启动下层BIT。

(8) 下层产品没有BIT时，应由上层产品BIT提供相应的诊断测试功能。

2) 系统BIT分布形式设计

系统BIT分布形式主要有分布式BIT、集中式BIT、分布-集中式BIT、健康管理系统。

(1) 设计原则。

BIT分布形式设计设计时，应满足以下设计原则。

① 电子系统应采用分布式或者分布-集中式BIT，并优先考虑采用分布-集中式BIT。

② 非电子系统应采用集中式或者分布-集中式BIT，并优先考虑采用分布-集中式BIT。

③ BIT测试层次多于两层时，各相邻层次可以采用分布式、集中式和分布-集中式BIT的各种复合形式。

④ 分布式BIT应提供简单的BIT汇总设计。

⑤ 分布-集中式BIT应优先采用专用总线进行BIT通信。

⑥ BIT可以共用产品的功能通道或者设置专用装置，构成BITE；各BITE联合可以构成系统BIT。

(2) 分布式BIT。

分布式BIT主要是在装备每个功能层次上配置相应的BIT处理器来完成信号采集和处理任务,不同功能单元之间的故障诊断任务是独立的,即系统中的各BIT独立工作,独立进行故障指示,彼此之间没有关联。分布式BIT如图7-7所示。

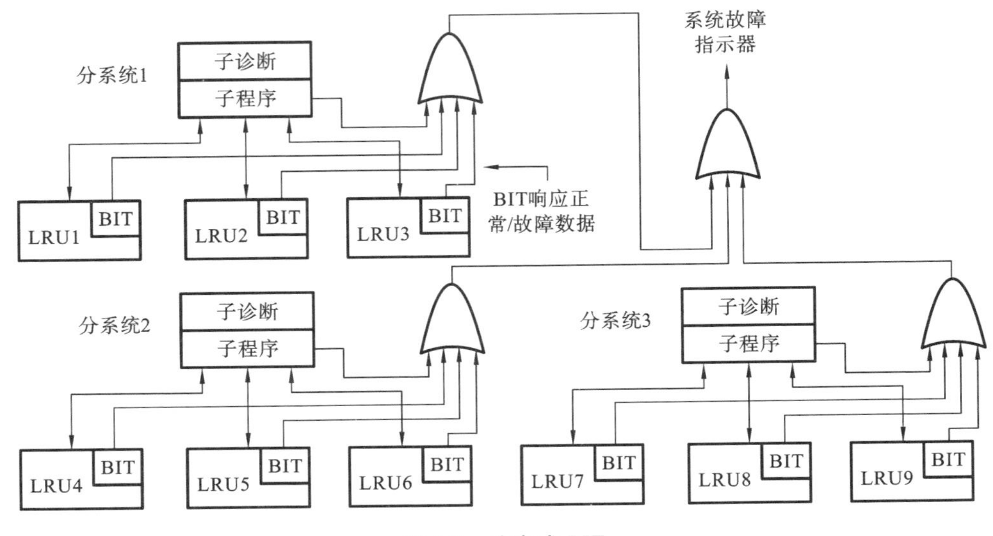

图7-7　分布式BIT

分布式BIT中,装备各组成单元设计BIT,具有独立数据处理能力及故障隔离功能。通过对各组成单元的BIT测试结果进行推理,得出系统是否正常工作的判断。其主要原理:通过固有测试性设计,在每个LRU或SRU上部署独立的BIT电路。当BIT电路采集到预先定义的故障时,向高一级电路报告,由高一级电路自动启动一个测试,分析故障特征,并对故障进一步确认,随后向更高级的电路报告,最终由部署在中央(主控)处理器内的故障推理机实现故障信息汇总,并做出判断。

分布式BIT的主要优点:① 提高故障检测率与隔离率,减少隔离的模糊度;② 各级BIT独立运行,故障检测可信度高;③ 与中央(主控)处理器一起,可较好地在系统或分系统内进行交叉测试与隔离;④ 可与专家系统、神经网络等智能理论和方法结合,对功能模块乃至系统的整体工作状况做出评估,对健康状态做出预测,保持设备的持续可用性。

图7-7所示三个分系统中,都有各自的子程序和子诊断,如果这些功能都包含在一台微处理器中,那么各分系统就是集中式BIT。

（3）集中式BIT。

集中式BIT在分立形式的基础上，将各个机内自检设备(BITE)的输出进行汇总指示，提供了BIT故障指示的集中位置，方便人员查看。它仅有一个中央处理器，所有诊断测试功能都包含在一个处理模块中，通过该模块对装备其他模块进行访问，然后对检测信号和(或)激励响应信号集中在一起进行分析、评价。集中式BIT如图7-8所示。

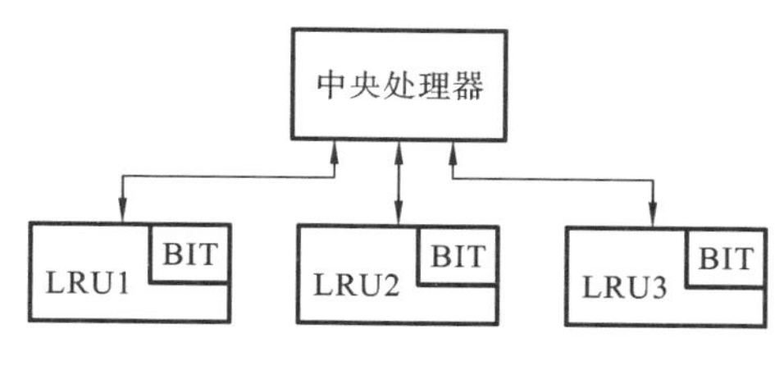

图7-8　集中式BIT

在采用集中式BIT时，系统中只有一个中央处理器，那么所有的分系统或单元的测试数据都需要通过该处理器进行分析处理，负责所有分系统或单元的故障检测和隔离。集中式BIT能较好地在系统运行时进行交叉测试，且占用硬件资源少，但是各分系统没有单独的诊断测试功能。

（4）分布-集中式BIT。

分布-集中式BIT是分布式与集中式的综合，在分布-集中式BIT设计中，产品各单元的BIT配合系统BIT或中央处理器，共同完成测试，如图7-9所示。

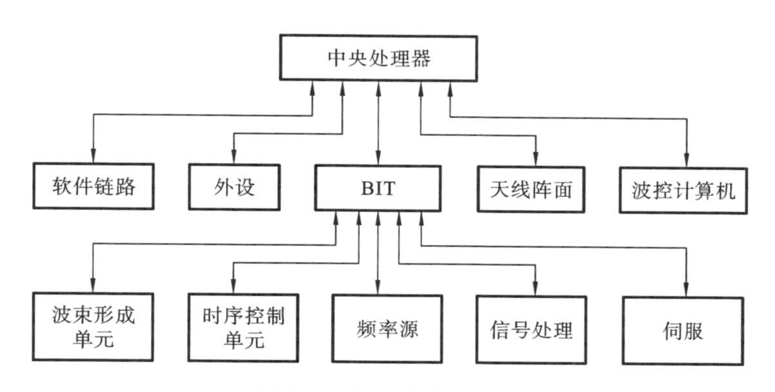

图7-9　分布-集中式BIT

在分布-集中式BIT结构中，每个分系统或单元都具有各自的BIT，BIT信息通过专用的测试总线进行各单元BIT之间的信息通信，或实现各单元BIT与中央处理器之间的信息通信，并由中央处理器对信息进行综合处理。分布-集中式BIT

结构综合了分布式 BIT 与集中式 BIT 的优点，得到了广泛应用。

中央处理器的功能是采集和处理来自雷达分系统的 BIT 信息，按照一定的故障诊断算法（基于故障树方法，或基于专家系统，或基于其他方法）进行故障推理，达到准确故障隔离和虚警过滤的目的，并以直观的方式输出和显示故障检测信息和故障隔离信息。

现代雷达装备系统 BIT 设计主要采用分布式检测、集中式控制处理的原则，将雷达装备的故障检测和性能检测融为一体。

（5）健康管理系统。

健康管理系统在分布-集中式 BIT 或中央测试系统的基础上，将中央维护单元扩展故障预测和健康管理功能，形成了具有健康管理能力的中央管理器，同时为了提高处理速度，装备应用中常把单一的中央管理器分解为多个不同级别的测试管理器，完成综合管理。

4. 系统 BIT 测试流程设计

雷达系统设计要求运用 BIT 执行雷达故障检测，并将故障隔离到 LRU。可使用加电 BIT、周期 BIT、连续 BIT、启动 BIT、维护 BIT 测试等达到要求的故障检测率和故障隔离率。

雷达系统 BIT 测试流程如图 7-10 所示。

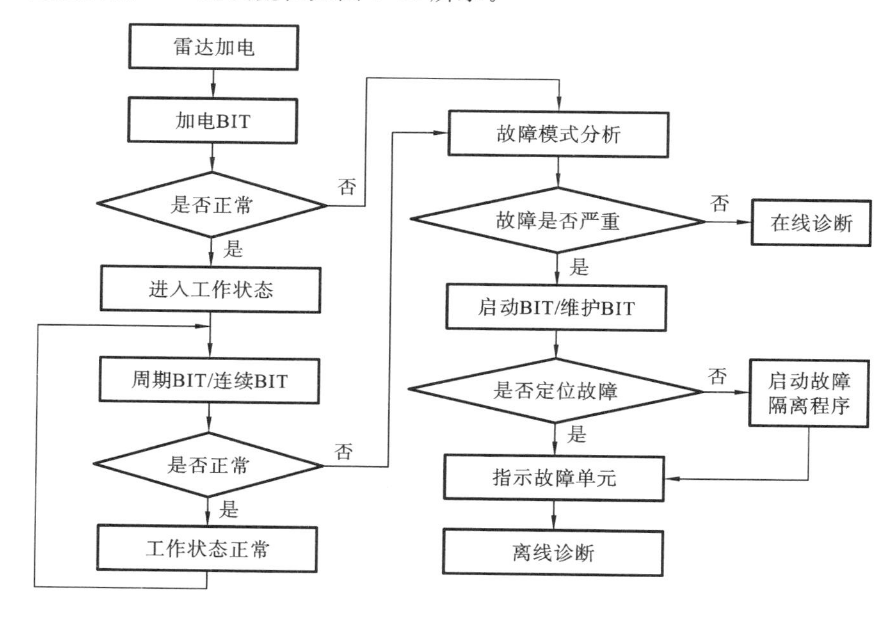

图 7-10　雷达系统 BIT 测试流程

雷达各分系统一般都有自身的主控制器，它接收驻留在雷达任务计算机中调度模块的工作指令，并执行对其分系统硬件的控制。为了充分利用雷达系统的硬件资源，雷达系统一般采用分布式 BIT 结构，各分系统主控制器兼作 BIT 控制器，控制指令的传输使用以太网或总线。分系统 BIT 控制器需要接收雷达任务计算机系统的 BIT 模块发出的 BIT 指令、产生 BIT 控制信号（激励）、接收分系统硬件关于自检的响应信息，并经处理形成报告后提供给系统 BIT 模块。

（1）加电 BIT。系统加电后，分系统 BIT 控制器负责各自分系统加电 BIT 的自动执行，测试完成后将 BIT 检测结果报告给雷达任务计算机系统 BIT 模块。系统 BIT 模块根据接收的各分系统的加电 BIT 信息，判断是否可以进入待机状态。

（2）周期 BIT 与连续 BIT。从待机状态进入工作状态后，雷达系统将执行周期 BIT 测试。它包括连续 BIT 测试和插空周期 BIT 测试。中央处理器软件控制硬件周期性地采集各分系统内部的 BIT 数据和 ATE 的自动化测量结果，并基于 FMECA 结果进行分系统的异常判定和 LRU 初步的故障诊断隔离。连续 BIT 测试包括发射分系统执行发射机输出功率监测，输入驻波和输出驻波测试，移相器通过功率测试等。

（3）启动 BIT 与维护 BIT。当周期 BIT 工作模式下检测到的故障已严重影响雷达的使用性能时，中央处理器软件会触发脱机请求，使雷达置于离线状态并自动切换至启动 BIT 与维护 BIT。用户在该模式下可借助测试软面板有选择地进行深入故障检测，并与在线测试的结果进行综合，对雷达 LRU 进行故障隔离以及校准测试。

（4）故障隔离程序。故障隔离程序的目的是将雷达故障定位到最小可更换单元，故应将详细的专家知识写入故障隔离程序，故障隔离检测是在加电 BIT、周期 BIT 和启动 BIT 的基础上进行的，因此，故障隔离程序应按照系统或功能模块进行程序设计。

5. 系统 BIT 信息处理设计

一般可将系统信息处理功能分为信息记录和存储、信息指示与报警和信息导出三类。各类系统和设备的特性和使用要求不同，对 BIT 的信息处理设计要求也不同。有的系统要求高、设计的 BIT 功能强、测试内容范围广而且详细、能存储大量诊断信息，这样的系统 BIT 就可以提供丰富的故障检测、隔离及相关信息。有的系统或设备要求不高，或者由于当前技术水平、体积、质量、经费等条件限制，设计实现的 BIT 功能比较简单，所提供的 BIT 信息内容也就较简单，但最简单的 BIT 和监测电路也都提供了被测对象的状态显示或故障指示。

在系统信息处理设计阶段，产品应满足以下设计原则。

(1) 根据 BIT 定性设计要求确定 BIT 信息处理功能。

(2) 信息记录和存储功能设计应考虑以下几方面。

① 记录和存储的信息内容,如故障检测信息、故障隔离信息、故障发生时间等。

② 存储位置,如各 BITE 独立存储、特定 BITF 统一存储等。

(3) 信息指示与报警功能设计应考虑以下几方面。

① 指示位置,如各 BITE 本地指示、统一位置指示。

② 报警形式,如灯光报警、声响报警、文字(或编号)闪烁报警、图像报警,或者组合形式等。

③ 报警指示器:如指示灯、仪表板、数码显示、显示器,或者组合形式等。

④ 报警级别:设置不同的报警级别,故障信息至少分为通知给驾驶员和维修人员两类。对通知给驾驶员的故障信息,还需设置更细的报警级别。

(4) 信息导出功能设计应考虑以下几方面。

① 导出位置:如各 BITE 本地导出、统一位置导出。

② 导出方式:如打印方式、磁盘转存方式、接口通信方式,不推荐采用人工填表方式导出信息。

(5) 分布式 BIT 的信息存储、导出应由各 BITE 本地处理。

(6) 分布-集中式 BIT 的信息存储、指示、导出应优先由集中 BITE 统一处理。

7.5.4 中央测试系统设计

中央测试系统是采集雷达系统、分系统的各种测试数据,进行综合分析、处理、存储和显示,提供状态性能监测、故障诊断、故障隔离、故障预测、维修决策和健康管理等信息的综合测试系统。

1. 中央测试系统的功能

(1) 采集和汇总处理雷达各分系统 BIT 信息。

(2) 进行故障检测,判断系统工作状态是否正常。

(3) 进行故障隔离,确定系统故障位置。对于 LRU 故障,将故障隔离到单个 LRU 或几个 LRU 组成的模糊组;对于接口或连接故障,确定发生故障的具体接口或电缆。

(4) 执行启动 BIT 时,进行人工测试控制,通常采用监控终端软件界面进行。

(5) 按照雷达任务可靠性,将故障分为严重故障、故障和轻微故障三个级别。中央测试系统能根据故障级别报告雷达工作状态。工作状态分为"正常"、"性能下降"(至少有一个故障)、"不能工作"(至少有一个严重故障)等三种状态。严重故障是雷达完全不能工作,必须停机检修;故障是严重影响雷达工作,应尽快停机检修;轻微故障是对雷达工作影响轻微,可以在雷达停机后或定期维护中予以排除。

(6) 能屏蔽 BIT 自身故障,当雷达某个分系统或 LRU 的 BIT 出现故障时,其不影响雷达执行任务。在雷达完成任务后,维修人员再对 BIT 进行维护。

(7) 具有虚警过滤能力。BIT 虚警类型:① Ⅰ类虚警:检测对象 A 有故障,而 BIT 指示检测对象 B 有故障(由故障隔离错误引起);② Ⅱ类虚警:检测对象没有故障,而 BIT 指示检测对象有故障(由故障检测错误引起)。

(8) 信息记录功能。信息包括雷达生产厂家名称、雷达型号、出厂编号;故障时气象条件;故障模式、故障代码、故障类型(加电 BIT 故障、连续或周期 BIT 故障、启动 BIT 故障)、模糊组中各 LRU 的名称和代码;故障的出现时间、故障的消失时间、LRU 的更换记录(被更换的 LRU 名称和代码);系统的配置状态(对于可重构的系统);备件等待时间、维修使用的器材信息;维修人员信息等。

(9) 信息显示功能。以图形方式或状态列表方式工作的系统状态。系统状态显示界面用系统功能框图显示系统的工作状态,并通过图形颜色的变化显示分系统的正常状态、故障状态及故障级别;基于功能框图的分系统状态显示界面用分系统功能框图显示分系统的工作状态,并通过图形颜色的变化显示各 LRU 的正常状态、故障状态及故障级别。基于 LRU 布局图的分系统状态显示界面用 LRU 布局图显示 LRU 的物理位置和工作状态(正常或故障);状态列表显示用列表方式显示系统的状态参数,并能根据条件筛选所关心的状态参数。

2. 硬件平台

中央测试系统的硬件平台与具体雷达有关,一般分为两种类型。

(1) 独立硬件平台:专门用于运行中央测试系统软件,一般适用于大型固定式雷达。

(2) 与控制和显示分系统共享硬件平台:控制与显示软件和中央测试系统软件运行在统一的硬件平台上,可以根据显示需要切换到不同软件界面,一般适用于结构尺寸受限的机动式雷达。

对于独立硬件平台,中央测试系统与雷达分系统测试信息交换可采用网络交换机进行通信,分系统的 BIT 信息通过网络交换机上报到中央测试系统,对于不带网络交换接口的分系统,通过总线或协议转换将 BIT 信息转换到网络交换机上。

3. 软件处理流程

中央测试系统接收、处理来自雷达各分系统的 BIT 数据和运行状态参数。这些数据和参数以报文形式在定时信号同步下进行交互与分发。中央测试系统的软件处理流程如图 7-11 所示。

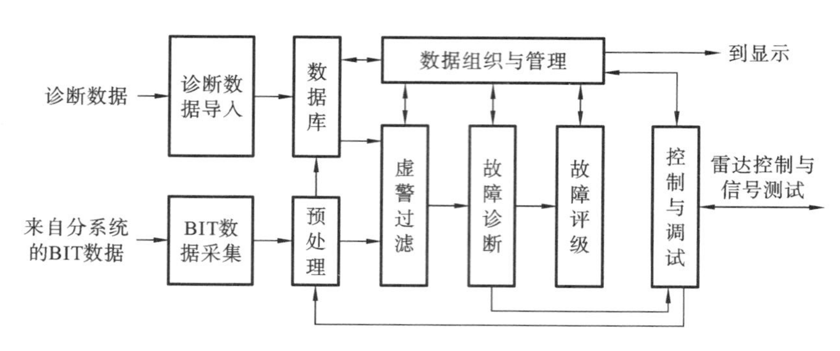

图 7-11　中央测试系统的软件处理流程

1）预处理

预处理模块将来自不同分系统的 BIT 数据格式转换成软件内部使用的统一的数据格式，满足雷达状态监视界面的属性设置、信息交互，以及数据存储组织、虚警过滤、故障诊断与评级等需要。在预处理之后，数据被送到虚警过滤和数据库。

2）数据组织与管理

数据组织与管理模块根据虚警过滤、故障评级、故障诊断等数据处理流程的需要，收集雷达 BIT 数据、自动化测量结果、过程数据，以及用于显示、存储记录和与用户交互的数据项，并按相关性组织数据结构，响应执行引擎的数据请求，同时为数据库提供服务与管理等功能。

3）数据库

数据库包括雷达数据库、知识库、综合数据库和系统信息库，各数据库的功能如下。

(1) 雷达数据库：存储雷达工作状态参数以及参数属性信息；存放故障历史数据、监测诊断结果。

(2) 知识库：存放雷达故障分类信息及与诊断相关的技术数据（如 FMECA 结果、参数正常值容限、异常判据等）和诊断逻辑（故障树、故障字典等）。

(3) 综合数据库：存放软件系统正常运行时的任务数据和过程数据，系统退出时清空。

(4) 系统信息库：存放与系统自身软/硬件构成、运行和维护机制有关的数据，包括软件模块/构件的配置信息、仪器仪表的维护信息、用户资料、系统日志、操作提示等。

4）故障诊断

故障诊断模块的数据处理流程由“执行引擎”完成，将虚警过滤、故障诊断、故障评级以及控制与测试四个功能模块有机地整合在一起，实现雷达中央BIT软件后台的状态监控管理功能。

故障诊断模块的处理流程如图7-12所示，雷达各分系统实时上报的BIT数据经过消除虚警后送至状态监测单元，逐个进行标称值或阈值比对，一旦发现“异常”，随即调用知识库中的诊断逻辑进行故障评级。当匹配所得故障的严酷度为“中度”和“轻度”时，直接记录和上报，由雷达操作员视情处理；当故障严酷度为“致命”和“严重”时，以报文通信方式告知主控分系统，由其切换雷达工作状态，相应地，中央BIT软件也切换至维护BIT工作模式。此时，通用数据处理流程通过控制嵌入式测试设备获取深入诊断所需的雷达状态信息，并调用故障诊断推理算法，实现准确的故障定位和隔离，给出维修建议。

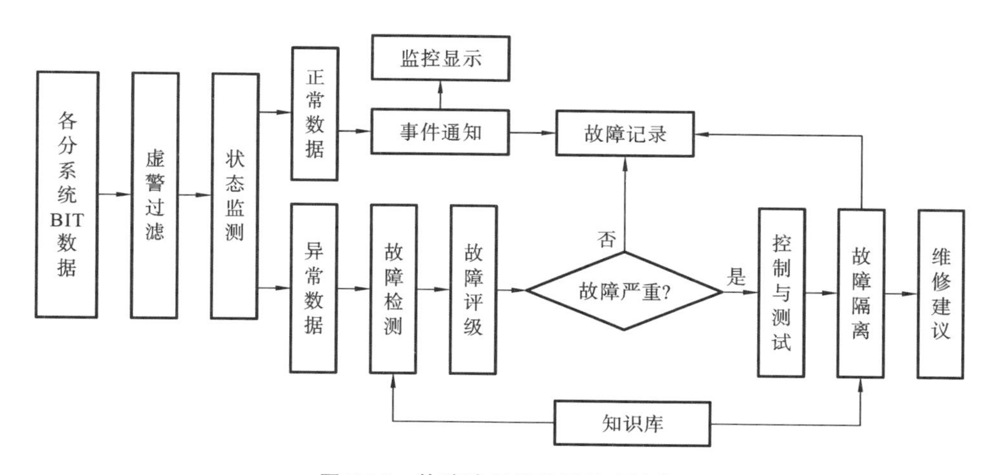

图7-12 故障诊断模块的处理流程

7.5.5 单元BIT设计

单元BIT设计的内容包括单元BIT测试对象分析、单元BIT功能设计、单元BIT工作模式设计、单元BIT测试流程设计、单元BIT诊断策略设计、单元BIT软/硬件设计和单元BIT信息处理设计，并完成单元BIT设计报告。

1. 单元BIT测试对象分析

对每个BIT，需要明确它的测试对象类别。测试对象包括电子产品和非电产品两类，其BIT设计特点如下。

(1) 对于电子产品，采用BIT进行测试时，需要设置电路测试点；一般仅测试产品的电子类故障，不能测试产品的非电子类故障。

(2) 对于非电产品，采用 BIT 进行测试时，需要设置足够和有效的传感器。

在对测试对象进行故障分析时，根据测试对象的可靠性设计分析资料和经验，确定测试对象的所有故障，并分析确定需要 BIT 诊断的故障集合。

2. 单元 BIT 功能设计

单元 BIT 的功能设计应根据系统 BIT 功能设计进行。功能包括状态监测、故障检测、故障隔离和故障预测等。

一般简单的 BIT 应具备状态监测或者故障检测功能；规模大于 LRU 的 BIT，除了应具备状态监测和故障检测功能外，还应具备故障隔离功能。复杂的 BIT 可以具备状态监测、故障检测、故障隔离和故障预测等全部功能。

3. 单元 BIT 工作模式设计

单元 BIT 工作模式设计应根据系统 BIT 工作模式设计进行，一般 BIT 的工作模式必须包括任务前 BIT；如果任务阶段存在状态监控和任务安全要求，BIT 的工作模式应包括任务中 BIT；如果任务结束后需要维护，BIT 的工作模式还应包括任务后 BIT。

4. 单元 BIT 测试流程设计

单元 BIT 的测试流程设计包括状态监测、故障检测、故障隔离和故障预测等测试流程的设计。

1) 状态监测流程

状态监测功能实时监测产品中关键的性能或功能特性参数，随时报告给操作者。完善的监控 BIT 记录存储了大量数据，以分析、判断性能是否下降和预测即将发生的故障。状态监测流程如图 7-13 所示，其中虚框内容可以根据需求选择在产品中实现，或者在产品外的其他单元实现。

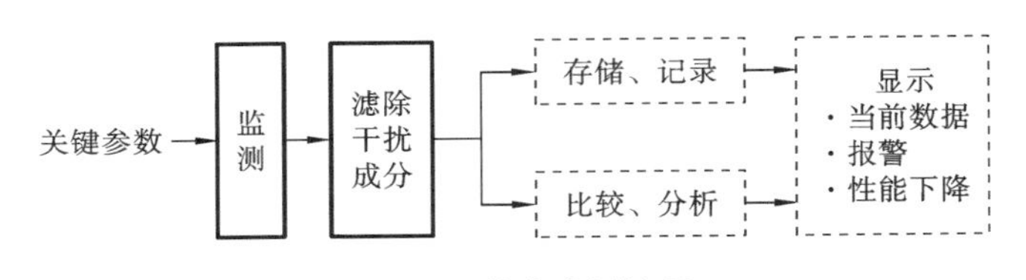

图 7-13　状态监测流程

2) 故障检测流程

故障检测功能应检查产品功能是否正常，检测到故障时给出相应的指示或报警。故障检测设计有两种方式：被动式和主动式。

在产品运行过程中的故障检测应采用被动式设计，参考测试流程如图 7-14(a) 所示，直接根据系统工作产生的测试数据判断是否发生故障，并特别注意防虚警。

在产品运行前后的故障检测可以采用主动式，参考测试流程如图 7-14(b)所示，需要加入激励信号，然后获得测试响应信号，判定是否发生故障。此时虚警问题不像运行中那么严重，因此可以不考虑防虚警问题。

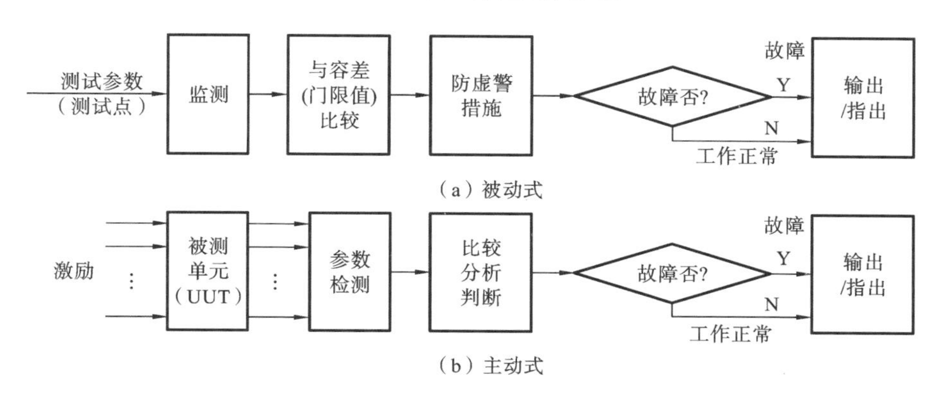

图 7-14　故障检测流程

3）故障隔离流程

在检测到故障后才启动故障隔离程序。用 BIT 进行故障隔离一般需要测量被测对象内部更多的参数，通过分析、判断才能把故障隔离到存在故障的组成单元。故障隔离流程设计如图 7-15 所示。

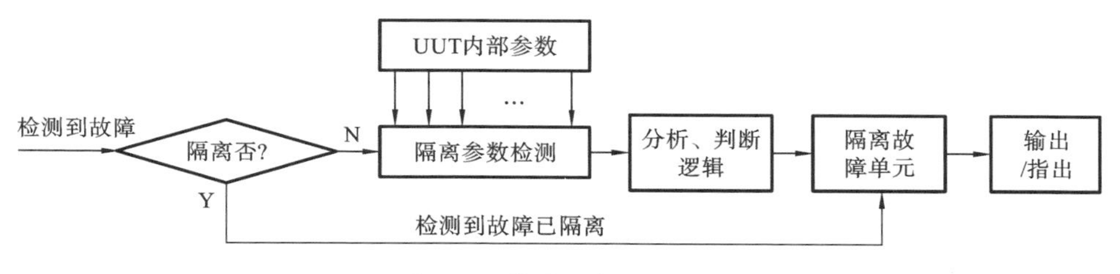

图 7-15　故障隔离流程设计

4）故障预测流程

非电子类产品的故障多具有渐变特性，在发生功能故障之前存在着可以识别的潜在故障表现，据此可以实现提前的故障预测。采用 BIT 实现故障预测需要处理复杂的推理计算，故障预测流程如图 7-16 所示，其中虚框内容可以根据需求选择在产品中实现，或者在产品外的其他单元实现。

5. 单元 BIT 诊断策略设计

通过单元 BIT 诊断策略设计，完成测试点（传感器）位置的布局和优选，建立诊断树和故障字典。

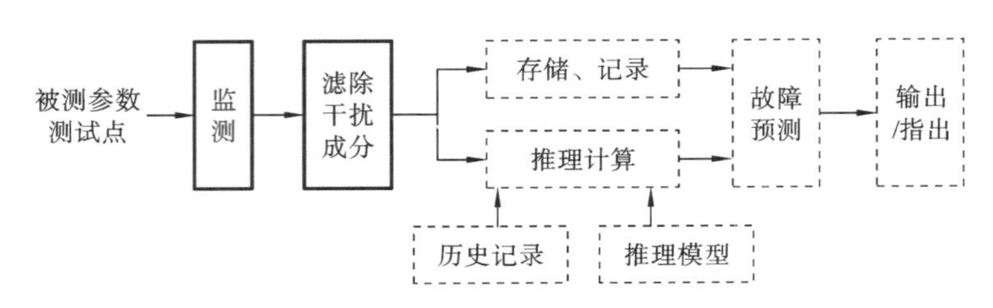

图 7-16　故障预测流程

1）测试点位置的布局和优选

测试点的选择与设计是测试性设计的一项重要工作，测试点设置的适当与否直接关系到 UUT 的测试性水平，诊断测试时间和费用。系统/分系统、LRU 和 SRU 作为不同维修级别的 UUT 都应进行测试点的优选工作，选出自己的故障检测与隔离测试点。一般而言，UUT 的输入和输出或有关的功能特性测试接口是故障检测用的测试点，而 UUT 各组成单元的输入和输出或功能特性测试接口是故障隔离用测试点。这些隔离测试点也是 UUT 组成单元（下一级测试对象）的检测用测试点，所以各级维修测试点之间应协调。

UUT 测试点位置布局的总要求包括两方面：① 必须满足故障检测与隔离、性能测试、调整和校准的测试要求；② 必须保证 UUT 与 ATE/ETE 的测试兼容性要求一致。

测试点设计见本章 7.6.1 节测试点设计。

2）建立诊断树和故障字典

建立诊断树是以测试点的优选结果为基础，先检测后隔离，以测试点选出的先后顺序制定诊断策略。在优选出测试点之后，UUT 无故障时在各测试点的测试结果与有故障时不一样，不同故障的测试结果也不同。把 UUT 的各种故障与其在各测试点上的测试结果列成表格就是故障字典。

6. 单元 BIT 软/硬件设计

在确定 BIT 检测项目后，根据检测项目的模拟量或数字量设计 BIT 的硬件，并对所获取的信息进行分析、比较、判断，以此决定 BIT 的算法，进行 BIT 软件开发。

1）BIT 软/硬件的权衡

BIT 的实现可以用软件、硬件或二者的结合，软件与硬件的权衡原则如下。

（1）当 UUT 没有微处理器时，应采用硬件 BIT 设计。

（2）当 UUT 有微处理器时，可以采用软件 BIT 取代部分硬件 BIT。

（3）结合以下因素进行权衡，确定 BIT 中软件与硬件的比例。

① 软件 BIT 的优点：在系统改型时，可以通过重新编程得到不同的 BIT；将 BIT 门限、测试容差存储在存储器中，易于用软件修改；可以对功能区进行故障隔离；可方便地输入激励和监控 UUT 输出；综合测试程度更大，硬件需求少。

② 硬件 BIT 的适用之处：不能由计算机控制的区域，如电源检测；由计算机控制的区域，但存储容量不足以满足故障检测和隔离需求的情况；信号变换（如 A/D 和 D/A 变换）电路。

2）BIT 硬件设计

（1）BIT 硬件设计原则。① 应明确由硬件部分实现的 BIT 功能。② BIT 的硬件设计中应尽量采用系统的功能硬件，以减少 BIT 专用硬件比例。③ BIT 硬件设计需要完成以下内容：建立 BIT 电路的原理图；推荐采用电路仿真软件对 BIT 电路进行仿真分析，确认 BIT 电路能够达到预期的作用；在 BIT 电路图的基础上，结合产品研制流程，完成 BIT 硬件的实现。④ BIT 硬件设计应遵循测试性/BIT 设计准则。

（2）利用计算机中 CPU、RAM、ROM 模块，将这些模块也作为 BIT 的共享硬件，使系统中尽可能不增加硬件。为了得到一些重要的信息，需要增加一些必要的硬件线路，如隔离器件、分压电阻等。

3）BIT 软件设计

（1）BIT 软件设计原则。① 应明确由软件部分实现的 BIT 功能。② BIT 的软件设计中应尽量采用系统的功能软件，以减少 BIT 专用软件比例。③ BIT 软件设计应与主系统软件同步进行开发。④ BIT 软件的开发应按软件工程的要求进行。⑤ 机内测试存储器容量应足够。⑥ BIT 软件模块应留有余量，以便今后改进 BIT 设计。⑦ BIT 软件设计需要完成的内容：BIT 软件的需求分析；BIT 软件的详细设计；BIT 软件的编码和测试。⑧ BIT 软件设计应考虑 BIT 设计准则要求。

（2）BIT 软件设计的主要工作。① 根据故障测试顺序图确定检测信号的诊断逻辑，确定测试容差（门限值），收集和选用成熟的应用软件程序，针对每一个测试信号的诊断逻辑，初步设计 BIT 的软件模块。② 确定可重复使用的诊断逻辑。③ 确定数据记录和显示方式。④ 确定数据流程。

（3）BIT 软件设计考虑的问题。① BIT 的输入数据和输出数据必须区分存储。② 当监控需要给定性能数据输出时，必须提供足够大的 BIT 容限，但不能小于被测电路的容限，否则会导致虚警。③ BIT 的输入激励参数应选择接近系统本身参数且通常又可接受的参数。④ 隔离故障的关键是选择监控点，一个公共监控点应尽可能用来测试一个以上的功能区域。应最大限度地利用监控点获得信息，提高 BIT 诊断的置信度。⑤ 在进行系统初步设计时，必须考虑增加计算机存储空间容量，以供存储 BIT 软件。设计早期可采用 BIT 仿真技术，通过故障模拟方法得出故障检测率、故障隔离率和虚警率，对 BIT 设计性能进行评估。

(4) BIT 软件主要包括故障检测程序和故障隔离程序。

4) 通信总线设计

(1) BIT 通信总线设计原则。① BIT 之间优先采用总线方式进行 BIT 数据交互。② 当系统总线通信容量未饱和时，可以采用系统总线传递 BIT 数据。③ 当系统总线不能满足 BIT 通信要求时，应采用专用总线传递 BIT 数据。

(2) 通信协议与接口控制文件。为了协调系统和设备之间的设计参数，在系统和设备的设计过程中应把各接口之间的要求确定下来，并形成设计文件。在接口控制文件中明确数字量信号、模拟量信号、离散量信号的内容。

(3) 系统或设备与处理器之间应就检测和监控信号的传递和通信进行约定。约定的内容包括采取的通信方式、传递控制方式、应答工作方式、应答延迟和消息间隔、通信的启动方式、信息格式、通信周期、通信的启动和结束时机、通信数据和传输顺序的编排、通信差控制、通信速率、链路收发器和传输介质等，称为通信协议。BIT 测试的数据如果通过总线进行传输，则执行总线传输方式的通信协议。

7. 单元 BIT 信息处理设计

1) BIT 测试信息的设计

BIT 测试信息的设计包含了故障信息编码设计和故障信息传输设计。

故障信息可分为状态类信息和数据类信息。状态类信息分为电源类、电路类、接口类、外围设备类和其他类。电源类、电路类、接口类和其他类分故障和正常；外围设备类分开机和关机。数据类直接指示数据的数值。每次上报的机内测试信息中可仅包含状态类信息或数据类信息，或是状态类和数据类信息的组合。

产品的故障信息传输主要为通过通信口上报给系统的机内自检数据，数据包含了设备状态数据和设备业务数据两类。系统接收到各设备的机内自检数据后进行分类，再对上报的数据长度进行核对，如果数据不全，则重新接收，如果数据完整，则进行下一步处理。系统对设备业务数据进行处理，对设备的状态数据进行筛选，重要的状态信息在显示终端上报警提示。

2) BIT 信息处理设计

BIT 信息处理设计包括故障归类分析和故障指示与记录。

根据单元 BIT 诊断策略设计，确定 BIT 可以检测和隔离的故障，根据产品的使用与维护需求，对可检测和可隔离故障进行归类，确定应指示的故障名称。

故障指示与记录数据至少应包括故障单元名称或标识、故障名称或标识和故障发生时间。各产品 BIT 的数据存储容量至少应该保证能够存储一次任务执行过程中的全部 BIT 信息，当存储容量饱和时，应丢弃最早记录的信息，确保当前的

BIT 信息能被记录。

7.5.6 测试管理器设计

测试管理器的设计内容包括测试管理器功能设计、测试管理器工作模式设计、测试管理器结构层次设计、测试管理器推理策略设计、测试管理器软/硬件设计和测试管理器信息处理设计，并完成测试管理器设计报告。

1. 测试管理器功能设计

测试管理器利用各个产品下级 BIT 与性能监测的信息，借助各种算法和智能模型，进行分析、处理与综合，提供更丰富、更准确的诊断、预测和维修信息。

2. 测试管理器工作模式设计

测试管理器作为机内测试系统的核心，应能对各工作模式的 BIT，如加电 BIT、周期 BIT 和维修 BIT 等进行综合管理，以实现任务前、任务中和任务后的诊断任务。

3. 测试管理器结构层次设计

根据装备的具体需求，对测试管理器的结构层次进行设计。测试管理器可以只设置单一的中央测试系统，也可以设置多层次的管理器协同完成测试管理。

当设置多层次的测试管理器时，应注意合理设计各测试管理器的任务分工和接口关系。

4. 测试管理器推理策略设计

测试管理器对下层提交的有关信息进行分析、处理与综合，借助各种智能推理算法（如模糊逻辑、专家系统、神经网络、数据融合、物理模型等）诊断系统自身的状态，并在系统故障发生前对故障进行预测，结合各种可利用的资源信息启动一系列的维修保障措施。

测试管理器推理策略包括以下的三种推理。

（1）诊断推理。对监控的结果和其他输入进行评估，确定所报告故障的原因和影响。诊断推理机由一套算法组成，采用模型对故障的输入信息进行评估。这些模型可确定故障模式、监控信息和故障影响之间的关系。

（2）预测推理。确定监测对象正朝某种故障状态发展及相关潜在影响。在技术能力不成熟时，测试管理器可以仅完成数据收集和处理，而趋势分析和预测推理由外部系统完成。

（3）异常推理。通过识别原来未预料到的情况，帮助改进诊断和预测设计。在技术能力不成熟时，测试管理器可以检测异常情况和收集相关数据，由外部系统判断发现的异常是已知的故障状态还是需要研究的新情况。

5. 测试管理器软/硬件设计

测试管理器的基本结构组成包括硬件和软件。

测试管理器的硬件组成通常包括测试管理器运行的计算机平台、提供故障指示报警和人机交互操作的显示控制接口。硬件设计中首先要确定测试管理器是采用专用的硬件,还是共用装备内的系统资源。若采用专用硬件,应考虑可靠性因素,采取必要的余度设计,并考虑增加专用硬件对装备造成的不利影响。若采用共用资源,应考虑系统资源的容量约束以及是否会干扰系统的正常工作,以合理地分配资源。

测试管理器的软件组成通常包括执行测试管理功能的软件以及相应的数据库。软件设计中应包括用于诊断推理、预测推理、异常推理、BIT 管理、故障指示、状态监测处理的子模块,数据库设计中应包括诊断知识模型、预测模型、BIT 报告指示的故障数据、性能监测数据、资源状态数据等。

6. 测试管理器信息处理设计

测试管理器信息处理设计包括信息存储、信息指示和信息导出的设计。

(1) 信息存储。信息存储设计中应该规定故障数据、性能监测数据、资源状态数据的信息格式,并进行存储。存储方式应考虑按历史数据和当前数据的分类形式进行存储处理。

(2) 信息指示。测试管理器应对故障数据、性能监测数据、资源状态数据提供分级指示和报警处理。将上述信息至少分为通知给操作人员和维修人员两类,对通知给操作人员的信息还可以设置更细的报警级别,如警告、注意、提示等。信息的指示方式包括灯光报警、声响报警、文字(或编号)闪烁报警、图像报警,或者组合形式等。

(3) 信息导出。测试管理器应支持信息的导出操作,可以考虑的导出方式包括打印方式、磁盘转存方式、有线接口通信方式、无线接口通信方式。不推荐采用人工填表方式导出信息。

7.5.7 BIT 防虚警设计

1. 虚警的概念

GJB 451B—2021《装备通用质量特性术语》对虚警(false alarm)的定义为:产品不存在故障,但机内检测(BIT)或其他检测电路指示有故障的现象。GJB 3385A—2020《测试与诊断术语》对虚警(false alarm)的定义为:实际上不存在故障,但机内测试或其他监测电路指示有故障的现象。这两个定义的内涵是相同的。

BIT 虚警的表现大致可以分为以下两大类。

(1) 检测对象A有故障,而BIT检测对象B有故障,即“错报”,美军称为Ⅰ类虚警。

(2) 检测对象无故障,而BIT报警,即所谓的“假报”,美军称为Ⅱ类虚警。

2. 虚警的影响

较高的BIT虚警率会影响装备的使用效能,主要表现在以下几个方面。

(1) 影响装备可用度。BIT的功能是对装备的运行状态进行检测和决策,根据该结果可明确装备当前所处的状态。错误的BIT指示使部分设备功能得不到利用,进而影响装备任务成功率,甚至贻误战机。

(2) 造成无效维修。BIT虚警导致报告系统工作不正常,维修人员会根据报警将好的可更换单元(LRU)进行拆卸、维修,造成人力、时间和费用的浪费。

(3) 影响维修备件供应。在考虑了各种因素(包括虚警率)的条件下,计划的维修率等于真实的故障率乘以某一系数(一般为3～10)。若系统的实际使用过程中虚警率较高,则可能导致设备可更换单元的备件数目难以满足需求,也可能造成备件浪费。

(4) 较高的虚警率会导致设备操作人员和维修人员对BIT指示失去信任。长期、多次的虚警,使得操作人员熟视无睹,置测试与诊断的报警结果不顾,若真的故障来临,则可能导致严重后果。

因此,虚警问题是制约BIT技术更深入、更广泛应用的瓶颈,要使得BIT系统可用、可信、能用、好用,必须解决好虚警问题,这是BIT设计中的关键问题和重难点问题。

3. BIT虚警产生原因分析

对雷达装备来说,它包含了电子系统BIT和机电系统BIT,产生虚警的原因是复杂和多方面的,对产生虚警的原因进行分析是进行降虚警设计研究的一个必要步骤。

中国航空工业发展研究中心曾天祥研究员根据BIT系统的特点,将造成BIT系统虚警率较高的原因归纳为九种:① 设计者的假设不当;② BIT设计不适于系统的实际情况;③ 正常系统的偶然故障或偶然的性能变化;④ 环境条件的影响;⑤ 不适当激励或干扰;⑥ 测试门限值/容差不合理;⑦ BIT或其他监测电路失效;⑧ 错误的故障隔离;⑨ 间歇故障。

国内学者田仲、石君友对虚警原因进行了总结,归纳为三个方面。

(1) 简化设计假设。BIT设计者在设计时做出的一些假设并不完全符合实际情况,这就造成BIT系统在实际工作环境中存在某些缺点和不足。

(2) 未能完全掌握实际工作特性与环境影响。由于设计者在准确掌握产品实际工作环境影响及其特性变化上存在一定困难,使得实际的BIT系统不能完全适合系统的实际工作环境。

(3) 分析改进工作不及时。由于上述两个原因造成 BIT 系统设计上的不足,此时若不及时采取必要的改进措施,则会导致 BIT 系统虚警率较高。

从具体情况考虑,田仲、石君友认为被测系统的设计错误也是产生虚警的原因,并且考虑了人为操作的失误的因素。虚警产生原因归纳为十种情况:① 潜在的 BIT 设计错误;② 环境诱发 BIT 虚警;③ BIT 瞬态故障;④ BIT 硬故障;⑤ 潜在的系统设计错误;⑥ 测试门限值(或容差)不合理;⑦ 系统瞬态故障;⑧ 系统的间歇故障;⑨ 操作员错误;⑩ 外场测试设备错误和维修人员错误。

同时,田仲对Ⅰ类虚警和Ⅱ类虚警的产生原因进行了总结分析,为有针对性地解决两类虚警问题提供了借鉴。

国防科技大学通过归纳国内外分析 BIT 虚警原因的相关文献,按照 BIT 设计、生产、运行等全寿命周期历程对 BIT 各个阶段的虚警原因总结如下。

(1) BIT 设计阶段产生虚警的原因。BIT 模型选择不合理;设计者的条件假设不合理;BIT 设计过程中错误的 BIT 故障隔离;在设计阶段往往不能事先准确掌握实际系统中的各种因素和具体情况,造成 BIT 设计与实际不能很好地吻合;BIT 设计过程中测试容差选择不当;BIT 设计阶段选择了不合适的故障诊断算法,常规 BIT 设计中往往采用基于硬件实现的固定阈值瞬态判决算法,这种故障诊断算法的设计使得系统产生间歇态和瞬态效应时很容易出现虚警。

(2) BIT 生产阶段产生虚警的原因。选取的元器件质量不高、生产工艺存在缺陷、不同批次原材料性能不统一等情况,往往为设备使用过程中的间歇故障留下隐患。

(3) BIT 运行阶段产生虚警的原因。运行操作不按规程;恶劣的环境因素,如高温、高湿、频繁的气压变化、激烈的振动冲击;不适当的激励和干扰,如系统潜在通道、强电磁干扰、电源波动等,这些因素不仅影响检测对象,也会影响 BIT 模块本身发生故障而产生虚警,在 BIT 故障诊断算法适应性不强、鲁棒性较差的时候表现得尤为明显。根据美国空军罗姆航空发展中心的研究报告,在诸多因素中,时间环境应力是造成现役电子系统 BIT 虚警的主要原因之一。此外,BIT 在维修时,如果连接件安装不当,电缆、接头虚焊,维修时库存条件差、湿度高、灰尘、霉菌等,也会使 BIT 存在故障隐患,有可能在工作时产生虚警。

从以上分析结果来看,虚警产生原因很多,其中 BIT 设计方面的问题是导致虚警的最主要原因,工艺、材料、器件要求、BIT 与运行环境匹配等其他因素也是设计阶段需要考虑的。上述分析结果为有针对性地解决虚警问题提供了一定的技术指南。

4. 雷达系统异常特性的原因

在虚警原因分析中,绝大多数虚警都会导致Ⅱ类虚警“假报”。雷达系统瞬时的、间歇的异常特性会导致Ⅱ类虚警，其异常特性可归纳如下。

(1) 与雷达工作的外部环境。例如，假目标和变化的目标散射截面、地面反射和多路径效应、检测和多重检测、目标检测、外部干扰等方面。这些征兆一般由操作者观察到，而非 BIT 检测。

(2) 与雷达工作的内部环境。例如，发射机、接收机问题，电源不稳定、计算机故障、内部干扰、系统噪声、环境应力、设计问题、瞬时的接口信号问题等。这些异常通常由 BIT 检测而非操作者检测。

(3) 特有的非大变动故障模式引起的变异性。例如，随机发生的间歇故障、在某种应力下发生的间歇故障、随机的一次性故障、软故障、设备退化等，一般 BIT 和操作者均可观测到。

(4) 软件错误，即由软件不可靠导致的变异性。例如，不适当的执行程序，定时、同步问题等，一般不是由 BIT 和操作者观测的。

5. BIT 虚警产生原因归纳

产生 BIT 虚警的原因是复杂的、多方面的，从总的情况考虑，造成 BIT 虚警率高的原因可以归纳为以下方面。

1) 潜在的 BIT 设计错误

(1) 设计假设简化。BIT 设计者为了简化设计经常做一些假设，如系统故障有较大性能变化或响应，连接线、焊接处不发生故障，故障是单个发生的等。这种假设不完全符合实际情况，处于实际工作环境中的系统，其故障模式和影响是很复杂的。以这种假设为基础设计的 BIT，在实际工作环境中必然会暴露出某些缺点或不足。

(2) 工作特性与环境影响掌握不全面。设计者很难准确掌握装备实际工作环境影响及其特性的变化；即使准确掌握了，想要全面考虑系统各种工作特性和故障模式以及实际环境影响，也是很难完全实现的，原因是设计上约束条件限制，或经济上不合算，或者技术上难度较大、太复杂。在这种条件下设计的 BIT，必然不能完全适合系统实际工作环境。

(3) 条件和状态变化产生的虚警。由于 BIT 设计上存在潜在的问题，造成在某种状态下出现错误，如引入干扰、故障隔离错误等，而维修人员在检查时不能复现。UUT 设计中出现潜在的问题，在某种条件下出现异常，正在运行的 BIT 检测到了，而在维修人员检查时不能复现。

2) 环境诱发的 BIT 虚警

装备在实际工作条件下所受环境应力与原来预计的(或合同规定的)不同，因而工作特性与原计划相比会发生变化。这样使用原设计的 BIT 特性(如门限值等)

出现虚警区和未检测区，使 BIT 有效性下降。

3）BIT 瞬态故障

BIT 组成单元降级可能会造成一个瞬态特性的故障，结果导致报告被测系统中出现故障。

4）BIT 硬故障

有时 BIT 或其他监测电路故障，特别故障判定和指示报警部分发生故障，也会导致被测系统无故障而报警的现象。

5）测试门限值（或容差）不合理

确定合理的门限值是比较困难的，为确保能检测到故障，门限值就不能太宽松，如门限值定得太严、不协调就会导致虚警。

6）系统的瞬态故障和间歇故障

瞬态故障是指系统在工作中受到各种干扰产生的瞬态变化，如供电波动、突然的操作指令、发射机干扰和电噪声等。它们通过正常信号通道或潜藏通道传入系统，引起系统瞬时异常状态。BIT 察觉到这些异常，则导致虚警。

复杂电子装备常常有一些间歇故障，这种不正常现象时有时无，原因还一时难以查清楚。如果 BIT 检测到了这种异常，维修检查时不能复现，则往往记为虚警。

6. BIT 防虚警设计的方法

从 BIT 产生虚警的原因可以看出，虚警主要来自两个方面。一是 BIT 本身发生故障导致 BIT 呈现被测系统出现了故障。这类虚警可以通过对 BIT 进行 FMEA 发现，并针对 BIT 这一潜在故障进行改进设计来消除或降低它发生的概率。二是使用门限电平检测参数变化来判别故障的存在。当叠加噪声的电平超越门限电平，就被误判为故障发生。消除这类虚警，要掌握检测对象参数变化特性和噪声变化的分布特性，从而正确地设计合理的门限电平。

BIT 防虚警设计的方法可以归纳为表 7-4 所列的 5 大类 18 种方法，在 BIT 设计时可以从中选择一种或者多种方法进行应用。

表 7-4　BIT 防虚警设计方法

序号	类　别	方　法	特　点
1	测试容差设置	① 确定合理的测试容差；② 延迟加入门限值；③ 自适应门限	① 需要直接引入到 BIT 设计中；② 原理简单，容易实现；③ 普遍适用
2	故障指示与报警条件限制	① 重复测试法；② 表决方法；③ 延时方法；④ 过滤方法	① 需要直接引入到 BIT 设计中；② 原理简单，容易实现；③ 普遍适用

续表

序号	类　　别	方　　法	特　　点
3	提高 BIT 工作可靠性	① 联锁条件；② BIT 检验；③ 重叠 BIT	① 需要直接引入到 BIT 设计中；② 原理简单，容易实现；③ 根据具体需求应用
4	智能 BIT 应用	① 灵巧 BIT；② 自适应 BIT；③ 暂存监控 BIT；④ 环境应力的测量与应用	① 需要直接引入到 BIT 设计中；② 原理复杂，实现难度较大；③ 根据具体需求应用
5	其他方法	① 分布式 BIT；② 设计指南；③ 虚警率预计；④ 试验分析改进	① 原理简单，容易实现；② 普遍适用

1）确定合理的测试容差

测试容差（或门限值）指的是被测参数的最大允许偏差量，超过此量值装备不能正常工作，表明发生了故障。合理地确定测试容差对 BIT 设计是非常重要的，测试容差范围太宽，可能把不能正常工作的产品判为合格，会发生漏检，即有故障不报的情况。如果测试容差太严了，又会把合格产品判为故障而产生虚警。所以确定合理的测试容差是降低虚警率的重要方法之一。

（1）确定测试容差的方法。

确定参数的测试容差时应考虑产品的特性及环境条件等多种因素的影响，一般是先给出一个较小的容差，然后根据试验及在实际使用条件下的 BIT 运行结果分析进行修正。

① 最坏情况分析法。

该方法是通过分析各影响因素在最坏情况下对被测参数的影响大小来确定测试容差的。例如，元器件发生故障、产品在极限状态下，通过灵敏度分析、试验和经验数据找出被测参数的偏差量，依据最坏情况下偏差值的大小确定初步的测试容差。

最坏情况分析法是比较容易进行的，但是当检测通过时并不能保证产品各组成元器件都能满足设计要求。

② 统计分析法。

通过分析计算，得出每个影响被测参数的因素引起该参数的变化量，平方后求和，再取平方根（RMS）来确定测试容差。

③ 对容差的要求。

根据使用 BIT 的具体目的确定 BIT 测试容差，当 BIT 用于指示产品性能降低时，测试容差应足够大，以便当灾难性故障发生时才给出“不通过”警告；各级维修测试的容差值也不应相同。

从部队级测试到基地级测试，容差是逐级减小的。这样可以避免过多的不能复现(CND)和重测合格(RTOK)问题；在任何情况下，BIT 的测试容差要比较高维修级别或验收试验程序所要求的测试容差宽。

(2) 延迟加入门限值。

有些系统工作过程中的操作指令会导致系统特性发生较大的瞬态变化或其他已知的扰动，但未发生故障。这时如果仍然用系统稳态工作时的测试容差进行检测，就会发生虚警。为了避免这种情况的发生，可以在瞬态变化或扰动衰减以后再插入测试门限值，这样既可以观察到技术人员感兴趣的瞬态响应，又不影响稳态工作后的故障检测，也不会导致虚警。

供电电压在通电瞬间由空载变为负载，电压有个瞬态变化过程。供电电压测试门限值可在瞬态过后延迟加入，避免因供电瞬间导致的虚警。

(3) 自适应门限值。

有的被测对象有不同的工作模式，模式改变时其状态有较大的变化，这时如果发生故障，其状态参数变化也大；而稳态工作发生故障产生的偏离和漂移较小。前者称为硬故障，后者称为软故障。

显然，对于瞬态工作时的硬故障和稳态工作时的软故障都采用相同的门限值是不合理的。适合于稳态工作时的故障检测门限值，对于瞬态工作而言此门限值就严了，会产生虚警。反之，适合于瞬态情况的门限值，对于稳态情况又太宽了，会发生漏检。所以，应自适应地改变门限值大小，以适应被测对象的不同工作状态。

2) 确定合理的故障指示和报警条件

由于合理、恰当的测试容差(门限)是很难确定的，再加上被测参数的瞬态和分散性，BIT 测试时按容差判断故障是不能完全避免错判的，所以在故障指示、报警条件上加以限制就成为减少虚警的有效措施之一。具体方法是：经过重复测试不通过、n 次测试中有 m 次不通过，测试结果为不正常时延时一定时间后再给出故障指示或报警。这样可以避免瞬态、干扰、参数分散性等因素导致的虚警，提高 BIT 报警、故障指示的准确性。

3) 设计合理的 BIT 结构和提高 BIT 工作可靠性

为了提高 BIT 测试与诊断能力、减少虚警，洛克希德·马丁公司提出了层次 BIT 结构，通过各层次的测试实施 BIT 综合判决，减少单层次判决可能导致的虚警。

BIT 虚警率高还与 BIT 的工作可靠性有关，如果 BIT 发生了故障或在非设计条件下运行测试，也会发生检测错误和虚警。所以采取适应措施提高 BIT 的工作可靠性,也是减少虚警、提高BIT报警准确度的有效方法。例如,加必要的联锁条件,限定BIT在设计条件下工作;进行BIT检验,避免BIT带故障工作;重叠BIT,每个单元都有两个以上BIT测试,提高判断准确性。

4) 运用人工智能技术

为减少BIT虚警,神经网络、模糊逻辑、Markov模型、信息融合等智能理论与技术于20世纪80年代后期开始应用于BIT,如应用专家系统进行BIT系统设计、利用计算机辅助设计技术自动生成BIT系统检测方案、应用信息融合技术进行BIT综合决策、应用神经网络进行BIT智能诊断等。其中,研究最多也是最有效的技术是应用神经网络等智能理论进行BIT诊断与决策,以减少BIT虚警。灵巧BIT(smart BIT)不仅利用被测单元的内部信息,而且利用环境信息和状态信息,同时利用动态阈值和假设检验技术进行可靠的、鲁棒性更好的决策,其BIT主要分为四种形式:综合BIT、信息增强BIT、改进决策BIT和维修经历BIT。

7. BIT防虚警设计方法选用原则

BIT设计时可以从表7-4中选择一种或多种方法进行防虚警设计,设计方法选用原则如下。

(1) 每个BIT在设计中都必须采用一种或者多种防虚警方法。

(2) 软件BIT的防虚警设计可以采用自适应门限以及故障指示与报警条件限制、提高BIT可靠性和灵巧BIT类防虚警方法。

(3) 硬件BIT的防虚警设计可以采用确定的合理测试容差、延迟加入门限值、延时方法、联锁条件、BIT检验、重叠BIT等防虚警方法。

(4) 测试容差设置防虚警方法只适用于测试模拟信号的BIT。

(5) 延时加入门限值、自适应门限、延时方法等防虚警方法只需选择一种即可。

(6) 重复测试法、表决方法等防虚警方法只需选择一种即可。

7.5.8 BIT设计技术

BIT设计技术的分类方法很多,按实现手段不同可以分为扫描技术、环绕技术、模拟技术、并行技术、特征分析技术等;按被测对象的不同可分为RAM测试技术、ROM测试技术、CPU测试技术、A/D和D/A测试技术、机电部件测试技术等。本节将BIT设计技术划分为数字BIT、模拟BIT、环绕BIT和冗余BIT等技术,如表7-5所示。

1. 数字BIT技术

由于信号处理系统采用CPCI总线平台,所以在BIT设计时,可以充分借用CPCI总线技术的优点。首先,计算机模块作为通信和系统模块位于系统槽,其他

表 7-5 BIT 设计技术

类　别	BIT 技术
数字 BIT	板内 ROM 式 BIT、微处理器 BIT、微诊断法、内置逻辑块观测器法、错误检测与校正码方法、扫描通道 BIT、边界扫描 BIT、随机存取存储器的测试、只读存储器的测试、定时器监控测试
模拟 BIT	比较器 BIT、电压求和 BIT
环绕 BIT	数字环绕 BIT、模拟/数字混合环绕 BIT
冗余 BIT	冗余电路 BIT、余度系统 BIT

模块分别位于各外围槽上。在加电 BIT 模式下，计算机模块可以通过 CPCI 总线读取各外围槽设备的 ID 号进行检测，判断各模块是否注册正常；在周期 BIT 模式下，计算机模块通过 CPCI 总线定时访问这些模块的存储器，通过读写操作，判断各模块是否工作正常。信号处理系统各模块将自检故障通过 CPCI 总线传输给计算机模块，计算机模块将 BIT 信息收集、汇总后，通过网络发送给后端的主控计算机进行进一步的故障处理。

2. 边界扫描技术

随着大规模集成电路技术的发展，芯片的集成度越来越高，电路板的层数越来越多。电路板复杂性的增加对传统的测试方法提出了严重挑战，为了解决这些问题，联合测试行动组(JTAG)于 1987 年提出一种电路测试技术，称为边界扫描技术。边界扫描技术能够独立进行测试而不需要其他的辅助电路，不仅能够测试芯片或者印刷电路板的逻辑功能，还能实现集成电路间的测试或者查找印刷电路板间的连接是否存在故障。

边界扫描技术的核心思想是在芯片管脚和芯片内部逻辑电路之间，增加由移位寄存器构成的边界扫描单元，实现测试向量的加载，以及测试响应向量的捕获。边界扫描测试的典型流程包括扫描链测试、互联测试和存储器测试等。

为了能够通过边界扫描技术定位 BIT 故障，在系统模块的硬件设计阶段，就应考虑边界扫描设计。例如，支持边界扫描器件的 JTAG 接口要接入 JTAG 链；如果 JTAG 链路上串联器件过多，就需要对链路的 JTAG 接口信号进行缓冲驱动。

3. 环绕 BIT 技术

环绕 BIT 要求对微处理器及其输入器件和输出器件进行测试。在测试时，将输出器件输出的数据发送到模块的输入器件和微处理器，并由微处理器对输入信号进行验证，从而实现环绕 BIT。

分系统各模块在硬件设计时，可以将输入、输出通道设计成回环，借助各模块

自带的 CPU、DSP、FPGA 等智能单元和 ROM、RAM 等存储单元，实现输入、输出信号的回环检测。环绕 BIT 设计也有助于提高边界扫描的测试覆盖率。

4. 智能 BIT 技术

智能 BIT 就是将专家系统、神经网络、模糊理论、信息融合等智能理论应用到常规 BIT 的设计、检测、诊断、决策等方面，提高 BIT 综合效能，从而降低设备全寿命周期费用的理论、技术和方法。

智能 BIT 主要包含 BIT 的智能设计、智能检测、智能诊断、智能决策四个方面的内容。

BIT 智能设计依据系统特点、战备完好率要求、测试性条件等诸多要求和限制，科学地确定一个完整的 BIT 参数体系(如故障覆盖率、故障检测率、故障隔离率、虚警率、BIT 自身故障率)等；在故障模式、影响及危害性分析的基础上，采用 BIT 设计专家系统，开展 BIT 设计。

BIT 智能检测应用各种新型智能传感器，准确地采集和测量被测对象的各种信号和参数(如功率、电压、电流、温度等)，对不同测点得到的数据信息进行融合处理。

BIT 智能诊断根据掌握的被测对象故障模式和特征参量，结合检测得到的系统状态信息，判断被测对象是否处于故障状态，并找出故障地点和故障原因。

BIT 智能决策包括故障发展和设备剩余寿命预测技术，以及针对各种故障采取应对措施的策略。

7.6　外部测试设计

外部测试设计是针对被测设备外部诊断的测试点、电气及物理接口、UUT 与 ATE 兼容性的设计。本节主要介绍被测单元与外部测试设备有关的测试点设计、兼容性设计、测试程序集设计、接口适配器设计和 ATE/ETE 设计。

7.6.1　测试点设计

测试点设计是测试性设计的一项重要工作，是获取测试信息、完成故障检测和隔离的物理基础。

7.6.1.1　测试点的类型与特性

测试点是测试被测单元(UUT)用的电气连接点，包括信号测量、输入测试激励和控制信号的各种连接点。测试点是故障检测和隔离的基础，应根据使用需要适当地选择、设置测试点。

1. 测试点类型

根据测试点的位置，测试点可分为外部测试点和内部测试点。根据测试点的用途，测试点可分为无源测试点和有源测试点。

（1）外部测试点。外部测试点是指 UUT（如 LRU 级产品）外部与 ATE/ETE 连接的测试点，用于连接外部测试设备，测量 UUT 输入/输出参数、加入外部激励或控制信号，进行性能测试、调整和校准。利用外部测试点可以检测 UUT 故障，并把故障隔离到 UUT 的组成单元。这些测试点一般引到专用检测插座上或 I/O 连接器上。

通常一个外部测试点可以进行多个测试项目的测试，同样，一个测试项目也可以在多个测试点进行观测。根据装备测试合理地确定测试点，既可减少故障检测隔离时间，也可减少测试接口，降低对测试设备的要求。

（2）内部测试点。内部测试点是指设置在 UUT 内组成单元（如 LRU 的 SRU）上的测试点，用于检测元器件的内部。当外部测试点模糊隔离、达不到 100%的故障隔离时，可利用内部测试点做进一步的测试；此外，SRU 作为下一级维修测试的 UUT，其测试点即可用作外部测试点。SRU 的测试点可设在 SRU 边缘、内部规定位置、I/O 连接器和电路板适当位置上。

（3）无源测试点。无源测试点是测量用测试点，用于测量 UUT 功能特性参数和内部一些电路节点信号。无源测试点在观测时，不能影响 UUT 内部和外部特性。例如，UUT 各功能块之间的连接点、余度电路中信号分支和综合点、扇出或扇入节点等均是无源的测量用测试点。

（4）有源测试点。有源测试点是加入激励或测试控制信号的电路节点或输入点，它允许在测试过程中对电路内部过程产生影响和进行控制。有源测试点主要用于：① 数字电路初始化，即产生确定状态（如重置计数器和移位寄存器等）；② 引入激励，如模拟信号、测试矢量等；③ 中断反馈回路；④ 中断内部时钟，以便从外部施加时钟信号。

（5）无源/有源测试点。

这种测试点主要用于数字总线结构中，在测试过程中可以用作有源和无源测试点。设备作为一个总线器件连接到总线本身，在有源状态它是一个对话器或控制器；在无源状态它是一个接收器。

2. 测试点的特性和功能

选择与设置的测试点应有如下特性和功能。

(1) 能够便于确认 UUT 是否存在故障,或性能参数是否在规定的范围。

(2) 当 UUT 有故障时,用于确定发生故障的组成单元、组件或部件。

(3) 可对 UUT 进行功能测试,以保证故障或性能参数的超差已消除,UUT 可以重新使用。

(4) 利用 ATE/ETE 对 UUT 进行测试时,应保证性能不降低、信号不失真;加入激励或控制信号时,保证不损坏 UUT。

7.6.1.2 测试点设计要求

在固有测试性和诊断策略设计的基础上,应进行测试点(或测试)的详细设计。

测试点设计总要求包括两方面:一是测试点应满足故障检测与隔离、定量测试、性能监测、调整和校准的要求;二是必须保证 UUT 与 ATE/ETE 的测试兼容性要求一致。

1. 测试点一般要求

1) 层级要求

测试点应从系统级、LRU 级、SRU 级逐级设计,从部队级到基地级维修按性能监控和维修测试要求统一考虑。

2) 数量、位置与布局要求

(1) 测试点的数量和位置应能提供最大可能的测试可控性和测试观测性,并能方便地通过系统或设备的插头或测试插头连到 ATE 上。

(2) 应在控制重要信号的反馈环路、大的扇入/扇出点等关键位置优先设计测试点。测试点的设计需要通过测试性分析进行优化,以优化测试点的位置和消除冗余测试点。

(3) 测试点应包含在 I/O 连接器中,诊断测试点必须位于分离的外部连接器上。经常拆卸的微波无源器件要设置易于测试的人工测试点。

(4) 功能/性能参数测试点设在 UUT 的 I/O 连接器上,正常传送输入和输出信号;除此之外的维修测试点设在专用检测插座上,传送 UUT 内部特征信号;印制电路板(PCB)上可设置用测试探针、传感头等人工测试的测试点,主要用于模块、元件和组件的故障定位,这类测试点应保证便于从外部可达。

(5) 测试点应该通过外部连接器可达,功能测试点一般设在传输正常工作 I/O 信号的连接器中,故障隔离与维修用测试点一般设在检测连接器中,有的也可能在 I/O 功能连接器中。

(6) 设置的测试点还应有作为测量信号参考基准的公共点,如设备的地线。

(7) 测试点应尽量适应原位检测的需要,便于连接到 ATE/ETE 上。测试点的设置应对系统正常性能没有影响。

(8) 测试点的布局、设置应便于检测,尽可能集中或分区集中,且可达性好。其排列要有利于进行逻辑的、顺序的测试。测试点应设置在故障易于检测的位置,不应设计在易损坏的部位。

(9) UUT 应设有性能检测与故障隔离所需的测试点,其配置应能满足 UUT 故障诊断要求。

(10) 有幅度、相位精度要求的射频测试点避免设置在 LRU 的内部。

3) 接口要求

(1) 测试点应有足够的接口能力,以适应 UUT 与 ATE 之间至少 3 m 长的电缆,所设计的接口应匹配 ATE 中的测量装置,不会造成被测信号失真,不影响 UUT 正常工作。

(2) 在包含 CPU 的模块中,应尽可能提供通信测试接口,以便利用便携式计算机直接读取模块的状态信息。

4) 兼容性要求

(1) 测试点上信号(测量或激励)的特性、频率和精度要求,应与预定使用的 ATE/ETE 兼容。

(2) 测试点的设计应保证不干扰系统综合期间所测试的信号,在测试点应施加标准的阻抗值以便可以在无需附加电路的情况下直接访问测试点。

5) 安全要求

(1) 测试点必须得到保护,当把它们接地时也不损害设备。

(2) 测试点电压为 300～500 V(有效值)时,应有隔离措施和警告标志,对有高频辐射的 UUT 进行测试时应有安全措施。

(3) 高电压或大电流的测试点在结构上应与低电平信号的测试点隔离,应符合安全要求。

(4) 测试点设计时要有作为测量信号参考基准的公共点(如设备地线),应保证不干扰所测试的信号,必要时设计屏蔽、隔离或其他抗干扰措施。

(5) 任何测试点与地之间短路时,不应损坏 UUT。

(6) 人工测试点的设置应考虑测试安全。

(7) 应提供具有防污染盖的测试点,以防止由于测试点受污染造成功能失效,从而降低整个系统的测试性水平。

6) 标记要求

(1) 测试点在相关资料和产品上应有清楚的定义和标记。

(2) 测试点应有与维修手册规定一致的明显标记,如编号、字母或颜色。

2. 外部测试点要求

(1) 除另有规定外,LRU 级产品应设置外部测试点,以便对系统进行功能检查或监控,以及对 LRU 与 SRU 进行故障隔离。外部测试点应尽可能组合在一个检测插座中,并应备有与外壳相连的盖帽。

(2) 原位级测试点:外部测试点应能使用外部激励源,以便对系统进行定量检查和参数测试。当 LRU 处于装备安装位置时,应无需断开工作连接器就可进行检测。所提供的测试点应能对 LRU 进行明确的故障检测与隔离、校准或调整;对机内测试进行核对或校准。

(3) 中间级测试点:外部测试点的数目应足以允许用 ATE 完成修理厂测试要求,每个 LRU 应该提供修理厂级的外部测试点,以便 LRU 从装备中取出,从而在被送到修理厂维修时使用。提供的测试点应能对 LRU 进行定量检查、校准或调整以及其他功能试验。在有故障时,ATE 利用外部测试点可把故障隔离到 SRU,隔离率及模糊组大小(模糊度)应能满足合同规定的要求。

(4) 外部测试点与 ATE 间采取电气隔离措施,保证不致因设备连到 ATE 上而降低设备的性能。

(5) 外部测试点应使每个 LRU 表面有一单独多芯插座,所有外部测试插座都应有系留帽。

(6) 如果单独利用外部测试点和功能插座不能达到将 LRU 故障隔离到故障 SRU 上的要求,则应提供内部测试点。

3. 内部测试点要求

(1) 根据 SRU 的 PCB 结构尺寸和电路特点,进行相应的测试性设计开发,如对于支持 JTAG 机制的集成电路芯片留出 JTAG 测试口。

(2) 为使各组件和模块便于在内场进行检查、调整和排故,组件内部应配置足够多的测试点,测试点所选择的内容分别是各组件和模块电路的输入、输出信息,工作点的电压。

(3) 配置测试点时既要考虑靠近所测对象,又要考虑满足可达性要求。

(4) 印制电路板上的测试点尽量配置在边缘和向外的一端。

(5) 测试点根据所测信号的极性,用丝印区别,用正/负电压、零分别标出信号名称。

7.6.1.3 测试点选择

1. 测试点选择要求

(1) 根据故障隔离要求选择测试点。

(2) 选择的测试点能方便地通过系统或设备的插头或测试插头连到 ATE 上。

(3) 选择测试点时,对高电压和大电流的测量要符合安全要求。

(4) 测试点的测量值应以设备的公共地为基准。

(5) 应消除测试点与 ATE 之间的相互影响,以保证设备连接到 ATE 上后,性能不会降低。

(6) 应适当考虑合理的 ATE 测量精度要求、频率要求。

(7) 数字电路与模拟电路应分别设置测试点,以便独立测试。

(8) 测试点的选择应保证人身安全和不损坏设备;电压有效值或直流电压不超过 500 V。

2. 测试点选择的步骤

选择某一级维修 UUT 的测试点时,步骤如下。

(1) 仔细分析 UUT 的构成工作原理、功能划分情况和诊断要求,画出功能框图,表示清楚各组成单元的输入与输出关系,弄清相互影响。对于印制电路板(SRU)级 UUT,可能需要电路原理图和元器件表等有关资料。

(2) 进行 FMEA,并取得有关故障率数据。开始时可用功能法进行 FMEA,由上而下进行。待有详细设计资料时,再用硬件法进行 FMEA,用以修正和补充功能法 FMEA 的不足。每次分析都应填写 FMEA 表格。

(3) 在上述工作基础上初选故障检测与隔离用测试点。一般是根据 UUT 及其组成单元 I/O 信号及功能特性分析确定要测量的参数与测量位置或电路节点。其中要特别注意故障影响严重的故障模式或故障率高的单元的检测问题。

(4) 根据各测量参数的需要,选择测试激励和控制信号及其输入点。

(5) 依据故障率、测试时间或费用优选测试点。选出测试点后应进行初步的诊断能力分析,如果预计的 FDR 和 FIR 值不满足要求,则还要采取改进措施。

(6) 合理安排 UUT 状态信号的测量位置以及测试激励与控制信号的加入位置。一般 BIT 用的测试点设在 UUT 内部不必引出来,而原位检测用测试点需要引到外部专用检测插座上,其余的测试点可引到 I/O 插座上。印制电路板的测试点可放在边缘连接器上或板上可达的节点上。

(7) 为实现有效测试,还需要进一步完成详细的设计工作,如下所述。

① 各测试信号(如电的、电感的、电容的、光的等)如何耦合或隔离。

② 对噪声敏感的信号采用何种屏蔽或接地。

③ 激励和控制用的有源信号的选择与设计、加入方法的考虑。

④ 引出线数量有限制时,采用多路传输方法的考虑。

⑤ 非电参量测量用传感器的选择与信号变换设计。

⑥ 各测试点与测试设备接口适配器连接问题的考虑。

信号变换与调理，如将交流信号和高频信号变为直流信号、将高电压变为低电平等，以便于测试设备测量。

7.6.2　兼容性设计

兼容性是指被测单元（UUT）在功能、信号传输、电气和机械上与 ATE/ETE 接口配合的一种设计特性，它的目的是为 ATE/ETE 测试提供方便，减少或消除专用接口适配器的设计工作，确定特殊的测试及接口要求，使 UUT 与 ATE/ETE 完全兼容。它能保证诊断 UUT 所需要的信息能够畅通、可靠地传递给 ATE/ETE，有效地进行故障检测与隔离。当然，它还需要有测试程序、接口适配器及有关说明文件（即 TPS）的支持。

兼容性设计要尽可能利用现有的自动检测、外部测试设备。合理确定被测装备测试点的位置与接口形式，要既能满足故障检测隔离的要求，又能迅速连接外部测试设备。一方面要控制 UUT 的设计，使之在电气和结构上满足现有的 ATE/ETE 的接口规范；另一方面应控制 ATE/ETE 的研制，使之满足 UUT 的接口规范。UUT 和 ATE 的兼容性设计详细内容可参考 GJB 3966—2000《被测单元与自动测试设备兼容性通用要求》。

1. 兼容性设计准则

(1) 功能模块化。所有装配和拆卸层次的可更换单元的功能应尽可能都模块化。

(2) 功能独立性。测试 LRU 或 SRU 时，应不用其他 LRU 或 SRU 的激励和模拟。

(3) 测试点的充分性。为进行无模糊的故障隔离和监控余度电路、BIT 电路，应提供足够的测试点。

(4) 测试点可达性。在输入、输出或在测试连接器上应有性能检测和故障隔离所需测试点，测试点应能通过外部连接器可达。

(5) 测试点接口能力。测试点应有足够的接口能力（如适应 3 m 长连接电缆的阻抗），适应 ATE 的测量装置，测量信号不失真，不影响 UUT 的正常工作。

(6) 测试点安全性。在测试点电压为 300～500 V（有效值）时应设置隔离措施，并设警告标志。电压大于 500 V 时，应采取降压措施。

(7) 调整。UUT 在 ATE 上测试时，应尽可能减少所需的调整工作（如可调元器件调整、平衡调节、调谐、对准等）；应尽可能减少产生激励或监控响应信号需要的外部设备。

(8) 环境。LRU 或 SRU 在 ATE 上测试时，应尽可能不需要特殊环境，如真空室、油槽、振动台、恒温箱、冷气和屏蔽室等。

(9) 保证高置信水平测试。对于激励信号和测量信号的测量应有足够的精度。

(10) 测试所需的功能和负载要求可用 ETE/ATE 资源满足。

(11) 参数的容差和限制应与现场要求兼容。

(12) 为了易于与测试设备兼容,模拟电路应按频带划分。

(13) 测试所需的电源类型和数目应与测试设备一致。

(14) 测试要求的激励源的类型和数目应与测试设备一致。

2. BIT 与 ATE/ETE 的兼容性

(1) BIT 能够在 ATE/ETE 的控制下执行,以便于 ATE/ETE 能利用 BIT 已有的检测能力。因此,BIT 在硬件设计时应考虑与 ATE/ETE 的接口和在 ATE/ETE 控制下运行的能力。

(2) ATE/ETE 的测试容差应比 BIT 更严,以便降低 BIT 的虚警并减少重测合格和不能复现的比例,并便于 ATE/ETE 对 BIT 进行校验。BIT 的硬件电路应能由 ATE/ETE 进行故障检测,这就需要系统或设备在设计时能提供 BIT 所需的测试控制和数据传输通道。

3. UUT 兼容性

1) UUT 兼容性要求

(1) UUT 设计应尽可能提高功能模块化程度和功能独立性,以便 ATE 能控制 UUT 划分,对各电路或功能进行独立测试或分段测试。

(2) 分析 UUT 性能参数和故障特征,明确测量方法和参数容差等要求,并确定是否在 ATE 能力范围之内。

(3) UUT 应为被测信号、激励信号和 ATE 同步控制信号提供接口通道。

(4) UUT 所要求的激励和测量信号应能按增量形式编程控制,其精度和容差要求在 ATE 检测能力范围之内是可以达到的。

(5) UUT 设计应强调最大限度地利用 ATE 能力,使 UUT 与 ATE 之间接口简单,手工操作应减到最少。应明确分析对新研 ATE/ETE 的要求,或者利用选定 ATE 的已有测试资源。

(6) 保证 UUT 与 ATE 的电源兼容性,使用统一标准或兼容的插头与插座。

(7) UUT 应能够利用 ATE 提供的激励和测量能力直接进行测试,而不必采用接口装置中的有源电路。为匹配 ATE 检测所需要的电路和软件应包含在 UUT 内。

(8) 应尽量降低 UUT 测试时所需的调整、预热和特殊环境要求。

(9) UUT 与 ATE/ETE 的机械与电气连接后,执行规定的测试程序。该测试程序应能完成 UUT 的性能检测与故障隔离,并达到规定的指标要求。

2）UUT测试文件

（1）UUT输入和输出说明。承制方应提供对UUT输入和输出(I/O)参数的描述，以便对UUT兼容性进行评价。

（2）测试要求文件(test requirement document，TRD)。承制方应编写并提供UUT的测试要求文件或测试规范。TRD是对UUT进行全面测试所需要的有关文件和资料，包括性能特性要求、接口要求、测试要求、测试条件、激励值以及有关响应等。TRD用于：① 明确UUT正常或不正常状态标准；② 检测、确定超差和故障状态；③ UUT的调整和校准；④ 把每个故障或超差状态隔离到约定的装备层次，并满足模糊度要求。

兼容性设计主要用于外部自动测试。当然，在进行兼容性设计后，还需要在测试性设计过程中对其进行评价，并在测试性验证过程中进行试验验证。当UUT与ATE兼容性存在未能满足规定要求的问题或存在潜在问题时，应向订购方提供兼容性问题报告(或偏离申请报告)，以便评价任何不兼容问题的影响。

4. 兼容性偏离的处理

当UUT与ATE/ETE兼容性存在未能满足规定要求的问题或存在潜在问题时，应向订购方提供兼容性问题报告(或偏离申请报告)，以便评价任何不兼容问题的影响。

兼容性问题(偏离)报告应包括：UUT名称；所使用连接器名称及插针号；不兼容问题、潜在问题的技术说明；推荐并详细说明解决办法或备选方案。

可供订购方考虑的解决问题的备选方案包括：可目测或开关控制时，在执行测试期间由操作者人工干预；采用ATE/ETE的备选能力进行测量；提供ATE/ETE需要的能力；提供接口适配器需要的能力；利用外部激励或测量设备。

7.6.3　测试程序集设计

测试程序集(test program set，TPS)是指ATE对UUT进行测试所需的产品，其要素包括测试程序、接口装置和测试程序集文件。

TPS设计结果对实现测试性的外部测试要求有很大影响。考虑到TPS设计主要由产品研制方负责，因此测试性设计人员了解和掌握TPS的设计内容，并在测试性设计中采取积极的应对措施，是对综合诊断理念的贯彻和体现，对提高诊断效率具有重要作用。

1. TPS要求

1）一般要求

（1）应为每一个UUT设计研制TPS，包括一个测试程序、一个或几个接口适配器和一个 TPS 文件，包括测试程序说明(TPI)和辅助数据资料。其中接口适配器可以多个 UUT 共用，而测试程序和 TPS 文件对 UUT 是唯一的。

(2) 测试精度比(TAR)定义为 UUT 需要的激励/测量精确度对由 ATE 误差引入的激励/测量的精确度之比。例如，如果 UUT 输出要求的精度是 5%，而 ATE/TPS 测量此参数的精度是 0.01%，则 TAR 是 500∶1。为了保证测试程序相对 UUT 容差有足够的精确度，以及测试结果的可靠性和可重复性，要求设计的 TPS 应满足 TAR 为 10∶1 的设计目标，最低可接受值为 3∶1。当不能达到 TAR 大于或等于 3∶1 时，应进行 TAR 详细分析，提出解决问题和(或)权衡考虑的建议。

当规定的 TAR 不能满足时，在 UUT 的"测试精度比分析"报告评审之后，应考虑使用比 ATE 测试精度高的辅助测试设备。

(3) TPS 应对使用者的危害性最小。测试程序应通过 ATE 系统的显示或打印输出等方式把危险通报给操作者，报警信息优先对 UUT 加电，也优先可能出现危害的所有测试步骤。进一步，测试程序应使操作者与危险的 UUT 接触机会减到最小。实际上，探测高电压时，应先去掉电源，使用带夹子的测试头接触 UUT，操作者先离开，恢复供电后再进行测试。

(4) 接口适配器在自身设计上应使出现危险的可能性减到最小，并保护使用者不受 UUT 危害。在适用的地方，接口适配器应有警示图例或符号以及隔绝或防护有危害的 UUT。

(5) TPS 应提供如何安全地进行有危险性测试的详细说明。

2) 测试程序要求

由 ATE 执行的测试程序能够自动地确定 UUT 工作状态和完成故障隔离，并应满足以下要求。

(1) 适当的自动测试生成(ATG)可以用于产生所有数字测试程序的开发。

(2) 在测试程序运行期间要求的操作活动的所有指示应输出到 ATE 显示器或打印装置上；当不能实现这种输出时，TPI 应予以说明，操作者将把它作为测试或诊断程序的一个组成部分。

(3) 不论是识别出故障还是成功执行完程序，一旦测试执行完毕，所有的电源、激励和测量装置连接都应在程序控制下与 UUT 和 ATE 接口断开。

(4) 如果 UUT 包含 BIT 和(或)BITE 电路，测试时应充分利用它们，这种要求并不排除对 BIT/BITE 电路的测试，以确保它们是可正常工作的。

(5) 所有开发的测试程序都应使用订购方规定的测试语言。

(6) 测试程序内容一般包括：① 程序标题和识别标志；② UUT 和接口适配器鉴别检查；③ 自测试观测；④ 安全接通测试保障；⑤ 电源使用要求；⑥ 告诫和报警；⑦ BIT/BITE 利用；⑧ 性能检测子程序(端到端测试)；⑨ 故障隔离子程序(包

括激活接口适配器)；⑩ 调节/对准、补偿子程序，程序进入点，测试程序注释。

具体测试程序内容取决于 UUT 测试要求和 ATE 能力要求。

3）TPS 文件要求

TPS 文件由测试程序说明(TPI)和辅助数据资料组成，辅助/补充数据资料包括执行 UUT 测试和测试结果异常时查找故障所需要的信息。TPS 文件的辅助数据部分包括：UUT 原理图；UUT 零部件表；UUT 部件位置图；接口适配器数据资料；特别处理操作数据；测试图；功能流程图；诊断流程图；测试程序表；数据资料交叉引证对照表；测试程序交叉引证对照表。

2. TPS 研制

TPS 研制过程如图 7-17 所示，各阶段内容如下。

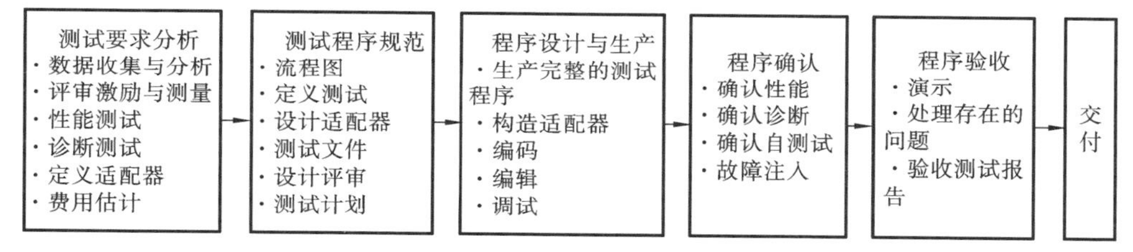

图 7-17 TPS 研制过程

1）测试要求分析

测试要求分析确定了每个项目功能(性能)端到端测试要求和故障隔离测试要求。分析过程的输入是技术状态项目(CI)和 UUT 的设计资料，包括图纸(原理图、逻辑图、元器件清单等)、故障数据、性能规范、工作原理、机械和电子接口定义及测试性分析数据。测试要求分析为 TPS 研制提供了基础。

2）测试程序规范

该阶段首先要制定测试程序规范，从测试用功能流程图开始，直到写出测试文件结束。测试文件包括：所有正常通道测试的简要叙述性说明；表示正常通道和不正常通道的流程图；所有 ATE 使用说明书的陈述；测试适配器的具体识别和确定。

在此规范阶段应识别并确定所有激励、测量、有关计算及其适当的容差；确定所有正常通道测试和调准测试；确定不正常通道及其有关的不适用(应处理)的组件或零件。

在程序规范阶段，进行一次包括用户和制造厂人员在内的设计评审是合适的，评审检验测试方法的有效性；回答 TPS 设计者的问题；建立选择用于程序确认中的 UUT 故障的基本规则。

3）程序设计和生产

在此阶段把功能测试扩展到其相应的详细测试(包括激励和测量技术)，以生成一个完整的测试程序。已经知道所有的测试用连接适配器制造所需的数据，所以应制造测试适配器、接口适配器。

对前面生成的详细测试，用合适的高级语言语句编码，将这些编码输入到操作系统进行汇编。经过编辑生成与基线测试程序流程图对应的清单。测试流程、测试适配器说明和此清单的组合就形成了测试文件。

4）程序确认

（1）首先把测试适配器连接到 ATE 上，使用“确认”工作模式，在没有连接 UUT 的情况下执行测试程序，这样做是为验证激励出现在指定的接口点，以便保护 UUT。然后把 UUT 连接到 ATE 上，执行每个正常通道测试，直到证明测试程序是正确的为止。

（2）确认阶段的第二步是故障注入。这种方法是每次把一个故障引入 UUT 中，每引入一个故障后就执行程序，确定程序的诊断结果。每当程序正确地隔离注入的故障或者没有检测到故障时，都应进一步进行分析。在所有情况下，都必须确定注入的故障真的使一个或多个 UUT 工作参数超出了规定的容差。

5）程序验收与交付

（1）通常按以下步骤进行 TPS 验收。

① 提交给用户一个最终的测试文件，并留有足够的时间，用于评审程序和选择验收测试用的故障。

② 对好的 UUT 进行测试，以表明该程序能识别在规定容差内正常工作的 UUT。

③ 每次把一个用户代表所选择的故障引入到 UUT 中，执行测试程序。

④ 如果故障未被正确地隔离，应修改程序并重新运行。

⑤ 当验收测试成功完成后，测试记录应保存起来并由参试人员作证。

（2）在验收测试后 30 天或其他规定时间内，进行 TPS 交付。交付的内容应包括验收测试报告、源程序和目标程序、最终测试附件（如适配器、接口适配器等）、最终测试文件等。

7.6.4 接口适配器设计

接口适配器是为 UUT 和 ATE 之间提供机械与电气连接和信号调节的任何装置。现代工程实践强调把接口适配器作为 UUT 与 ATE 之间的接口要求。实际上，如果 UUT 的测试设备不是 ATE，也需要有接口设计，只是范围和规模比 ATE 要求的小。

1. 接口适配器设计的输入

接口适配器应提供 ATE 和 UUT 之间的机械和电气连接，需要时还要提供信号调节。在进行接口适配器设计之前，需要提供以下资料。

(1) UUT机械接口的连接器和固定架资料：① 标出连接器名称和承制方件号，以及配对连接器的制造厂名和制造厂件号，以便在图样中标注所有连接器和插针的名称；② 提供安装、紧固和支撑架的说明性资料；③ 标注固定架尺寸，并规定固定架所用的专用材料(如非磁性材料)，如果可以，应避免使用专用测试设备。

(2) UUT电气接口的资料：① 配对连接导线的最小直径；② 配对连接导线的最大长度；③ 配对连接导线或同轴电缆的型别；④ 配对连接导线的屏蔽要求；⑤ 信号特性(包括允许的容差)；⑥ 配对连接的接地要求；⑦ 配对连接双股缠绕或多股缠绕要求；⑧ 阻抗匹配/负载要求，包括允许的电压驻波比。

2. 接口适配器的设计要求

(1) 接口适配器的设计应符合电子设备通用设计要求和人机工程设计准则，应使接口适配器的复杂性、所需的调节和校准处理降到最低。

(2) 接口适配器的设计应优化，以便能像许多UUT那样借助相同的基本接口，适配器组件能进行费用有效测试，减少接口适配器的储备要求。

(3) 接口适配器电缆应设计成完全可修理的，使用的工具为标准工具或为接口适配器组提供的专用工具。

(4) 接口适配器应设计10%的扩展能力，包括导线数、附加功能和(或)分组件等。

(5) 每个接口适配器的平均故障间隔时间最小设计预计值为1000 h。

(6) 接口适配器应按照GJB 2547A—2012的要求进行测试性设计，提供自动故障检测和故障部件隔离。另外，希望能以测试典型UUT相同的方式在ATE上进行接口适配器测试，并且不考虑使用测试电缆和短路插头。

(7) 接口适配器所有要素都应有识别标志。

(8) 接口适配器必须包含允许测试程序识别它的电路。如果接口适配器不能进行高置信水平电气识别，则应告诉操作者进行目视检查鉴别并说明方法。

(9) 如果存在危害UUT、接口适配器或ATE的可能性，接口适配器设计应提供安全接通测试保障。这种测试不限于电源线、信号线测试，且必须在ATE能力极限之内。

(10) 接口适配器自测试，如果可能，接口适配器应设计为借助相连接的UUT测试程序即可实现自测试。如果由于接口适配器的性能和复杂性，需要使用短路插头和(或)测试电缆，则应将接口适配器作为典型的UUT对待。

(11) 测试点，接口适配器在设计上应提供修理和查找故障的入口通道，需要时还应提供测试点，以保证接口适配器维修性和(或)测试性要求。

(12) 当 BIT/BITE 是保证接口适配器维修性和测试性最适当的方法时,BIT/BITE 应当作为接口适配器设计的组成部分。

(13) 机械上的考虑如下:① 每个接口适配器应足够小,以便利用 ATE 在物理上支撑接口适配器和 UUT,接口适配器(包括电缆)固定到 ATE 上的部分重量不超过规定要求;② 除接口适配器以外,当 UUT 需要安装夹具时,安装夹具应作为 TPS 的一部分。

7.6.5 ATE/ETE 设计

在系统 BIT 设计过程中,为了简化设计,提高可靠性,只对关键性能和关键参数进行 BIT 检测设计。另外,系统 BIT 将所有故障隔离和定位到 LRM 级,且只能达到 LRU 级。为了对 LRU 故障进一步隔离和定位到 SRU/LRM,同时满足 LRU (LRM) 详细性能参数的测试要求,保证雷达系统的维修,需要研制雷达 ATE/ETE。

雷达 ATE 主要由测试设备、测试夹具、测试程序集(包含测试程序和接口适配器)、测试支持软件以及平台控制软件等组成。

在设计过程中,考虑到单一总线无法完全满足雷达系统的测试需求,且各种总线技术各有其优缺点,设计时采用 GPIB、VXI、LAN 和标准并行/串行混合总线作为系统控制总线的结构体系,ATE 系统具有很好的开放性和扩展性。测试平台设备尽量采用货架产品,便于升级维护。

针对雷达系统射频通道较多的特点,运用测试仪器的设计理念,设计开发了一台通用射频适配器。将射频适配器集成一台 GPIB 总线控制的测试仪器,对射频开关通道进行优化设计,使其既能满足当前雷达系统的测试需要,又能根据以后的测试需求灵活增加测试通道。

在软件设计上,采用分层模式实现开放式的系统构架。整个软件系统自顶向下由用户接口层、核心层、插件层、测试驱动层和仪器设备层五个层次组成,如图 7-18 所示。

结合雷达系统的功能要求与实际测试需求,将整个 ATE 软件详细分为系统搭建软件、序列生成软件、系统校准软件、自动测试软件和分析处理软件五大功能部分,另外需要一个底层的测试驱动模块、一个顶层的操作平台、插件层的测试程序/应用程序等八大功能部分。软件设计有效贯彻了组件化、模块化和标准化的设计思想。

测试程序软件全部采用面向信号而不是面向测试资源的 ATLAS 语言实现,在不同的硬件平台对同一 LRU 进行测试时,测试程序不需要任何修改和重新编译

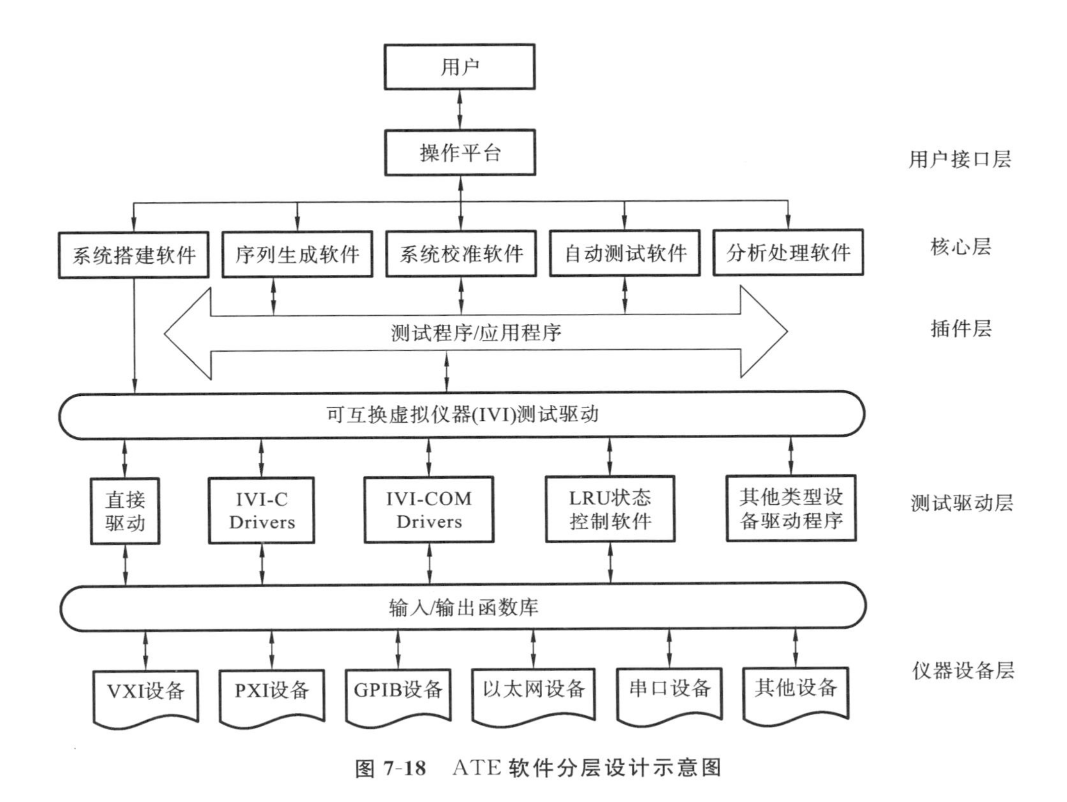

图 7-18　ATE 软件分层设计示意图

即可移植，使得测试程序具有与测试资源无关的特点。基于可互换虚拟仪器测试驱动程序(IVI-TD)的设计思想，解决了测试程序软件与测试驱动程序无关的问题，实现测试程序软件的硬件无关性。

雷达装备部分 LRU 在使用中需要通过网络对其状态进行控制，为此在雷达 ATE 的软件设计时，可专门研制状态控制器，由状态控制软件通过网络实现测试状态转换、控制测试流程以及完成测试设备与被测设备之间的通信功能等，使雷达 ATE 具有网络化的特点。

7.7　软件测试性设计

随着软件化雷达技术的发展，雷达装备软件的规模、复杂度和功能不断扩大，软件测试面临的问题日益突出，软件缺陷的数量随软件开发阶段的深入也呈放大趋势。为了提高软件测试的效率和减少软件缺陷，一种方法是选择那些有非常强的故障揭示能力的测试来进行软件测试；另一种方法是在软件开发设计时，采用软件测试性设计方法把软件测试性的要求考虑进去，为后期的软件测试提供便捷的条件。

7.7.1 软件测试性相关概念

1. 软件测试

软件测试是为了发现错误而执行程序的过程。或者说，软件测试是根据软件开发各阶段的规格说明和程序的内部结构而精心设计出一批测试用例，并利用这些测试用例的运行结果来发现程序错误的过程。软件测试作为软件工程过程中不可或缺的一个阶段，它在软件生命周期各个阶段对软件产品进行检查、检测并纠正软件错误，确保开发成型的软件产品在实际使用时具有完整性、一致性和正确性。软件测试以检查软件的功能和产品内容为核心，以发现尽可能多的错误为目标。它不仅是保证软件质量的必要环节，还是保证开发出用户满意度高的高可用性软件产品的重要手段。通常，软件测试的对象为软件全生命周期中所涵盖的程序、数据和文档。

1）软件测试用例

软件测试用例是对软件运行过程中所有可能存在的目标、运动、行动、环境和结果的描述。软件测试用例是测试组织的最小单位，指对一项特定的软件产品进行测试任务的描述，体现测试方案、方法、技术和策略，内容包括测试目标、测试环境、输入数据、测试步骤、预期结果、测试脚本等，并最终形成文档。

软件测试的核心是设计和执行测试用例。测试用例的选择可以看作是从庞大的输入状态组合中，搜寻可以发现错误的状态组合。因此需要用抽象的手段使测试更加有效。

2）软件测试用例库

完整的单元测试很少只执行一个软件测试用例，开发人员通常需要编写多个测试用例才能对某一软件功能进行比较完整的测试，这些相关的测试用例称为一个测试用例集。将大量的测试用例收集到测试用例库中，合理分类后供测试人员选择使用，能够极大地提高软件问题的发现率。

3）软件测试级别

软件测试级别可划分为单元测试、单元集成测试、配置项测试、配置项集成测试和系统测试。

(1) 单元测试。单元测试的对象是软件单元。软件单元是软件配置项设计中的一个独立的、可测试的元素，如一个类、对象、模块、函数、子程序等。单元测试的主要目的是检查软件单元是否满足软件设计说明(详细设计部分)中的功能、性能、接口和其他设计约束等要求,发现单元可能存在的缺陷。

(2) 单元集成测试。单元集成测试的对象是在软件单元集成过程中形成的软件部件。单元集成测试的目的是验证软件部件正确实现了软件概要设计规定的功能及结构设计要求,确保软件部件功能正确和内部各软件单元之间接口关系协调、一致。

(3) 配置项测试。配置项测试的对象是软件配置项。软件配置项是为独立的配置管理设计的,并且能满足最终用户功能的一组软件,如办公软件系统 MS Office 中的字处理软件 MS Word。软件配置项测试检验软件配置项与软件需求规格说明的一致性,发现配置项存在的缺陷。

(4) 配置项集成测试。配置项集成测试的对象是由软件配置项及与其接口相连的其他软/硬件配置项集成得到的局部系统。配置项集成测试主要是检验局部系统的内/外接口、时序、资源等相互关系的匹配性、协调性、一致性。

(5) 系统测试。系统测试的对象是完整的、集成的软件系统,重点是新开发或改造的软件配置项集合。软件系统是某装备系统中的软件部分或本身就是一个系统,如雷达系统(含硬/软件的系统)中的软件部分。系统测试的目的是在软件系统真实工作环境下检验软件系统是否满足系统研制总要求、系统/分系统规格说明和系统开发任务书等相关文档规定的要求,发现软件系统内可能存在的缺陷。

4) 软件测试方法

软件测试的方法和技术多种多样,从测试是否针对软件系统的内部结构和具体实现算法的角度来看,软件测试通常可以分为黑盒测试和白盒测试。

(1) 黑盒测试又称为功能测试。黑盒测试是已知软件产品应该具有的功能,且不考虑被测软件的内部结构和内部特性所进行的测试,它只是通过测试来检验该软件产品是否实现了需求规格说明所要求的每个功能并能够正常使用。黑盒测试用于软件测试中的错误主要有:功能缺失和错误、界面错误、接口错误、数据结构错误、外部数据库访问错误、性能错误、软件初始化和终止时的错误等。

(2) 白盒测试又称为结构测试。白盒测试是已知软件产品的内部结构、工作过程和机理,通过测试来检验该软件产品的内部动作是否按照软件设计规格说明书要求的流程和操作逻辑正常进行。与黑盒测试相反,白盒测试中的被测程序对于测试者而言是完全透明的,好像是装在一个透明的白盒子里一样。白盒测试方法按照程序内部的逻辑来测试该程序,检验程序中的每条通道是否按照预定的要求正确地工作。白盒测试用于测试软件中的错误主要有:模块中所有独立路径的使用过程中的错误、软件中所有的逻辑判定错误、软件在上下边界及可操作范围内的循环错误、内部结构错误等。

2. 软件测试性

软件测试性也称为软件可测试性，其概念通常会因研究标准不同而存在一定差异。

IEEE 标准中对软件测试性的定义为："系统或部件在多大程度上有助于建立试验标准，以及为确定是否满足这些标准而进行的试验，与允许建立测试标准和进行测试以确定是否满足这些标准的方式来陈述要求的程度。"定义包含测试标准和测试覆盖率两部分内容。

GJB 451B—2021《装备通用质量特性术语》对软件测试性的定义为：软件易于测试和暴露缺陷的能力。

可以从以下两个方面进一步理解软件测试性的内涵。

(1) 此处的软件是指宏观意义上的软件。它可以是软件的需求、设计、实现，也可以是软件的程序、文档、语句、函数、模块、构件；系统软件、应用软件、嵌入式软件，各种类型的软件也都包含其中。

(2) 软件测试性是与软件测试相关的软件特性。软件测试能力越高，软件越易测试，测试所需的时间或费用越少，软件测试性越高。软件在开发过程中不可避免地引入缺陷，软件测试的目的就是从测试结果的角度讨论软件暴露自身缺陷的能力，将这些内在缺陷暴露为软件故障。因此，在软件开发初期，研发团队就应理解软件测试性特性、对影响软件测试性的影响因素进行分析，通过改进软件设计方案提高软件测试性，从而提高软件测试、发布的效率，降低软件研制成本。

3. 软件测试性度量

软件度量可以用来量化一些软件特性。软件质量度量方法标准(IEEE)用函数定义软件度量。其函数输入和输出分别为有关软件的数据和定量数据。

软件测试性度量属于软件度量中的一个组成部分。它的度量方法就是将软件测试性的概念具体地量化为数值，便于为测试阶段指定准则。软件测试性度量结果(测试性量化结果)即为软件测试性参数。

软件测试性度量主要是构建测试性度量模型以用来预测软件测试性，在软件测试性度量模型的构造过程中，需要选择相应的度量方法，合适的度量方法在很大程度上影响软件测试性度量模型的构建过程以及模型在数据集上的性能。传统的测试性度量方法有基于软件测试性特性的度量、基于控制流的软件测试性度量、基于缺陷的软件测试性度量、基于影响因素分析的软件测试性度量、基于测试标准的软件测试性度量、基于信息流的软件测试性度量等。

软件测试性度量模型的本质是回归模型，随着机器学习相关算法的不断发展与完善，有学者将机器学习算法逐渐应用到测试性度量之中，其中比较常见的是支持向量回归算法、XGBoost算法、随机森林算法、多元线性回归算法以及神经网络方法等。

7.7.2 软件测试性的特性与影响因素

进行软件测试性设计首先要了解具有良好测试性的软件所具有的特性和影响因素。

1. 软件测试性的特性

(1) 可操作性。如果设计的软件很少存在BUG，或基本没有BUG的话，那么软件开发得很好，在软件测试时没有阻碍测试执行的错误，被测试的效率就会很高。

(2) 可观测性。可观测性好的软件产品所测试的东西可以很容易地观测到。它是软件易于观测外部输出、监控内部状态的能力。测试执行过程中的一项工作就是观测和收集测试结果，软件每个输入有唯一的输出，系统状态和变量可见、可查询，自动侦测内部错误，容易识别错误输出，输出数据易于收集等都影响软件的测试效果。对于外部输出不明显、不易于观测或输出数据过少等情况，就要求软件能方便地监控内部状态、辅助判断测试结果。

(3) 可控制性。能够从软件产品的输入控制它的各种输出，软件硬件状态和变量能够直接由测试工程师控制，从而使软件的自动测试工作变得更容易。它是软件易于施加外部输入和控制内部状态的能力。

(4) 可分解性。软件可以分解为独立的模块，能够被独立地测试，业务流程和场景易分解。将软件分解为几个独立部分，测试时只需考虑与该部分有关的输入和输出，常常可以简化测试。

(5) 简单性。软件在满足需求的基础上要尽量简单、无冗余。从软件本身来看，软件功能越少、结构和代码越简单，软件的规模就越小、复杂度就越低，软件出错的可能性就越小。从测试的角度来看，软件的功能越少，需要测试的数量就越少，测试费用就越少；软件操作越简单，越容易施加测试输入，测试的难度就越低。

(6) 稳定性。软件的变化很小，变化可控、变化不影响已有的测试，软件故障后能得到良好的恢复和隔离，对测试的破坏小，能保持稳定的状态。

(7) 易理解性。软件设计遵循行业规范，内部、外部和共享构件之间关系易于理解。测试准备过程中需要根据软件信息生成测试用例，包括确定测试输入和预期输出、确定软件的执行条件等。为了完成这些工作，就要求软件文档必须详细、准确、易于理解，软件代码必须结构清晰、模块化程度高、可读性好。

（8）可跟踪性。可跟踪性是软件能跟踪自身功能操作、属性和行为的能力。程序调试过程中可能需要跟踪代码的执行情况，观察此过程中使用的不同变量的取值，从而判断程序是否正确；测试过程也是如此，有时也需要跟踪功能在执行过程中经历的操作、属性或行为，根据它们的情况判断软件是否正确。

（9）适用性。软件适应各种使用环境的能力。主要从两方面进行考虑：一方面是软件运行时的环境要求，要求越低，表明软件对外部环境的依赖越低、越易搭建测试环境；另一方面是软件是否足够灵活、能否根据环境的变化自动改变自身配置，如根据显示器分辨率自动调节窗口大小等。

（10）敏感性。敏感性是软件易于暴露自身缺陷的能力。开发过程中的人为错误可能会在程序中留下缺陷，这些缺陷不会主动暴露，只有当隐含缺陷的代码被执行、造成某些状态错误、软件将这些错误的状态传递到外部后才能发现。敏感性就是对软件将缺陷转化为错误状态、再将错误状态传递到软件外部的能力的描述，敏感性高的软件在测试过程中更易发现软件缺陷。

（11）支撑性。支撑性是软件对测试工具的支持能力。对于某些输入/输出过于复杂或者时序要求比较高的软件，可能根本就无法进行人工测试，只能使用测试工具。因此当条件具备时，软件能否方便地支持测试工具将极大地影响测试过程。

2. 软件测试性的影响因素

软件测试性的影响因素主要包括人员因素、源代码因素、文档质量和测试工具。

1）人员因素

人是软件开发中最重要的因素。针对软件测试性特性，开发小组、负责人和测试小组可以做一些工作，最大限度地使用测试资源，提高软件的测试性。

开发小组做的工作：简化设计使软件容易测试；开发的软件满足文档质量要求，具有完整的编码注释和正确的技术文档；尽早确定用户接口和特征集，使软件的变化很少并且软件的变化可控；软件的变化不应使现存的测试失效，软件对故障的覆盖很好，提高软件的稳定性。

负责人做的工作：保证有关软件产品资料是完整、准确和一致的；鼓励开发者和测试组之间互动。

测试小组做的工作：测试者应当了解被测试软件设计所包含的技术，坚持在调试环境下测试；利用测试工具进行测试；列出完整的 BUG 清单。

2）源代码因素

实现软件的源代码是软件的核心，也是软件测试工作的主要对象。软件是否易于测试且能够被测试的程度取决于软件自身的设计。首先，软件源代码设计应满足简单化、模块化、易理解、可控制、可观测；其次，隐藏故障的代码难以测试，根据 Larry Joe Morell 的故障模型，软件故障只有满足三个条件才发生：输入引起故障执行；故障导致数据状态错误；数据状态传播到输出状态，使得故障/失效对用户来说是可观察的。

如果输入引起的故障没有直接通过一个可观察的故障输出状态表现出来，这样的软件错误就非常难于发现并将其独立出来。如果数据状态错误通过几次中间过程仍然未被检测，那么当故障引起失效时，想查清产生它的原因就几乎是不可能的了。这类问题经常存在。另一类问题是可能产生了数据状态错误，但是输出状态表现出来是正常的。这种情况的发生是由于多个不同的输入产生了相同的输出结果，这对测试来说就会变得更加困难了。

3）文档质量

文档质量是影响软件测试性因素的关键，可归纳为文档的完整性、准确性、规范性和可跟踪性。

（1）文档的完整性。

完整性是指文档为软件中每一项功能的需求以及设计提供完整的所有必要信息说明的能力。完整的软件文档使软件开发和测试人员能更全面地了解软件的功能和结构信息。它主要包含两个方面内容：接口描述完整性和功能描述完整性。

接口描述完整性是指设计说明书中对模块与模块之间、模块与系统之间的接口通信所需条件描述的完备程度，通常包括存储、发送、访问、接收的数据元素组合体所要求的特征，如消息格式、接口标识、参数类型、通信服务等。接口描述完整性越高，按其设计出的接口在通信时出现错误的可能性越低。

功能描述完整性是指设计说明书和需求规格说明书中对功能单元的数据结构、变量缺省值、变量初始化、各类参数取值范围、参数类型、精度、功能的预期行为等描述的完备程度。如果文档的功能描述完整性很低，则测试人员在设计测试用例时不易确定用例的输入和输出，进而导致错误和冗余测试用例的产生，增加了测试的工作量。

（2）文档的准确性。

文档的准确性要求文档中每一项需求和设计所涉及的软件功能以及业务流程都必须有清晰且正确的陈述。文档的准确性主要包括三个方面：文档内容的准确性、一致性和接口设计正确性。

文档内容准确性是指同一文档中对同一术语、定义的描述无二义,不自相矛盾;对变量的参数类型、取值范围、精度等设计合理,无明显错误。

一致性是指需求文档与设计文档及其参照的文档之间的相关内容不矛盾;文档与实现的程序不矛盾。

接口设计正确性是指接口单元的通信双方逻辑关系描述正确;接口输入、输出的参数数量、类型和顺序能够匹配;接口实现技术正确,没有错误。

(3) 文档的规范性。

文档的规范性是指代码和文档的编写符合相关标准的程度。文档的规范性增加了软件文档的可读性和程序的规范性,有助于开发人员和测试人员对软件测试和维护。文档的规范性主要包括两个方面:代码规范性和文档组织结构规范性。

代码规范性是指软件功能模块命名、文件目录命名、文件命名、程序代码命名、代码编写等符合相应的软件开发标准。如果代码的规范性很低,则会产生很多由空指针异常、全局变量错误这种难于发现的微小错误导致的软件缺陷,增加测试的工作量和维护的难度。

文档组织结构规范性是指相应文档的组织结构和文档要素符合与其对应的文档编写规范的格式要求,没有遗漏。具有高组织结构规范性的文档对软件的功能、设计、运行环境、问题解决方案、配置管理各个方面都进行了详细的说明,有利于测试人员识别测试的前提条件,减少无效缺陷的提出,提高工作效率。

(4) 文档的可跟踪性。

文档的可跟踪性是指由软件需求文档对软件设计文档以及源代码进行跟踪的难易程度。在软件测试过程中,如果需求的组成部分和设计文档的组成部分、设计文档和软件源代码的组成部分以及源代码的组成部分和测试文档的组成部分之间的关系是清晰的,那么软件系统及其文档是可跟踪的。换句话说,通过对比文档和程序,我们应该很容易指出解决某个需求所涉及的组件、某个组件实现了哪个需求。软件文档的可跟踪性越高,软件的测试性就越高。

4) 测试工具

测试工具包括自动化测试工具和测试管理工具。软件测试工具可以对系统内可能存在的风险和缺陷进行分析,并以报告的形式直观地呈现在测试人员面前,有助于测试人员更便捷地发现软件错误。自动化测试工具使大量重复和容易出错的任务自动化执行,显著地减少了测试执行的工作量,使测试充分性得到保证。此外,测试管理工具不仅负责测试需求、测试计划、测试用例和测试实施的管理,还负责缺陷的跟踪管理。软件测试工具与测试管理工具的良好结合将在很大程度上提高软件测试效率。

7.7.3 软件测试性设计方法

软件测试性设计体现软件产品的质量是生产(包括分析、设计、编码、测试)出来的,而不是仅仅依靠软件测试保证的,也体现了软件测试向软件开发的前期发展,与软件开发的设计和编码阶段融合,易于测试的软件本身所包含的缺陷也会减少。

一般来说,软件测试性设计方法源自电子线路的测试性设计方法,包括合约式设计(design by contract,DBC)、内建式测试(bulit in testing,BIT)和内建式自测试(built in self testing,BIST)。

1. 软件开发生命周期中融入软件测试性设计

软件开发人员可以将软件的测试性度量综合到软件开发模型中去,在软件开发的各个阶段考虑软件测试性特性和影响因素,将软件测试性设计到软件产品中。

(1) 需求分析阶段。软件测试人员需对软件业务进行学习,根据相应文档分析需求点、确定测试重点及优先级、制定项目的测试计划。这与软件测试人员的测试水平、经验以及需求文档的质量等因素相关。

(2) 代码设计阶段。此阶段的测试主要是在源代码层面的测试。开发或测试人员根据需求和测试计划等文档编写测试用例,使用相应测试工具运行软件源程序,识别出软件缺陷,产出测试报告。此阶段的测试活动主要受软件测试或开发人员对软件的理解程度、工作人员业务水平、是否有辅助测试工具等因素影响。

(3) 测试阶段。此阶段是在系统层面上进行的测试活动。测试人员配置好测试环境,运行源程序,根据前两个阶段以及本阶段的各种测试相关文档执行测试、提交缺陷到相应配置管理工具中,以便后续对缺陷进行确认、跟踪。在系统测试阶段,测试人员对软件功能的理解和使用是影响此阶段测试难易程度的最大因素。软件结构的复杂性、所采用的编程语言和开发技术、编程风格、文档的质量、测试人员对软件的熟悉程度、预先指定的测试停止标准等因素都影响测试人员对软件功能的理解和使用,但最根本的影响因素还是软件系统本身的结构复杂性。

(4) 软件维护阶段。软件维护阶段的测试任务主要是对开发人员在软件维护时所做的修改部分进行回归测试,确保变更没有引入新的不良影响。它主要受修改部分的影响域、是否有良好的测试方案、有无先进的缺陷管理工具等因素影响。

在系统设计过程中,强化由功能、结构、模块直至子模块的测试性设计顺序,全面提升状态监测、故障监测、故障判断的正确性以及故障隔离的准确性。在各级单元划分中，可依据“相关性最小和并行性最小”的原则，采取自下而上和自上而下结合的设计方法，反复论证软件测试性方案的可行性和有效性。例如，在雷达系统软件设计过程中，严格界定信号处理、数据处理以及上层应用程度等功能单元；在信号处理过程中，加强各种算法的模块化设计。

2. 遵循软件特性的软件测试性设计

遵循软件测试性特性，开发人员通过软件架构设计、测试驱动设计、改变设计或代码、为软件增加专门测试结构等来提高软件测试性。

1）软件体系结构设计

软件体系结构设计是软件设计的第一步，也是软件系统设计和开发的核心，是后续各种设计和实施具有指导、控制、管理作用的依据。从软件体系结构的设计开始，就要考虑软件的可测试性，降低测试复杂度。

对于功能复杂、任务繁多的软件，可以采用分层模块化体系结构。设计多层次的可测试体系结构，以明确的层间接口和数据交换模式来划分每一层的功能，是降低软件复杂度的良好手段，主要目的是将可能发生的软件故障限制在层内，降低层间的耦合关系，简化软件测试矩阵。

分层模块化体系结构分为系统软件层、系统应用层和用户应用层。每一层又可以细化为多个层次，不同项目的软件、硬件的不同可以在系统软件和硬件描述层通过修改 BSP 文件解决；接口的不同可以通过在系统软件的端口驱动层增删驱动程序解决；外接设备的不同，可以在系统数据应用层根据通信协议增加或删除新的产品模块，而用户应用层可根据不同分系统的具体软件需求进行模块增加或删除改进。总之，需求的变化引起的改动仅在于模块的增加或删除，并且限制在一个层内，而不影响其他层。

每一层的功能均由多个不同的任务实现，每一个任务均由任务体函数和调用函数构成，任务的设计不仅遵守合约式任务模板，而且任务体函数设计为可重入结构，提高调用函数中可重入函数的比例，压缩专用函数规模，使得专用函数中不包括可公共化的部分，分别将可重入函数和专用函数设计成库模式，可重入函数比例的提高可减少测试工作量。

2）合约式任务模板设计

雷达软件系统不仅功能复杂、规模很大，而且实时性要求比较高，因此，一般采用基于实时多任务操作系统的多任务设计方法。将功能内聚的模块用一个任务实现，通过减少任务的扇入和扇出深度降低任务之间的耦合程度，是多任务设计降低测试复杂度的基本思想。

在设计时，尽管每个任务的功能不同，但在实时多任务环境下，可以通过制定任务设计所遵守的共同规约提高任务的测试性。

合约式任务模板，不仅可规定任务输入和输出接口形式统一，而且可根据具体软件用户需求规定任务的进入和退出、初始化要求、堆栈使用等，可以实现测试性设计的可控制性和可观测性。

3）状态序列编码

软件要实现的功能非常复杂，因此任务的运行状态（包括流程分支、执行的成功与失败）很多。为了提高软件的测试性，在进行任务设计时，当任务进入流程分支或执行完毕后，产生一个全局状态码，由任务的状态输出口输出；每个任务在运行时均输出全局状态码，由此形成状态序列编码。根据全局状态码可以了解任务运行的流程和状态。

任务状态序列编码是基于内建测试方法提出的测试性设计方法，实现测试性设计的可观测性和易理解性。

4）采用测试性设计方法

（1）测试驱动设计就是直接把软件需求变成测试代码。当明确了测试性能规定之后，要进行代码编订工作。要先进行验收测试，然后开展单元测试，最主要的是在开发过程中不断修正。

（2）函数小型化设计就是每个操作对应一个函数，使函数小型化。使用小型化函数说明和重载带缺省参数的函数，使得测试中调用这些方法变得很容易。

（3）显示与控制分离就是把代码移到 GUI 视图的外面，各种 GUI 动作对应模型上各种方法调用。这样，对测试者来说，修改程序功能不会影响视图，同时通过方法调用测试功能比间接测试更容易。

5）针对软件测试性特性设计

（1）可控制性设计主要包括全局变量、接口、模块、业务流程和场景的可控制性设计。通过外界使用适当的手段直接或间接控制全局变量，或将全局变量分类并封装到一个个接口中；各接口可以采用测试工具或增加额外代码直接调用；相对独立的模块设计好所需要的驱动并能单独设计用例进行测试对应的功能，在测试运行期间模块异常能够进行隔离而不影响测试；各业务流程具有流通性，在测试环境满足的情况下能够控制任一单独业务流程；将一个场景所涉及的业务和接口整合到一个统一的接口使其能够单独操作。

（2）易理解性设计就是设计文档、接口、业务和场景的易理解性。

（3）可观察性设计就是业务执行状态和过程、异常情况的可观察性设计。

（4）可分解性设计包括业务流程、场景的可分解性设计。

可参考软件测试性特性进行其他特性的设计。

7.8 测试性设计的应用

7.8.1 数字阵列雷达系统的BIT设计

1. 数字阵列雷达系统构架

数字阵列雷达一般由数字有源阵列收发分系统、信号处理、数据处理分系统等组成，其中数字有源收发分系统由天线阵面与幅相校正网络、功分网络和数字阵列模块(DAM)组成，信号处理分系统由数字波束形成(DBF)、信号处理组成。数字阵列雷达系统构架如图7-19所示。

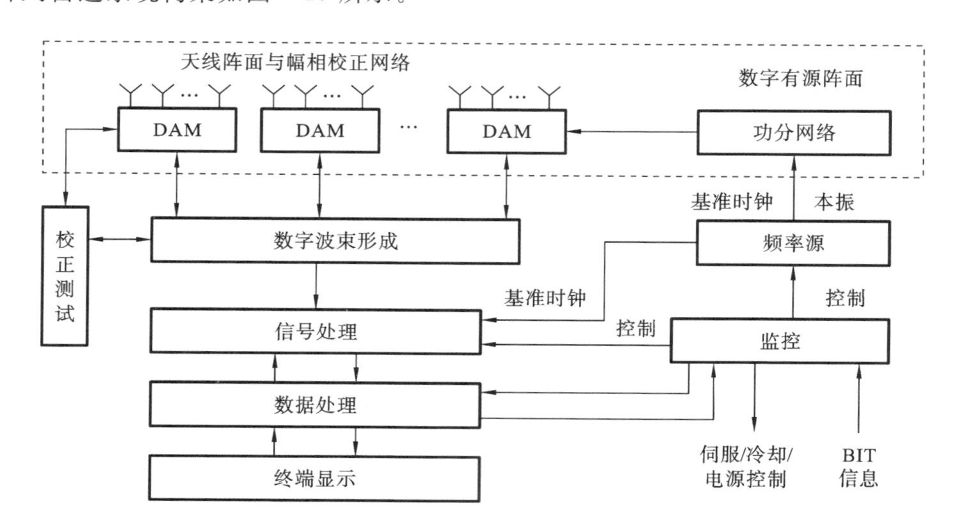

图7-19 数字阵列雷达系统构架

在发射模式下，频率源分机产生各种本振信号和时钟信号送数字阵列模块，同时数字阵列模块收到数字波束形成分机给出发射波束扫描所需的幅度和相位控制信号、时序信号等，数字阵列模块在波形产生时预置相位和幅度，经上变频、功率放大后由天线单元发射出去，在空间进行合成发射波束。在接收模式下，每个天线单元接收的回波信号经过数字阵列模块的下变频与数字转换后，送到数字波束形成分机、信号处理分机、数据处理分机进行数字处理形成目标航迹送雷达终端显示。

工程化的数字阵列雷达系统可由天线阵面、频率源、功分网络、数字阵列模块、综合处理分机、数据处理分机、显控分机、校正分机等功能单元组成，其中综合处理分机涵盖了系统时序控制、数字波束形成、信号处理等功能。

2. 数字阵列雷达的 BIT 结构

数字阵列雷达的 BIT 设计与系统的功能设计紧密结合，采用分布—集中式设计思想。

系统 BIT 相当于中央 BIT 管理器，对多个分机 BIT 信息进行综合管理和分析。系统 BIT 与分机 BIT 采用网络通信，分机 BIT 与模块 BIT 之间通信根据系统实际情况实现，有电缆/光纤传输、总线传输等形式。分机模块有分布式 BIT，各 BIT 独立测试，具有模块级故障隔离能力，各分机 BIT 相当于分机级测试管理器，实现对各模块 BIT 信息的监测、管理，以及启动分机 BIT 测试功能。数字阵列雷达的 BIT 结构如图 7-20 所示。

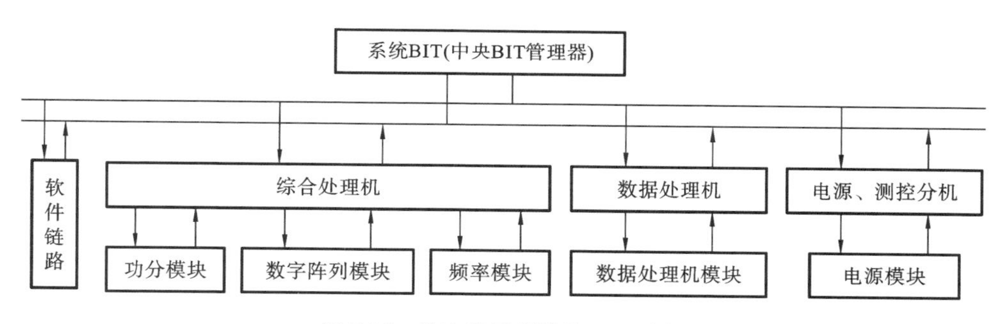

图 7-20　数字阵列雷达的 BIT 结构

3. 数字阵列雷达系统 BIT 工作流程

为实现数字阵列雷达的测试性需求，系统设计时采用多种 BIT。从 BIT 执行的时机，BIT 可以分为加电 BIT、周期 BIT 和启动 BIT。数字阵列雷达系统 BIT 的工作流程如图 7-21 所示。

加电 BIT 是在雷达开机后，对各分系统进行初始化和自测试，确定系统是否达到正常工作状态。测试结果送给中央 BIT 管理器进行分析处理，只有各分系统都正常才进入正常工作模式。检查包括数据处理机的 CPU、内存、各数据接口通信等状态检查，综合处理机、数据处理机的典型功能检查，以及频率源分机的时钟信号、本振信号检查等。

周期 BIT 是在正常工作状态下的检测方式，不影响设备正常工作，在不同工作模式下实时监测各测试点状态，周期性汇报给中央 BIT 管理器，当出现非正常状况时，及时判断故障类型和故障位置。周期 BIT 主要针对影响雷达系统工作的关键测试项，如冷却温度、电源输出、本振信号、系统时钟、T/R 组件通道温度等，以及

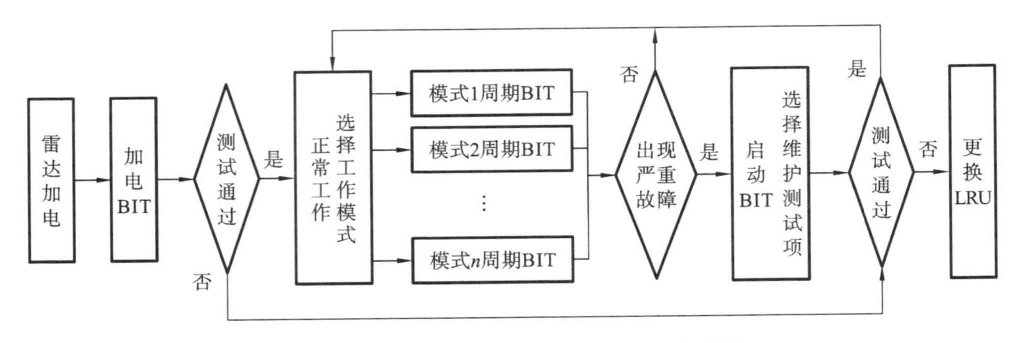

图 7-21　数字阵列雷达系统 BIT 的工作流程

需要结合不同工作时序进行的功能检测，如 DBF、脉压等。

启动 BIT 是指由中央 BIT 管理器启动的系统 BIT 检测模式，这种模式需要利用整个系统的软/硬件资源对系统功能、分系统功能进行检测，需要停止雷达正常工作，针对 BIT 测试项另行安排工作时序，对雷达系统的特定功能或工作方式进行检测，实现故障的深度检测、隔离、确认和排除。通常在出现影响雷达系统正常工作的故障或需要对整个雷达系统进行性能检测时，可以选择进入这种维护模式，通过人工控制，根据不同维护测试项模拟产生测试信号对相应分系统或功能模块进行检测，精确定位故障，如各分系统或几个分系统组合的自检及检测整机功能的模拟目标自检、中频模拟目标自检等。

4. 数字阵列雷达 BIT 实现

1）频率源分机

频率源分机由晶振模块、时钟模块和本振模块组成，为全机提供基准时钟信号和本振信号。时钟信号和本振信号在整个加电期间一直持续，因此采用周期 BIT，即对各模块输出信号功分出一部分功率做电平检测，然后与门限比较，作出故障判断。检测结果通过控制电缆传至综合处理机，通过综合处理机的网络功能传至系统 BIT。该检测是各个模块独立进行的，因此可将故障定位到模块级别。BIT 检测门限根据实际系统测试数据统计所得，并设置合理的容差以期减小 BIT 虚警率。

2）数字阵列模块

数字阵列模块是数字阵列雷达的关键部件，在功能上可以分为发射通道和接收通道。发射通道包含 DDS 数据产生、上变频和功率放大等功能，接收通道包含弱信号放大、下变频和数字采样等。

数字阵列模块的 BIT 包含发射/接收通道检测、各通道温度监测、接收通道噪声电平监测。其中发射/接收通道检测采用启动 BIT；各通道温度监测是周期 BIT；接收通道噪声电平监测是加电 BIT 和周期 BIT。

发射/接收通道检测主要是针对发射通道和接收通道的功能进行检测，系统设计发射通道自检模式和接收通道自检模式。发射通道自检模式通过控制 DAM 发射通道产生射频自检信号，校正分机接收该信号，通过下变频和数字化处理，送综合处理机分析，后给出检测结果送系统 BIT；接收通道检测模式通过控制校正分机发射射频自检信号，DAM 接收通道接收该信号，通过下变频和数字化处理，送综合处理机分析处理，处理结果最后送系统 BIT。两种检测模式信号流程如图 7-22 所示。

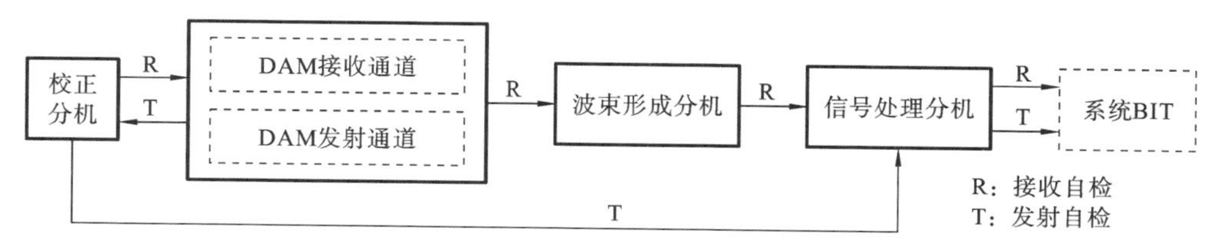

图 7-22 系统发射/接收通道自检流程

温度监测通过设置在各通道内温度传感器实现；接收通道噪声电平检测利用开机时 A/D 校零过程和工作间隙，对采集的 A/D 数据进行分析，用以监视接收通道噪声电平状态。

3）综合处理分机

综合处理分机由综合控制模块、波束形成模块、信号处理模块、计算机模块等构成。综合控制模块实现全机的时序控制；波束形成模块实现方位和俯仰波束合成；信号处理模块实现数据脉压和脉冲多普勒处理、空时自适应处理等功能；计算机模块实现分机网络数据收发和通道校正数据的分析处理。

综合处理分机的 BIT 包含波束形成自检模式、信号处理自检模式以及各模块独立自检模式。波束形成自检模式、信号处理自检模式是系统 BIT，针对波束形成模块和信号处理模块的功能，由系统 BIT 控制，在被检测模块的输入端注入特定的测试数据，逐级处理后在雷达显控界面显示处理结果，并在操作台给出故障模块提示信息。

各模块独立自检由分机测试管理器在上电后和工作间隙对模块的主要元器件（如 CPU、内存、时钟、接口等）状态进行周期性检查。

4）数据处理分机

数据处理分机实为服务器计算机，由刀片计算机、电源模块、交换机等构成，主要担负解模糊处理、测角处理、点迹凝聚、航迹处理、系统 BIT 控制等功能。

数据处理分机的 BIT 包含系统级的数据处理自检模式和服务器系统本身所设计的开机自检和运行期间的周期性自检。数据处理自检模式主要是指从雷达系统角度，对分机在系统中所承担的功能进行检测，由系统 BIT 控制，在数据处理分机的输入端注入特定信号，逐级处理后在雷达显控界面显示处理结果，在操作台给出故障模块提示信息。

服务器系统本身所设计的开机自检和运行期间的周期性自检包括 CPU、内存、时钟、接口等，由数据处理分机测试管理器主导完成，并将模块级别的故障信息报送雷达系统 BIT，详细信息存储于本地非易失性存储器，供深层次故障分析使用。

5）系统 BIT

系统 BIT 为雷达系统整机的测试管理器，所有的 BIT 测试信息最终都汇总到系统 BIT 进行分析和管理。同时，系统 BIT 还可以启动整机级 BIT 检测模式。所谓整机级 BIT 检测模式即启动 BIT，利用全机的软/硬件资源对全机功能或者局部功能进行检测，需退出正常的工作状态，进入系统维护自检状态，由人工启动具体的自检模式。系统根据启动的自检模式编排工作时序和测试数据。

启动 BIT 包括针对数字阵列模块收发通道功能的发射/接收通道自检模式、综合处理分机功能的波束形成自检模式和信号处理自检模式、数据处理分机功能的数据处理自检模式。

另外还有针对整机功能的模拟目标自检和中频模拟目标自检。系统 BIT 示意图如图 7-23 所示，模拟目标自检是在接收通道的输入端灌注模拟目标信号，经下变频等一系列处理后在雷达终端显示模拟目标信息，通过终端显示的模拟目标信息操作人员可以对整机状态进行判定，根据需要还可以对模拟目标进行方位、速度等参数设置。中频模拟目标自检基本同于模拟目标自检，差别仅在于该模式是在接收通道的数字部分之前灌注检测信号。

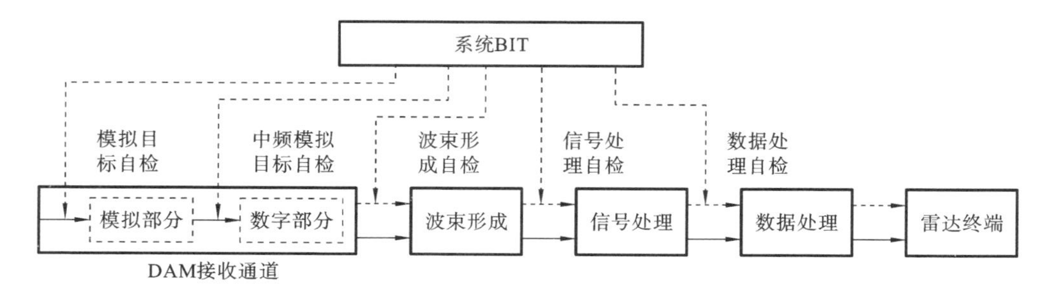

图 7-23　系统 BIT 示意图

以上整机级 BIT 检测模式可根据不同的故障表征和故障诊断策略，合理安排执行次序，可对故障进行检测和定位。

7.8.2 雷达信号处理分系统 BIT 设计

雷达信号处理分系统承担着对雷达回波进行匹配滤波处理，并从杂波背景中检测目标回波信号的任务，其 BIT 设计是提高系统测试性水平与诊断能力的重要途径。

1. 信号处理分系统架构

雷达前端射频信号经过下变频，多路正交采样变换为 I/Q 信号送到信号处理分系统，在信号处理分系统中经过数字波束形成、脉冲压缩、杂波抑制、恒虚警和滑窗检测等处理后，送往数据处理系统进一步处理。

信号处理分系统通常采用 CPCI 总线架构，系统内所有模块/现场可更换单元(LRU)基本上都是通过 CPCI 总线实现数据和指令互联。CPCI 总线具有数据传输速度快、可扩展能力强、控制方式灵活等特点。系统模块的功能主要通过 DSP 芯片和 FPGA 等器件实现，对内对外接口除了 CPCI 总线之外，通常还有光纤、网络、高速串行总线(如 Rapid IO)等。

信号处理分系统的模块一般包括电源模块、接口模块、计算机模块、数字波束形成模块、脉冲压缩模块、杂波抑制模块、恒虚警模块、滑窗检测模块等，系统架构如图 7-24 所示。

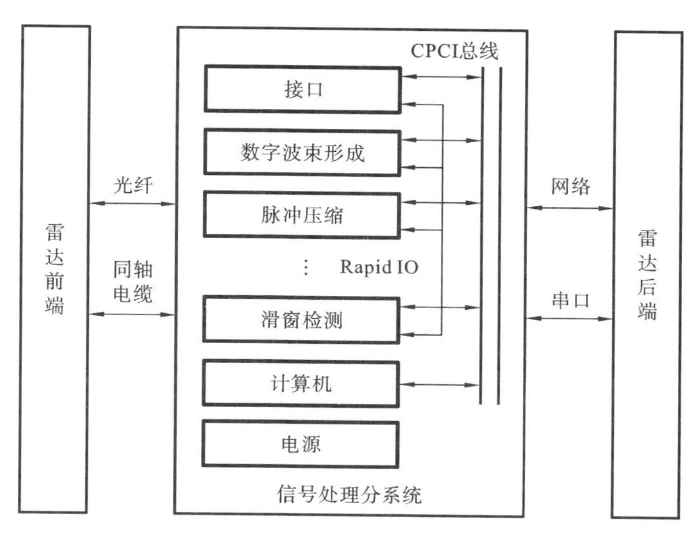

图 7-24 信号处理分系统架构

2. 信号处理分系统 BIT 工作模式

信号处理分系统一般具有三种 BIT 工作模式：加电 BIT、周期 BIT、维护 BIT。

加电 BIT 主要用于在雷达开机之前检查信号处理分系统及其组成设备的工作状态是否正常，能否投入正常运行。周期 BIT 主要用于信号处理分系统在执行任务期间周期地、持续地进行系统的状态监测和故障诊断。维护 BIT 主要用于信号处理分系统在维护模式下的检测和诊断，检查和确认工作过程中出现的故障，并进一步隔离故障。

在加电 BIT 模式下，计算机模块作为通信和系统模块，可以通过 CPCI 总线读取其他模块的 ID 号进行检测，判断各模块是否正常注册；在周期 BIT 模式下，计算机模块通过 CPCI 总线定时访问这些模块的存储器，通过读写操作，判断各模块是否正常工作。信号处理分系统各模块将自检故障通过 CPCI 总线传输给计算机模块，计算机模块将 BIT 信息收集、汇总后，通过网络发送给后端的主控计算机进行进一步的故障处理。

3. 信号处理分系统 BIT 工作流程

BIT 工作流程包括故障检测、故障定位、故障隔离三部分。信号处理分系统 BIT 工作流程如图 7-25 所示。

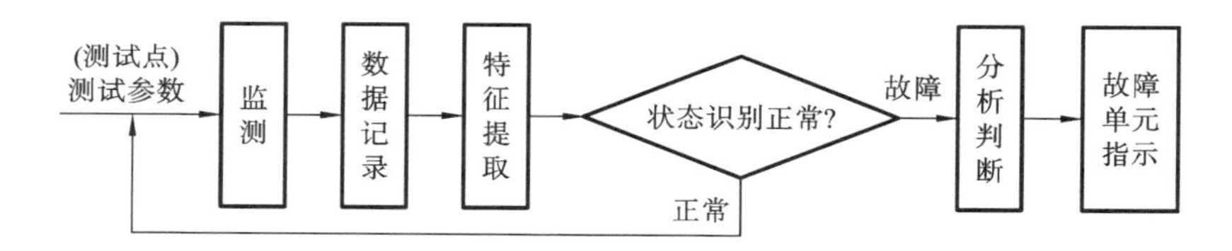

图 7-25 信号处理分系统 BIT 工作流程

4. 信号处理分系统 BIT 检测顺序

由于信号处理分系统存在固定的数据流向和处理流程，所以在模块的 BIT 检测上存在着检测优先次序，如图 7-26 所示。

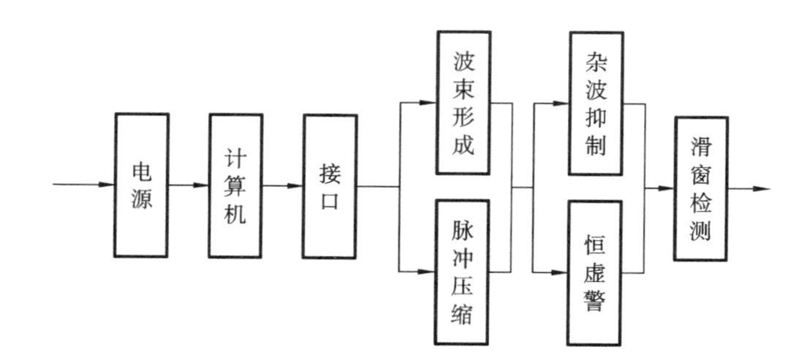

图 7-26 信号处理分系统故障检测优先次序

7.8.3　有源相控阵雷达天线阵面的测试性设计

有源相控阵天线阵面一般由阵列单元(辐射单元)、T/R 组件(包含收发通道、波控单元、移相器、衰减器等)、馈电网络、波控计算机、电源组成。

天线阵面可以有不同的组织架构形式。阵面可以由多个子阵组成,每个子阵内含多个 T/R 组件;也可是所有的 T/R 组件构成一个阵面。

1. 测试性设计输入信息

测试性设计输入信息是进行天线阵面测试性设计的依据,需要收集主要测试性设计输入信息的类型、功能和来源,如表 7-6 所示。

表 7-6　主要测试性设计输入信息

序号	类　型	功　能	来　源
1	测试性指标要求	测试性指标分配、预计和验证的依据	分系统任务书
2	测试项目要求	确定测试项目	分系统任务书
3	测试同步要求	确定 BIT 测试时序	分系统任务书
4	测试控制指令要求	确定 BIT 测试控制方法	分系统任务书
5	BIT 信息接口要求	确定 BIT 通信功能	分系统任务书
6	维修性、安全性要求	确定测试项目和 BIT 类型	分系统任务书
7	分系统功能框图	测试方案设计和测试性指标预计	分系统设计方案
8	可靠性预计数据	确定测试项目、测试性指标预计	分系统可靠性预计报告
9	FMECA 分析报告	确定测试项目、测试性指标预计	分系统 FMECA 分析报告

2. 测试性信息分析

基于 FMECA 报告数据,综合考虑故障率、机内测试和外部测试等因素,确定每种故障模式的故障检测和故障隔离需求,为 BIT 设计提供依据。

某雷达有源相控阵天线分系统的测试性指标为:故障检测率不小于 90%;隔离到 1 个 LRU 的故障隔离率不小于 80%;隔离到 2 个 LRU 的故障隔离率不小于 85%;隔离到 3 个 LRU 的故障隔离率不小于 90%。

有源相控阵天线阵面的测试性信息分析结果如表 7-7 所示。

表 7-7　LRU 级测试性信息分析示例表

LRU 名称	故障率 λ_i/(10^{-6}/h)	故障模式 FM	故障模式频数比 α	故障模式的故障率 λ_{FMi}/(10^{-6}/h)	BIT 故障检测需求 λ_{Di}/(10^{-6}/h)			BIT 故障隔离需求 λ_{Li}/(10^{-6}/h)			外部测试需求
					加电 BIT	周期 BIT	启动 BIT	1 个 LRU	2 个 LRU	3 个 LRU	
T/R 组件 1	100	电源故障	0.1	10	2	—	4	5	5	6	0
		功率输出故障	0.2	20	—	—	18	16	16	16	0
		温度故障	0.1	10	—	8	—	8	8	8	0
		测试信号故障	0.1	10	—	—	8	8	8	8	0
		激励信号故障	0.05	5	—	—	4	3	3	4	0
		接收幅度故障	0.05	5	—	—	5	4	4	5	0
		接收相位故障	0.05	5	—	—	5	4	4	5	0
		发射幅度故障	0.2	20	—	—	20	16	17	18	0
		发射相位故障	0.1	10	—	—	9	8	9	9	0
		输入控制信号故障	0.05	5	—	—	4	4	4	4	4
…	…	…	…	…	…	…	…	…	…	…	…
馈电网络	10	损耗增加	0.9	9	—	—	8	4	5	6	5
		无输出	0.1	1	—	—	1	1	1	1	0
波控计算机	20	输入控制信号错误	0.5	10	—	—	8	6	7	8	0
		输出控制信号错误	0.5	10	—	—	8	6	7	8	10

表 7-7 的说明如下。

(1) LRU 名称是列出分系统或组成部分的所有 LRU 名称。

(2) 故障率 λ_i 为第 i 个 LRU 故障率，该数据来源于可靠性预计的结果。

(3) 故障模式 FM 与 FMECA 中的故障模式含义相同。

(4) 故障模式频数比 α 为某种故障模式的故障率与 LRU 的故障率之比。

(5) 故障模式的故障率 λ_{FMi} 为某种故障模式的频数比 α 与 LRU 的故障率之积。

(6) BIT 故障检测需求 λ_{Di} 为每一列对应的测试方法应能检测到的故障率。

(7) BIT 故障隔离需求 λ_{Li} 为每一列对应的故障隔离模糊度要求下应能隔离到的故障率，包括把该故障模式隔离到 1 个 LRU、2 个 LRU 或 3 个 LRU 的隔离需求。

(8) 外部测试需求对需要用外部测试检测的故障模式填写对应故障模式的故

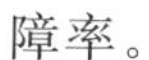
障率。

3. 测试点设计

1）测试点设计原则

（1）测试点设计应能满足故障检测率和故障隔离率的需要。

（2）测试点应设置在故障检测的敏感位置。

（3）测试点设计应通过测试性建模分析进行优化，以优化测试点的位置和消除冗余测试点。

（4）测试点的设置应对系统正常性能没有影响。

（5）人工测试点应设置在易于测试的位置，并考虑测试安全。

（6）在包含CPU的模块中，尽可能提供通信测试接口，以便利用便携式计算机直接读取模块的状态信息。

2）测试点的选取

有源相控阵雷达天线阵面可以根据其组成进行测试点的选取，常用测试点名称和测试点类型如表7-8所示。

表7-8 有源相控阵雷达天线阵面常用测试点的名称和类型

序号	测试点名称		测试点类型	
	LRU名称	信号名称	BIT测试点	人工测试点
1	T/R组件	接收通道输出	●	—
		发射通道输出	●	—
		功率	●	—
		温度	●	—
		控制信息	●	—
2	射频分配网络	射频输出	●	●
3	功率分配网络	射频输出	●	●
4	波束合成网络	射频输出	●	●
5	波束控制器	控制信号输出	●	●
		波控数据输出	●	●

注：“●”为已选；“—”为未选。

4. BIT设计

1）BIT设计准则

（1）测试项目应根据测试性需求分析结果进行设置。

（2）用最少的测试项目满足故障检测和故障隔离的需要。

(3) 周期 BIT 所占用的测试时间应小于系统分配的时间。

(4) BIT 的可靠性应高于被测试对象的可靠性。

(5) 应尽可能利用软件实现 BIT 的功能。

(6) BIT 测试容差应考虑环境变化的影响。

(7) 对于易出现虚警的测试项目,应采用措施降低虚警。

(8) 分系统 BIT 采集到的信息应尽可能上报给中央测试系统。

2) BIT 测试项目

BIT 测试项目是指 BIT 为了检测天线阵面的故障模式而设置的各种测试。测试项目的设置应满足测试性需求分析中各种故障模式的检测和定位需要。有些测试项目只能检测一种故障模式,而有些测试项目可以同时检测多个故障模式。

某有源相控阵雷达天线阵面 BIT 常用测试项目如表 7-9 所示,在具体应用中可根据实际需要对测试项目进行增加或剪裁。

表 7-9 某有源相控阵雷达天线阵面 BIT 常用测试项目

序号	测试项目	BIT 类型			可检测故障模式
		加电 BIT	周期 BIT	启动 BIT	
1	接收通道幅度	—	—	●	接收通道幅度、射频分配器输出、波束合成网络等故障
2	接收通道相位	—	—	●	接收通道相位故障
3	发射通道幅度	—	—	●	发射通道幅度故障
4	发射通道相位	—	—	●	发射通道相位故障
5	接收波瓣	—	—	●	损耗增加、无输出、输出控制数据故障、输出波控定时故障
6	发射波瓣	—	—	●	损耗增加、无输出
7	T/R 组件功率检测	●	●	●	功率故障
8	T/R 组件温度检测	●	●	●	温度故障
9	T/R 组件测试输入	○	○	●	输入故障
10	T/R 组件激励输入	○	○	●	输入故障
11	T/R 组件电源输入	●	●	●	电源故障
12	T/R 组件控制输入	●	○	●	控制输入故障
13	T/R 组件控制输出	●	○	●	控制输出故障

注:"●"为已选;"—"为未选;"○"为可选。

5. 外部测试设计

外部测试设计是针对有源相控阵雷达天线阵面在研制、生产以及使用维护过程中所需要的外部测试项目而进行的测试性设计。外部测试项目用于测试天线阵面的功能、性能参数以及故障隔离。需要的外部测试项目一般包括两类：BIT测试未能覆盖的测试项目和BIT测试精度不能满足要求的测试项目。

有源相控阵雷达天线阵面所需要的外部测试项目、测试点、测试资源要求和测试方法如表7-10所示。

表7-10　外部测试项目、测试点、测试资源要求和测试方法

序号	测试项目	测试点	测试资源要求	测试方法
1	天线发射波瓣	天线单元	波瓣测试仪	直接测量
2	天线接收波瓣	天线单元	远场和近场测试设备	间接测量
3	馈线损耗、驻波	馈线网络输入端	矢量网络分析仪	直接测量
4	波控输入波形	波束控制器	示波器	直接测量
5	波控输出波形	波束控制器	示波器	直接测量
6	T/R组件波控输入波形	T/R组件	示波器	直接测量

注：间接测量是指需要通过计算机处理得到测试结果的测试方法。

思考题

1. 测试性设计主要包括哪些内容？
2. 诊断方案由哪些要素组成？
3. 简述固有测试性设计的目的。
4. BIT类型有哪些？雷达装备BIT设计主要采用哪些类型的BIT？
5. 什么是智能BIT技术？主要包含哪方面的内容？
6. 测试点类型主要包括哪些？如何选择测试点？
7. 什么是兼容性设计？兼容性设计主要考虑哪些方面？

参考文献

[1] 石君友.测试性设计分析与验证[M].北京：国防工业出版社，2011.

[2] 田仲,石君友.系统测试性设计分析与验证[M].北京:北京航空航天大学出版社,2003.
[3] 王红霞,叶晓慧.装备测试性设计分析验证技术[M].北京:电子工业出版社,2018.
[4] 黄考利.装备测试性设计与分析[M].北京:兵器工业出版社,2005.
[5] 邱静,刘冠军,吕克洪.机电系统机内测试降虚警技术[M].北京:科学出版社,2009.
[6] 常春贺,杨江平.雷达装备测试性理论与评估方法[M].武汉:华中师范大学出版社,2016.
[7] 中国人民解放军总装备部.GJB 2547A—2012 装备测试性工作通用要求[S].北京:总装备部军标出版发行部,2012.
[8] 中国人民解放军总装备部.GJB 3970—2000 军用地面雷达测试性要求[S].北京:总装备部军标出版发行部,2000.
[9] 中央军委装备发展部. GJB 8892.12—2017 武器装备论证通用要求 第12部分:测试性[S].北京:国家军用标准出版发行部,2017.
[10] 国家国防科技工业局.SJ/Z 20695—2016 地面雷达测试性设计指南[S].北京:中国电子技术标准化研究院,2016.
[11] 徐永成,温熙森,刘冠军,等.智能BIT概念与内涵探讨[J].计算机工程与应用,2001(14):29-32.
[12] 侯其坤.机载雷达系统的BIT设计[J].现代雷达,2003(11):7-9.
[13] 苏洲阳.相控阵雷达系统的BIT设计和故障诊断方法[J].电子测量技术,2021,44(04):172-176.
[14] 吕永乐.雷达通用中央BIT软件集成平台[J].现代雷达,2014,36(09):1-5,48.
[15] 宋秀芬,夏勇,张学森.地面情报雷达信号处理系统BIT设计[J].科技信息,2014(11):231-232.
[16] 何其彧.基于诊断树与贝叶斯网的相控阵雷达中央BIT诊断系统设计[D].长沙:国防科技大学,2013.
[17] 黄正英.数字阵列雷达系统的BIT设计[J].数字技术与应用,2012(05):124-125.
[18] 王琳.火控雷达BIT设计与实现[J].科技信息,2011(01):37,7.
[19] 张贤志,杨红梅,盛文,等.基于CAN总线的雷达装备BIT故障诊断专家系统研究[J].微型机与应用,2011,30(03):58-60.
[20] 陈新忠.雷达机内测试(BIT)系统的设计[J].电子测量技术,2008(03):

134-137.
[21] 胡文华，史林，薛东方. 雷达智能 BIT 中整机性能监测系统的设计与实现[J]. 计算机测量与控制，2012，20(07)：1883-1885.
[22] 张志虎，余酣冬，黄强. 机扫雷达智能 BIT 系统设计[J]. 现代雷达，2014，36(12)：21-25.
[23] 张钊凤. 固态发射机 BIT 系统设计[J]. 现代雷达，2001(S1)：70-71.
[24] 马强. 机载有源相控阵雷达的 BIT 设计[J]. 电子质量，2022(10)：171-174.
[25] 陈倩. 地面雷达系统级测试性设计方法[J]. 现代雷达，2017，39(07)：85-87.
[26] 赵继承，顾宗山，吴昊，等. 雷达系统测试性设计[J]. 雷达科学与技术，2009，7(03)：174-179.
[27] 张志虎，余酣冬，黄强. 机扫雷达智能 BIT 系统设计[J]. 现代雷达，2014，36(12)：21-25.
[28] 张宏伟，李志强，都学新. 火控雷达 BIT 设计研究[J]. 现代雷达，2001(04)：31-33.
[29] 朱玉祐. 基于功能分析的分布式 BIT 设计[J]. 测控技术，2017，36(12)：150-153.
[30] 孙思琦，王春辉，吴栋，等. 某设备典型功能的 BIT 设计分析[J]. 环境技术，2019(S2)：70-74，88.
[31] 付剑平，陆民燕. 软件测试性定义研究[J]. 计算机应用与软件，2010，27(02)：141-143，153.
[32] 付剑平，陆民燕. 软件测试性度量框架研究[J]. 计算机工程，2009，35(14)：60-62.
[33] 周震震，王铁辰. 软件测试性需求分析方法研究[J]. 微计算机信息，2010，26(27)：97-98，107.
[34] 唐佳丽. 面向对象软件测试性度量及应用研究[D]. 石家庄：河北师范大学，2021.
[35] 王萌. 基于融合模型和 Transformer 的软件测试性度量模型的研究及应用[D]. 石家庄：河北师范大学，2023.
[36] 雷万保. 雷达系统软件可测试性研究[J]. 信息化研究，2011，37(06)：1-3.
[37] 邱恩海. 浅析如何提升软件测试质量[J]. 数字技术与应用，2010(04)：100-101.
[38] 袁利，王磊. 星载软件可测试性设计方法[J]. 中国空间科学技术，2010，30(04)：31-37.

第8章

雷达装备诊断策略设计

8.1 概　　述

8.1.1 诊断策略设计研究目的及意义

1. 研究目的

雷达装备作为现代预警监视装备体系的重要组成，常年担负战备值班任务，其使用和维护费用占寿命周期费用的主要部分。因此，必须要在雷达装备的研制阶段开展诊断策略设计工作，以提高雷达装备性能监测和故障诊断能力，使得装备便于使用和维修，达到减少维修资源，减少寿命周期费用的目的。

诊断策略设计是装备测试性工作中的一项重要内容[1]，其目的是设计一组测试序列，以最少的费用检测和隔离故障。GJB 2547A—2012 将诊断策略定义为“综合考虑规定约束、目标和有关影响因素而确定的、用于依据观测数据进行故障诊断的测试判断逻辑”[1]。诊断策略既可应用于装备的工程研制与定型阶段，也可以在使用阶段指导装备的故障诊断，是提高故障诊断效率、改善装备故障诊断能力、减少寿命周期费用的关键。

2. 研究意义

雷达装备诊断策略设计以装备相关性数学模型的建立为基础，通过采用相应的算法或方法对矩阵进行分析和处理，优选检测和隔离故障的测试和测试点，并以此设计雷达装备的故障诊断策略。建立雷达装备的相关性模型，在模型的基础上进行诊断策略设计，能够有效分析雷达装备的测试性方案是否满足规定的测试性指标要求，识别和纠正装备的测试性设计缺陷，同时构建期望测试费用少、消耗时间短、隔离精度高的故障诊断策略，达到以较少的时间、人力和测试成本，快速、准确地检测和隔离雷达装备故障的目的。其意义主要体现在以下几个方面。

(1) 全面、系统地描述雷达装备测试性特性。相关性模型能够直观地表现雷达装备组成单元的故障模式、测试及相关信号之间的相关性逻辑关系。建立雷达装备相关性模型，能够使装备设计人员获取雷达装备测试性相关信息。在相关性模型的基础上，装备设计人员能够定性分析雷达装备测试点位置、功能和结构划分等是否满足测试性要求；定量计算雷达装备故障检测率、故障隔离率等测试性指标。通过分析相应的测试性参数，有效评估装备测试性水平，为后续雷达装备诊断策略设计和测试性增长等工作提供依据。

(2) 提高雷达装备故障检测和隔离能力。对雷达装备的相关性模型进行静态分析，能够指出装备测试性设计中存在的不足，识别未检测故障、冗余测试、故障隔离模糊度、无用测试和测试点等信息。针对这些不足，可以改进雷达装备的测试性设计，从而提高装备的故障检测率和故障隔离率。对雷达装备进行诊断策略设计，可以大大节约时间、资源成本，快速、准确地检测和隔离装备故障，同时降低人力需求，提高装备故障检测和隔离效率。

(3) 减少雷达装备测试和维护费用。最优诊断策略是一组测试序列，能够以最少的测试费用实现对雷达装备的性能监测和故障诊断。在相关性模型基础上，利用相应的算法或方法，以期望费用最少为原则，对雷达装备进行诊断策略设计，能够使装备设计人员和装备保障人员优化装备测试资源，实现对测试资源的合理调度，同时减少测试和维修资源需求，减少雷达装备的寿命周期费用。

8.1.2 诊断策略设计研究现状

诊断策略设计是装备测试性工作中的一项重要内容，其目的是在相关性数学模型的基础上，实现测试资源的优化选择，同时设计一组测试序列，达到以较少的期望测试费用快速、准确地检测和隔离装故障状态的目的。该技术既可应用于装备的工程研制与设计阶段，也可以在使用维护阶段指导装备的故障诊断，对保持和发挥装备作战效能、减少测试和维修资源需求、减少装备寿命周期费用等具有重要的作用。

Pattipati 证明了诊断策略设计问题是 NP-Complete 问题[2]，穷举法虽然能得到最优的诊断策略，但其计算量随问题的复杂度增加而呈指数增长。针对这一问题，国内外学者提出了不少优化算法，最常用的方法是 AND/OR 图启发式搜索方法和智能优化算法。其中，AND/OR 图启发式搜索方法将诊断策略设计问题表示为 AND/OR 图上有序的最优搜索问题。AND/OR 图中，根节点为包含所有故障状态的模糊集，代表着诊断策略要求解的原始问题；终端叶节点代表最终求解的故障状态；AND 节点代表测试；OR 节点代表待求解的故障状态模糊子集。

AND/OR 图启发式搜索方法按照启发式函数和搜索策略的差异可分为不同的算法或方法。在诊断策略的设计过程中，贪婪搜索方法只考虑当前测试的影响，每次选择使启发式评估函数达到最优值测试，无回溯或迭代等步骤，因此也称为一步向前寻优算法。诊断策略设计是一个不断减小故障状态不确定性的过程，受无噪声编码的启发，Johnson 以单位费用互信息量构造启发式函数[3]，提出了信息熵算法。信息熵算法综合考虑了故障概率、故障和测试的相关性和测试费用等因素，在优选测试时，每次选择使故障-测试互信息量和测试费用的比值最大的测试为最优测试。基于信息熵算法，李光升等[4]和周玉良等[5]分别研究设计了的装甲车辆电源系统和导弹姿态稳定分系统的故障诊断策略。黄以锋等[6]以驱动电流控制电路为例，分析研究了电路的测试点优化策略。景小宁等[7]着重分析了信息熵算法的优越性。

石君友[8]基于相关性模型研究了“测试点最少”的诊断策略设计方法。该方法以故障检测权值和故障隔离权值构造启发式函数，按照先检测、后隔离的方式设计诊断策略。基于此方法，闫晓鹏等[9]对无线电引信进行了相关性模型的建模和诊断策略设计；刘刚等[10]和刘晓白等[11]研究设计了舰船装备的诊断策略；姜为学等[12]优化了某高炮装备的火控分系统的故障诊断策略；梁海波等[13]建立了电源滤波组合的相关性模型，根据故障检测权值和故障隔离权值优选了故障检测用测试点及故障隔离用测试点，在此基础上制定了相应的故障诊断策略；李光升等[14]研究设计了某型装甲车辆电气系统的故障诊断策略。

贪婪搜索方法在选择测试时，只考虑当前的最优测试，复杂度小、操作简单，但在构造诊断策略时没有考虑后续测试的影响，因此最优性不佳。针对这一问题，Pattipati 等提出了 AO* 算法[2]。AO* 算法通过回溯修正测试费用保证构造诊断策略的最优性，其主要包括两个步骤：第一个步骤是利用启发式函数自上而下地扩展诊断树，依次选择备选测试集中的测试，根据测试的输出结果将当前节点划分为不同的支节点，使用基于霍夫曼编码的启发式评估函数对隔离这些支节点所需测试费用的下界值进行估计，并根据支节点的概率大小加权求和，作为其对应测试的启发式函数值，选择使启发式函数达到最优值的测试为最佳测试；第二个步骤是自下而上地费用修正，每次扩展诊断树后，从最新被拓展的节点开始，将测试费用逐步向上回溯,直到根节点,并修正测试费用,根据最新计算的测试费用重新选择最优的测试序列。为减少 AO* 算法的回溯次数,从而降低计算量,吕游等[15]引入了 β 系数,只有当前估计测试费用超出最优策略估计测试费用的 $1+\beta$ 倍时才改变最优策略。此方法虽然会降低搜索精度,但会提高算法效率。蒋荣华等[16]和王丽丽等[17]为解决 AO* 算法计算量较大的问题,根据离散粒子群算法收敛速度快、全局优化性能好的特点,提出先采用离散粒子群算法对测试集进行优选、后使用 AO* 算法生成诊断策略的方法。赵文俊等[18]将 AO* 算法与多值测试属性问题结合,研究了测试多值输出条件下的诊断策略设计方法。陈锋等[19]基于 AO* 算法研究设计了舰炮制导弹药的故障诊断策略。

AO* 算法虽然能获得近似最优的结果,但其搜索过程过于复杂,容易陷入回溯和递归过程,导致计算时间增加。为克服 AO* 算法计算爆炸的问题,TU 等[20]以信息熵算法为基准策略,使用回溯策略对基准策略进行迭代,提出了一步前向回溯的 Rollout 算法。Rollout 算法在设计诊断策略时使用基准策略构造以备选测试集中测试为顶点的诊断树,并计算相应的费用,选择使期望测试费用最少的诊断树所对应的测试为最优测试。刘远宏等基于 Rollout 算法,提出了针对具有多种工作模式系统[21]和测试多值输出系统[22]的诊断策略设计方法。黄以锋等[23]针对分层系统,提出根据系统的故障隔离层次使用 Rollout 算法设计诊断策略,将相关性矩阵分成更小的矩阵进行处理,减少了分层系统的计算复杂度。

AND/OR 图启发式搜索方法通过启发式评估函数求解最优的诊断策略,其结果的最优性主要依靠启发式评估函数的性能,且搜索过程较为复杂。因此,许多学者将智能优化算法应用于诊断策略设计问题中。智能优化算法主要模拟自然界的优化过程,具有简单、通用和便于并行处理等特点。智能优化方法能够提高诊断策略设计的效率,减少计算时间,并且随着处理对象规模增加,这种效果会更加明显。蚁群算法将诊断策略设计问题转换为蚁群搜索最小完备测试序列问题,通过建立蚂蚁的状态转移规则和信息素更新机制,实现装备的诊断策略设计[24]。在蚁群算法的基础上,焦晓璇等[25]通过额外强化每次迭代的最优路径,提出了基于精华蚂蚁系统的诊断策略设计方法。潘佳梁等[26]使用蚁群算法构建了雷达频率合成系统的故障诊断策略。在粒子群算法方面,吕晓明等[27]在离散粒子群算法的基础上,针对算法容易陷入早熟收敛的问题,引入了混沌变量,通过控制种群的多样性,提高了算法总体性能,并将改进的算法应用于诊断策略设计问题。刘丽亚等[28]基于混沌粒子群优化算法研究了雷达装备诊断策略设计过程。石翌等[29]通过赋予粒子群算法自适应搜索能力,使得其在诊断策略设计过程中能够保持较好的种群多样性,从而提高了算法的全局最优性。张悦宁等[30]针对粒子群算法容易早熟的缺陷,提出了基于梦境粒子群优化的类集成测试序列生成方法,减缓了算法的收敛速度，避免过早陷入局部最优。在遗传算法方面，于劲松等[31]采用变长染色体表示有效测试策略，根据测试费用排序进行适配度分配，设计了适用于顺序编码的遗传操作，经过进化计算获得期望费用最少的测试策略。梁竞敏等[32]将退火局部寻优与遗传算法结合，提出了基于遗传退火算法的诊断策略设计方法。在差分进化算法方面，朱敏等[33]将差分进化算法应用于诊断策略设计问题中，通过随机变异操作和扰动操作提高了算法的全局搜索能力，通过引入局部动态搜索算子提高了算法收敛速度。邱晓红等[34]构造了综合故障检测率、故障隔离率和测试费用的适应度函数，通过对差分进化算法增加额外的惯性速度因子项对复杂系统的诊断策略进行了求解。

为了简化分析，以上诊断策略设计方法都是在理想状态的假设条件下提出的，即同一时刻最多只有一个故障发生，测试输出只有“0”和“1”两种情况，且测试结果可靠，不考虑漏检概率和虚警概率的影响。但在装备的实际使用过程中往往会发生多故障并发的情况，且测试会有多值输出，测试结果也不一定可靠。

针对多故障条件下的诊断策略设计问题，Grunberg 等提出使用紧致集[35]表示多故障模糊组，并用来描述多故障状态。在此基础上，Shakeri 等[36]通过引入维修/替换操作，提出了基于确定策略的多故障诊断策略设计方法；王子玲等提出了基于扩展单故障策略[37]和基于最小碰集的多故障诊断算法[38]；王红霞等提出一种通过集合覆盖求解掩盖故障的方法[39]，通过单故障扩展方法获得多故障的诊断策略[40]。杨鹏等[41]采用布尔逻辑运算生成每步测试执行后的完备最小割集，利用信息熵算法生成近似最优诊断策略。郑致刚等[42]将多故障模糊组与基于信息启发式贪婪算法结合，提出了即时生成多故障诊断策略的方法。王显等[43]通过定义测试的最小可测度，提出检测到故障发生后，就立刻进行维修操作，以此来隔离多故障状态。黄以锋等[44-47]根据多故障状态对相关性矩阵进行了拓展，利用 Rollout 算法研究了冗余系统和非冗余系统的多故障诊断策略设计方法。蒋荣华等[48]利用离散粒子群算法求解冲突集的最小碰集，识别了掩盖故障。吕晓明等[26]利用二进制粒子群算法，石宇等[49]运用混合策略的离散差分进化算法求解了多故障模糊组的最小集并生成了相应的多故障诊断策略。

对于多值测试属性的诊断策略设计问题，杨鹏等[50]将信息熵算法与多值测试输出的特点结合，提出了基于多值测试的诊断策略设计方法。王成刚等[51]将多值关联矩阵扩展为二值关联矩阵，利用 AO^* 算法对扩展矩阵进行了求解。黄以锋等基于 Rollout 算法[52]和信息熵算法[53]分别提出了多值属性系统的诊断策略。张峻宾等[54]利用蚁群算法设计了电子设备多值测试的故障诊断策略。田恒等[55]在蚁群算法的基础上，通过综合考虑信息素矩阵、蚂蚁比重和测试费用的影响，重新制定了状态转移规则；通过引入信息素矩阵，改进了传统蚁群算法随机性大、计算时间长的缺点,同时基于改进的蚁群算法,提出了一种多值测试属性的诊断策略设计方法。孟亚峰等[56]通过在蚁群算法中引入遗传算法的变异思想,提高了多值测试诊断策略的最优性。

针对测试不可靠的条件,董海迪等[57]通过引入检测率和虚警概率,综合考虑了错诊代价和漏诊代价,研究了复杂系统在测试不可靠条件下的诊断策略设计问题。叶晓慧等[58]基于贪婪算法,通过对故障检测率、虚警率和漏检率进行加权处理,提出了综合考虑测试费用和误诊费用的优化目标,通过动态调整启发式函数中故障检测权值和故障隔离权值的比重,使得该方法具有先检测、后隔离的特点。羌晓清等[59]基于 Rollout 算法,研究了测试不可靠条件下的诊断策略。廖小燕等[60]考虑了不可靠测试和现场约束条件影响,提出了动态的诊断策略设计方法,该方法比传统静态诊断策略更具适应性和实用性。叶文等[61]根据故障检测概率和虚警概率,构建了可靠度函数,提出了考虑测试可靠度的诊断策略设计方法。韩露等[62]构建了包含漏诊代价、误诊代价和测试费用的启发式函数,利用精华蚂蚁系统算法对测试不可靠条件下的诊断策略设计问题进行了求解。

8.2 基于贪婪搜索的雷达装备诊断策略设计方法

基于贪婪搜索的诊断策略设计方法又称为贪婪算法或贪心算法。贪婪搜索方法通过启发式评估函数优选测试序列并构造诊断策略,在进行测试优选时,只考虑当前测试的影响,每次选择使启发式评估函数达到最优值所对应的测试,根据测试结果诊断隔离故障,划分故障模糊子集,并将诊断树不断向下拓展,直至将故障隔离到最小模糊单元。

8.2.1 诊断策略问题描述

1. 基本假设

为简化分析,首先提出如下的假设条件。

(1) 单故障假设。不考虑多种故障并发的情况,假设在同一时刻装备最多只有一个故障发生。

(2) 二值测试属性假设。测试的输出结果只有“0”和“1”两种情况,其中“0”代表测试通过,“1”代表测试不通过。

(3) 假设测试的输出结果可靠。不考虑漏检概率和虚警概率的影响。

(4) 静态的故障状态假设。在诊断策略设计的过程中,装备的故障状态不会变化,不考虑故障状态的瞬发和演变过程。

2. 诊断策略模型描述

诊断策略问题可描述为五元组$\langle F,T,C,\boldsymbol{D},P\rangle$[36]。

(1) $F=\{f_0,f_1,\cdots,f_m\}$为装备故障状态集,包含装备所有的故障状态,其中,f_0 是无故障状态,$f_i(i=1,2,\cdots,m)$表示当且仅当第 i 个故障发生时的故障状态。

(2) $T=\{t_1,t_2,\cdots,t_n\}$为装备的测试集,规定测试只有通过、不通过两种情况,且测试结果可靠。

(3) $C=\{c_1,c_2,\cdots,c_n\}$表示 n 个测试对应的测试费用的集合,其中 c_j 表示执行测试 t_j 所需的费用。设定测试费用为无量纲的物理量。

(4) $\boldsymbol{D}=[d_{ij}]_{(m+1)\times n}$为故障-测试相关矩阵,相关性矩阵是诊断策略设计的基础和前提,描述了故障状态和测试之间的相互关系。其中,行表示装备的故障状态,列表示测试,矩阵中元素 d_{ij} 的值为 0 或 1。$d_{ij}=1$ 表示测试 t_j 可以检测故障 f_i,即故障发生时,测试不通过;$d_{ij}=0$,表示 t_j 不能够检测故障 f_i,即故障发生时,测试通过,$d_{0j}=0,\forall j$。

(5) $P=\{(f_0),P(f_1),\cdots,P(f_m)\}$表示与 $m+1$ 个装备故障状态对应的先验概率的集合,$P(f_0)$表示装备无故障的概率,其在 P 中占有较大比例,$P(f_i)$为仅有 f_i 发生的概率,由下列公式计算:

$$P(f_0)=\frac{\sum_{k=1}^{m}(1-\lambda_k)}{\sum_{k=1}^{m}(1-\lambda_k)+\sum_{k=1}^{m}\left(\lambda_k\prod_{k=1,k\neq i}^{m}(1-\lambda_k)\right)}=\frac{1}{1+\sum_{k=1}^{m}\lambda_k/(1-\lambda_k)} \tag{8.1}$$

$$P(f_i)=\frac{\lambda_i\prod_{k=1,k\neq i}^{m}(1-\lambda_k)}{\prod_{k=1}^{m}(1-\lambda_k)+\sum_{k=1}^{m}\left(\lambda_i\prod_{k=1,k\neq i}^{m}(1-\lambda_k)\right)}=\frac{\lambda_i/(1-\lambda_i)}{1+\sum_{k=1}^{m}\lambda_k/(1-\lambda_k)},\quad i\neq 0 \tag{8.2}$$

$$\sum_{i=0}^{m}P(f_i)=1 \tag{8.3}$$

式中:λ_i 为 f_i 的故障率,故障率由装备元件的可靠性数据获得。

3. 故障推理机

按照诊断策略的测试执行顺序检测和隔离装备的故障状态,需要根据测试的输出结果划分故障状态模糊子集,从而对装备的故障检测和隔离结论进行推理。设装备故障状态模糊集为 X,用测试 t_j 检测 X,有通过($d_{ij}=0$)和不通过($d_{ij}=1$)

两种输出，分别记为 X_{j0} 和 X_{j1}。推理机是装备故障状态逻辑推断的推理方法。X 到 X_{j0} 和 X_{j1} 过程的推理方法就是推理机。

$$X_{j0}=\{f_i \mid d_{ij}=0, \forall f_i \in X\} \tag{8.4}$$

$$X_{j1}=\{f_i \mid d_{ij}=1, \forall f_i \in X\} \tag{8.5}$$

且

$$X_{j0} \cup X_{j1}=X \tag{8.6}$$

$$X_{j0} \cap X_{j1}=\varnothing \tag{8.7}$$

X 被测试 t_j 划分为两个子集 X_{j0} 和 X_{j1}。

$$P(X_{jk}) = \sum_{f_i \in X_{jk}} P(f_i), \quad k = 0,1 \tag{8.8}$$

4. 优化目标

故障诊断、隔离过程中会产生相应的测试费用，测试费用期望值的计算公式为

$$J = \sum_{i=1}^{m} P(f_i)\left(\sum_{k=1}^{|D_i|} c_{Di[k]}\right) \tag{8.9}$$

式中：J 表示测试费用的期望值；$P(f_i)$表示 f_i 的先验概率；D_i 表示隔离 f_i 的测试序列，$|D_i|$表示该序列的长度；$c_{Di[k]}$ 表示 D_i 中第 k 个测试对应的费用。

诊断策略设计的优化目标是，当装备发生故障时，能够按照给定逻辑和顺序选择测试，快速检测和准确隔离故障，并且使得测试费用期望值最小，其计算公式[36]为

$$D_{\mathrm{opt}} = \min_{D}\left\{\sum_{i=1}^{m} P(f_i)\left(\sum_{k=1}^{|D_i|} c_{Di[k]}\right)\right\} \tag{8.10}$$

式中：D_{opt}表示不模糊的隔离故障状态集中所有故障且期望测试费用最少的诊断策略。

8.2.2 信息熵算法

1. 信息熵算法基本原理

在 8.2.1 节给出了诊断策略问题的模型描述，阐述了故障推理机和诊断策略设计的优化目标。通过分析可知，诊断策略设计与无噪声编码之间具有相似性[7]：测试结果的二值输出对应信源编码的二元信息；故障状态集中各故障的测试步骤数对应信源的编码长度；诊断树的平均测试步骤数对应平均编码长度；最优诊断策略对应最小化交叉熵。要使交叉熵最小，则概率较大的元素应具有较小的编码长度。因此，测试提供的信息量越大，越有利于生成期望测试费用最少的诊断策略。

信息熵算法以最大化单位费用信息增益为优选测试的依据并构造启发式评估函数[6]，是应用最广泛的贪婪搜索方法，其基本思路如下。

(1) 初始根节点对应包含所有故障状态的装备故障状态集 $F=\{f_0,f_1,\cdots,f_m\}$。

(2) 每次选择使故障-测试互信息量与测试费用比值最大的测试为最优测试。

(3) 根据测试结果隔离故障,直至将故障隔离到最小模糊单元。

2. 启发式评估函数

根据信息论的知识,假设 X 和 Y 为离散随机变量,则 X 的信息熵为

$$H(X)=-\sum_{i=1}^{m}P(X_i)\log_2 P(X_i) \tag{8.11}$$

则 X 关于 Y 的条件熵表示为

$$H(X\mid Y)=-\sum_{i=0}^{m}\sum_{j=0}^{n}P(Y_j)P(X_i\mid Y_j)\log_2(X_i\mid Y_j) \tag{8.12}$$

X 和 Y 之间的互信息量,也就是 Y 提供的关于 X 的信息量为

$$I(X;Y)=H(X)-H(X|Y) \tag{8.13}$$

使用 $\mathrm{IG}(X;t_j)$ 表示测试 t_j 与故障状态模糊集 X 的互信息量,即使用测试 t_j 诊断待隔离故障状态模糊集而得到的信息量,则

$$\mathrm{IG}(X;t_j)=H(X)-H(X|t_j) \tag{8.14}$$

$$\begin{aligned}H(X)&=-\sum_{f_i\in X}\left(\frac{P(f_i)}{P(X)}\log_2\frac{P(f_i)}{P(X)}\right)\\&=-\sum_{f_i\in X}\left(\frac{P(f_i)}{P(X)}(\log_2 P(f_i)-\log_2 P(X))\right)\\&=-\sum_{f_i\in X}\left(\frac{P(f_i)}{P(X)}\log_2 P(f_i)\right)+\log_2 P(X)\end{aligned} \tag{8.15}$$

$$H(X|t_j)=\frac{P(X_{j0})}{P(X)}H(X_{j0})+\frac{P(X_{j1})}{P(X)}H(X_{j1}) \tag{8.16}$$

由式(8.15)可得 $H(X_{j0})$ 和 $H(X_{j1})$ 的表达式,将其代入式(8.16)得

$$H(X\mid t_j)=-\frac{P(X_{j0})}{P(X)}\sum_{f_i\in X_{j0}}\left(\frac{P(f_i)}{P(X_{j0})}\log_2 P(f_i)\right) \tag{8.17}$$

将式(8.15)和式(8.17)代入式(8.14),化简可得

$$\begin{aligned}\mathrm{IG}(X;t_j)=&\frac{P(X_{j0})}{P(X)}\log_2\frac{P(X_{j0})}{P(X)}+\frac{P(X_{j1})}{P(X)}\log_2\frac{P(X_{j1})}{P(X)}+\frac{P(X_{j0})}{P(X)}\log_2 P(X_{j0})\\&-\frac{P(X_{j1})}{P(X)}\sum_{f_i\in X_{j1}}\left(\frac{P(f_i)}{P(X_{j1})}\log_2 P(f_i)\right)+\frac{P(X_{j1})}{P(X)}\log_2 P(X_{j1})\end{aligned} \tag{8.18}$$

在诊断策略设计问题中,测试提供的信息量越大,越有利于隔离故障,同时需要考虑测试费用的影响。基于信息启发式的贪婪搜索方法以故障-测试的互信息量与测试费用的比值作为选择测试的依据,其启发式评估函数[63]为

$$k^* = \arg\max_j \left\{ \frac{\mathrm{IG}(X;t_j)}{c_j} \right\} \tag{8.19}$$

3. 信息熵算法的具体步骤

信息熵算法每次选择使启发式评估函数达到最优值所对应的测试，根据测试结果诊断隔离故障，划分故障模糊子集，并不断将诊断树向下拓展，具体步骤如下。

步骤1：初始故障状态集 $X=F$，测试集 $t=T$。

步骤2：对故障状态集 X 依次选择测试集中的测试 t_j，根据 t_j 的输出结果将故障状态集 X 划分为两个子集 X_{j0}、X_{j1}。根据式(8.8)计算各子集的总概率。

步骤3：使用式(8.18)和式(8.19)计算各测试的启发式函数值，选择使启发式函数值达到最大的测试为当前最优测试，记为 t_a。

步骤4：用测试 t_a 将故障状态 X 划分为两个子集 X_{a0}、X_{a1}，采用下式更新各子集中故障状态的概率：

$$P(f_i)=P(f_i)/P(X_{jk}),\quad f_i\in X_{jk},\quad k=0,1 \tag{8.20}$$

步骤5：重新取 X 为各测试子集，t 为原测试集删除测试 t_a 后的测试集合，重复步骤2～5，直到测试子集元素的个数不多于一个。

4. 基于信息熵算法的雷达装备诊断策略设计

以第3章中图3-3为例进行分析。对图3-3所示雷达装备接收分系统中的测试点添加相应的测试项目，区分模块的功能性故障和全局性故障，同时将模糊组中的故障进行合并。通过对测试点和测试进行优选，最终确定了10个测试点和15个测试。对模型进行分析，得到相关性矩阵如表8-1所示。

被测单元的故障率为{0.006，0.011，0.003，0.01，0.002，0.001，0.006，0.008，0.017，0.015，0.003，0.009，0.011，0.003，0.006，0.014，0.012，0.003，0.002}。

利用式(8.1)计算出装备无故障状态的概率为0.873。利用式(8.2)可计算各组成单元的故障发生概率集为{0.005，0.01，0.003，0.009，0.002，0.001，0.005，0.007，0.015，0.013，0.003，0.008，0.01，0.003，0.005，0.012，0.011，0.003，0.002}。设测试费用均为1。

首先选择第一步测试，根据式(8.18)和式(8.19)计算各测试对应的启发式评估函数值。其中，$\mathrm{IG}(X;t_1)$ 为0.0454，$\mathrm{IG}(X;t_2)$ 为0.1124，$\mathrm{IG}(X;t_3)$ 为0.1791，$\mathrm{IG}(X;t_4)$ 为0.1414，$\mathrm{IG}(X;t_5)$ 为0.2189，$\mathrm{IG}(X;t_6)$ 为0.1843，$\mathrm{IG}(X;t_7)$ 为0.3659，$\mathrm{IG}(X;t_8)$ 为0.3915，$\mathrm{IG}(X;t_9)$ 为0.5059，$\mathrm{IG}(X;t_{10})$ 为0.4529，$\mathrm{IG}(X;t_{11})$ 为0.4626，$\mathrm{IG}(X;t_{12})$ 为0.0672，$\mathrm{IG}(X;t_{13})$ 为0.1994，$\mathrm{IG}(X;t_{14})$ 为0.0295，$\mathrm{IG}(X;t_{15})$ 为0.1525。

表 8-1 雷达接收分系统相关性矩阵

测试 故障	t_1	t_2	t_3	t_4	t_5	t_6	6_7	t_8	t_9	t_{10}	t_{11}	t_{12}	t_{13}	t_{14}	t_{15}
$s_1(G)$	1	1	1	1	1	1	1	1	1	1	1	0	0	0	0
$s_2(G)$	0	1	1	1	1	1	1	1	1	1	1	0	0	0	0
$s_3(G)$	0	0	1	1	1	1	1	1	1	1	1	0	0	0	0
$s_3(F)$	0	0	1	0	1	0	1	0	1	0	0	0	0	0	0
$s_4(G)$	0	0	0	1	1	1	1	1	1	1	1	0	0	0	0
$s_5(G)$	0	0	0	0	1	1	1	1	1	1	1	0	0	0	0
$s_5(F)$	0	0	0	0	1	0	1	0	1	0	0	0	0	0	0
$s_6(G)$	0	0	0	0	0	1	1	1	1	1	1	0	0	0	0
$s_7(G)$	0	0	0	0	0	0	1	1	1	1	1	0	0	0	0
$s_7(F)$	0	0	0	0	0	0	1	0	1	0	0	0	0	0	0
$s_8(G)$	0	0	0	0	0	0	0	1	1	1	1	0	0	0	0
$s_9(G)$	0	0	0	0	0	0	0	0	1	1	1	0	0	0	0
$s_{10}(G)$	0	0	0	0	0	0	0	0	0	1	1	0	0	0	0
$s_{11}(G)$	0	0	0	0	0	0	0	0	0	0	1	0	0	0	0
$s_{12}(G)$	0	0	0	0	0	0	0	1	1	1	1	1	1	0	1
$s_{13}(G)$	0	0	0	0	0	0	0	1	1	1	1	0	1	0	1
$s_{13}(F)$	0	0	0	0	0	0	0	1	1	1	1	0	1	0	0
$s_{14}(G)$	0	0	0	0	0	0	0	1	1	1	1	1	1	1	1
$s_{15}(G)$	0	0	0	0	0	0	0	0	0	0	0	0	0	0	1

其中，t_9 对应的启发式函数值最大，因此，选择 t_9 为第一步测试。根据 t_9 的测试结果，将 X 划分为两个子集 $\{f_0, f_{13}, f_{14}, f_{19}\}$ 和 $\{f_1, f_2, f_3, f_4, f_5, f_6, f_7, f_8, f_9, f_{10}, f_{11}, f_{12}, f_{15}, f_{16}, f_{17}, f_{18}\}$。重复上述过程，得到完整的诊断策略如图 8-1 所示。

根据式(8.9)可计算诊断策略的期望测试费用为 3.209，其故障检测率(FDR)和故障隔离率(FIR)可由下列公式计算[1]：

$$\mathrm{FDR} = \frac{\sum \lambda_{\mathrm{D}i}}{\sum \lambda_i} \times 100\% \tag{8.21}$$

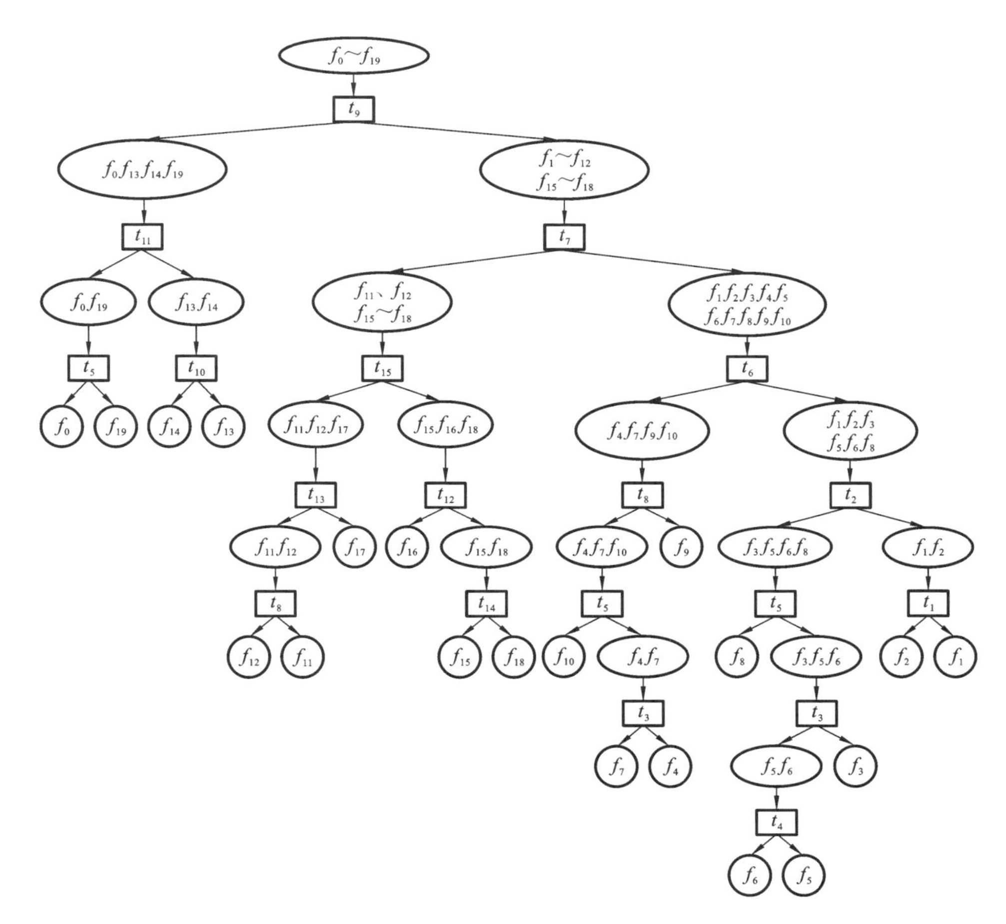

图 8-1　基于信息熵算法的雷达接收分系统诊断策略

$$\mathrm{FIR} = \frac{\sum \lambda_{Li}}{\sum \lambda_{\mathrm{D}i}} \times 100\% \tag{8.22}$$

式中：$\lambda_{\mathrm{D}i}$ 为被检测出的第 i 个故障的故障率；L 为故障隔离的模糊度；λ_{Li} 为无模糊地隔离到 L 个可更换单元中第 i 个故障的故障率。

由此，可得出雷达接收分系统的故障检测率为 100%；故障模糊度为 1 的故障隔离率为 98.6%；故障模糊度为 2 的故障隔离率为 1.4%。

8.2.3　先检测后隔离的诊断策略设计方法

1. 故障检测权值

优选故障检测用测试点，需要对测试点的故障检测能力进行分析。使用故障

检测权值 W_{FD} 评估测试的故障检测能力。对于相关性矩阵 $\boldsymbol{D}=[d_{ij}]_{m\times n}$，测试点 t_j 的故障检测权值计算公式为

$$W_{FDj}=\sum_{i=1}^{m}d_{ij} \tag{8.23}$$

式中：W_{FDj} 表示 t_j 的故障检测权值；d_{ij} 表示在相关性矩阵 $\boldsymbol{D}$ 中 t_j 所对应列的元素。

通过式(8.23)计算备选测试集中所有测试点对应的故障检测权值，选择故障检测权值最大的测试点为最优测试，记为 t_k。将 t_k 作为第一步故障检测用测试点，其对应的列向量为 $\boldsymbol{T}_k=[d_{1k}\ d_{2k}\cdots\ d_{mk}]^{\mathrm{T}}$。相关性矩阵 $\boldsymbol{D}$ 根据测试输出结果被 $\boldsymbol{T}_k$ 分为两个子矩阵：

$$\boldsymbol{D}_P^0=[d]_{a\times n} \tag{8.24}$$

$$\boldsymbol{D}_P^1=[d]_{(m-a)\times n} \tag{8.25}$$

式中：a 为列矩阵 $\boldsymbol{T}_k$ 中“0”值元素的总数量；$\boldsymbol{D}_P^0$ 为列矩阵 $\boldsymbol{T}_k$ 中所有“0”值元素在相关性矩阵 $\boldsymbol{D}$ 中对应的行所组成的子矩阵；$\boldsymbol{D}_P^1$ 为列矩阵 $\boldsymbol{T}_k$ 中所有“1”值元素在相关性矩阵 $\boldsymbol{D}$ 中对应的行所组成的子矩阵；P 为被优选的测试步骤数。

进行第一步的测试优选后，$p=1$。若 $a=0$ 不成立，则说明存在故障模式没有被检测到，因此需要继续进行故障检测操作。将 t_k 从备选测试集中删除，对第一步产生的子矩阵 $\boldsymbol{D}_P^0$ 计算备选测试集中所有测试点对应的故障检测权值，选择其中最大值所对应的测试点为第二步的最优故障检测用测试点。再次根据测试的输出值将矩阵 $\boldsymbol{D}_P^0$ 划分为两个子矩阵。重复这一过程，直到检测完所有的故障模式，即故障检测用测试点对应的列矩阵中不含有值为“1”的元素。

2. 故障隔离权值

当故障检测操作结束后，需要进一步确定故障发生位置，将故障隔离到最小模糊单元。对装备进行故障隔离操作，需要评估测试点的故障隔离能力，从而优选故障隔离用测试点。因此，使用故障隔离权值 W_{FI} 对测试点的故障隔离能力进行评估，其计算公式如下：

$$W_{FIj}=\sum_{i=1}^{m}d_{ij}\sum_{i=1}^{m}(1-d_{ij}) \tag{8.26}$$

式中：W_{FIj} 为测试点 t_j 的故障隔离权值，反映了 t_j 的故障隔离能力。

利用式(8.26)可以对备选测试集中所有测试点的故障隔离能力进行评估。选择备选测试集中故障隔离权值最大的测试点为最优测试，记为 t_h。将 t_h 作为第一步最优的故障隔离用测试点。在相关性矩阵 $\boldsymbol{D}$ 中，t_h 对应的列向量为 $\boldsymbol{T}_h=[d_{1h}\ d_{2h}\cdots\ d_{mh}]^{\mathrm{T}}$。根据测试的输出值，将相关性矩阵划分为两个子矩阵 $\boldsymbol{D}_p^0$ 和 $\boldsymbol{D}_p^1$，其具体的划分方法与故障检测用测试点划分矩阵的方法相同。第一步的故障隔离用测试点优选完毕后，$p=1$。从备选测试集中删除 t_h，重新计算子矩阵

D_1^0 和 D_1^1 对应测试的故障隔离权值。选择使故障隔离权值最大的测试点为第二步最优的故障隔离用测试点。根据测试的输出结果再次划分矩阵，此时 $p=2$。重复这一过程，直到所有的子矩阵只包含一行为止，此时故障隔离操作完毕，故障隔离用测试点的优选结束。当测试点的故障隔离权值出现多个最优值时，需要进一步考虑测试时间、费用等因素，优先选择费用较少、操作简单的已使用过的测试点。

3. 考虑可靠性和费用的测试点优选方法

前面对故障检测用测试点和故障隔离用测试点的优选方法进行了分析总结，给出了故障检测权值和故障隔离权值的计算公式。但是对雷达装备来说，各个功能组件的可靠性不同，可靠性低的功能组件故障率大，应对其优先进行检测和隔离。此外，故障检测和隔离过程会产生相应的测试费用，应优先选择综合费用少的测试点。因此，评价测试点的故障检测和隔离能力，不仅要考虑故障和测试点的相关关系，还需要综合考虑测试点所能检测故障的可靠性数据和测试费用的影响。在构造故障检测权值和故障隔离权值时，考虑可靠性和费用影响，得到公式如下：

$$W_{\mathrm{FD}j}=\frac{1}{a_{cj}}\sum_{i=1}^{m}a_i d_{ij} \tag{8.27}$$

$$W_{\mathrm{FI}j}=\frac{1}{a_{cj}}\sum_{i=1}^{m}a_i d_{ij}\left[\sum_{i=1}^{m}a_i(1-d_{ij})\right] \tag{8.28}$$

$$a_i=\lambda_i\Big/\sum_{i=1}^{m}\lambda_i \tag{8.29}$$

$$a_{cj}=c_j\Big/\sum_{j=1}^{n}c_j \tag{8.30}$$

式中：λ_i 为第 i 个功能组件的故障率，故障率可由装备的可靠性数据获得；a_i 为第 i 个功能组件的相对故障率比；c_j 为第 j 个测试点的综合测试费用；a_{cj} 为第 j 个测试点的相对费用比。

4. 先检测后隔离的雷达装备诊断策略设计方法

诊断策略是故障检测和隔离的测试序列。通过合理优化和运用测试资源，诊断策略能够以较少的测试步骤和费用实现雷达装备的性能监测和故障隔离功能。雷达装备的诊断策略设计是在测试点优选的基础上，采用先检测后隔离的方式将测试点应用的先后顺序进行排列，以序贯测试的方式完成故障检测和隔离工作，其具体流程如图 8-2 所示。

完成诊断策略设计工作后，可对故障诊断能力进行计算：

$$N_D=\sum_{i=0}^{m}p_i k_i \tag{8.31}$$

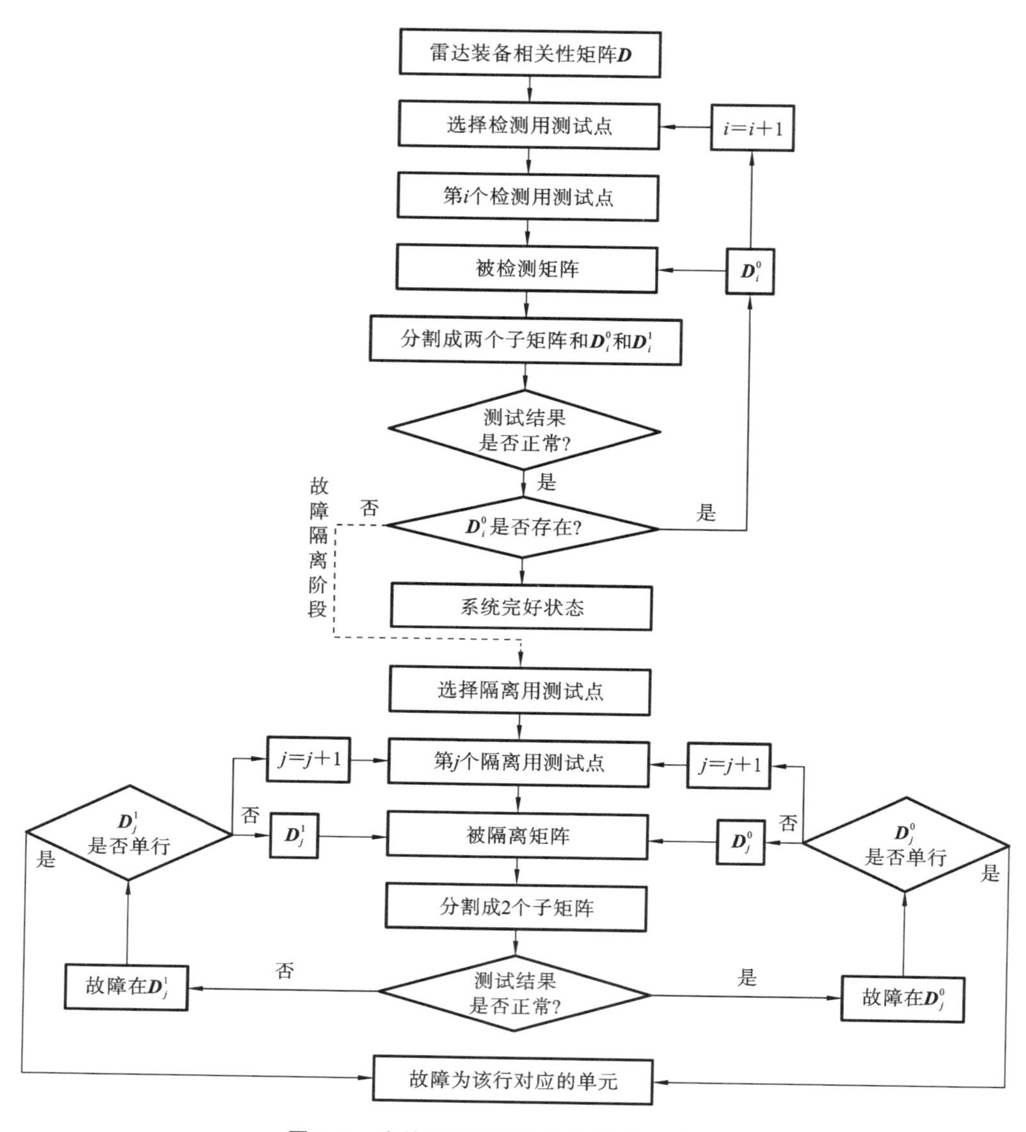

图 8-2　先检测后隔离的诊断策略设计方法

式中：N_D 为平均测试步骤数；p_i 为故障 i 的发生概率；k_i 为故障 i 的测试步骤数。

在第 3 章的表 3-2 所示的相关性矩阵中，F_9 和 F_{10} 为一组模糊组，测试 t_9 和 t_{10} 互为冗余测试。将 F_9 和 F_{10} 合并，去除 t_{10}，完成对相关性矩阵的简化，得到简化后的相关性矩阵如表 8-2 所示。

表8-2 雷达发射分系统 D 矩阵

测试故障	t_1	t_2	t_3	t_4	t_5	t_6	t_7	t_8	t_9	t_{11}
F_1	1	1	1	0	0	0	0	0	0	0
F_2	0	1	1	0	0	0	0	0	0	0
F_3	0	0	1	0	0	0	0	0	0	0
F_4	0	1	1	1	0	0	0	0	0	0
F_5	0	1	1	0	1	0	0	0	0	0
F_6	0	1	1	0	0	1	0	0	0	0
F_7	0	1	1	0	0	0	1	0	0	0
F_8	0	1	1	0	1	1	1	1	1	1
F_9 F_{10}	0	1	1	0	0	0	1	0	1	1
F_{11}	0	1	1	0	0	0	1	0	0	1

若已知各组成单元的故障率 λ_i，则可利用式(8.29)和式(8.2)分别计算各组成单元相对故障率比和故障概率，其结果如表8-3所示。

表8-3 故障频数比和故障概率

故障单元	F_1	F_2	F_3	F_4	F_5	F_6	F_7	F_8	$F_9 F_{10}$	F_{11}
$\lambda_i \times 10^{-2}$/h	4	3	5	3	4	5	2	3	5	6
a_i	0.100	0.075	0.125	0.075	0.100	0.125	0.050	0.750	0.125	0.150
p_i	0.028	0.021	0.034	0.021	0.028	0.034	0.014	0.021	0.034	0.041

由式(8.1)可得出无故障状态的概率 p_0 为0.724。由式(8.21)可求得故障检测率FDR为100%。由于 F_9 和 F_{10} 为一组模糊组，所以由式(8.22)可得隔离到单个组件的故障隔离率FIR为75%，隔离到两个组件的FIR为25%。

结合可靠性数据，对简化后的相关性矩阵进行分析，可得到诊断策略如图8-3所示。

图8-3中，t_3 为故障检测用测试点，其余为故障隔离用测试点。根据式(8.31)计算诊断树的平均测试步骤 N_D 为2.004。

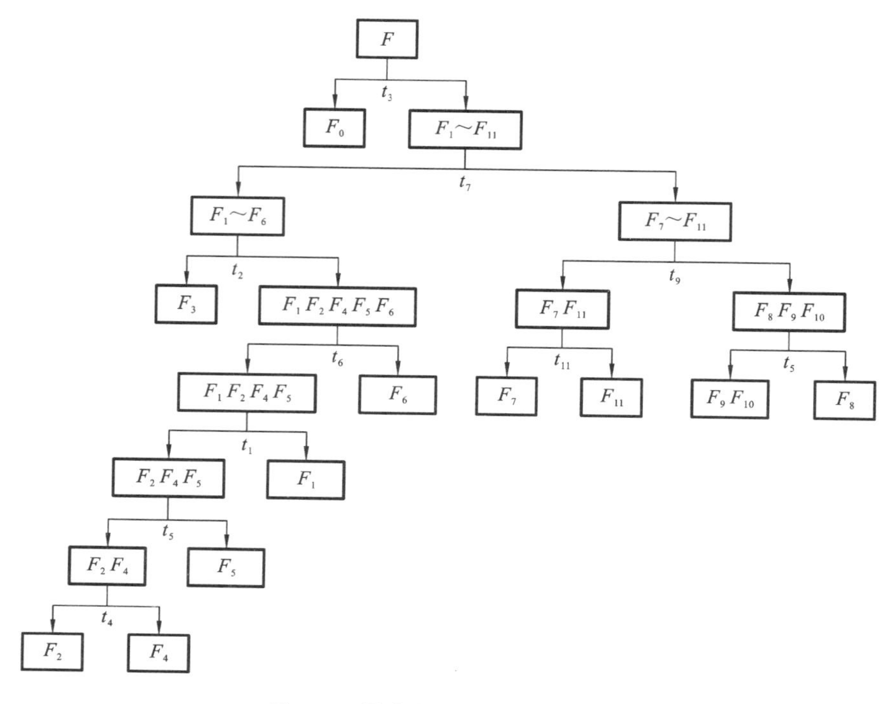

图 8-3　雷达发射分系统诊断策略

8.3　基于全局搜索的雷达装备诊断策略设计方法

诊断策略设计的目的是构建一组测试序列，以较少的测试费用隔离系统的故障状态。信息熵算法和先检测后隔离的诊断策略设计方法考虑了雷达装备可靠性数据、故障-测试相关性和测试费用等因素。但作为贪婪搜索方法，以上两种方法在进行测试优选时，只考虑当前最优测试，而没有考虑所选测试对后续测试和整体测试费用的影响。因此，贪婪搜索方法的最优性较差。为解决这一问题，AO* 算法主要通过霍夫曼编码和回溯操作得到全局最优的诊断策略，但不断的回溯操作大大增加了诊断策略设计的计算量；Rollout 算法以信息熵算法为基准策略，通过一步前向回溯的 Rollout 策略改善基准策略的最优性，其计算量较 AO* 算法小；为避免回溯操作，提出了一种无回溯操作的单步和多步寻优结合的诊断策略设计方法。

8.3.1 AO* 算法

1. AO* 算法的基本思想

AO* 算法利用 AND/OR 图和启发式函数搜索最优的测试序列。AND/OR 图中，根节点为包含所有故障状态的模糊集，代表着诊断策略要求解的原始问题；终端叶节点代表最终求解的故障状态；AND 节点代表测试；OR 节点代表待求解的故障状态模糊子集。

AO* 算法通过两个步骤保证构造诊断策略的最优性。第一个步骤是利用启发式函数自上而下地扩展诊断树。针对待扩展的节点，根据测试结果，依次计算备选测试集中的每个测试产生的支节点，通过霍夫曼编码估计隔离这些支节点所需测试费用的下界值，并加权求和，作为其对应测试的启发式函数值，选择使启发式函数达到最优值的测试为最佳测试。第二个步骤是自下而上地费用修正。每次扩展诊断树后，从最新被拓展的节点开始，将测试费用逐步向上回溯，直到根节点，同时修正测试费用，根据最新计算的测试费用重新选择最优的测试序列。

2. 启发式函数构建

AO* 算法主要通过霍夫曼编码对测试费用的下界值进行估计[2]。对给定的故障状态模糊集 X，根据其中元素的概率大小计算其霍夫曼编码平均字长为 $L^*(X)$，将 X 的备选测试的费用按照由少到多的顺序进行排序（$0\leqslant c_1\leqslant\cdots\leqslant c_n$），则 X 的最小测试费用估计值为

$$h(X)=\sum_{k=1}^{\lfloor L^*(X)\rfloor}c_k+(L^*(X)-\lfloor L^*(X)\rfloor)c_{\lfloor L^*(X)\rfloor+1} \tag{8.32}$$

式中：$\lfloor\cdot\rfloor$为取下整数。由此，可得到基于最小测试费用估计值的启发式评估函数为

$$k^*=\arg\min_j\{c_j+P(X_{j0})h(X_{j0})+P(X_{j1})h(X_{j1})\} \tag{8.33}$$

式中：c_j 为测试 t_j 的费用；$h(X_{j0})$和 $h(X_{j1})$分别表示模糊子集 X_{j0} 和 X_{j1} 的最少测试费用估计值。此外，用信息熵代替霍夫曼编码，Pattipati 还提出了基于熵和基于熵+1 的启发式函数。

$$h'(X)=\sum_{k=1}^{\lfloor H(X)\rfloor}c_k+(H(X)-\lfloor H(X)\rfloor)c_{\lfloor H(X)\rfloor+1} \tag{8.34}$$

$$h'(X)=\sum_{k=1}^{\lfloor H(X)\rfloor}c_k+(H(X)-\lfloor H(X)\rfloor)c_{\lfloor H(X)\rfloor+2} \tag{8.35}$$

式中：$H(X)$为 X 的熵。基于霍夫曼编码字长 $L^*(X)$、熵和熵+1 的启发式函数满

足 $H(X) \leqslant L^*(X) \leqslant H(X)+1$。AO* 算法的启发式评估函数与贪婪搜索的启发式评估函数不同，它不是选择当前使启发式评估函数值达到最佳的测试，而是选择使诊断策略期望测试费用达到最少的测试。因此 AO* 算法的最优性非常依赖于启发式函数 $h(X)$ 与最少测试费用的近似程度，而基于霍夫曼编码的启发式评估函数根据故障模糊集 X 中元素的概率分配码长，并根据备选测试集中的测试费用估计最终的期望测试费用，能够较好估计测试成本，故基于霍夫曼编码的启发式评估函数应用最广泛。

3. AO* 算法的具体步骤

步骤 1：初始化，诊断树的初始状态仅包含根节点，根节点的故障状态集为 F。

步骤 2：对待展开的节点 X，生成其对应的备选测试集（包含隔离节点 X 过程中未曾用过的测试），从备选测试集中依次选择测试，执行下列操作。

步骤 2.1：选择一个测试，记为 t_a，根据测试结果将 X 划分为两个子集，记为 X_{a0} 和 X_{a1}。

步骤 2.2：判断 X_{ak}（$k=0,1$）是否为终端叶节点，若 X_{ak} 为终端叶节点，则 $h(X_{ak})=0$；否则，根据式(8.20)更新 X_{ak} 中各元素对应的概率值，计算其霍夫曼编码平均字长，根据式(8.32)计算 X_{ak} 的最小测试费用估计值 $h(X_{ak})$。

步骤 2.3：记录所有故障状态模糊子集的最小测试费用估计值，根据式(8.33)计算启发式评估函数值，并选择最优测试。

步骤 3：从 X 节点逐步向上修正测试费用。

步骤 3.1：X 的父节点记为 Y，将隔离 X 的最优测试对应的启发式评估函数值作为 X 节点的最小测试费用估计值，根据式(8.33)重新选择隔离 Y 节点的最优测试。

步骤 3.2：按照上一步骤的操作更新 Y 节点的最小测试费用估计值，重复这一过程直至根节点，并得到费用修正后的最优测试序列。

步骤 4：重新取 X 为所有可拓展节点中费用估计值最大的节点，重复步骤 2～4，直到得到完整的诊断树。

4. 基于 AO* 算法的雷达装备诊断策略设计

使用 AO* 算法对表 8-1 所示的雷达接收分系统相关性矩阵进行处理，首先选择第一步测试。t_1 将故障状态模糊集 X 分为两个子集。其中，t_1 输出为 0 的子集为 $\{f_0, f_2, f_3, f_4, f_5, f_6, f_7, f_8, f_9, f_{10}, f_{11}, f_{12}, f_{13}, f_{14}, f_{15}, f_{16}, f_{17}, f_{18}, f_{19}\}$；输出为 1 的子集为 $\{f_1\}$。由于输出为 1 的子集中只有一个元素，其对应的节点为终端叶节点，故不需要进一步隔离，其最小测试费用估计值为 0。输出为 1 的子集的霍夫曼编码平均字长 $L^*(X)$ 为 1.5578。由此，根据式(8.33)可计算 t_1 对应的最小测试费用评估函数值为2.55。照此方法可得到备用测试集所有测试对应的测试费用估计值,如表8-4和表8-5所示。

表8-4 测试费用估计值

测试	t_1	t_2	t_3	t_4	t_5	t_6	t_7	t_8
$P(X_{a0})$	0.995	0.985	0.973	0.98	0.965	0.972	0.93	0.923
$P(X_{a1})$	0.005	0.015	0.027	0.02	0.035	0.028	0.07	0.077
$h(X_{a0})$	0	1.493	1.439	1.451	1.352	1.390	1.213	1.153
$h(X_{a1})$	1.558	1	1.444	2	2.257	2.107	3.329	3.078
k^*	2.55	2.53	2.439	2.462	2.384	2.41	2.361	2.301

表8-5 测试费用估计值

测试	t_9	t_{10}	t_{11}	t_{12}	t_{13}	t_{14}	t_{15}
$P(X_{a0})$	0.888	0.905	0.902	0.992	0.969	0.997	0.978
$P(X_{a1})$	0.122	0.095	0.108	0.008	0.031	0.003	0.022
$h(X_{a0})$	1.023	1.086	1.071	1.553	1.427	1.584	1.479
$h(X_{a1})$	3.286	3.253	3.481	1	1.452	0	2
k^*	2.276	2.292	2.342	2.549	2.428	2.579	2.49

其中,t_9 对应的测试费用估计值最小,因此选择 t_9 为第一步最优测试。根据测试结果划分故障模糊子集,按照以上方法选出第二步最优测试,同时将该测试对应的费用估计值逐级向上回溯,根据该测试的启发式评估函数值修正第一步的测试对应的费用估计值。重新选择最优的测试序列。重复上述操作,可得到基于AO*算法的雷达装备接收分系统故障诊断策略如图8-4所示。

根据式(8.9)可以计算该诊断策略的测试费用期望值为3.181,小于本章8.2.2节信息熵算法得出的诊断策略的期望测试费用3.209。

8.3.2 Rollout 算法

AO*算法在诊断策略设计和诊断树拓展的过程中,每选择一步最优测试都会向上回溯到根节点,通过回溯操作修正诊断策略的测试费用。这种方法虽然能够保证生成的诊断策略是全局最优的,但是该算法的复杂度较大,当遇到大型复杂的装备单元时,测试和测试点的数量非常庞大会导致算法陷入无限的回溯当中,从而出现计算量爆炸的问题。针对如何减少回溯操作,同时以较少测试费用设计雷达装备诊断策略的问题,提出了一种基于Rollout算法的雷达装备诊断策略设计方

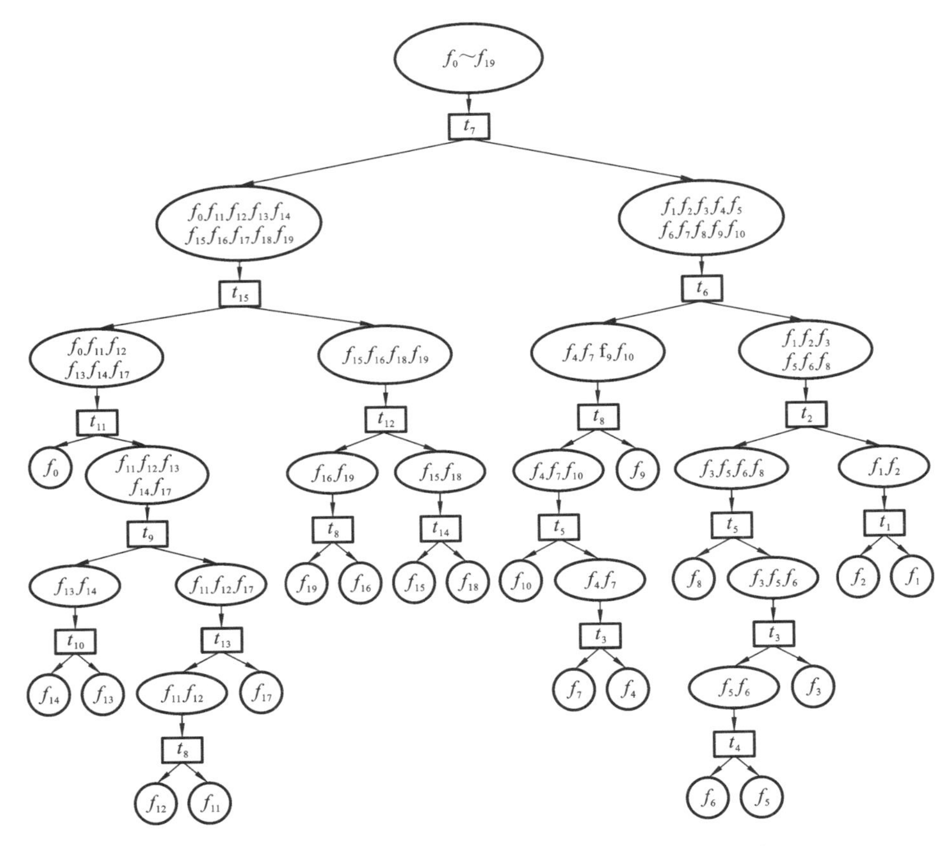

图 8-4　基于 AO* 算法的雷达装备接收分系统故障诊断策略

法。该方法以基于信息启发式的贪婪搜索方法为基准策略，使用 Rollout 策略对基准策略进行迭代，从而同时克服了贪婪搜索方法最优性较差、AO* 算法计算量较大的问题。

1. Rollout 算法的基本思想

Rollout 算法[20]是建立在贪婪搜索方法基础上的一种一步向前回溯算法，通过测试费用的回溯迭代达到对基准策略的优化。Rollout 算法在构建诊断树时采用两步操作确定一个测试：第一步操作是自上而下扩展诊断树，即采用基准策略构造以各备选测试为顶点的诊断树[22]；第二步操作是测试优选，通过计算和比较各个诊断树的测试费用，选择测试费用最少的诊断树所对应的测试为当前最优测试。

2. 启发式函数构建

Rollout 算法以信息熵算法为基准策略，通过回溯操作，对各测试对应诊断策略的期望测试费用进行估计，并以此为依据进行测试优选。其启发式评估函数如下：

$$k^* = \arg\min_i \{c_i + P(X_{i0})h(X_{i0}) + P(X_{i1})h(X_{i1})\} \tag{8.36}$$

式中：c_i 为测试 t_i 对应的费用；X_{i0} 和 X_{i1} 为根据 t_i 的输出结果划分的两个故障模糊子集；$P(X_{i0})$ 和 $P(X_{i1})$ 分别为两子集中包含的故障元素的概率和；$h(X_{i0})$ 和 $h(X_{i1})$ 分别为以 X_{i0} 和 X_{i1} 为顶点的、使用基准策略设计的诊断策略的期望测试费用。

$$h(X_{ik}) = \sum_{f_i \in X_{ik}} P(f_i)\left(\sum_{k=1}^{D_i} c_{Di[k]}\right), \quad k = 0,1 \tag{8.37}$$

式中：$h(X_{ik})$ 为以 X_{ik} 为根节点的期望测试费用。

基准策略一般选择信息熵算法，根据式(8.19)可以得到其启发式评估函数为

$$k^* = \arg\max_j \left\{\frac{\mathrm{IG}(X_{ik};t_j)}{c_j}\right\} \tag{8.38}$$

3. Rollout 算法的具体步骤

步骤 1：初始化五元组，装备故障状态模糊集 $X=F$，测试集 $t=T$。

步骤 2：对故障状态模糊集 X，从 t 中按顺序选取测试，记为 t_q，根据 t_q 的输出结果将 X 分为两个子集 X_{q0}、X_{q1}。根据式(8.8)计算各子集的总概率。同时，根据式(8.20)更新各子集中故障的概率。

步骤 3：使用信息熵算法分别设计以 X_{q0} 和 X_{q1} 为根节点的诊断策略，并使用式(8.37)分别计算 X_{q0} 和 X_{q1} 对应诊断策略的期望测试费用 $h(X_{q0})$ 和 $h(X_{q1})$。

步骤 4：计算测试 t_q 对应的测试费用期望值

$$J(t_q) = c_q + P(X_{q0})h(X_{q0}) + P(X_{q1})h(X_{q1}) \tag{8.39}$$

在备选测试集中所有测试对应的费用计算完毕后，根据式(8.36)选择当前最优测试，记为 t_a。

步骤 5：根据测试 t_a 的输出结果将故障状态模糊集 X 划分为两个子集 X_{a0}、X_{a1}，使用式(8.20)更新各子集的概率。

步骤 6：将 t_a 从备选测试集合中删除，重新取 X 为各故障模糊子集，重复步骤 2～6，直到隔离所有故障。

4. 基于 Rollout 算法的雷达装备诊断策略设计

同样，以表 8.1 雷达接收分系统相关性矩阵为分析对象，使用 Rollout 算法设计其诊断策略。在此基础上，将其结果与 AO* 算法的结果做对比。首先选择第一步测试。例如，t_1 将系统故障状态集 $X=F$ 划分为两个子集 X_{10} 和 X_{11}，分别代表 t_1 输出为 0 和 1 的子集。t_1 输出为 0 的子集 X_{10} 为 $\{f_0, f_2, f_3, f_4, f_5, f_6, f_7, f_8, f_9,$

$f_{10}, f_{11}, f_{12}, f_{13}, f_{14}, f_{15}, f_{16}, f_{17}, f_{18}, f_{19}\}$；$t_1$ 输出为 1 的子集 X_{11} 为 $\{f_1\}$。分别使用信息熵算法生成以 X_{10} 和 X_{11} 为顶点的诊断策略，根据式(8.9)计算 X_{10} 和 X_{11} 对应诊断策略的期望测试费用分别为 3.195 和 0。利用式(8.39)得出 t_1 对应诊断策略的期望测试费用为 4.179。重复上述过程，可以得出备选测试集中所有测试对应诊断策略的期望测试费用如表 8-6 和表 8-7 所示。

表 8-6　Rollout 算法的第一步测试

测试	t_1	t_2	t_3	t_4	t_5	t_6	t_7	t_8
$P(X_{a0})$	0.995	0.985	0.973	0.98	0.965	0.972	0.93	0.923
$P(X_{a1})$	0.005	0.015	0.027	0.02	0.035	0.028	0.07	0.077
$h(X_{a0})$	3.195	3.163	3.12	3.107	3.097	3.105	2.111	3
$h(X_{a1})$	0	1	2	2	2.743	2.321	3.114	3.468
k^*	4.179	4.131	4.09	4.085	4.085	4.083	3.181	4.036

表 8-7　Rollout 算法的第一步测试

测试	t_9	t_{10}	t_{11}	t_{12}	t_{13}	t_{14}	t_{15}
$P(X_{a0})$	0.888	0.905	0.902	0.992	0.969	0.997	0.978
$P(X_{a1})$	0.122	0.095	0.108	0.008	0.031	0.003	0.022
$h(X_{a0})$	2	2.982	2.016	3.192	3.131	3.199	2.262
$h(X_{a1})$	3.549	3.705	3.363	1	1.903	0	2
k^*	3.209	4.051	3.192	4.174	4.093	4.189	3.256

表中，t_7 所对应的期望测试费用最少，因此选择 t_7 为第一步最优测试。根据测试结果划分故障模糊子集，根据式(8.20)更新各个子集中的故障概率。重复上述过程，直到得到完整的诊断策略。

Rollout 算法最终生成的诊断策略与图 8-4 所示的 AO* 算法的诊断策略相同，其期望测试费用均为 3.181。但在优选测试的过程中，AO* 算法主要通过基于霍夫曼编码的启发式评估函数对期望测试费用的下界值进行估计，通过不断地回溯操作使得估计值更加逼近实际的最优值。因此，在实例分析中，AO* 算法首先选择 t_9 为第一步最优测试，然后，通过回溯操作，最终确定了 t_7 为第一步最优测试。而 Rollout 算法利用信息熵算法生成以各子集为顶点的诊断策略，使得其测试费用的估计值更加接近实际值，使得其选择每步测试时，只需向当前节点回溯测试费用，从而避免了 AO* 算法不断回溯的问题，在保持最优性的同时，降低了计算复杂度。

8.3.3 单步和多步寻优结合的诊断策略设计方法

为避免 AO* 算法及 Rollout 算法的回溯操作，同时克服信息熵算法最优性较差的问题，达到以较少的测试费用对装备进行故障检测和隔离的目的，提出了一种单步和多步寻优结合的诊断策略设计方法。该方法以诊断策略设计与无噪声编码之间的相似性为依据，根据故障状态模糊集中的概率分布情况选择单步或多步寻优搜索方法，提出在故障状态模糊集中概率最大的故障满足一定条件时，优先对其进行隔离，并生成相应的测试序列，使先验概率较大的故障具有较少的测试步骤和费用，从而达到减少整体诊断费用的目的。通过实例分析验证，给出了诊断策略设计的具体过程，证明了该方法的有效性。

诊断策略设计问题与无噪声编码之间具有相似性：测试结果对应二元信息；故障状态集中各故障的测试步骤数对应信源的编码长度；诊断树的平均测试步骤数对应平均编码长度；最优诊断策略对应最小化交叉熵。要使交叉熵最小，则概率较大的元素应具有较小的编码长度。在诊断策略设计问题中，应使先验概率较大故障具有较少的测试费用和测试步骤数。

信息熵算法考虑了故障发生概率、故障-测试相关性和测试费用等因素，但其在选择测试时，只考虑单步测试所获取的信息，而没有考虑所选测试对整体费用和后续测试的影响。因此以信息熵算法构造诊断策略，不能保证先验概率较大的故障对应较少的测试费用和测试步骤数。

1. 隔离单个故障的测试集生成方法

为使诊断策略的整体期望测试费用最少，先验概率较大的故障应该具有较少的测试费用和测试步骤数，所以需要研究隔离单个故障的测试序列生成方法，综合考虑多步测试对整体费用的影响。

若故障 f_i 能被测试集 T 隔离，则在以 T 为列的相关矩阵 $\boldsymbol{D}^{\mathrm{T}}$ 中，故障 f_i 所在的行必须与其他行相异[64]。因此故障可隔离的条件可以表示为

$$\prod_{j=0,j\neq i}^{m} \boldsymbol{T}_{f_i} \oplus \boldsymbol{T}_{f_j} = 1 \tag{8.40}$$

式中：符号“$\prod$”表示“逻辑乘”；符号“$\oplus$”表示“异或”运算；$\boldsymbol{T}_{f_i}$、$\boldsymbol{T}_{f_j}$ 分别为 f_i、f_j 在矩阵 $\boldsymbol{D}^{\mathrm{T}}$ 中所对应的行向量；假设故障模糊集包含 $m+1$ 个故障状态。

隔离两个故障的条件是，在相关性矩阵中，两个故障对应的行向量相异。其中，相异元素对应的测试能够隔离这两个故障。用逻辑“或”表示对应的测试，得到隔离两故障的测试方案，用 $I(f_i,f_k)$ 表示：

$$I(f_i,f_k)=\sum_{j=1}^{n}[(d_{ij}\oplus d_{kj})t_j] \tag{8.41}$$

式中：符号“$\sum$”表示“逻辑加”；$I(f_i,f_k)=t_1+t_2$ 表示 t_1 或 t_2 可以隔离故障 f_i 和 f_k；符号“+”表示逻辑“或”。称集合 $T_{ik}=\{t_1,t_2\}$ 为隔离故障 f_i 与任意故障 f_k 的隔离测试集：

$$T_{ik}=\{t_j\mid d_{ij}\oplus d_{kj}=1,i\neq k\} \tag{8.42}$$

上式得到隔离故障 f_i 与任意故障的测试方案，若将所有的测试方案做累积运算，可得到隔离故障 f_i 的所有测试组合，不妨将 $I(f_i,F)$ 表示隔离 f_i 的测试方案：

$$I(f_i,F)=\prod_{k=0,k\neq i}^{m}I(f_i,f_k)=\prod_{k=0,k\neq i}^{m}\sum_{j=1}^{n}[(d_{ij}\oplus d_{kj})t_j] \tag{8.43}$$

把上式完全展开成“与或”式，显然每一个“与”式均能表示隔离 f_i 的测试组合，各测试组合中元素组成的集合称为隔离故障 f_i 的诊断隔离测试集，由此，可得到故障 f_i 的一组诊断隔离测试集（$T_i^1,T_i^2,\cdots,T_i^q$），去除其中的真超集，得到故障 f_i 的所有最小诊断隔离测试集。例如，故障集 F 中有三个元素，$I(f_1,f_2)=t_1+t_2$，$I(f_1,f_3)=t_1+t_3$，由式(8.43)可得 $I(f_1,F)=t_1+t_1\cdot t_2+t_1\cdot t_3$，表示 t_1、t_1 与 t_2、t_1 与 t_3 均可隔离故障 f_i。其中，符号“·”表示逻辑“与”。由此，可得到故障 f_1 的诊断隔离测试集为$\{t_1\}$，$\{t_1,t_2\}$，$\{t_1,t_3\}$。显然，$\{t_1\}$为故障 f_1 的最小诊断隔离测试集。

诊断隔离测试集具有以下两个性质。

(1) 故障 f_i 的诊断隔离测试集为其所有隔离测试集并集的子集：

$$\forall T_i^h,T_i^h\subseteq\bigcup_{k=0,k\neq i}^{m}T_{ik} \tag{8.44}$$

(2) 故障 f_i 的诊断隔离测试集与其每个隔离测试集的交集都不为空集：

$$\forall T_i^h,\forall T_{ik},T_i^h\cap T_{ik}\neq\varnothing \tag{8.45}$$

2. 测试排序方法

隔离单个故障的测试集生成方法仅能确定隔离单个故障的测试集，若要生成测试序列，则需要进一步确定最小诊断隔离测试集中的测试顺序。多步寻优搜索方法可以看作单步寻优搜索方法的多次叠加过程，且在最小诊断隔离测试集中不存在多余测试，因此采用信息熵算法对最小诊断隔离测试集中的测试进行排序。

以表 8-8 的相关性矩阵为例。$\{t_1,t_2,t_3\}$是故障 f_0 的一个最小诊断隔离测试集，且初始故障状态模糊集 $X=F$。由于隔离故障 f_0 的测试集已经确定，则其测试费用也已确定，其在测试排序过程中能够提供的信息量为零。因此，在测试排序前首先需要更新故障状态模糊集及故障概率。$X'=F-f_0$，$P'(f_i)=P(f_i)\Big/\sum_{f_j\in X'}P(f_i)$。

利用式(8.18)和式(8.19)计算各测试的单位费用信息增益，$\overline{IG(X,t_1)}$ 的值为 0.0938，$\overline{IG(X,t_2)}$ 为 0.0971，$\overline{IG(X,t_3)}$ 为 0.0665。因此，选择 t_2 为第一步最优测试。根据测试结果将 X 划分为两个子集$\{f_0,f_2,f_3\}$和$\{f_1,f_4,f_5\}$。将包含 f_0 的子集赋予 X，更新各子集的故障概率，选择 t_1 为第二步测试，因此得到测试序列为$[t_2,t_1,t_3]$。

表 8-8　相关性矩阵

故障状态	测试					先验概率
	t_1	t_2	t_3	t_4	t_5	
f_0	0	0	0	0	0	0.70
f_1	0	1	0	0	1	0.01
f_2	0	0	1	1	0	0.02
f_3	1	0	0	1	1	0.10
f_4	1	1	0	0	0	0.05
f_5	1	1	1	1	0	0.12

3. 测试序列优选方法

为获得最优的诊断策略，达到使测试费用期望值最小的目的，需要在确定待检测故障的所有最小诊断隔离测试集和相应的测试序列后，以费用最少为原则选出最优的测试序列。

假设存在故障状态模糊集 X 和故障 f_i，且 $f_i\in X$，f_i 的测试序列记为 D_i。隔离故障 f_i 的期望测试费用记为 $J(f_i)$，则

$$J(f_i)=P(f_i)\sum_{k=1}^{|D_i|}c_{D_i[k]} \tag{8.46}$$

式中：$|D_i|$ 为测试序列 D_i 的长度；$c_{D_i[k]}$ 表示序列 D_i 中的第 k 个测试的费用。

测试序列 D_i 不能隔离故障状态模糊集中的所有故障，因此在隔离故障 f_i 时，会产生一组故障状态模糊子集$(X_i^1,X_i^2,\cdots,X_i^l)$，由于 $X_i^r(r=1,\cdots,l)$是伴随诊断隔离故障 f_i 产生的，所以称其为故障 f_i 的伴生故障集[65]。对每个伴生故障集，使用下式更新其故障状态的概率：

$$P(X_i^r)=\sum_{f_j\in X_i^r}P(f_j) \tag{8.47}$$

$$P'(f_j)=\frac{P(f_j)}{\sum_{f_j\in X_i^r}P(f_j)} \tag{8.48}$$

伴生故障集的期望测试费用为

$$J(X_i^r) = P(X_i^r)\sum_{h=1}^{|D_i^r|} c_{D_i^r[h]} \tag{8.49}$$

式中：D_i^r 为伴生故障集 X_i^r 的测试序列，由于 X_i^r 是在隔离故障 f_i 的过程中产生的，故 D_i^r 由故障 f_i 的测试序列 D_i 决定；$|D_i^r|$表示测试序列 D_i^r 的长度；$c_{D_i^r[h]}$表示测试序列 D_i^r 中第 h 个测试的费用。

若要生成完整的诊断策略，需进一步隔离伴生故障集中的故障，故障隔离过程会产生相应的测试费用。因此，全面评估整体测试费用，需要对伴生故障集的隔离费用进行估计。霍夫曼编码[14]称为最佳编码，能够按照字符出现概率构造平均长度最短的码字。故障集 X_i^r 期望测试步骤的下界值可用霍夫曼编码的平均字长近似估计。将备选测试集中测试的费用按照由少到多的顺序进行排序（$0\leqslant c_1\leqslant\cdots\leqslant c_n$），将霍夫曼平均字长与备选测试集中对应测试的费用结合，可以得到基于霍夫曼编码的测试费用评估函数[15]。由此，可对伴生故障集 X_i^r 的最小故障隔离费用进行估计为

$$h(X_i^r) = \sum_{w=1}^{\lfloor L^*(X_i^r)\rfloor} c_w + (L^*(X_i^r) - \lfloor L^*(X_i^r)\rfloor)c_{\lfloor L^*(X_i^r)\rfloor+1} \tag{8.50}$$

式中：$h(X_i^r)$为故障状态模糊集 X_i^r 的最小测试费用估计函数，该函数给出了故障状态模糊集 X_i^r 故障隔离费用的下界；$L^*(X_i^r)$为故障状态模糊集 X_i^r 的霍夫曼编码平均字长；“$\lfloor\cdot\rfloor$”为取下整数。

用 $h(X,f_i,D_i)$表示使用测试序列 D_i 隔离故障 f_i，并构造完整诊断策略的测试费用估计值：

$$h(X,f_i,D_i) = J(f_i) + \sum_{i=1}^{l} J(X_i^r) + \sum_{i=1}^{l} P(X_i^r)h(X_i^r) \tag{8.51}$$

将式(8.46)～式(8.50)代入式(8.51)可得

$$h(X,f_i,D_i) = P(f_i)\sum_{k=1}^{|D_i|} c_{D_i[k]} + \sum_{r=1}^{l} P(X_i^r)\sum_{h=1}^{|D_i^r|} c_{D_i^r[h]} + \sum_{i=1}^{l} P(X_i^r)h(X_i^r) \tag{8.52}$$

选择使 $h(X,f_i,D_i)$达到最小的测试序列为隔离故障 f_i 的最优测试序列。由此，可得多步寻优搜索方法的启发式函数：

$$k^* = \arg\min_{D_i}\{h(X,f_i,D_i)\} \tag{8.53}$$

4. 诊断策略设计的方法优选

要使先验概率大的故障对应较少的测试费用和测试步骤数，同时考虑诊断树整体的测试费用，就需要根据故障状态模糊集中的故障概率分布情况，选择使用单步或多步寻优搜索方法。由于单步和多步寻优搜索方法均采用自上而下的方式构

造诊断树，故在优选方法时，使用费诺编码的原理对故障状态模糊集进行分析。

将故障状态模糊集中的故障按概率大小进行降序排列($P(f_1)\geqslant P(f_2)\geqslant\cdots\geqslant P(f_z)$)。在此顺序中，选择一处断开位置，将故障状态模糊集划分为两组，使每组概率和最接近。当其中一组只含有单个故障 f_1 时，则优先隔离 f_1，使用多步寻优搜索方法生成隔离 f_1 的测试序列；否则，使用信息熵算法选择诊断当前故障状态集的最优测试。

根据分辨力函数的性质，概率和乘积越大，则两者越接近。故障优先隔离条件可表示为

$$P(f_1)(1-P(f_1))\geqslant(P(f_1)+P(f_2))(1-P(f_1)-P(f_2)) \tag{8.54}$$

当故障状态模糊集中故障概率满足式(8.54)时，使用多步寻优搜索方法；否则，使用单步寻优搜索方法。

5. 详细步骤

步骤1：初始化五元组。令 $X=F$，创建一个集合 FS 存放故障模糊子集。

步骤2：使用下式更新 X 中各故障的概率：

$$P'(f_j)=\frac{P(f_j)}{\sum\limits_{f_j\in X}P(f_j)} \tag{8.55}$$

步骤3：生成 X 的备选测试集合 T'(包含求解节点 X 的过程中没有用过的测试)。根据下列步骤，选择单步或多步寻优搜索方法。

步骤3.1：将 X 的故障按概率降序排列。

步骤3.2：优选诊断策略的设计方法，当 X 中故障满足式(8.54)时进入步骤4，否则进入步骤5。

步骤4：隔离 X 中概率最大的故障 f_i，并生成其对应的最优测试序列。

步骤4.1：根据式(8.40)～式(8.43)得到故障 f_i 的诊断隔离测试集，去除其中的真超集，得到 f_i 的最小诊断隔离测试集。

步骤4.2：利用信息熵算法的启发式评估函数，对最小诊断隔离测试集中的测试进行排序，得到隔离故障 f_i 的测试序列。

步骤4.3：根据式(8.52)计算各测试序列的费用估计值，选择使 $h(X,f_i,D_i)$ 达到最小的测试序列为 f_i 的最优的测试序列。使用最优的测试序列隔离故障 f_i，生成诊断树的部分图解，并得到 f_i 的伴生故障集($X_i^1,X_i^2,\cdots,X_i^l$)，若伴生故障集 X_i^r 中元素个数大于1，则将 X_i^r 加入集合 FS。

步骤5：使用信息熵算法的启发式评估函数从备选测试集中选择当前最优测试，根据测试结果划分故障子集，若子集中元素大于1，则加入 FS。

步骤6：重新取 X 为 FS 中的元素，重复步骤2～5，直到 FS 中元素个数小

于 1。

6. 实例分析验证

以表 8-8 的相关性矩阵为例，说明单步和多步寻优结合的诊断策略设计方法的实现过程。使用信息熵算法生成相应的诊断策略如图 8-5 所示。

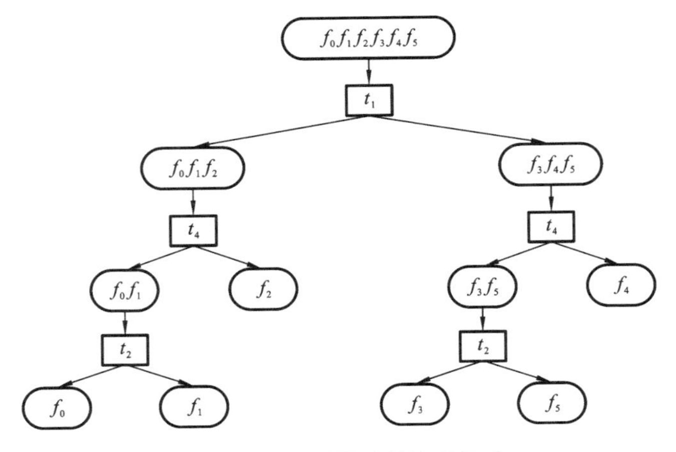

图 8-5 信息熵算法的诊断策略

故障 f_0 的先验概率在故障状态集中占有较大比例，应该以较少测试步骤和费用对其进行诊断隔离。在图 8-5 中，故障 f_0 对应的测试序列为 $[t_1, t_4, t_2]$，但对表 8-6 的相关性矩阵分析可知，使用测试 t_2、t_4 即可隔离故障 f_0，故 t_1 为此测试序列中的多余测试[64]。

信息熵算法作为贪婪算法，在生成诊断策略时只考虑当前最优的测试。在表 8.6 的实例中，t_1 使单位费用信息增益 $\overline{\mathrm{IG}(X;t_j)}$ 达到最大值，故信息熵算法选择 t_1 为第一步最优测试。然而仅得到 t_1 但不考虑后续测试，会增加 f_0 的测试序列长度与测试费用，从而会相应地增加诊断策略的整体测试费用。

使用单步和多步寻优结合的诊断策略设计方法对表 8-8 的相关性矩阵进行分析，其具体过程如下。

$X=F$，将 X 中故障按概率大小降序排列（$0.7>0.12>0.10>0.05>0.02>0.01$）。根据式（8.54）优选诊断策略的设计方法。$X$ 中元素满足 $0.7\times(1-0.7)>0.82\times(1-0.82)$，即将先验概率最大的故障 f_0 单独划为一组时，划分的两组概率和最为接近，所以首先隔离故障 f_0，使用多步寻优算法生成隔离 f_0 的测试序列。

根据式（8.40）～式（8.43）得到 f_0 的最小诊断隔离测试集为 $\{t_2, t_4\}$、$\{t_1, t_2, t_3\}$、$\{t_1, t_3, t_5\}$、$\{t_1, t_4, t_5\}$、$\{t_2, t_3, t_5\}$，使用信息熵算法对测试集中的测试进行排

序，得到 f_0 的测试序列为$[t_4,t_2]$、$[t_2,t_1,t_3]$、$[t_1,t_3,t_5]$、$[t_4,t_1,t_5]$、$[t_2,t_3,t_5]$。

根据式(8.52)选择隔离故障 f_0 最优的测试序列。测试序列$[t_4,t_2]$使 $h(X,f_0,D_i)$达到最小值，故选择$[t_4,t_2]$为隔离故障 f_0 的最优测试序列，得到伴生故障集$\{f_1,f_4\}$、$\{f_2,f_3,f_5\}$。

选择 t_1 为诊断故障模糊子集$\{f_1,f_4\}$的最优测试。对模糊子集$\{f_2,f_3,f_5\}$，使用式(8.55)更新子集中的故障概率，对故障模糊子集中的故障按概率降序排列$(0.5>0.4167>0.0833)$，其中 f_5 满足式(8.54)，则优先隔离 f_5。

根据式(8.40)～式(8.43)得到 f_5 的最小诊断隔离测试集为$\{t_2\}$、$\{t_1,t_3\}$、$\{t_1,t_5\}$，对集合中的测试进行排序，得到隔离 f_5 的测试序列为$[t_2]$、$[t_1,t_3]$、$[t_1,t_5]$。其中，$[t_2]$使诊断策略的费用估计值最小，故选择$[t_2]$为隔离故障 f_5 的最优测试序列，并得到伴生故障集$\{f_2,f_3\}$、$\{f_5\}$。

选择 t_1 为诊断故障模糊子集$\{f_2,f_3\}$的最优测试，从而得到完整的故障诊断策略如图8-6所示。

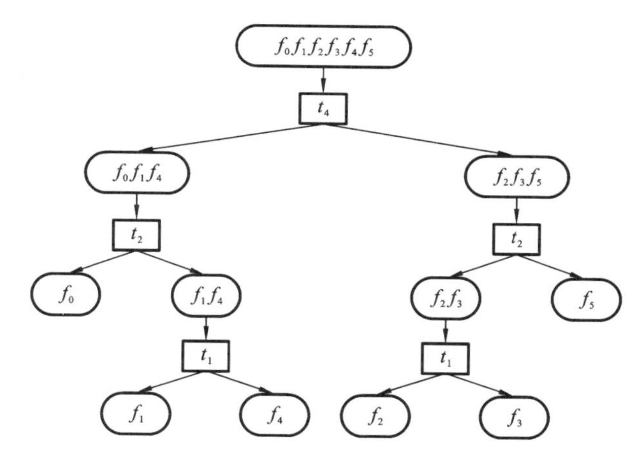

图8-6　单步和多步寻优结合的诊断策略

通过式(8.40)计算得到图8-6的测试费用期望值为15.9。图8-5所示信息熵算法得到的诊断策略的测试费用期望值为19.3。使用AO* 算法及Rollout算法对相关性矩阵进行处理，得到测试费用期望值为15.9。单步和多步寻优结合的诊断策略设计方法得到的期望测试费用与AO* 算法及Rollout算法相同，并且不存在回溯操作。

为说明方法的有效性，同时对比信息熵算法、Rollout算法与AO* 算法的诊断效果，以文献[5]、文献[19]和文献[65]的相关性矩阵为例进行分析计算，计算结果如表8-9所示。

表 8-9　测试费用期望值对比

序号	故障数	测试数	测试费用期望值			
			信息熵	Rollout	AO*	单、多
1	6	5	71.6	63.7	63.7	63.7
2	21	12	6.74	6.74	6.74	6.74
3	12	11	3.124	2.179	2.179	2.179

由表 8-9 可知，本章所列举的三个实例中，单步和多步寻优结合的诊断策略设计方法在避免回溯操作的同时，计算结果优于信息熵算法，与 Rollout 算法及 AO* 算法的测试费用相同。在诊断策略设计问题中，要使测试费用的期望值尽可能小，则先验概率较大的故障应该对应较少的测试步骤和测试费用，所以应根据故障概率情况确定诊断策略设计方法。单步和多步寻优结合的诊断策略设计方法综合考虑了测试费用、故障概率以及多步测试信息的影响，在避免回溯操作的同时能够以较少的测试费用对装备进行故障诊断和隔离，具有一定的理论和实际应用价值[66]。

8.4　雷达装备多故障诊断策略设计方法

前两节提到的诊断策略设计方法都假设装备在同一时刻内最多只出现一个故障，而雷达作为复杂的电子装备，其元器件和测试点的数量非常庞大，导致其在运行过程中经常会出现多故障并发的情况。因此，研究雷达装备的诊断策略，不仅要考虑单故障的假设条件，还需要考虑多故障并发的情况。Grunberg 等人[35]提出使用紧致集表示多故障模糊组，并用来描述多故障状态。在此基础上，本节分单故障和多故障两种情况研究了雷达装备诊断策略设计问题，提出了雷达装备多故障诊断策略设计方法，以雷达装备接收分系统为例，说明了方法的具体实现过程，验证了方法的有效性。

8.4.1　多故障问题描述

多故障并发的情况下，由于隐藏故障和伪故障[67]的存在，使用单故障诊断策略隔离故障会导致漏诊和误诊，因此需要分析隐藏故障和伪故障的故障表现。

若 f_j 与 f_i 同时发生时的征兆与 f_i 单独发生时的征兆相同，则称 f_j 为 f_i 的隐藏故障；若故障组合 X 中的元素同时发生 f_j 时的征兆与 f_i 单独发生时的征兆相同，则 X 为 f_i 的伪故障。

设故障诊断结论为 x_i，x_i 的隐藏故障集和伪故障集记为 $\mathrm{HF}(x_i)$ 和 $\mathrm{MF}(x_i)$，则

$$\mathrm{HF}(x_i)=\{f_j \mid (\mathrm{TF}(f_j)\cap T(x_i))\cup \mathrm{TF}(x_i)=\mathrm{TF}(x_i),\ \forall f_j\notin x_i\} \tag{8.56}$$

$$\mathrm{MF}(x_i)=\{X\subseteq(F-x_i)\mid \bigcup_{\forall f_j\in X}(\mathrm{TF}(f_j)\cap T(x_i))=\mathrm{TF}(x_i)\} \tag{8.57}$$

式中：$\mathrm{TF}(f_j)$ 为 f_j 的故障征兆，$\mathrm{TF}(f_j)=\{t_i \mid b_{ij}=1, t_i\in T\}$；$T(x_i)$ 为诊断结论 x_i 的隔离测试集，$T(x_i)\subseteq T$；$\mathrm{TF}(x_i)$ 为 x_i 的隔离测试集中未通过的测试组成的集合，即 x_i 在诊断树中的故障征兆。

若 X 的任意真子集中的元素构成的故障组合都不是 x_i 的伪故障，则称 X 为 x_i 的最小伪故障，记为 $\mathrm{MMF}(x_i)$：

$$\mathrm{MMF}(x_i)=\{X\in \mathrm{MF}(x_i)\mid \forall Y\subset X, Y\notin \mathrm{MF}(x_i)\} \tag{8.58}$$

8.4.2 优化目标

诊断策略的优化目标是得到一组测试序列，当装备发生故障时，能够按照给定的顺序隔离所有故障，从而使得测试费用的期望值最小，其计算公式[40]为

$$D_{\mathrm{opt}}=\min_{D}(J_S+J_M) \tag{8.59}$$

式中：J_S 为单故障假设下的期望测试费用；J_M 为多故障并发时隔离隐藏故障和伪故障的期望测试费用。J_S 的计算公式为

$$J_S=\sum_{f_i\subseteq F}\sum_{t_j\subset D_i}P(f_i)c_j \tag{8.60}$$

式中：D_i 表示诊断策略中隔离出故障 f_i 的测试序列。J_M 根据具体情况进行计算，其计算方法与 J_S 相同。

8.4.3 多故障模糊组

1. 多故障模糊组的表示方法

诊断树中每个 OR 节点的多故障模糊组可用 $X=\Theta(L;F_0,\cdots,F_L;G)$ 表示[36]，代表该 OR 节点所有可能的故障状态。其中，G 代表已经证明的不可能发生的故障状态，由测试序列中通过的测试决定；L 表示测试序列中不通过的测试的个数；$F_i(i=1,\cdots,L)$ 表示至少包含一个故障的故障状态集，则

$$\Theta(L;F_1,\cdots,F_L;G)=\{X\subseteq F\mid X\cap F_i\neq\varnothing, X\cap G=\varnothing, i=1,\cdots,L\} \tag{8.61}$$

多故障模糊组的初始状态为 $X=\Theta(0;F_0=F;G=\varnothing)$，代表初始可能的故障状态为 F 的全部子集；假设当前多故障模糊组为 $X=\Theta(L;F_0,\cdots,F_L;G)$，当前测试为 t_j，则多故障模糊组的状态更新规则[68]如下。

当 t_j 通过时：

$$
\begin{aligned}
&G=G\cup\{f_i\mid d_{ij}=1\}\\
&L=L\\
&F_i=F_i-\{f_i\mid d_{ij}=1\}
\end{aligned}
\tag{8.62}
$$

当 t_j 不通过时：

$$
\begin{aligned}
&G=G\\
&L=L+1\\
&F_{L+1}=\complement_F G\cap\{f_i\mid d_{ij}=1\}
\end{aligned}
\tag{8.63}
$$

式中：$\complement_F G$ 为 G 在 F 中的补集。

若已知测试序列 $D_{(i)}$，则多故障模糊组可直接产生。将测试序列中通过和未通过的测试集记为 TP 和 TF，则：

$$
\begin{aligned}
&G=\bigcup_{t_j\in \mathrm{TP}}\{f_i\mid d_{ij}=1\}\\
&L=|\mathrm{TF}|+1\\
&F_0=\complement_F G\\
&F_i=\{f_k\mid d_{kj}=1\}\cap\complement_F G;i=2,\cdots,L;t_j\in \mathrm{TF}
\end{aligned}
\tag{8.64}
$$

对多故障模糊组进行化简，若 $Y\supseteq F_i$，则 $\Theta(L+1;F_0,\cdots,F_L,Y;G)=\Theta(L;F_0,\cdots,F_L;G)$。在多故障模糊组中，若 $F_i(i=1,\cdots,L)$ 的基数为 1，则 F_i 对应的故障为确定性故障，若 $\bigcup_{|F_i|=1}F_i\cup G\neq F-f_0$，则可能存在隐藏故障。

2. 多故障模糊组的最小集

定义 8.1：给定集合 $Q=\{Q_0,Q_1,\cdots,Q_k\}$，若 $I(Q)=Q-\{Q_i\mid \exists Q_j\in Q,Q_j\subseteq Q_i\}$，则称 $I(Q)$ 为 Q 的最小集，即 $I(Q)$ 为删除 Q 中的所有真超集后的集合。

定义 8.2：给定集合 $Q=\{Q_0,Q_1,\cdots,Q_k\}$，若 $H_j\subseteq\bigcup_{0\leqslant i\leqslant k}Q(j=1,\cdots,q)$，且 $H_j\cap Q_i\neq\varnothing(i=0,\cdots,k)$，则称 $H(Q)=\{H_1,H_2,\cdots,H_q\}$ 为 Q 的碰集，$I(H(Q))$ 是 Q 的最小碰集。

引理：设 OR 节点的多故障模糊组为 $X=\Theta(L;F_0,\cdots,F_L;G)$，则 X 的最小集为 $\{F_0,\cdots,F_L\}$ 的最小碰集。

8.4.4 多故障诊断策略设计的具体步骤

步骤 1：初始化，$X=\Theta(0;F_0=F;G\neq\varnothing)$，根据 AO* 算法生成单故障的诊断策略，将每个终端叶节点标记为 unsolved。

步骤 2：判断每个终端叶节点的多故障模糊组是否存在 $|F_i|=1$。

步骤 3：若 $|F_i|=1$ 存在，则 F_i 对应的故障为确定性故障，执行以下操作。

步骤 3.1：维修/替换所有 $|F_i|=1$ 对应的故障。

步骤 3.2：$G=G\cup\{$维修/替换的故障$\}$，$\widetilde{F}=\{F_0,\cdots,F_L\}-\sum_{|F_i=1|}F_i$。

步骤 3.3：判断$|\widetilde{F}|>1$是否成立。

步骤 3.3.1：若成立，则计算该多故障模糊组 X 的最小集 $I(X)$，并生成 X 的备选测试集(包含隔离 X 的过程中未曾用过的测试)，根据 AO^* 算法生成隔离最小集 $I(X)$的诊断策略。重复步骤 2～步骤 4。若无测试可提供任何信息，则维修/替换该节点对应的单故障，并回溯至第一个测试结果为 1 的 AND 节点；

步骤 3.3.2：若不成立，则判断 $\complement_F G=f_0$ 是否成立。若成立，则标记该节点为 solved，继续下一节点，重复步骤 2～步骤 4；否则，可能存在隐藏故障，回溯至第一个测试为 1 的 AND 节点。

步骤 4：当不存在$|F_i|=1$时，计算该多故障模糊组 X 的最小集 $I(X)$，并生成 X 的备选测试集，根据 AO^* 算法生成隔离最小集 $I(X)$的诊断策略。重复步骤 2～步骤 4。若无测试可提供信息，则维修/替换所有可疑故障节点对应的单故障，并回溯至第一个测试结果为 1 的 AND 节点。

步骤 5：在所有终端叶节点分析完毕后，结束算法。

8.4.5　雷达装备多故障诊断策略

在多故障并发的情况下，单故障诊断策略不能有效地检测出隐藏故障和伪故障，会导致漏诊和误诊的问题发生。在单故障诊断策略的基础上，考虑多故障并发的情况，使用多故障模糊组及相关算法描述雷达装备接收分系统的多故障诊断策略问题，得到多故障诊断策略如图 8-7 所示。

图 8-7 中，实线表示终端叶节点，其中，粗线表示需要重新生成诊断策略的终端叶节点；根节点和其他 OR 节点用虚线表示。

在所有的终端叶节点中，A_8 和 A_{28}不包含隐藏故障和伪故障，其多故障模糊组和执行操作为：$A_8=\Theta(1;\{f_0\};\{f_1\sim f_{19}\})$，结束；$A_{28}=\Theta(1;f_{14};\{f_1\sim f_{13},f_{15}\sim f_{18}\})$，维修/替换 f_{14}，结束。

需要重新生成诊断策略的终端叶节点的多故障模糊组和需要执行的操作如下。$A_{19}=\Theta(2;\{f_{16},f_{19}\},\{f_{11},f_{16},f_{17}\};\{f_1\sim f_{10},f_{15},f_{18}\})$，计算该多故障模糊组的最小集，生成新的诊断策略；$A_{13}=\Theta(2;\{f_4,f_7,f_9,f_{10}\},\{f_9,f_{11},f_{15}\sim f_{18}\};\{f_1,f_2,f_3,f_5,f_6,f_8\})$，计算该多故障模糊组的最小集，生成新的诊断策略；$A_{35}=\Theta(2;\{f_3,f_5,f_6,f_8\},\{f_3,f_4\};\{f_1,f_2\})$，计算该多故障模糊组的最小集，生成新的诊断策略；$A_{60}=\Theta(3;\{f_9,f_{11},f_{16},f_{17}\},\{f_7\},\{f_{16},f_{19}\};\{f_1\sim f_6,f_8,f_{15},f_{18}\})$，维修/替换 f_7，计算该多故障模糊组的最小集，生成新的诊断策略；$A_{61}=\Theta(3;\{f_9,f_{11},f_{16},f_{17}\},\{f_4\},\{f_{16},f_{19}\};\{f_1\sim f_3,f_5,f_6,f_8,f_{15},f_{18}\})$维修/替换 f_4，计算该

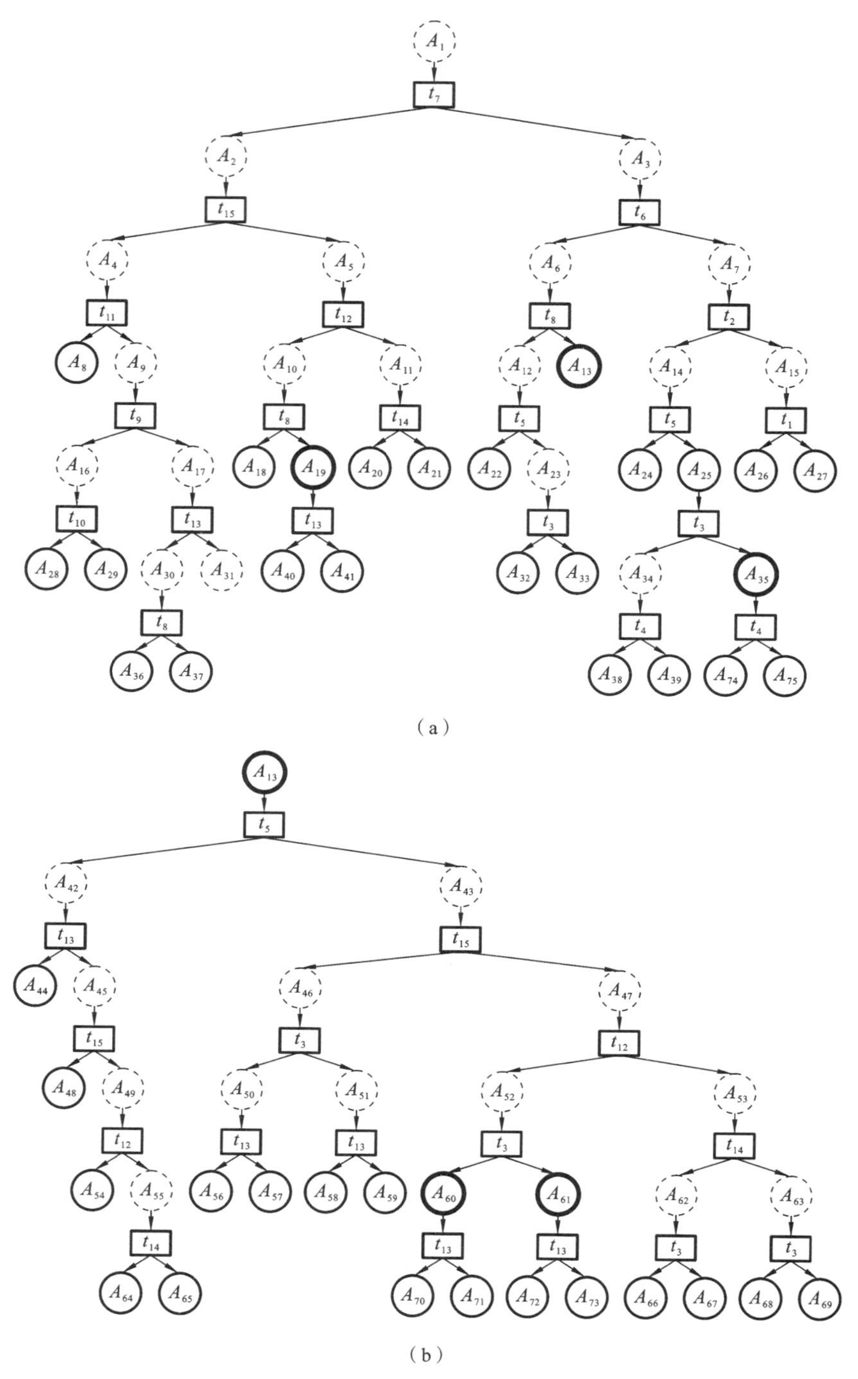
A_{1}
t_{7}
A_{2} A_{3}
t_{15} t_{6}
A_{4} A_{5} A_{6} A_{7}
t_{11} t_{12} t_{8} t_{2}
A_{8} A_{9} A_{10} A_{11} A_{12} A_{13} A_{14} A_{15}
t_{9} t_{8} t_{14} t_{5} t_{5} t_{1}
A_{16} A_{17} A_{18} A_{19} A_{20} A_{21} A_{22} A_{23} A_{24} A_{25} A_{26} A_{27}
t_{10} t_{13} t_{13} t_{3} t_{3}
A_{28} A_{29} A_{30} A_{31} A_{40} A_{41} A_{32} A_{33} A_{34} A_{35}
t_{8} t_{4} t_{4}
A_{36} A_{37} A_{38} A_{39} A_{74} A_{75}
(a)
A_{13}
t_{5}
A_{42} A_{43}
t_{13} t_{15}
A_{44} A_{45} A_{46} A_{47}
t_{15} t_{3} t_{12}
A_{48} A_{49} A_{50} A_{51} A_{52} A_{53}
t_{12} t_{13} t_{13} t_{3} t_{14}
A_{54} A_{55} A_{56} A_{57} A_{58} A_{59} A_{60} A_{61} A_{62} A_{63}
t_{14} t_{13} t_{13} t_{3} t_{3}
A_{64} A_{65} A_{70} A_{71} A_{72} A_{73} A_{66} A_{67} A_{68} A_{69}
(b)

图 8-7　多故障诊断策略

多故障模糊组的最小集，生成新的诊断策略。

其他的终端叶节点执行维修/替换操作后返回第一个测试失效的节点，具体操作如表 8-10 所示。

表 8-10　终端叶节点和执行的操作

节点	通过的测试	未通过的测试	维修/替换故障	返回测试
A_{29}	t_7, t_{15}, t_9	t_{11}, t_{10}	f_{13}	t_{11}
A_{36}	t_7, t_{15}, t_{13}, t_8	t_{11}, t_9	f_{12}	t_{11}
A_{37}	t_7, t_{15}, t_{13}	t_{11}, t_9, t_8	f_{11}	t_{11}
A_{31}	t_7, t_{15}	t_{11}, t_9, t_{13}	f_{17}	t_{11}
A_{18}	t_7, t_{12}, t_8	t_{15}	f_{19}	t_{15}
A_{20}	t_7, t_{14}	t_{15}, t_{12}	f_{15}	t_{15}
A_{21}	t_7	t_{15}, t_{12}, t_{14}	f_{18}	t_{15}
A_{22}	t_6, t_8, t_5	t_7	f_{10}	t_7
A_{32}	t_6, t_8, t_3	t_7, t_5	f_7	t_7
A_{33}	t_6, t_8	t_7, t_5, t_3	f_4	t_7
A_{24}	t_2, t_5	t_7, t_6	f_8	t_7
A_{38}	t_2, t_3, t_4	t_7, t_6, t_5	f_6	t_7
A_{39}	t_2, t_3	t_7, t_6, t_5, t_4	f_5	t_7
A_{26}	t_1	t_7, t_6, t_2	f_2	t_7
A_{27}	$\varnothing$	t_7, t_6, t_2, t_1	f_1	t_7
A_{40}	t_7, t_{12}, t_{13}	t_{15}, t_8	f_{19}, f_{11}	t_{15}
A_{41}	t_7, t_{12}	t_{15}, t_8, t_{13}	f_{16}	t_{15}
A_{44}	t_6, t_5, t_{13}	t_7, t_8	f_9	t_7
A_{48}	t_6, t_5, t_{15}	t_7, t_8, t_{13}	f_{17}	t_7
A_{54}	t_6, t_5, t_{12}	t_7, t_8, t_{13}, t_{15}	f_9	t_7
A_{64}	t_6, t_5, t_{14}	$t_7, t_8, t_{13}, t_{15}, t_{12}$	f_{15}	t_7
A_{65}	t_6, t_5	$t_7, t_8, t_{13}, t_{15}, t_{12}, t_{14}$	f_{18}	t_7
A_{56}	t_6, t_{15}, t_3, t_{13}	t_7, t_8, t_5	f_7	t_7
A_{57}	t_6, t_{15}, t_3	t_7, t_8, t_5, t_{13}	f_7, f_{17}	t_7
A_{58}	t_6, t_{15}, t_{13}	t_7, t_8, t_5, t_3	f_4	t_7
A_{59}	t_6, t_{15}	$t_7, t_8, t_5, t_3, t_{13}$	f_4, f_{17}	t_7

续表

节点	通过的测试	未通过的测试	维修/替换故障	返回测试
A_{66}	t_6, t_{14}, t_3	$t_7, t_8, t_5, t_{15}, t_{12}$	f_7, f_{15}	t_7
A_{67}	t_6, t_{14}	$t_7, t_8, t_5, t_{15}, t_{12}, t_3$	f_{14}, f_{15}	t_7
A_{68}	t_6, t_3	$t_7, t_8, t_5, t_{15}, t_{12}, t_{14}$	f_7, f_{18}	t_7
A_{69}	t_6	$t_7, t_8, t_5, t_{15}, t_{12}, t_{14}, t_3$	f_4, f_{18}	t_7
A_{70}	t_6, t_{12}, t_3, t_{13}	t_7, t_8, t_5, t_{15}	f_{19}	t_7
A_{72}	t_6, t_{12}, t_{13}	$t_7, t_8, t_5, t_{15}, t_3$	f_{19}	t_7
A_{73}	t_6, t_{12}	$t_7, t_8, t_5, t_{15}, t_3, t_{13}$	f_{16}	t_7
A_{74}	t_2, t_4	t_7, t_6, t_5, t_3	f_4	t_7
A_{75}	t_2	t_7, t_6, t_5, t_3, t_4	f_3	t_7

通过设置故障假设，验证多故障诊断策略的有效性。当故障 f_3，f_6，f_{18} 并发时，单故障诊断策略的诊断结果为 f_3 故障，出现了漏诊的情况，而使用多故障诊断策略可正确识别所有故障，其诊断过程如图 8-8 所示。

$t_7 \rightarrow t_6 \rightarrow t_2 \rightarrow t_5 \rightarrow t_3 \rightarrow t_4 \rightarrow$ 维修/替换 $f_3 \rightarrow t_7$
↓
$t_{15} \leftarrow t_7 \leftarrow$ 维修/替换 $f_6 \leftarrow t_4 \leftarrow t_3 \leftarrow t_5 \leftarrow t_2 \leftarrow t_6$
↓
$t_{12} \rightarrow t_{14} \rightarrow$ 维修/替换 $f_{18} \rightarrow t_{15} \rightarrow t_{11} \rightarrow$ 结束

图 8-8　隐藏故障的诊断过程

当故障 f_4，f_{11} 并发时，使用单故障诊断策略会得到 f_9 故障的结论，导致误诊问题发生。而使用多故障诊断策略可得到正确的诊断结论，具体过程如图 8-9 所示。

$t_7 \rightarrow t_6 \rightarrow t_8 \rightarrow t_5 \rightarrow t_{15} \rightarrow t_3 \rightarrow t_{13} \rightarrow$ 维修/替换 f_4
↓
维修/替换 $f_{11} \leftarrow t_8 \leftarrow t_{13} \leftarrow t_9 \leftarrow t_{11} \leftarrow t_{15} \leftarrow t_7$
↓
$t_{11} \rightarrow$ 结束

图 8-9　伪故障的诊断过程

由上述两个故障假设可知，多故障诊断策略可以有效检测隐藏故障和伪故障，从而避免漏诊和误诊情况发生。

思　考　题

1. 简述雷达装备诊断策略设计的目的。
2. 简述信息熵算法的基本原理。
3. AO* 算法的优点和缺点主要有哪些?
4. 简述单步、多步寻优结合的诊断策略设计方法的基本步骤。
5. 隐藏故障和伪故障有什么不同?

参考文献

[1] 国防科学技术工业委员会. GJB 2547A—2012 装备测试性工作通用要求[S]. 北京:国防科工委军标出版社,2012.
[2] Pattipati K R, Alexandrisis M G. Application of heuristic search and information theory to sequential fault diagnosis [J]. IEEE Transactions on Systems, Man, and Cybernetics,1990,20(4):872-887.
[3] Johnson R A. An information theory approach to diagnosis [J]. IRE Transactions on Reliability and Quality Control,1960,9(1):35-35.
[4] 李光升,程延伟,谢永成. 装甲车辆电气系统测试节点与诊断策略的设计[J]. 舰船电子工程,2011,31(05):142-145.
[5] 周玉良,何广军,吴建峰,等. 基于最大故障诊断信息量准则的测试点优选方法[J]. 弹箭与制导学报,2010,30(05):230-232.
[6] 黄以锋,景博,夏岩. 基于信息熵的电路测点优化策略[J]. 计算机应用研究,2010,27(11):4149-4151.
[7] 景小宁,李全通. 系统维修中的顺序诊断策略[J]. 电光与控制,2009,16(01):87-91,96.
[8] 石君友. 测试性设计分析与验证[M]. 北京:国防工业出版社,2011.
[9] 闫晓鹏,栗苹,章涛,等. 无线电引信故障诊断策略研究[J]. 仪器仪表学报,2008,4:63-66.
[10] 刘刚,黎放,胡斌. 基于相关性模型的舰船装备测试性分析与建模[J]. 海军工

程大学学报,2012,24(04):46-51.

[11] 刘晓白,梁鸿.基于任务的舰船装备测试性建模与分析研究[J].舰船科学技术,2016,38(11):156-160.

[12] 姜为学,杨建文,李宗良,等.某高炮火控系统测试序列的优化[J].电光与控制,2010,17(04):74-78.

[13] 梁海波,姜苹,董世茂,等.基于相关性模型的电源滤波组合测试性设计[J].航天控制,2017,35(06):80-84.

[14] 李光升,程延伟,谢永成.装甲车辆电气系统测试节点与诊断策略的设计[J].舰船电子工程,2011,31(05):142-145.

[15] 吕游,宋家友,匡翠婷.基于β系数的序贯测试优化方法[J].计算机工程与设计,2016,37(01):237-241,268.

[16] 蒋荣华,王厚军,龙兵.基于 DPSO 的改进 AO* 算法在大型复杂电子系统最优序贯测试中的应用[J].计算机学报,2008(10):1835-1840.

[17] 王丽丽,林海,包亮,等.基于 DPSO-AO* 算法系统测试序列优化问题研究[J].测控技术,2019,38(05): 13-17,22.

[18] 赵文俊,张强,匡翠婷,等.多值测试诊断策略优化设计[J].计算机测量与控制,2015,23(12):3936-3939.

[19] 陈锋,严平,孙世岩,等.基于 AO* 算法的舰炮制导弹药多故障诊断策略设计[J].指挥控制与仿真,2019,41(06):125-130.

[20] Tu F, Pattipati K R. Rollout strategies for sequential fault diagnosis [J]. IEEE Trans on Systems, Man, and Cybernetics-Part A: Systems and humans,2003,33(1):86-99.

[21] 刘远宏.基于双重 Rollout 算法的多工作模式系统诊断策略优化[J].控制与决策,2019,34(01):219-224.

[22] 刘远宏,刘建敏,冯辅周,等.基于 Rollout 信息启发式算法的故障诊断策略[J].计算机工程,2015,41(08): 291-295.

[23] 黄以锋,景博,毋养民.分层系统序贯诊断策略[J].系统工程与电子技术,2015,37(02):360-364.

[24] 叶晓慧,王红霞,程崇喜.基于蚁群算法的系统级序贯测试优化研究[J].计算机测量与控制,2010,18(10):2224-2227.

[25] 焦晓璇,景博,黄以锋.基于精华蚂蚁系统的诊断策略优化[J].计算机测量与控制,2014,22(04):1059-1061.

[26] 潘佳梁,衣同胜,李兵.基于蚁群算法的雷达系统测试序列优化研究[J].计算机与数字工程,2011,39(07):20-23.

[27] 吕晓明,黄考利,连光耀. 基于混沌粒子群优化的系统级故障诊断策略优化[J]. 系统工程与电子技术,2010,32(01):217-220.
[28] 刘丽亚,杜舒明,闫俊锋,等. 基于改进粒子群算法的雷达装备测试性设计优化技术[J]. 计算机测量与控制,2020,28(08):160-164.
[29] 石翌,胡鹰,李俊杰,等. 基于粒子群算法的诊断策略优化技术[J]. 计算机测量与控制,2014,22(08):2387-2390,2395.
[30] 张悦宁,姜淑娟,张艳梅. 基于梦境粒子群优化的类集成测试序列生成方法[J]. 计算机科学,2019,46(02):159-165.
[31] 于劲松,徐波,李行善. 基于遗传算法的序贯诊断测试策略生成[J]. 系统仿真学报,2004(04):833-836.
[32] 梁竞敏. 基于遗传退火算法的测试序列优化研究[J]. 计算技术与自动化,2009,28(01):104-107.
[33] 朱敏,高鹰,刘扬,等. 基于差分进化算法的测试序贯优化技术[J]. 电子测量技术,2015,38(10):36-40.
[34] 邱晓红,李渤,李靖. 满足故障隔离率指标的测试序列优化差分进化算法[J]. 数据采集与处理,2016, 31(06): 1132-1140.
[35] Grunberg D B, Weiss J L, Deckert J C. Generation of optimal and suboptimal strategies for multiple fault isolation [R]. Technical Report TM-248,1987.
[36] Shakeri M, Raghavan V, Pattipati K R, et al. Sequentialtesting algorithms for multiple fault diagnosis [J]. IEEE Transactions on Systems, Man and Cybernetics: Part A,2000,30(1):1-14.
[37] 王子玲,许爱强,王文双,等. 基于扩展单故障策略的多故障诊断算法[J]. 海军航空工程学院学报,2009, 24(06):695-698.
[38] 王子玲,许爱强. 基于最小碰集的多故障诊断算法研究[J]. 兵工学报,2010,31(03):337-342.
[39] 王红霞,叶晓慧,吴涛. 求解掩盖故障的新方法[J]. 计算机测量与控制,2010,18(04):804-806.
[40] 王红霞,潘红兵,叶晓慧. 多故障的测试序列问题研究[J]. 兵工学报,2011,32(12):1518-1523.
[41] 杨鹏,邱静,刘冠军. 多故障诊断策略优化生成技术研究[J]. 兵工学报,2008(11):1379-1383.
[42] 郑致刚,胡云安,吴亮. 多故障诊断的即时策略研究[J]. 兵工学报,2014,35(06):921-926.

[43] 王显,田恒. 基于测试-维修的多故障诊断策略研究[J]. 煤矿机械,2017,38(01):130-132.

[44] 黄以锋,景博,罗炳海,等. 基于 Rollout 算法的序贯多故障诊断策略[J]. 控制与决策,2015,30(03):572-576.

[45] 黄以锋,景博,王春晖,等. 基于 Rollout 算法的冗余多故障诊断策略[J]. 计算机测量与控制,2014,22(11):3480-3482,3486.

[46] 黄以锋,景博,喻彪,等. 基于概率阈的冗余多故障诊断策略[J]. 空军工程大学学报(自然科学版),2014,15(05):1-5.

[47] 朱海鹏,景博,黄以锋,等. 基于概率阈的非冗余多故障系统诊断策略优化[J]. 计算机应用研究,2012,29(12):4512-4514.

[48] 蒋荣华,田书林,龙兵. 基于 DPSO 最小碰集算法的掩盖故障识别[J]. 系统工程与电子技术,2009,31(04):997-1001.

[49] 石宇,王岩,刘扬,等. 基于改进离散差分进化算法的多故障最小碰集生成技术[J]. 电子测量技术,2016,39(08):48-52.

[50] 杨鹏,邱静,刘冠军. 基于多值测试的诊断策略优化生成[J]. 仪器仪表学报,2008(08):1675-1678.

[51] 王成刚,苏学军,杨智勇. 基于多值关联矩阵扩展的诊断策略设计[J]. 工程设计学报,2010,17(05):388-391.

[52] 黄以锋,景博. 基于 Rollout 算法的多值属性系统诊断策略[J]. 控制与决策,2011,26(08):1269-1272.

[53] 黄以锋,景博,茹常剑. 基于信息熵的多值属性系统诊断策略优化方法[J]. 仪器仪表学报,2011,32(05):1003-1008.

[54] 张峻宾,蔡金燕,孟亚峰,等. 基于蚁群算法的电子设备多值测试故障诊断策略[J]. 火力与指挥控制,2014,39(09):112-116.

[55] 田恒,张文虎,邓四二,等. 基于改进蚁群算法的多值属性系统故障诊断策略[J]. 控制与决策,2021,36(11):2722-2728.

[56] 孟亚峰,韩春辉,李丹阳,等. 基于蚁群算法的多值属性系统测试序列优化[J]. 中国测试,2013,39(06):110-113.

[57] 董海迪,王学进,刘刚,等. 复杂系统测试不可靠条件下的故障诊断策略研究[J]. 兵工学报,2015,36(S2):298-302.

[58] 叶晓慧,潘佳梁,王红霞,等. 基于动态贪婪算法的不可靠测试点选择[J]. 北京理工大学学报,2010,30(11):1350-1354.

[59] 羌晓清,景博,邓森,等. 基于 Rollout 算法的测试不可靠条件下的诊断策略[J]. 计算机应用研究,2016,33(05):1437-1440.

[60] 廖小燕,陆宁云.现场条件约束下的动态诊断策略研究[J].计算机测量与控制,2020,28(09):73-77.

[61] 叶文,吕鑫燚,吕晓峰,等.考虑测试可靠度的诊断策略优化方法[J].舰船电子工程,2020,40(05):146-151.

[62] 韩露,史贤俊,林云,等.测试不可靠条件下基于精华蚂蚁系统的诊断策略优化方法[J].电子测量与仪器学报,2021,35(03):130-136.

[63] 郭家豪,史贤俊,王康.基于信息熵的诊断策略优化方法[J].兵工自动化,2019,38(6):29-32.

[64] 王红霞,叶晓慧.装备测试性设计分析验证技术[M].北京:电子工业出版社,2018.

[65] TIAN Heng, DUAN Fu-hai, FAN Liang, et al. Novel Solution for Sequential Fault Diagnosis Based on a Growing Algorithm [J]. Reliability Engineering & System Safety,2019,192(Dec):106174.1-106174.9.

[66] 龙兵.多信号建模与故障诊断方法及其在航天器中的应用研究[D].哈尔滨:哈尔滨工业大学,2005.

[67] 邱静,刘冠军,杨鹏,等.装备测试性建模与设计技术[M].北京:科学出版社,2012.

[68] 闫鹏程,连光耀,刘晓芹,等.基于多故障模糊组的序贯多故障诊断方法[J].计算机测量与控制,2012,20(01):34-37.

第9章

雷达装备测试性试验与评价

9.1 概　　述

9.1.1 测试性试验与评价的概念

广义上讲，测试性试验是指装备在研制、生产、使用过程中，为了确定和检验装备的测试性设计的诊断效果，发现装备中存在的测试性设计缺陷和不足，定性和定量评估装备测试性水平，判定测试性水平是否满足规定要求，实现测试性增长或熟化而进行的各种试验。

狭义上讲，测试性试验是指在装备实物或试验件上注入一定数量的故障来评价和验证装备BIT或者外部自动测试设备(ATE)的故障检测和故障隔离能力是否满足规定的要求，为测试性设计改进和增长提供依据的试验。根据狭义的概念，测试性试验具有三个要素：测试对象、故障注入、测试性能力评估。

9.1.2 测试性试验与评价的目的

测试性试验与评价的目的是识别装备测试性设计缺陷，评价装备测试性设计工作的有效性，确认装备是否达到规定的测试性要求，为装备定型和测试性设计改进和增长提供依据。

测试性试验与评价工作是随着测试性技术的发展和工程实践的需要不断细化和壮大的。

我国自20世纪80年代对武器装备的研制引进了测试性理论之后，陆续颁布了GJB 368A—1994《装备维修性通用大纲》，GJB/Z 57—1994《维修性分配与预计手册》等标准，其中GJB 2072—1994《维修性试验与评定》中提出了测试性试验。早期的测试性概念隶属于维修性，测试性主要是为维修性服务，达到快速维修的目的。

1995年颁布的GJB 2547—1995《装备测试性大纲》规定了测试性的工作目标、工作内容以及与其他特性的协调关系。在该标准中，测试性试验与评价只规定了一个工作项目“测试性验证”，其目的是确认研制的系统或设备是否满足规定的测试性要求，并评价测试性预计的有效性。规定的工作内容主要是确定如何使用维修性验证方法、测试程序验证方法或其他验证方法来验证测试性要求；拟定测试性验证计划，并与维修性验证计划协调；必要时，利用GJB 2072—1994中适当的方法和判据，实施附加的验证，并要求测试性验证与其他验证结合进行。

2012年，GJB 2547—1995修订并改名为GJB 2547A—2012《装备测试性工作通用要求》。它是装备开展测试性工作的总体性指导标准，规定了装备全寿命周期内开展测试性工作的要求和工作项目。在该标准中，工作项目400系列为“测试性试验与评价”，包括测试性核查、测试性验证试验和测试性分析评价三个工作项目；工作项目500系列为“使用期间测试性评价与改进”，包括使用期间测试性信息收集、使用期间测试性评价和使用期间测试性改进三个工作项目。其中，测试性核查的目的是识别测试性设计缺陷，以便采取纠正措施，实现测试性的持续改进与增长；测试性验证试验的目的是验证产品的测试性是否符合规定的要求；测试性分析评价的目的是通过综合利用产品的各种有关信息，分析评价产品是否满足规定的测试性要求。

2017年颁布的GJB 8895—2017《装备测试性试验与评价》是装备开展测试性试验评价工作的专用指导标准。在该标准中，测试性试验与评价工作包括五个工作项目：测试性设计核查、测试性研制试验、测试性验证试验、测试性分析评价、使用期间测试性信息收集与评价。该标准中，测试性设计核查的目的是识别出测试性设计缺陷，以便采取必要的设计改进措施；测试性研制试验的目的是确认测试性设计特性和设计效果，发现测试性设计缺陷，以便采取必要的设计改进措施；测试性验证试验的目的是考核是否符合规定的测试性定性要求和定量要求，并发现测试性设计缺陷，包括测试性鉴定试验和测试性验收试验；测试性分析评价的目的是利用研制阶段的测试性信息进行综合分析评价，确定产品是否达到规定的测试性要求；使用期间测试性信息收集与评价的目的是收集装备在使用期间的测试性信息，依据收集的信息进行测试性评价，确定是否满足使用要求，并明确存在的问题。

GJB 2547A—2012 和 GJB 8895—2017 在装备测试性试验与评价上的区别是：GJB 8895—2017 将 GJB 2547A—2012 中的工作项目 401“测试性核查”进行了细化，分解为测试性设计核查和测试性研制试验(通过试验进行核查)两项工作；GJB 8895—2017 将 GJB 2547A—2012 中 500 系列的使用期间测试性信息收集与评价两项工作进行了简化，简化为一项工作进行说明。

2022 年《军队装备试验鉴定规定》发布，自 2022 年 2 月 10 日起施行。《军队装备试验鉴定规定》按照面向部队、面向实战的原则，规范了新体制新编制下军队装备试验鉴定工作的管理机制；着眼装备实战化考核要求，调整试验鉴定工作流程，在装备全寿命周期构建性能试验、状态鉴定、作战试验、列装定型和在役考核的工作链路；立足装备信息化智能化发展趋势，改进试验鉴定工作模式，完善紧贴实战、策略灵活、敏捷高效的工作制度。

9.1.3 测试性试验与评价的分类

测试性试验具有多种分类方式，常见的有以下几种。

(1) 根据试验手段和试验对象之间的关系，测试性试验可以分为测试性直接试验和测试性间接试验。直接试验，即直接在产品上进行试验。间接试验，即使用模型代替实物的试验，包括测试性模型试验、测试性仿真试验、测试性半实物仿真试验等。按试验对象不同，测试性试验可分为设备测试性试验和系统测试性试验。

(2) 根据试验场所的不同，测试性试验可以分为测试性试验室试验和测试性现场试验。

(3) 根据试验目的不同，测试性试验可以分为增长类测试性试验和评价类测试性试验。增长类测试性试验的目的主要是通过试验和使用，识别测试性缺陷，采取改进措施，使故障诊断能力得到增长，该类试验贯穿于系统寿命周期的各个阶段。评价类测试性试验的目的是评价产品的测试性水平，而不是暴露产品的测试性缺陷。

(4) 根据试验基于的理论，测试性试验可分为基于相似理论的测试性试验、基于概率论的测试性试验和基于确定论的测试性试验等。

(5) 根据全寿命周期内试验开展的时机、目的和要求，测试性试验可以分为测试性核查、测试性研制试验、测试性鉴定试验和测试性评估。

上述各种不同的分类方式之间并不是全无关联的，事实上，它们都是以测试性试验的目的和作用作为基础，从不同方面在工程实际中贯彻测试性试验的思想。只有掌握了这种思想，才能够透过各种不同的分类方式，抓住测试性试验的本质。根据全寿命周期内试验开展的时机、目的和要求这种分类方式，代表着测试性试验的合理性、广泛性、可操作性以及与其他试验的紧密结合性。

9.1.4 测试性试验与评价的工作项目

随着我军装备试验鉴定体系的逐步调整与完善，逐步确立了以“性能试验—状态鉴定”“作战试验—列装定型”和“在役考核—改进升级”三个环路为主体的装备试验鉴定体制。

根据装备的性能试验、作战试验和在役考核的三个试验鉴定阶段，以及 GJB 2547A—2012 和 GJB 8895—2017 规定的工作项目，测试性试验与评价的工作项目包括测试性核查、测试性研制试验、测试性鉴定试验和测试性评估。其中，测试性评估包括测试性鉴定评估、作战试验测试性评估、在役考核测试性评估。

测试性试验与评价各工作衔接关系如图 9-1 所示。

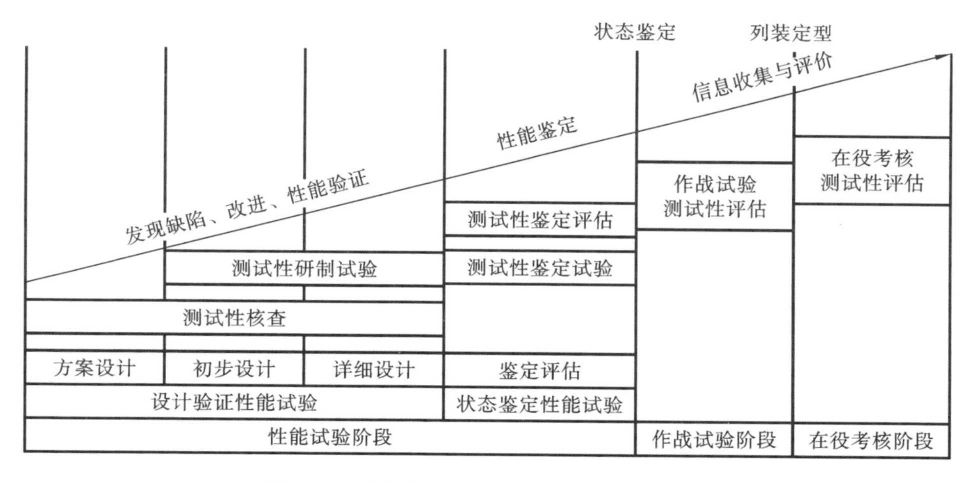

图 9-1 测试性试验与评价各工作衔接关系

1. 测试性核查

测试性核查是指在方案设计、初步设计和详细设计阶段，采用设计资料审查、模型检查和仿真分析等技术方法，检查各项测试性工作的有效性、识别出测试性设计缺陷，以便采取必要的设计改进措施。

测试性核查在性能试验阶段进行，通常由订购方和承制方联合组织开展。其核查内容如下。

(1) 对规定开展的测试性设计分析工作项目核查。

(2) 结合测试性分配、测试性预计等进行测试性定量要求落实情况核查。

(3) 结合系统级诊断方案、测试性设计准则符合性检查等进行定性要求落实情况核查。

(4) 必要时,可以结合装备实物样机进行定性要求的设计核查。

(5) 针对具有中央测试系统设计的装备,还应对中央测试系统相关设计分析工作进行核查。

2. 测试性研制试验

测试性研制试验是在初步设计阶段、详细设计阶段,在装备的半实物模型、样机或试验件上以故障注入或模拟试验,使其产生可能发生的故障模式,通过观察装备实际的测试响应来确认装备的测试性设计特性和设计效果,暴露装备的测试性设计缺陷,以便采取设计改进措施的研制性试验。

测试性研制试验处在性能试验阶段,属于设计验证性能试验,由订购方和承制方联合组织开展。测试性研制试验的工作内容主要包括以下几个方面。

(1) 试验大纲设计:主要包括产品试验方案确定、故障样本集建立、试验流程和试验工作组组成等内容。

(2) 试验准备:主要包括故障注入操作程序编制、试验设备准备和试验环境搭建等。

(3) 试验实施:按照试验大纲的要求,在实物样机上将故障注入试验用例按次序依次实施,记录产品检测、隔离的表现。

(4) 试验结果与问题分析:根据试验记录统计评估试验结果,主要是相应检测方式的故障检测率、故障隔离率,分析暴露的测试性设计问题和可能采取的改进措施,为产品设计完善提供输入。

3. 测试性鉴定试验

测试性鉴定试验是在实物或试验件上,通过故障注入或模拟试验判定装备的测试性指标是否满足研制总要求或技术协议书等规定要求的试验。

在 GJB 8895—2017 中,测试性鉴定试验属于“测试性验证试验”的一种。在新的试验鉴定体制下,测试性鉴定试验单独列出,处在性能试验阶段的后期,属于状态鉴定性能试验,为状态鉴定提供依据。

测试性鉴定试验的内容应由订购方确定或经订购方认可,由试验鉴定系统和承制方联合组织开展,通常由委托的承制方实施。

测试性鉴定试验的工作内容主要包括以下几个方面。

(1) 试验大纲设计:主要包括鉴定试验统计方案确定、备选故障样本集建立、试验流程和试验工作组组成等内容。

(2) 试验准备:主要包括故障注入操作程序编制、试验设备准备和试验环境搭建等。

(3) 试验实施:按照试验大纲的要求,在实物样机上将故障注入试验用例按次序依次实施,记录产品检测、隔离的表现。

(4) 试验结果与判定:根据试验记录统计评估试验结果,判定产品的测试性指标是否达标。

4. 测试性评估

1) 测试性鉴定评估

测试性鉴定评估对应于 GJB 8895—2017 中的测试性分析评价。在新的试验鉴定体系中,测试性鉴定评估归属于状态鉴定,特指基于装备运行试验的测试性评估。测试性鉴定评估由试验鉴定系统和承制方联合组织开展,成立测试性鉴定评估工作组负责实施。

2) 作战试验测试性评估

作战试验是装备列装定型前的必经环节,是考核装备能否满足实战要求的关键检验行为,其主要任务包括验证装备完成作战使命的能力、摸清装备实战能力底数、暴露发现装备设计质量问题、探索装备作战运用新模式和牵引装备体系建设发展等。

通用质量特性是作战试验关注的一个重点,装备“作战试验—列装定型”体系中也包含“可靠性维修性测试性保障性安全性环境适应性评估报告”,因此,作战试验测试性评估应结合作战试验可靠性、维修性、保障性、安全性和环境适应性等五性评估工作协调开展,必要时也可参考装备性能试验过程中的相关数据,为列装定型提供依据。

作战试验测试性评估的内容应考虑以下几个方面。

(1) 测试性指标规定值的达标情况。

(2) 测试性定性要求的满足情况,机内测试、现场检测能力、测试体制、测试机制、测试性设计措施的符合性验证和试验结论。

(3) 测试性改进情况的符合性结论。

(4) 测试性管理控制措施的有效性结论。

3) 在役考核测试性评估

在役考核是指在装备列装服役期间,为检验装备满足部队作战使用与保障要求的程度所进行的持续性的试验鉴定活动。在役考核主要依托列装部队和相关院校,结合正常战备训练、联合演训及教学等任务组织实施,重点跟踪掌握部队装备使用、保障和维修情况，验证装备作战与保障效能，发现问题缺陷，考核装备部署部队的适编性和服役期的经济性，以及部分在性能试验和作战试验阶段难以考核的指标等。军队装备试验单位可作为支撑，协助列装部队承担数据汇总、分析等工作，目的是通过全面系统的在役考核，解决装备“好用”的问题，不断提高装备的适配性。

根据组织方式的不同，在役考核可以分为结合在役考核（或称一般在役考核）与专项在役考核两类。

（1）结合在役考核测试性评估。结合在役考核是指结合装备的作战任务、战备训练和联合演训等开展的考核，其测试性评估可结合可靠性、维修性、保障性、安全性和环境适应性等五性评估工作开展，必要时也可参考装备性能试验和作战试验过程中的相关数据。

（2）专项在役考核测试性评估。专项在役考核是根据在役考核目的，在一般在役考核的基础上增设专项试验内容的在役考核。特别是对当前缺少作战试验环节的部队现役装备，可通过专项在役考核，补充强化相关试验科目，弥补一般在役考核不易考查到的内容。若某型装备在役期间测试性问题较为严重，则可组织专项测试性考核，模拟装备故障，观察检测隔离情况并进行分析评估，以便发现问题、找准缺陷。

9.1.5 测试性试验与评价的程序

测试性试验与评价的程序如图 9-2 所示。

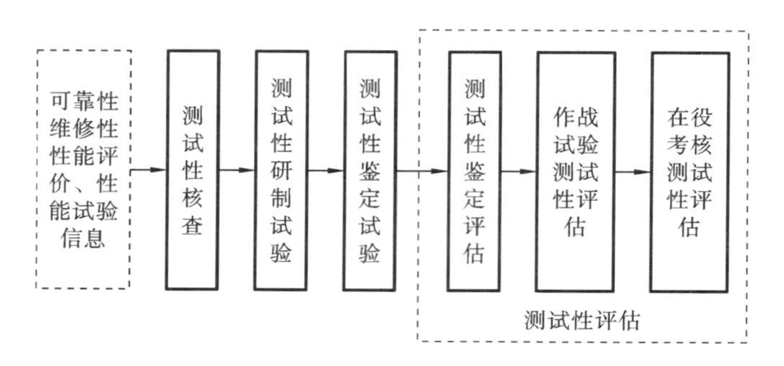

图 9-2 测试性试验与评价的程序

1. 测试性核查的程序

测试性核查的程序包括：建立测试性核查工作组；制定测试性核查大纲；测试性核查实施；完成测试性核查报告。

2. 测试性研制试验的程序

测试性研制试验的程序包括：建立测试性研制试验工作组；测试性研制试验准

备，包括故障样本集建立、测试性研制试验大纲制定、故障注入操作程序编制和试验设备准备等内容；测试性研制试验实施；试验结果分析；改进措施落实；完成测试性研制试验报告。

3. 测试性鉴定试验的程序

测试性鉴定试验的程序包括：建立测试性鉴定试验工作组；测试性鉴定试验准备，包括备选故障模式库建立、鉴定试验方案确定、故障样本集建立、测试性鉴定试验大纲编制、故障注入操作程序设计和试验设备准备等；测试性鉴定试验实施；试验结果分析；完成测试性鉴定试验报告。

4. 测试性鉴定评估的程序

测试性鉴定评估的程序包括：建立测试性鉴定评估工作组；制定测试性鉴定评估大纲；信息收集与判别；综合评价；完成测试性鉴定评估报告。

5. 作战试验测试性评估的程序

作战试验测试性评估的程序包括：建立作战试验测试性评估工作组；制定作战试验测试性评估大纲；信息收集与判别；作战试验测试性评估与总结；作战试验测试性问题反馈与处理；完成作战试验测试性评估报告。

6. 在役考核测试性评估的程序

在役考核测试性评估的程序包括：建立在役考核测试性评估工作组；制定在役考核测试性评估大纲；信息收集与判别；在役考核测试性评估与总结；在役考核测试性问题反馈与处理；完成在役考核测试性评估报告。

9.2　测试性加权评分核查方法

9.2.1　加权评分核查的涵义

加权评分核查是依据装备测试性设计要求和工作项目要求，在研制阶段，通过测试性设计信息，对装备、系统和设备的测试性设计情况进行全面核查，发现存在的问题，并给出测试性设计的加权综合评分。

加权评分核查更多代表承制方或甲方检查研制和生产单位的工作情况，确定研制总要求或合同提出的测试性要求是否满足，尤其是检查研制人员在设计阶段是否理解这些要求，并充分考虑测试性技术问题。

9.2.2 测试性核查内容

根据型号雷达装备的特点、测试性设计要求、测试性工作项目和核查工作的开展时机，确定适用的测试性核查内容。当核查内容较多时，应对其进行分类或者分组。

测试性核查包括以下内容。

(1) 测试性设计要求落实：具有 BIT 功能；BIT 将故障隔离到现场可更换单元；BIT 信息应便于观察和下载；预计的 BIT 故障检测率满足指标要求；预计的 BIT 故障隔离率满足指标要求；预计的 ATE 故障检测率满足指标要求；预计的 ATE 故障隔离率满足指标要求。

(2) 诊断方案：维修级别是否明确；各维修级别的测试性要求是否明确；产品层级划分是否明确；各维修级别的测试手段是否明确，综合诊断能力是否达到 100%；机内测试系统功能、组成划分与工作模式是否明确；机内测试的信息处理方式是否明确；外部测试方式(人工测试或自动测试)是否明确。

(3) 固有测试性设计：按功能、结构合理地划分为几个现场可更换单元(LRU)和车间可更换单元(SRU)，有明确的可预置初始状态；运行中及各级维修诊断方法配置明确、合理，所需外部测试设备必要、有效、适用，测试设备接口方式明确；测试结果的显示与存储方式明确且满足要求；结合本产品特点制定适用的测试性设计准则；具体说明各条测试性设计准则的贯彻情况，或按规定进行固有测试性评价。

(4) 测试点和兼容性：各 LRU、SRU 均设置观测、激励或控制用测试点，明确测试信号的检测内容、信号状态、信号正常范围、测试方式；结合 FMECA 检查对故障影响系统任务或飞行安全的单元、故障率高的单元、冗余备份单元设置必要的测试点；结合指标检查测试点设置满足 BIT、原位和离位故障检测隔离的需要；外部测试要求明确、合理；LRU、SRU 测试所需激励和测量信号特性、接口、试验条件等与所用 ATE 是兼容的。

(5) BIT 设计：是否进行了加电 BIT、周期 BIT 等类别划分；各工作模式 BIT 是否明确设计要求；是否给出了每个 BIT 的具体测试项目；是否给出了各 BIT 的直接监测信号、检测功能、检测故障、传感器；软件 BIT 是否给出了具体的测试原理、测试流程和故障判据；硬件 BIT 是否给出了具体的测试原理、测试电路和故障判据；是否给出了 BIT 信息处理设计，包括 BIT 信息内容、上报/传输协议、存储方法与容量、报警、输出与下载等；每个周期 BIT 是否采取了防虚警措施。

(6) BIT 预计：BIT 预计的各项工作全部完成，预计表内容完整；预计方法正确，数据计算准确；预计表有关内容与 FMECA 一致，预计表列出的测试点与 BIT 设计说明一致；存在问题和建议清楚。

(7) 测试性设计准则：设计准则条款是否进行了适应性裁剪，是否去掉了不适用内容；是否具有与产品特点相关的专用准则条款。

(8) 测试性设计准则符合性检查：符合性分析中的条款是否覆盖了测试性设计准则的全部条款；是否给出了符合与否的判别；对符合条款是否给出了设计措施说明；对不符合条款是否给出了原因说明和影响说明；对不符合条款是否给出了处理措施建议。

(9) 测试性建模分析：产品的结构组成划分是否正确；建模最低结构层次是否符合要求；故障模式、故障率等数据是否正确；BIT 与外部测试是否正确；相关性矩阵是否正确；故障检测率、故障隔离率是否满足指标要求；是否针对不可检测故障或故障隔离模糊组提出了改进措施。

(10) 状态监控设计：状态监控功能是否覆盖了关键的系统和部件；是否给出了监控参数清单；是否确定监控参数的传感器/测试点；每个监控参数是否给出信号类型；是否确定了监控参数的采样周期；是否确定了监控参数的传输协议；是否确定了监控参数的存储位置和存储方式，存储容量是否满足要求；是否确定了监控参数的下载/输出方式；是否对所用传感器进行了设计说明。

9.2.3　加权评分方法

加权评分方法应明确具体核查项目的分值、权值，总评分的计算模型，评分核查表和评分的合格标准。其主要步骤包括：收集测试性设计资料；资料审查，填写核查评分核查表；加权评分计算；形成核查结论。

1. 评分量值

每个评分要点的分数范围可都在 0～100 之间，装备的总评分分数范围也可在 0～100 之间。

评分人根据核查项目要求，对装备的评分要点进行评价，根据评价结果进行打分。打分可按以下依据进行。

(1) 核查设计内容完全符合要点要求，评 100 分。

(2) 核查设计内容较好符合要点要求，评 80 分。

(3) 核查设计内容基本符合要点要求，评 60 分。

(4) 核查设计内容涉及符合要点要求，不具体，评 40 分。

(5) 核查设计内容多数不符合要点要求，评 20 分。

(6) 缺少相关设计要求，评 0 分。

2. 权值

权值确定的原则如下。

(1) 根据设计核查内容的大类,确定第一级权值,范围为1～10,权值越大,表示该类内容越重要。

(2) 对每类内容中的具体审查内容,即具体的评分要点,确定第二级权值,范围为1～10,权值越大,表示该项内容越重要。

3. 总评分计算模型

总评分计算模型为

$$S_T = \frac{\sum S_{W_{ij}}}{\sum W_{1i} \cdot W_{2j}} = \frac{\sum W_{1i} \cdot W_{2j} \cdot S_{ij}}{\sum W_{1i} \cdot W_{2j}} \tag{9.1}$$

式中:S_T 为总加权评分值;S_{ij} 为单个要点的评分值;$S_{W_{ij}}$ 为单个要点的加权评分值;W_{1i} 为单个分类的加权值;W_{2j} 为单个要点的加权值。

该计算模型可以保证总评分不仅反映单个要点评分的高低,而且能使总评分在0～100分之间。最后根据计算得到的总评分进行评价,例如高于60分记为及格,高于80分记为良好,高于90分记为优秀。

4. 加权评分核查表

加权评分核查表应包括核查内容分类、具体核查要点、分类权值、要点权值、评分值和加权值等,如表9-1所示。

表9-1 加权评分核查表的格式

核查内容分类	具体核查要点	分类权值 W_{1i}	要点权值 W_{2j}	评分值 S_{ij}	加权值 $S_{W_{ij}}$

9.3 测试性建模仿真核查方法

当对故障检测与隔离效果进行核查时,可采用建模仿真核查方法。

建模仿真核查需要明确用于测试性建模分析或者仿真分析的模型类型,以及适用的建模分析工具或仿真分析工具。其主要步骤为:建模仿真核查的数据准备;建立模型;模型分析或者仿真分析;形成核查结论。

9.3.1 相关性建模分析法

相关性建模分析法是一种建立产品内故障与测试之间的相关性模型(也称为

多信号流模型，见第3章介绍），并通过模型分析进行故障检测率、故障隔离率评价的方法。利用该方法，还可以得到产品的相关性矩阵（简称D矩阵）、不可检测故障列表以及故障模糊组列表。

相关性建模分析方法的基本过程如下。

1. 数据准备

(1) 性能设计数据，包括：产品结构组成、端口和信号流等。

(2) 故障数据，包括：故障模式组成、故障率、故障对端口或信号流的影响等。

(3) 测试数据，包括：BIT或者外部测试组成、测试类型和测试点位置等。

2. 建模

(1) 从上到下依次建立产品的结构单元，以及单元之间的信号流。

(2) 建立故障模式，以及故障模式对外的信号流。

(3) 建立测试，以及相应的测试点。

(4) 对模型添加必要的其他数据，进行完善。

3. 通过分析获得以下数据

(1) D矩阵。

(2) 故障检测率与故障隔离率评价结果。

(3) 不可检测故障列表与故障模糊组列表。

4. 指标对比与缺陷分析

(1) 确认故障检测率与故障隔离率是否满足指标要求。

(2) 分析存在的故障检测与故障隔离设计缺陷。

相关性建模分析方法适用于具有测试性定量要求的各类产品，通常需要使用专用工具软件开展建模分析工作。

9.3.2　基于电子设计自动化的仿真分析法

基于电子设计自动化（EDA）的仿真分析法是一种建立产品的EDA仿真模型，并通过故障模式的仿真注入来进行故障检测率评价的方法。当模型满足故障隔离分析要求时，还可以预计故障隔离率。

基于EDA的仿真分析法的基本过程如下。

1. 数据准备

(1) 性能与测试性设计数据，包括：产品结构组成，以及包括BIT或测试点在内的电路原理图等。

(2) 故障数据，包括：故障模式组成、故障率等。

2. 建模

（1）建立产品无故障状态的 EDA 模型。

（2）建立具有故障模式的产品 EDA 模型。

3. 仿真分析

（1）依次选择各故障模式。

（2）利用具有该故障模式的产品 EDA 模型进行仿真，确认是否能够检测和隔离。

（3）根据每个故障的检测和隔离结果，结合故障率数据预计故障检测率与故障隔离率。

4. 指标对比与缺陷分析

（1）确认故障检测率与故障隔离率是否满足指标要求。

（2）分析存在的故障检测与故障隔离设计缺陷。

基于 EDA 的仿真分析法适用于可进行 EDA 仿真的产品，通常需要使用 EDA 工具软件开展仿真分析工作。

9.3.3 基于状态图模型的仿真分析法

基于状态图模型的仿真分析法是一种建立包含故障状态的产品状态图模型，通过仿真分析确认对故障检测与隔离效果的方法。

基于状态图模型的仿真分析法的基本过程如下。

1. 数据准备

（1）性能与测试性设计数据，包括：产品结构组成，以及包括 BIT、测试点在内的电路原理图等。

（2）故障数据，包括：故障模式组成、故障率等。

2. 建模

（1）建立包含产品正常状态和故障状态的状态图模型。

（2）增补测试点和 BIT 功能模型。

3. 仿真分析

（1）依次选择各故障模式。

（2）进行状态图模型仿真，确认是否能够检测和隔离。

（3）根据每个故障的检测和隔离结果，结合故障率数据预计故障检测率与故障隔离率。

4. 指标对比与缺陷分析

（1）确认故障检测率与故障隔离率是否满足指标要求。

（2）分析存在的故障检测与故障隔离设计缺陷。

基于状态图模型的仿真分析法通常需要使用状态图建模仿真工具软件开展仿真分析工作。

9.4　测试性故障注入试验方法

在自然状态下，装备产生故障的周期很长，所以一般测试性鉴定试验采用基于故障注入的试验。在基于故障注入的测试性鉴定试验中，由于封装等因素导致的不可注入，以及故障注入具有的破坏性，穷尽注入故障是不被允许的。因此，在试验的技术准备中，需要考虑故障注入方法、故障样本量确定、故障样本分配、故障样本选取等方面的因素。

9.4.1　故障注入概念与分类

故障注入是指为了验证测试性能力，按照选定的故障模型，在被测单元中刻意引入实际故障或模拟故障，观测、收集、统计分析被测单元故障检测、隔离等有关结果的试验过程。

故障注入具有多种分类方法，具体如下。

（1）根据故障注入的类型，故障注入可以分为硬件故障注入和软件故障注入。

（2）根据故障注入的层次结构不同，故障注入可以分为元器件级故障注入、电路板级故障注入、设备（系统）级故障注入。

（3）根据试验运行环境，故障注入可分为基于模拟环境的故障注入和基于真实原型系统的故障注入。

（4）根据故障注入的位置层次不同，故障注入可以分为元器件内部开关级故障注入、逻辑级故障注入、元器件芯片管脚级故障注入、内嵌软件指令级故障注入、信号线故障注入、系统级故障注入、应用级故障注入等。

（5）根据故障注入是否具有破坏性，故障注入可以分为损坏性故障注入、可撤销故障注入。

（6）根据故障注入是否有接触性，故障注入可以分为接触式故障注入、非接触式故障注入。

（7）根据故障注入过程是手动还是自动，故障注入可以分为手动故障注入、自动故障注入。

9.4.2 故障注入流程

实施故障注入试验时，每次注入一个故障，进行故障检测、故障隔离，记录试验数据，修复产品到正常状态，然后注入下一个故障，直到达到规定样本量为止，流程如图 9-3 所示。

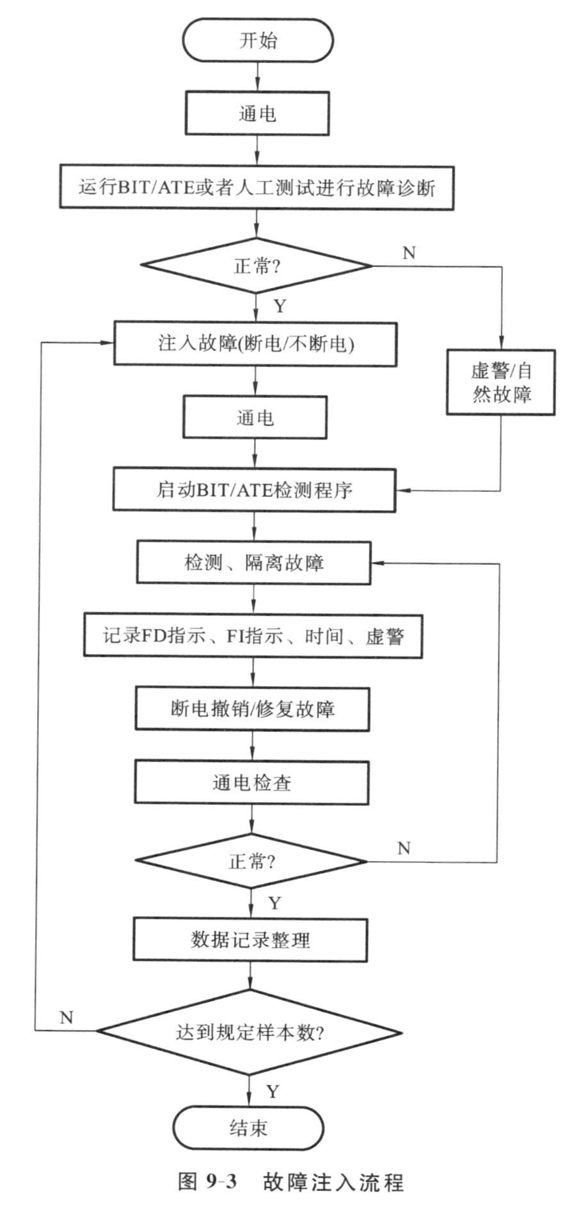

图 9-3 故障注入流程

具体步骤如下。

(1) 产品通电,运行BIT/ATE或者人工测试进行故障诊断,确认产品是否存在自然故障或虚警。

(2) 如果产品存在自然故障或虚警,则记录相应的故障检测隔离结果,并进行修复。如果产品正常,则执行一次故障注入。

(3) 故障注入有两种情形:第一种情形是对产品断电,然后注入故障,再对产品通电;第二种情形是无需对产品断电即可直接注入故障。

(4) 故障注入后,运行BIT/ATE或者人工测试进行故障诊断,记录相应的故障检测隔离结果。

(5) 撤销/修复故障,也分为断电撤销(修复)和不断电撤销两种情形。

(6) 撤销/修复故障后,通电运行BIT/ATE或者人工测试进行故障诊断,看是否正常。若正常,进行数据记录整理;若不正常,则检测、隔离故障。

(7) 判断故障样本集中的所有故障是否都已经注入,如果还有未注入的故障,则继续重复上述过程,直到所有故障都已经注入完毕。

9.4.3 故障注入方法

1. 元器件级故障注入

元器件是组成电子系统的最小可更换单元,元器件的故障是造成系统故障的主要原因。因此元器件级故障注入是检验装备测试性能力的最适用方法。

1) 基于元器件插座的故障注入

基于元器件插座,可以进行以下几种方式的故障注入。

(1) 移出元器件管脚并短路到电源或者地线,可以注入固定逻辑1、固定逻辑0等数字电路故障,以及短路、参数漂移等模拟电路故障。

(2) 移出元器件管脚并将电源或者地施加到空出的插座上。

(3) 移出元器件管脚并保持该位置的开路状态。

(4) 不同管脚间引入故障信号。

(5) 将元器件从电路板上完全取下,即元器件的所有输入和输出管脚都呈现开路故障。

(6) 利用故障的元器件代替正常的元器件。

(7) 移出元器件管脚并在插座的空出位置上注入故障信号。

2) 串接电阻方式故障注入

在元器件信号管脚与电源、地信号之间,或其他管脚之间串接适当电阻,实现数字管脚的固定0、固定1故障,或模拟信号的开路、短路故障,通常需要利用探针将信号引出或进行电接触。

3）焊接插拔式故障注入

焊接插拔式故障注入是在确保不会造成不可恢复性影响的前提下，对 UUT 内部元器件、电路板、导线、电缆等的“拔出”或“插入”操作，或采用焊接工具，在器件焊上或焊下，或进行 UUT 外部导线、电缆的“拔出”或“插入”操作，以实现故障的注入。

将特定的管脚焊接拔插，或将整个元器件从电路板上焊开取下，用于模拟元器件开路故障。当元器件焊接拔插注入会损坏产品时，应尽可能选择其他等效注入方式进行代替。

4）通断盒方式故障注入

通断盒方式故障注入是利用通断盒（也称为可控插座）中的开关器件，对数字逻辑器件的管脚注入短路、开路和固定逻辑值故障。

5）边界扫描方式故障注入

边界扫描方式故障注入是利用集成电路的边界扫描功能，对管脚注入特定的逻辑故障，如固定 0、固定 1 等。

6）反向驱动方式故障注入

反向驱动指在 TTL 数字电路中施加短时间的大电流激励，改变输入位置的逻辑电平。通过反向驱动技术，可以过度激励元器件的输出，控制被测元器件的输入，即通过在器件的输出级电路拉出或灌入瞬态大电流来实现将其电位强制为高或强制为低，达到对被测器件在线施加测试激励的目的。在输出管脚强制灌入瞬态大电流，可以将其电平强制瞬态拉高；在输出管脚强制拉出瞬态大电流，可以将其电平强制瞬态拉低。

通常需要利用探针将信号引出或进行电接触。这种方式会使器件产生较大热量，易损坏器件。当分析确认会损坏产品时，应尽可能选择其他等效注入方式进行代替。

7）基于探针的故障注入

基于探针的故障注入即将故障注入探针与被注入器件管脚、管脚连线、电连接器引脚接触，通过改变管脚引脚输出信号或互连结构实现故障注入。基于探针的故障注入方法包括：后驱动故障注入、电压求和故障注入和开关级联故障注入。

2. 电路板级故障注入

对于电路板级，前述的元器件级故障注入方法都可以考虑使用。

系统和设备内存在多个电路板，电路板之间通过接插件或者底板进行通信联系，电路板本身是可以拔插的，这些都为故障注入提供了方便。

电路板级故障注入主要包括以下方法。

1）电路板内线路故障注入

在电路板内线路上注入开路，相邻线路间短路、干扰，以及线路上有其他故障信号。这种注入方法可以利用线路上的过孔实现，也可以直接阻断连线，前者可能不会损坏电路，后者则一定会损坏电路。

2）电压求和故障注入

对于运算放大器组成的模拟电路模块，可以采用电压求和方式注入故障模拟电路模块的故障。电压求和故障注入的原理如图9-4所示，V_{in1}和V_{out}分别为放大电路的输入和输出。当故障注入器的探针接触运算放大器的反相端时，通过改变在V_{in2}的输入可以改变输出V_{out}，由此模拟电路的输出故障。

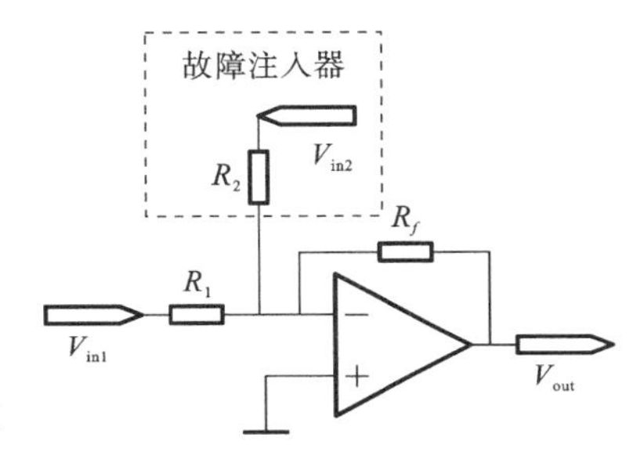

图9-4　电压求和故障注入的原理

3）数字电路模块的故障模拟

（1）微处理器模拟，即利用微处理器开发系统实现微处理器故障模拟。操作人员需将待测电路板上的微处理器替换为同型号的，该模拟微处理器执行来自模拟存储器的测试程序，这与被测电路板上的存储器完全相同。在理想情况下，执行测试程序的模拟处理器可以施加测试模式到电路板上的不同器件，受测试的典型器件包括总线外围器件和存储器。

（2）存储器模拟，即测试器采用自己的存储器替代被测电路板上的存储器。此时，电路板上的微处理器执行的测试程序是加载到测试器存储器上的测试程序。

（3）总线周期模拟，即使用测试器的硬件模拟微处理器总线接口活动。微处理器可以看作由一个算术引擎和一个连接引擎连接到外部区域的总线接口组成。在正常运行时，总线接口在引擎的控制下产生规定的波形，将数据传输到存储器或者I/O空间，以及从存储器或者I/O空间传入数据。总线周期模拟方法同样是执行存储器的读写周期，但受测试程序员的控制，而不是受微处理器控制。例如，这种周期可以用于发送命令到串口，或者从软驱控制器读取数据。

4）电路板接插件故障注入

利用电路板对外接口的接插件注入故障。当接插件采用软连接线时，可以直接在软连接线实现开路或短路故障注入。对硬连接的接插件，可以设计专用扩展板（或提升板），扩展板的一端接通被测电路板上的接插件，另一端接通与该接插件匹配的其他接插件。通过扩展板上的开关，对通过的信号提供必要的开路和短路操作。

5）从底板上取下电路板

将电路板或子板卡取下，模拟电路板或子板卡没有正确安装、功能故障或者供电故障。

6）基于专用试验板的故障注入

对难以直接注入故障的电路板，可以使用特殊设计的专用试验件代替，在试验件上注入故障。

3. 设备级故障注入

对设备，前述的元器件级、电路板级故障注入方法都可以考虑使用。

设备之间通过总线或者其他信号线进行通信联系，实现规定的设备功能，也存在着相应的功能故障模式，这些故障可以在设备级注入。

设备级故障注入主要包括以下方法。

1）对外信号连接线故障注入

（1）直接线路故障注入，即将对外的特定信号线直接拔出或剪断，实现开路故障注入。

（2）开关式故障注入，对于设备间连线中实时性要求不高的信号线，可以设计开关式故障注入设备，通过适配器串入线路中，实现线路故障注入。开关式故障注入的原理如图 9-5 所示。利用故障通道选择电路选择要注入故障的通道，利用故障模拟电路模拟出需要注入的信号特征。可以注入的线路故障包括短路、断路、固定逻辑 1、固定逻辑 0、输出错误信号、线上搭接电阻、线与线间搭接电阻、线与地间搭接电阻等。条件允许时，这种方法也可用于电路板之间的软连接线故障注入。

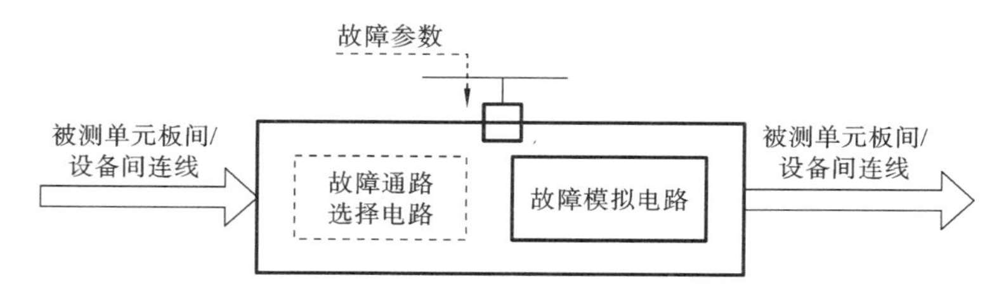

图 9-5　开关式故障注入的原理

（3）外部总线故障注入，实质是在期望的地址上，根据注入条件的要求，将原有传输的信号断开，用故障信号取代原有信号。外部总线故障注入方法如图 9-6 所示。

外部总线故障注入是采用专用的总线故障注入设备，通过 UUT 的外部接口（电连接器）进行注入，当被测设备需要与其他 LRU 或激励设备级联工作时，故障注入器置于 UUT 和其他 LRU（或激励设备）间的数据传输链路中，通过改变链路

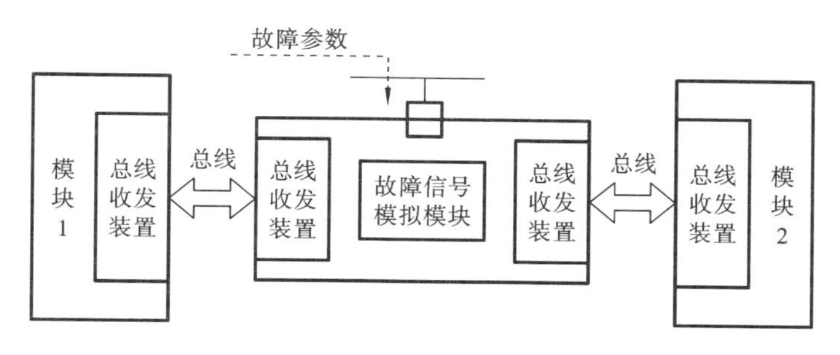

图 9-6 外部总线故障注入方法

中的数据、信号或链路物理结构来实现故障注入；当外部激励能够影响 UUT 功能时，故障注入器直接与 UUT 外部接口相连，模拟故障激励实现故障注入。外部总线故障注入可分为物理层故障注入、电气层故障注入和协议层故障注入。

2）对设备本身进行故障注入

（1）使设备处于断电不工作状态，模拟设备的供电故障。

（2）使设备工作在特定状态，模拟设备的特殊功能故障模式。

（3）将设备从系统中完全断开，模拟设备没有安装的情况。

4. 软件故障注入

软件故障注入是在机器指令可以访问到的范围内，通过修改软件代码、逻辑判断或硬件的状态变量、数据、代码来模拟硬件故障的发生，当程序运行并满足预定的触发条件时，注入的故障被激活，实现故障注入。被测设备软件故障注入主要针对外部软/硬件激励无法设备或模拟的故障类型开展。

（1）改变程序法：把一个模拟特定故障的程序下载到 CPU 中运行。通过这种方法可以模拟固定 1 或固定 0 的故障，也可以模拟通信接口故障。

（2）改变电路板上可编程器件中的编程数据：把一个模拟特定故障的编程数据下载到可编程器件中运行。通过这种方法可以模拟固定 1 或固定 0 的故障，也可以模拟接口故障。

从故障注入方式看，软件故障注入可分为静态注入和动态注入。

（1）静态注入是在目标程序执行前，通过修改程序方式改变被验代码，将故障注入目标程序中。

（2）动态注入是在程序运行期间，在特定的状态或条件下，通过某种触发机制，触发故障注入，使程序要执行的指令和数据等发生变化。

9.4.4 故障样本量确定方法

测试性鉴定试验样本量的确定通常采用美军标 MIL-STD-471A《Maintainbility Verification/ Demonstration/Evaluation》及其 1978 年颁布的通告 2《Demonstration and Evaluation of Equipments/System Built-inTest/External Test/Fault Isolation/Testability Attributes and Requirements》、GJB 2072—1994《维修性试验与评定》以及 GJBz 20045—1991《雷达监控分系统性能测试方法—BIT 故障发现率、故障隔离率、虚警率》等。根据这些标准，一些研究人员在这方面进行了大量的研究。故障样本量确定方法包括最小样本量估计法、基于正态分布的故障样本量确定、基于小子样理论的故障样本量确定和基于试验方案的故障样本量确定。测试性验证试验方案按照试验类型可以分为成败型定数抽样试验方案、最低可接收值试验方案、成败型截尾序贯试验方案和基于 Bayesian 理论的测试性验证试验方案。

1. 最小样本量估计法

最小样本量估计法对样本量要求不严格，是工程试验中应用最普遍的方法之一，适用于有置信度水平要求的测试性指标验证。指标一般选用故障检测率和故障隔离率。

首先，考虑最少样本量要求。为满足指标统计评估要求验证试验用故障样本量的下限为

$$n_1=\frac{\lg(1-C)}{\lg R_L} \tag{9.2}$$

式中：R_L 为测试性指标的最低可接收值；C 为置信度，是整数，表示每次故障检测或隔离无一失败时达到 R_L 所需要的样本量；n_1 为达到 R_L 所需的最小样本量。所以，试验样本量应当不小于式(9.2)确定的 n_1 值，若试验样本量或已有数据的样本量小于 n_1 值，则可以肯定达不到规定置信度下限的最低可接收值。根据 R_L 和 C 的要求值，通过查最小样本量数据表可得出 n_1 的值。

其次，根据试验用样本的充分性确定样本量。要按照所有功能故障都能够被检测隔离的要求，对产品所有组成单元进行故障模式、故障率和故障注入方法分析，确保每个组成单元的所有功能故障至少有一个样本。因此，根据该原则确定的故障样本量 n_2 为

$$n_2\geqslant\frac{\lambda_U}{\lambda_{\min}} \tag{9.3}$$

式中：n_2 为充分检验所需样本量；λ_U 为产品的故障率；$\lambda_{\min}$ 为产品组成单元功能故障率中的最小故障率。

满足上述两方面要求，综合试验样本量 n 为 n_1 和 n_2 中取较大的数，即

$$n=\max(n_1,n_2) \tag{9.4}$$

具体试验时，当 n_2 较大时，直接按照 $n=n_2$ 确定即可。当 n_1 较大时，可对故障

率高的单元增加样本,直到样本总量不小于 n_1。因此,试验样本量应等于或大于式(9.4)确定的 n 值。但是,该方法只适用于不考虑研制风险的情况。

2. 基于正态分布的故障样本量确定

以伯努利大数定律及中心极限定理为基础,二项分布模型在数据量充足的情形下可以采用正态分布模型近似处理,且基于正态分布处理所得到的故障检测率/故障隔离率(FDR/FIR)估计值近似服从正态分布。

在美军标 MIL-STD-471A、GJB 1135.3—1991《地空导弹武器系统维修性评审、试验与评定》、GJB 1770.3—1993《对空情报雷达维修性—维修性的试验与评定》和 GJB 2072—1994《维修性试验与评定》中给出了故障样本量的计算公式为

$$n=\frac{(Z_{1-\alpha/2})^2 P_s(1-P_s)}{\delta^2} \tag{9.5}$$

式中:$Z_{1-\alpha/2}$ 为标准正态分布的 $(1-\alpha/2)$ 分位点;P_s 为 FDR/FIR 的规定值;δ 为允许的偏差。

通过分析式(9.5),故障样本量 n 的值敏感于 δ。在 GJB 1770.3—1993 中推荐值 δ 为 0.03～0.7,在 GJB 1135.3—1991 中推荐值 δ 为 0.01～0.05,同时 n 值会影响到后续 FDR/FIR 的置信区间,对于 δ 的选择没有统一的依据;同时 n 值取决于 P_s,特别当 $P_s \geqslant 0.9$ 时,该方法误差很明显。所以该方法仅为近似方法,结果误差很大,实际应用价值不高。

3. 基于小子样理论的故障样本量确定

无论是以正态分布,还是以二项分布确定故障样本量的方法,均无法满足装备高精度测试性指标要求。当测试性指标要求比较高时,会导致双方风险增加或者双方风险不变的前提下确定的故障样本量太大,对于复杂武器装备而言,由于受限于高昂的试验费用以及故障注入物理位置,在装备中注入大量的故障模式是不切实际的,导致测试性验证工作无法正常开展。

针对该问题,研究人员基于小子样理论开展了测试性验证故障样本量确定方法的研究,以解决基于经典统计理论所导致的故障样本过大及结果可信度不高的问题。

基于小子样理论的故障样本量确定技术在可靠性领域应用得比较广泛,而在测试性领域的应用是直接从可靠性现有的理论成果中照搬过来的,寻找切合测试性指标要求值的基于小子样理论的故障样本量确定技术也是亟需解决的一个难点问题。

4. 基于试验方案的故障样本量确定

1) 成败型定数抽样试验方案

若试验结果只取两种状态,如成功与失败、合格与不合格等,且各项试验结果彼此独立,则这样的试验称为成败型试验。

典型的成败型试验方案的思路是：随机抽取 n 个样本进行试验，其中有 F 个失败。规定一个正整数 C，如果 $F \leqslant C$，则认为合格，判定接收；如果 $F > C$，则认为不合格，拒收。

合格或不合格的概率依据产品故障检测率与隔离率，可通过统计计算得出。在成败型定数抽样试验方案中，设产品成功概率为 q，则在 n 次试验中，出现 F 次失败的概率为

$$P(n,F|q)=\binom{n}{F}(1-q)^{F}q^{n-F} \tag{9.6}$$

式中：$\binom{n}{F}$ 为二项式系数，$\binom{n}{F}=\dfrac{n!}{(n-F)!\ F!}$。

合格的概率 $L(q)$ 即 n 个试验样本中失败数不超过的概率，即失败数为 0，1，…，C 的概率之和，表示为

$$L(q)=\sum_{F=0}^{C}P(n,F \mid q) \tag{9.7}$$

工程中承制方和订购方协商确定故障检测率与隔离率的设计要求值 q_0、故障检测率与隔离率的最低可接收值 q_1、承制方风险 α（达到满意质量水平时不合格概率）、订购方风险 β（表示质量水平为极限质量时的合格概率）这 4 个指标。当承制方和订购方对 q_0、q_1、α、β 协商确定后，即求出 n 和 C 的值。

$$\begin{cases}\alpha=1-L(q_0)=1-\displaystyle\sum_{F=0}^{C}\binom{n}{F}(1-q_0)^{F}q_0^{n-F}\\ \beta=L(q_1)=\displaystyle\sum_{F=0}^{C}\binom{n}{F}(1-q_1)^{F}q_1^{n-F}\end{cases} \tag{9.8}$$

由于 n 和 C 只能为正整数，而满足式(9.8)的正整数不一定存在，所以应求满足方程的最小 n 和 C，即为试验方案。

$$\begin{cases}1-\displaystyle\sum_{F=0}^{C}\binom{n}{F}(1-q_0)^{F}q_0^{n-F}\leqslant\alpha\\ \displaystyle\sum_{F=0}^{C}\binom{n}{F}(1-q_1)^{F}q_1^{n-F}\leqslant\beta\end{cases} \tag{9.9}$$

为方便实际使用，可通过查询标准数据表，便捷地求出(n,C)。

在实际应用中，依照测试性试验方案设计数据用表（见表 9-2、表 9-3）可方便地求得所需的试验方案。

在工程实际中，当 q_0、q_1 和对应的 α、β 确定后，可分别由 α、β 找到对应 q_0 的 n_0、对应 q_1 的 n_1；比较两行，找出相同 C 值下，满足 $n_0>n_1$ 条件的最小 n_1，令 $n=n_1$。此 n 值与相应的 C 构成了测试性验证试验方案的故障样本量和允许最大故障

表9-2　$\alpha=0.1$ 时试验方案设计表(部分)

	0	1	2	3	4	5	6	7	…
0.95	2	11	23	36	50	64	79	95	…
0.96	3	14	28	45	62	80	99	118	…
0.97	4	18	38	59	82	106	131	157	…
0.98	6	27	56	88	123	159	196	234	…

表9-3　$\beta=0.1$ 时试验方案设计表(部分)

	0	1	2	3	4	5	6	7	…
0.85	15	25	34	43	52	60	68	76	…
0.86	16	27	37	46	55	64	73	82	…
0.87	17	29	40	50	60	70	79	89	…
0.88	18	31	43	54	65	76	86	96	…

诊断(检测或隔离)失败次数。

在GB 5080.5—1985《设备可靠性试验成功率的验证试验方案》、GJBz 20045—1991《雷达监控分系统性能测试方法—BIT故障发现率、故障隔离率、虚警率》和GJB 1298—1991《通用雷达、指挥仪维修性评审与试验方法》等相关标准中采用了此二项分布模型进行故障样本量的确定。

该方法考虑因素全面,且参照相关数据表格能够得到较为准确的验证结果,适用于内场故障注入试验,可验证有双方风险要求的测试性参数值,但不适用于有置信水平要求的情况。当数据表无法覆盖验证所需数据时,可通过MATLAB软件求解。

2) 最低可接收值试验方案

同时考虑 q_0、q_1、α、β 四个参量时的试验方案是标准抽样方案,只考虑最低可接收值 q_1 和订购方风险 β 时是最低可接收值方案。在选定 q_1 和 β 后,可代入式(9.10)求出 n 和 C 值。

$$\sum_{F=0}^{C}\binom{n}{F}(1-q_1)^F q_1^{n-F}\leqslant\beta \tag{9.10}$$

此方程有无穷多组解,但仍可查标准数据表找到合适的解。选定最低可接收值 q_1 和订购方风险 β,通过查表可以得到一系列符合要求的试验方案,当首选方案失败后,可以增加样本量,选用下一方案继续试验,直到确定(n,C)。

该方法适用于内场故障注入试验,验证有置信水平要求的测试性参数的最低

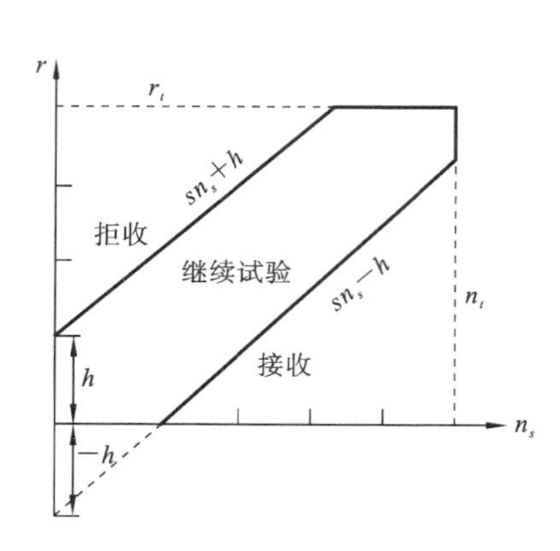

图 9-7 成败型截尾序贯试验表示

可接收值。由于没有考虑承制方风险，不适用有承制方要求的情况。

3）成败型截尾序贯试验方案

测试性试验中采用的成败型截尾序贯试验方案也是以二项分布为基础的，GB 5080.5—1985《设备可靠性试验成功率的验证试验方案》给出了序贯试验方案数据表，根据选定的 q_0、D、α 和 β 可查得试验方案的有关参数。其中：h 为试验图纵坐标截距；s 为试验图接收和拒收线斜率；n_t 为截尾试验数；r_t 为截尾失败数。成败型截尾序贯试验表示如图 9-7 所示。

当 $r \leqslant sn_s-h$ 时，做合格判据；当 $r \geqslant sn_s+h$ 时，做不合格判据；当 $sn_s-h<r<sn_s+h$ 时，继续试验。当 $n_s=n_t$ 时，若 $r=r_t$，则接收；若 $r \geqslant r_t$，则拒收。其中，r 为累积失败数，n_s 为累积试验数。基于此，可以得到试验样本数。

该方法适用于内场故障注入试验，验证有双方风险要求的测试性参数值，但不适用于有置信水平要求的情况，并且试验方案的确定过程非常复杂。

9.4.5 故障样本分配方法

故障样本分配是装备测试性试验的一项重要工作，分配到装备各组成部件的样本量是否合理直接影响测试性试验结果是否可信。

基于经典统计理论确定故障样本量后，需要对故障样本量进行分配，分配有两种形式：一种是基于故障率因素的样本量分配；另一种是从建立的装备自身故障模式库中通过抽样的方式抽取相应的故障模式，从而构成测试性验证所需的故障样本集。

1. 基于故障率的分层抽样分配法

首先分析装备层次结构和故障率，按故障相对发生频率将已经确定的故障样本量分配到各层次单元，分配公式为

$$\begin{cases} n_i = nC_{pi} \\ C_{pi} = \dfrac{Q_i \lambda_i T_i}{\sum Q_i \lambda_i T_i} \end{cases} \tag{9.11}$$

式中：C_{pi} 为第 i 个单元的故障发生频率；Q_i 为第 i 个单元的数量，用来表征装备的复杂度；λ_i 为第 i 个单元的故障率；T_i 为第 i 个单元的工作时间系数，表示该单元工作时间与全程工作时间之比。

国内外标准 MIL-STD-2165A 和 GJB 1770.3—1993《对空情报雷达维修性 维修性的试验与评定》中均采用上述这种分配模式。从式(9.7)中可以看出，基于故障率的分层抽样分配法的关键参数为 λ_i，而现有故障率数据来源于可靠性预计相关资料，具有很大的不确定性，按此进行分配会导致测试性验证结果不准确。

2. 基于故障模式的抽样分配方法

故障模式是装备的表现形式，如短路、开路、断裂等。在装备设计过程中一般都要进行故障模式、影响及危害性分析(FMECA)，分析装备每一个可能的故障模式，确定其对装备所产生的影响，并把每个故障模式按其影响的严重程度予以分类，同时考虑故障发生概率与故障危害程度。这样，在测试性试验时就可以将这些信息利用起来。

1）样本分配思想

基于故障模式的样本分配思想是：故障样本的分配与抽样以试验装备的复杂性为基础，装备越复杂，故障模式越多。当试验样本总量确定后，根据故障模式比例依照分层抽样理论将样本量逐次分配到每个模块，这样对每一个故障模式都近似是等概率抽取的，从而保证试验参数估计的准确性。

2）样本分配算法

根据承制方和订购方确定的试验方案(n,C)，将样本量 n 根据故障模式数量比例分配到具体的物理模块，其过程如下。

(1) 分析装备的物理结构层次。将系统分解成若干个子系统，把每个系统分解成多个模块单元。

(2) 分析每个模块中包含的故障模式数量 m_i，同时列出与这些故障模式相关的测试性数据，如工作时间、测试点位置、故障检测和隔离方法等。

(3) 计算每个模块中故障模式的比例 w_i，即

$$w_i = \frac{m_i}{\sum_j m_j} \tag{9.12}$$

(4) 计算每个模块分配到的预选样本量，即

$$n_i = n \cdot w_i \tag{9.13}$$

GJB 1135.3—1991《地空导弹武器系统维修性评审、试验与评定》中是以故障模式库为抽样母体，基于母体从中随机抽取故障模式，完成样本量分配。采用这种方法随机性较大，不能很好地覆盖所有故障模式集，按此分配也会导致测试性验证结果可信度不高。

3. 基于多因素综合的样本分配方法

常规的故障样本分配是采用基于故障率的分层抽样方法或简单随机抽样方

法，目前国内外相关标准和文献大都采用这一方法，但该方法仅考虑了故障率，容易造成故障样本分配结果不合理，如有些故障率低但危害性高的组成单元分配到的样本数量很少，致使测试性试验结果可信度不高。

1）影响故障样本分配的因素

影响装备故障样本分配的因素有多种，如故障率、故障模式数、故障模式严酷度、故障影响/故障模式危害度、单元重要度、维修作业覆盖性、维修作业复杂度、维修时间和维修费用等。

（1）故障率可通过试验期间累积的故障数据获得，或通过威布尔分布函数求得。

（2）故障模式数是指装备总的故障模式数量。

（3）故障模式严酷度是指所模拟的故障模式产生后，对人员、装备和环境的影响程度。故障模式严酷度分为灾难的、致命的、中等的和轻度的。对于故障率越高、故障模式严酷度越高的模拟故障而言，应分配越多的故障样本。

（4）故障影响/故障模式危害度是借助严酷度或扩散度等因素定量化描述故障影响程度或危害程度。故障影响或故障模式危害程度越大，该组成单元应分到越多的样本量。

（5）单元重要度是指系统组成单元的重要度。单元重要度越高，表明该组成单元在系统中越重要，在故障样本分配时应分配到越多的样本数量。

（6）维修作业覆盖性是指维修作业对整机的维修性验证情况或结构覆盖情况。维修作业覆盖性越高，表明维修作业过程中涉及的部件数量越多，对整机的维修性验证程度越大。

（7）维修作业复杂度是指维修作业的难度。维修作业过程中检测、拆卸和装配等步骤的难度越大，或对维修人员的技术等级要求越高，则维修作业复杂度越高。

（8）维修时间是指故障检测与排除阶段的时间。维修时间应与分配的样本量成反比。

（9）维修费用是指故障检测与排除阶段所产生的资源消耗、人力消耗等费用的总和。

对维修作业覆盖性越高、维修作业复杂度越高、维修时间越短、维修费用越少的部件应分配越多的故障样本。

2）样本分配思想

基于多因素综合的样本分配思想是：以影响故障样本分配的因素为基础，根据这些因素得出多因素综合对比值，当试验样本总量确定后，根据多因素综合对比值，依照分层抽样理论，将样本量逐次分配到每个模块，从而保证装备测试性试验结论的可信度。

3）样本分配算法

下面以故障率、故障模式数、故障模式严酷度、故障影响为基础，将样本量 n 依据多因素综合相对比值分配到具体的 UUT，步骤如下。

（1）分析装备的物理结构层次。将系统分解成若干个子系统，把每个系统分解成多个 UUT，逐级分解到指定层次。

（2）分析得出每个 UUT 的故障模式数、故障模式严酷度、故障影响，同时列出与这些故障模式相关的测试性数据，如工作时间、测试点位置、故障检测与隔离方法等。

（3）计算每个 UUT 的多因素综合对比值 w_i 并将其作为分配权重，计算公式为

$$w_i = \frac{\lambda_i \cdot m_i \cdot S_i \cdot E_i \cdot T_i}{\sum_i \lambda_i \cdot m_i \cdot S_i \cdot E_i \cdot T_i} \tag{9.14}$$

式中：λ_i 为第 i 个 UUT 的故障率；m_i 为第 i 个 UUT 的故障模式数；S_i 为第 i 个 UUT 的故障模式严酷度；E_i 为第 i 个 UUT 的故障影响；T_i 为第 i 个 UUT 的工作时间系数，表示该单元工作时间与全程工作时间之比。

（4）计算每个 UUT 分配到的样本量 n_i，即

$$n_i = n \cdot w_i \tag{9.15}$$

（5）如果需继续向下一级分配样本，则重复（2）至（4），直至达到指定的层次。

9.4.6 故障样本选取方法

故障样本选取是测试性试验设计的重要内容之一。在自然状态下产生故障的周期太长，所以一般的测试性试验都是基于故障注入技术来实现的。在进行测试性试验的时候，往往希望故障样本越多越好，这样获取的测试信息更加全面，最后得到的测试性评估结果也更加接近真值。但在基于故障注入的测试性试验中，受封装等因素限制，另外故障注入有损伤的风险，实现所有的故障注入是不太现实的。再加上试验经费、工作量等问题，这些都限制了故障样本只能是某个有限元素的集合。评估样本的充分性与实际故障有限注入存在着矛盾，这个矛盾决定了在开展测试性试验工作之前，要进行故障样本选取，以保证测试性评估结果的精度和置信度。

故障样本选取的基本思想是随机抽样理论，通过随机抽样初步得到的故障样本可能满足了测试性试验的充分性要求，但不一定满足工程实践性要求。目前故障样本抽样方案确定、样本量分配以及故障模式抽取的方法大多数是在统计学理论的基础上综合考虑装备的结构特性、功能特性和测试性特性，开展对故障样本的

随机抽取，忽略了工程实践中故障能否注入的问题。因此，在初步得到故障样本后，要对所选样本进行可注入分析，以保证故障注入率。

1. 故障样本选取的原则

故障样本选取的原则如下。

（1）故障样本选取应覆盖装备的各个组成单元。

（2）选择便于物理注入或软件注入的故障模式。

（3）所选取的故障模式在进行故障注入时不能损坏受试装备及相关设备。

（4）所选取的故障模式应具有较高的可注入性和注入准确性。

（5）所选取的故障模式能以较小的费用最大限度地激活测试。

（6）在注入所选取的故障模式时，需要的硬件研制应开发方便、简单、通用性强、开销小。

（7）所选取的样本集应能最大限度地充分覆盖故障模式总集，具有较好的代表性。

（8）模拟故障造成的影响应覆盖装备主要功能模块。

2. 基于多信号流图模型的故障样本选取

该方法是建立装备的多信号流图模型，通过其故障传播关系，在对装备结构和功能分析的基础上，找到一个最小故障模式集，或试验代价最小情况对应的故障模式集。

1）故障样本选取算法

建立以费用最少为优化目标，覆盖充分性为约束条件的故障样本选取算法如下。

（1）建立装备多信号流图模型，使用故障—故障相关性矩阵的求解方法解出矩阵。

（2）建立故障模式集合 $F=\{f_1, f_2, \cdots, f_m\}$ 的试验费用模型，令故障集对应的故障注入试验费用集合为 $C=\{c_1, c_2, \cdots, c_m\}$，这里的费用指的是当量费用，它综合考虑了故障注入方法、试验时间、元器件成本等相关因素。设第 i 个故障经过传播可影响到 k 个故障，注入这 k 个故障所需的费用为 $\sum_{j=1}^{k} c_{ij}$。

（3）建立故障选取的权值函数为

$$h_i = \frac{c_i}{\sum_{j=1}^{k} c_{ij}} \tag{9.16}$$

2）算法步骤

算法步骤如下。

（1）计算每个故障的权值 $h_i, i=1,2,\cdots,m$。

（2）$h=\min(h_i)$，选取 h 对应的故障模式并记为 sf_1。

（3）根据故障—故障相关性矩阵，得到 sf_1 故障模式能够传播到的故障模式集合为$\{sf_{11},sf_{12},\cdots,sf_{1k}\}$,用故障模式集合$F=\{f_1,f_2,\cdots,f_m\}$减去$\{sf_{11},sf_{12},\cdots,sf_{1k}\}$,并令$F=\{f_1,f_2,\cdots,f_m\}-\{sf_{11},sf_{12},\cdots,sf_{1k}\}$。

(4) 重复步骤(2)(3),直到$F=\Phi$,则输出满足故障覆盖要求的试验费用最少的故障样本集。

该算法根据故障扩散实现,故障模式在信号流的前端就容易被选出,所以选择的故障模式主要集中在系统信号流的前端部件上,也就是故障样本集中在部分单元上。这样就会造成试验结果的波动很大,导致验证评估的结果不可靠。

3. 基于典型特性的故障样本选取方法

装备的故障模式总集、UUT故障模式总集、UUT样本集之间存在着包含关系:装备的故障模式总集包含UUT故障模式总集,UUT故障模式总集包含UUT样本集。经选取出的UUT样本集应能较好地代表UUT故障模式总集,这样才能确保测试性试验结论的可信性。

1) 典型特性的选择

故障模式具有多种性质或状态,如故障位置、故障类别、故障机理、故障率、故障影响、故障严重程度、故障影响严酷度、危害度等。在这些特性的基础上,可以选择出体现样本集代表性的典型特性。

选择典型特性时考虑的因素包括:在试验中的故障是以模拟/注入方式产生的,不是自然发生的;已在试验过程中考虑的特性不再选用;在试验前不能确定数值的特性不再选用;所选取的故障样本能够反映故障检测、故障隔离的能力和要求,能够激活装备设计的测试项目。

通过对故障模式基本特性的综合处理,得到三个典型特性:功能特性、结构特性、测试特性。

(1) 功能特性是指产品设计实现的功能。一般情况下产品都具有多种功能,产品的各种故障模式对其功能都有不同的影响。

测试性设计的目的是提高产品的故障检测率和隔离率,对于BIT,提出了产品运行过程中监控系统功能正常的定性要求。同时,通过对产品的功能测试来判断是否存在故障和是否进行故障诊断也是BIT设计和外部测试性设计的重要手段。因此产品的功能设计对产品的测试性设计有很大的影响,并在一定程度上反映了故障模式的故障检测特性。

(2) 结构特性是产品所具有的硬件层次结构,一般包括系统、LRU、SRU和元器件等层次。测试性的故障隔离能力要求是与产品结构相关的,例如要求将系统的故障隔离到LRU,将LRU的故障隔离到SRU,将SRU的故障隔离到元器件等。因此,产品的结构特性在一定程度上反映了故障模式的故障隔离特性。

(3) 测试特殊是指产品设计实现的各种测试,包括了 BIT 的各种测试项目及外部测试的各个测试项目。每个测试项目不仅在策略、硬件线路和软件实现上不同,而且所能测试的故障模式也存在很大差别,因此测试特性在一定程度上综合反映了故障检测和隔离能力。

在将模型中的特性具体化后,可以建立相应的故障特征信息模型。

2)"功能—故障"信息模型

设装备所有待检测功能由集合 Fu 表示为

$$Fu=(fu_1, fu_2, \cdots, fu_j, \cdots, fu_n)^{\mathrm{T}} \tag{9.17}$$

装备所有故障模式由集合 Fm 表示,可通过 FMECA 获得:

$$Fm=(fm_1, fm_2, \cdots, fm_i, \cdots, fm_m)^{\mathrm{T}} \tag{9.18}$$

定义"功能—故障"信息模型为

$$Fm=\boldsymbol{R}_F \cdot Fu \tag{9.19}$$

式中:$\boldsymbol{R}_F$ 为"功能—故障"相关性矩阵,即

$$\boldsymbol{R}_F=\begin{bmatrix} a_{11} & a_{12} & \cdots & a_{1j} & \cdots & a_{1n} \\ a_{21} & a_{22} & \cdots & a_{2j} & \cdots & a_{2n} \\ \vdots & \vdots & & \vdots & & \vdots \\ a_{i1} & a_{i2} & \cdots & a_{ij} & \cdots & a_{in} \\ \vdots & \vdots & & \vdots & & \vdots \\ a_{m1} & a_{m2} & \cdots & a_{mj} & \cdots & a_{mn} \end{bmatrix}_{m\times n} \tag{9.20}$$

式中:a_{ij} 为设备的故障模式 fm_i 与设备同一层次结构中某单元 fu_j 之间的相关性,且

$$a_{ij}=\begin{cases} 1, & fm_i \text{ 可以导致待检测功能 } fm_j \text{ 发生故障} \\ 0, & fm_i \text{ 不能导致待检测功能 } fm_j \text{ 发生故障} \end{cases} \tag{9.21}$$

式(9.20)还可以表示为

$$\boldsymbol{R}_F=[R_{1F}, R_{2F}, \cdots, \boldsymbol{R}_{iF}, \cdots, R_{mF}]^{\mathrm{T}}_{m\times 1}=[R_{F1}, R_{F2}, \cdots, \boldsymbol{R}_{Fj}, \cdots, R_{Fn}]_{1\times n} \tag{9.22}$$

式中:$\boldsymbol{R}_{iF}=[b_{i1}, b_{i2}, \cdots, b_{ij}, \cdots, b_{in}]_{1\times n}$,且 $i\in[1,m]\cap i\in\mathbf{N}$;$\boldsymbol{R}_{Fj}=[b_{1j}, b_{2j}, \cdots, b_{ij}, \cdots, b_{mj}]^{\mathrm{T}}_{m\times 1}$,且 $j\in[1,n]\cap j\in\mathbf{N}$。

功能特性相关性矩阵:将满足式(9.22)的 $\boldsymbol{R}_{iF}$ 定义为故障模式 fm_i 的功能特性相关性矩阵。

fu_j 的等价集合:将满足式(9.23)的 Efu_j 定义为关于 fu_j 的等价集合,即 Fm 对应 $\boldsymbol{R}_{Fj}$ 中元素为 1 的故障模式,构成关于 fu_j 的等价集合。

$$Efu_j=\{fm_i \mid a_{ij}\in\boldsymbol{R}_{Fj}\cap a_{ij}=1\} \tag{9.23}$$

则有

$$fm_i = \boldsymbol{R}_{iF} \cdot Fu \tag{9.24}$$

3）"结构—故障"信息模型

设装备同一层次结构中所有的组成单元由集合 UT 表示为

$$UT = (ut_1, ut_2, \cdots, ut_k, \cdots ut_p)^{\mathrm{T}} \tag{9.25}$$

则定义"结构—故障"信息模型为

$$Fm = \boldsymbol{R}_S \cdot UT \tag{9.26}$$

式中：$\boldsymbol{R}_S$ 为"结构—故障"相关性矩阵，即

$$\boldsymbol{R}_S = \begin{bmatrix} b_{11} & b_{12} & \cdots & b_{1k} & \cdots & b_{1p} \\ b_{21} & b_{22} & \cdots & b_{2k} & \cdots & b_{2p} \\ \vdots & \vdots & & \vdots & & \vdots \\ b_{i1} & b_{i2} & \cdots & b_{ik} & \cdots & b_{ip} \\ \vdots & \vdots & & \vdots & & \vdots \\ b_{m1} & b_{m2} & \cdots & b_{mk} & \cdots & b_{mp} \end{bmatrix}_{m \times p} \tag{9.27}$$

式中：b_{ik} 为设备的故障模式 fm_i 与设备同一层次结构中某单元 ut_k 之间的相关性，且

$$b_{ik} = \begin{cases} 1, & fm_i \text{ 在 } ut_k \text{ 处可以发生} \\ 0, & fm_i \text{ 在 } ut_k \text{ 处不可以发生} \end{cases} \tag{9.28}$$

式(9.27)还可以表示为

$$\boldsymbol{R}_S = [R_{1S}, R_{2S}, \cdots, \boldsymbol{R}_{iS}, \cdots, R_{mS}]_{m \times 1}^{\mathrm{T}} = [R_{S1}, R_{S2}, \cdots, \boldsymbol{R}_{Sk}, \cdots, R_{Sp}]_{1 \times p} \tag{9.29}$$

式中：$\boldsymbol{R}_{iS} = [b_{i1}, b_{i2}, \cdots, b_{ik}, \cdots, b_{ip}]_{1 \times p}$，且 $i \in [1, m] \cap i \in \mathbf{N}$；$\boldsymbol{R}_{Sk} = [b_{1k}, b_{2k}, \cdots, b_{ik}, \cdots, b_{mk}]_{m \times 1}^{\mathrm{T}}$，且 $k \in [1, p] \cap i \in \mathbf{N}$。

结构特性相关性矩阵：将满足式(9.29)的 $\boldsymbol{R}_{iS}$ 定义为故障模式 fm_i 的结构特性相关性矩阵。

ut_k 的等价集合：将满足式(9.30)的 Eut_k 定义为关于 ut_k 的等价集合，即 Fm 对应 $\boldsymbol{R}_{Sj}$ 中元素为1的故障模式，构成关于 ut_k 的等价集合。

$$Eut_k = \{fm_i \mid b_{ik} \in \boldsymbol{R}_{Sk} \cap b_{ik} = 1\} \tag{9.30}$$

则有

$$fm_i = \boldsymbol{R}_{iS} \cdot UT \tag{9.31}$$

4）"测试—故障"信息模型

设装备设计实现的所有的测试项目（包括BIT、外部测试的测试项目）由集合 TS 表示为

$$TS = (T_{S1}, T_{S2}, \cdots, T_{Sr}, \cdots, T_{Sq})^{\mathrm{T}} \tag{9.32}$$

则定义"测试—故障"信息模型为

$$Fm=\boldsymbol{R}_T \cdot TS \tag{9.33}$$

式中：$\boldsymbol{R}_T$ 为“测试—故障”相关性矩阵，即

$$\boldsymbol{R}_T=\begin{bmatrix} c_{11} & c_{12} & \cdots & c_{1r} & \cdots & c_{1q} \\ c_{21} & c_{22} & \cdots & c_{2r} & \cdots & c_{2q} \\ \vdots & \vdots & & \vdots & & \vdots \\ c_{i1} & c_{i2} & \cdots & c_{ir} & \cdots & c_{iq} \\ \vdots & \vdots & & \vdots & & \vdots \\ c_{m1} & c_{m2} & \cdots & c_{mr} & \cdots & c_{mq} \end{bmatrix}_{m\times q} \tag{9.34}$$

式中：c_{ir} 为装备的故障模式 fm_i 与测试项目 T_{Sr} 之间的相关性，且

$$c_{ir}=\begin{cases} 1, & \text{测试项目 } T_{Sr} \text{ 能测试到 } fm_i \\ 0, & \text{测试项目 } T_{Sr} \text{ 不能测试到 } fm_i \end{cases} \tag{9.35}$$

式(9.34)还可以表示为

$$\boldsymbol{R}_T=[R_{1T},R_{2T},\cdots,\boldsymbol{R}_{iT},\cdots,R_{mT}]_{m\times 1}^{\mathrm{T}}=[R_{T1},R_{T2},\cdots,\boldsymbol{R}_{Tr},\cdots,R_{Tq}]_{1\times q} \tag{9.36}$$

式中：$\boldsymbol{R}_{iT}=[c_{i1},c_{i2},\cdots,c_{ir},\cdots,c_{iq}]_{1\times q}$，且 $i\in[1,m]\cap i\in\mathbf{N}$；$\boldsymbol{R}_{Tr}=[c_{1r},c_{2r},\cdots,c_{ir},\cdots,c_{mr}]_{m\times 1}^{\mathrm{T}}$，且 $r\in[1,q]\cap i\in\mathbf{N}$。

测试特性相关性矩阵：将满足式(9.36)的 $\boldsymbol{R}_{iT}$ 定义为故障模式 fm_i 的测试特性相关性矩阵。

T_{Sr} 的等价集合：将满足式(9.30)的 ET_{Sr} 定义为关于 T_{Sr} 的等价集合，即 Fm 对应 T_{Sr} 中元素为 1 的故障模式，构成关于 T_{Sr} 的等价集合。

$$ET_{Sr}=\{fm_i \mid c_{ir}\in\boldsymbol{R}_{Tr}\cap c_{ir}=1\} \tag{9.37}$$

则有

$$fm_i=\boldsymbol{R}_{iT}\cdot TS \tag{9.38}$$

5）按影响度比率进行样本选取的方法

从以上分析可以看出，当进行试验样本抽样时，从等价集合 Efu_j、Eut_k、ET_{Sr} 中按照等概率的方式进行样本抽取，可以满足上述的三个因素，但这种抽取方式是在认为等价集合中全部故障模式影响相同的前提下进行的，而实际上每个故障模式所带来的影响是不同的。因此，可以采用一种基于影响度的样本选取方法来解决等概率抽取的问题。

设 φ_i 为某故障模式的影响度，它等于该故障模式的危害度 C_{mi} 与故障扩散强度 I_i 之和：

$$\varphi_i=C_{mi}+I_i \tag{9.39}$$

设某等价集中 E 的故障模式数为 m，fm_i 为等价集中的某故障模式，$i\in[1,m]\cap i\in\mathbf{N}$，$fm_i$ 对应的影响度为 φ_i，则定义 fm_i 的影响度比率为 $r_{\varphi i}$，其计算公式为

$$r_{\varphi i}=\frac{\varphi_i}{\sum_{i=1}^{m}\varphi_i},\quad \sum_{i=1}^{m}r_{\varphi i}=1 \tag{9.40}$$

按影响度比率进行样本选取的方法如下。

设分配给等价集合 E 的试验样本量为 z，则在选取过程中，fm_i 被抽中的概率为 $r_{\varphi i}$，即有 $P(\xi=fm_i)=r_{\varphi i}$。

抽取时，令

$$F(t)=\sum_{i=1}^{t}r_{\varphi i} \tag{9.41}$$

式中：$t=1,2,\cdots,m$。设 $F(0)=0$，从随机数序列$\{\eta\}$中依次抽取 η_j，$j\in[1,z]\cap j\in\mathbf{N}$，计算出满足式(9.42)条件的 t 值：

$$F(t-1)<\eta_j\leqslant F(t) \tag{9.42}$$

这时便得到被抽中的故障模式并放入样本集中，照此方法进行循环样本抽取，直到从等价集合中得到个故障样本。

9.5 测试性参数估计方法

测试性参数估计是根据试验数据或使用统计数据来估计 FDR、FIR 等参数的量值。这些试验参数包括故障发生次数、故障检测和隔离成功或失败次数、故障指示或报警次数、假报和错报次数、故障检测与隔离时间等。这些数据如果是从装备实际使用中收集来的，则参数估计结果将比预计和试验的结果更接近装备的真实测试性水平。

下面以 FDR、FIR 为例具体说明参数估计方法。

人为注入或自然发生故障的次数（即试验次数）用 n 表示，试验（检测、隔离或指示报警）成功次数用 S 表示，失败次数用 F 表示。

9.5.1 点估计方法

在成败型试验中，试验次数为 n，失败次数为 F，则失败概率 P 的点估计值为

$$P=\frac{F}{n} \tag{9.43}$$

成功概率 R 的点估计值为

$$R=1-P=\frac{n-F}{n} \tag{9.44}$$

式中：对于 FDR，n 为故障总数，F 为没有成功检测出的故障数量；对于 FIR，n 为检测出的故障数量，F 为没有成功隔离出的故障数量。

如果在某装备试验中共发生 100 次故障，只有 2 次故障 BIT 未检测出，则其故障检测率点估计值为 0.98。

点估计在一定条件下有一定的优点，但这种估计值并不等于真值，大约有一半可能性大于真值，也有一半可能性小于真值。因此，点估计不能回答估计的精确性与把握性问题。

9.5.2 区间估计方法

为了解决点估计存在的问题，可根据试验结果寻求一个随机区间(R_L, R_U)来描述估计的精确性。用某一个小数 C 来描述这种估计的把握性，称 C 为置信度。这种做法就是区间估计。

1. 单侧置信下限估计

通常，在 FDR、FIR 估计中，R 的置信上限值 R_U 越大越好，因此可以不考虑置信上限值，只关心置信下限值 R_L 是否太低。为此，可采用单侧置信下限估计，即根据已得到的数据寻求一个区间$(R_L, 1)$使式(9.45)成立，即

$$P(R_L \leqslant R \leqslant 1) = C \tag{9.45}$$

对于具有二项分布特性的测试性验证试验（成败型试验），测试性参数单侧置信下限 R_L 的计算公式为

$$\sum_{i=0}^{F} \binom{n}{i} R_L^{n-i} (1 - R_L)^i = 1 - C \tag{9.46}$$

式中：F 为 n 次试验中的失败次数。按照试验结果数据，给定置信度 C 后，求解式(9.46)，即可得到 R_L 值。当 R_L 值较大时，可查阅本章参考文献[1]附录的二项分布单侧置信下限表得到该值。

如某系统发生 38 次故障，BIT 检测出 36 次，其中有 2 次未检测出，即失败次数 $F=2$，若规定置信度 $C=0.9$，则由$(n, F)=(38, 2)$可查得 $R_L=0.8659$。

2. 置信区间估计

为了解装备 FDR、FIR 量值所在范围，可采用置信区间估计，即寻求一个随机区间，使公式 $P(R_L \leqslant R \leqslant R_U)=C$ 成立。对于二项分布来说，由以下两个公式可以计算：

$$\sum_{i=0}^{F} \binom{n}{i} R_L^{n-i} (1 - R_L)^i = \frac{1}{2}(1 - C) \tag{9.47}$$

$$\sum_{i=F}^{n}\binom{n}{i}R_{\mathrm{U}}^{n-i}(1-R_{\mathrm{U}})^{i}=\frac{1}{2}(1-C) \tag{9.48}$$

在给定置信度 C 的条件下，按试验所得的 n 和 F 值，求解上述两个方程可得到置信区间$(R_{\mathrm{L}},R_{\mathrm{U}})$。但是解这两个方程较麻烦，为了利用置信限数据表，可以把这两个方程简化为

$$\sum_{i=0}^{F}\binom{n}{i}R_{\mathrm{L}}^{n-i}(1-R_{\mathrm{L}})^{i}=1-\frac{1}{2}(1+C) \tag{9.49}$$

$$\sum_{i=0}^{F-1}\binom{n}{i}R_{\mathrm{U}}^{n-i}(1-R_{\mathrm{U}})^{i}=\frac{1}{2}(1+C) \tag{9.50}$$

在给定 C 时，对应$\frac{1}{2}(1+C)$，由(n,F)查单侧置信下限表，得到 R_{L} 值，对应$\frac{1}{2}(1+C)$，由$(n,F-1)$查单侧置信上限表，得到 R_{U} 值。由此得到置信区间$(R_{\mathrm{L}},R_{\mathrm{U}})$。

如某系统发生38次故障，BIT检测出36次，其中有2次未检测出，即失败次数 $F=2$，若规定置信度 $C=0.8$，则由$\frac{1}{2}(1+C)=0.9$和$(n,F)=(38,2)$可查得 $R_{\mathrm{L}}=0.8659$；则由$\frac{1}{2}(1+C)=0.9$和$(n,F-1)=(38,1)$可查得 $R_{\mathrm{U}}=0.9972$。

9.5.3 近似估计方法

当要求的准确度不是很高时，FDR、FIR可以用近似估计方法，但应注意使用条件，否则误差会很大。全国统计应用标准化委员会SC-Z推荐的近似估计公式如下。

(1) 当 $n>30$，且 $0.01<\frac{F}{n}<0.90$ 时，有

$$P_{\mathrm{L}}=P^{*}-Z_{c}\sqrt{\frac{P^{*}(1-P^{*})}{n+2d}},\quad P^{*}=\frac{F+d-0.50}{n+2d} \tag{9.51}$$

$$P_{\mathrm{U}}=P^{*}+Z_{c}\sqrt{\frac{P^{*}(1-P^{*})}{n+2d}},\quad P^{*}=\frac{F+d+0.50}{n+2d} \tag{9.52}$$

式中：$P=1-R$，$Z_{c}=Z_{1-\alpha}$是标准正态分布的分位数。不同置信度下的 Z_{c} 值和 d 值如表9-4所示。

表9-4 不同置信度下的 Z_c 值和 d 值

置信度 $C=1-\alpha$	0.70	0.75	0.80	0.85	0.90	0.95	0.99
Z_c	0.524	0.675	0.842	1.036	1.282	1.645	2.326
d	0.258	0.319	0.403	0.524	0.700	1.00	2.00

由式(9.51)和式(9.52)算出的是失败概率,成功概率 $R=1-P$,进行区间估计时,用 Z_{c_0} 代替 Z_c,而 $C_0=1-\frac{1-C}{2}$。

(2) 当 $n>30$,且 $\frac{F}{n}\leqslant 0.10$ 或 $\frac{F}{n}\geqslant 0.90$ 时,有

$$P_L=\begin{cases}\dfrac{2\lambda}{2n-m+1+\lambda}, & \dfrac{F}{n}\leqslant 0.10, \quad \lambda=\dfrac{1}{2}\chi_{\alpha}^{2}(2F)\\ \dfrac{n+F-\lambda}{n+F+\lambda}, & \dfrac{F}{n}\geqslant 0.90, \quad \lambda=\dfrac{1}{2}\chi_{1-\alpha}^{2}[(2(n-F)+2]\end{cases} \tag{9.53}$$

$$P_U=\begin{cases}\dfrac{2\lambda}{2n-F+\lambda}, & \dfrac{F}{n}\leqslant 0.10, \quad \lambda=\dfrac{1}{2}\chi_{1-\alpha}^{2}(2F+2)\\ \dfrac{n+F+1-\lambda}{n+F+\lambda+1}, & \dfrac{F}{n}\geqslant 0.90, \quad \lambda=\dfrac{1}{2}\chi_{\alpha}^{2}[(2(n-F)]\end{cases} \tag{9.54}$$

式中:$\chi_B^2(\upsilon)$($B=\alpha$ 或 $B=1-\alpha$)是自由度为 υ 的 χ^2 分布的分位点,其数值可从 χ^2 分布分位数上查得。

9.6 虚警率验证方法

虚警与多种因素有关,受环境条件影响较大,很难人为地在试验室条件下真实地模拟虚警,所以要验证所设计的装备是否达到了虚警率的规定指标是比较困难的,结果也不准确。收集装备运行过程中有关虚警数据进行评价才是切合实际的方法。

9.6.1 按可靠性要求验证

该方法是将规定的虚警率要求转换成单位时间内的平均虚警数,纳入系统要求的故障率(或 MTBF)之内,按可靠性要求验证。虚警率 R_{FA} 与虚警发生的频率 λ_{FA} 之间转换关系为

$$\lambda_{FA}=\frac{R_{FD}}{T_{BF}}\left(\frac{R_{FA}}{1-R_{FA}}\right) \tag{9.55}$$

式中:λ_{FA} 为虚警发生的频率;R_{FA} 为虚警率;R_{FD} 为故障检测率;T_{BF} 为平均故障间隔时间。

在可靠性验证试验中,每个确认的虚警率都作为关联失效对待。就虚警率验证而言,如果统计分析结果满足了可靠性验证规定的接收判据,则系统的虚警率也

认为是可以接收的，否则应拒收。

此种方法是比较简单易行的，但是它并没有估计出系统的虚警率的大小。

9.6.2　按成功率验证

收集到足够的有关虚警的样本后，根据相关测试性参数定义可以直接计算出虚警率或平均虚警间隔时间的具体值。

虚警率实际上是故障指示（报警）的失败概率，其允许置信区间上限对应故障指示的成功率下限，所以有

$$R_{\mathrm{FAU}}=1-R_{\mathrm{L}} \tag{9.56}$$

式中：R_{FAU}为虚警率的上限；R_{L} 为故障指示成功率的下限。

可以用单侧置信区间下限数据表，根据所得试验数据（报警样本数和失败次数）和规定的置信水平查得 R_{L} 值，从而可得 R_{FA}值。例如，如果故障指示次数 $n=39$，失败次数（虚警次数）$F=1$，规定置信水平为 80%，则可查表得单侧置信区间下限 $R_{\mathrm{L}}=0.951$，所以虚警率为

$$R_{\mathrm{FA}}=1-0.951=0.049$$

如果此值小于 R_{FA}最高可接收值，则接收。

9.6.3　考虑双方风险时的验证

承制方风险 α 与虚警发生频率设计规定值 λ_{FAG}相关，订购方风险 β 与虚警的最低可接收值 λ_{FAW}相关。如果选定这 4 个参数和系统累积工作时间 t，则可用下式求得允许最大虚警数 α。

$$\begin{cases}\displaystyle\sum_{i=\alpha+1}^{\infty}\frac{(\lambda_{\mathrm{FAG}}t)^{i}}{i!}\mathrm{e}^{-\lambda_{\mathrm{FAG}}t}=\alpha\\ \displaystyle\sum_{i=\alpha+1}^{\infty}\frac{(\lambda_{\mathrm{FAW}}t)^{i}}{i!}\mathrm{e}^{-\lambda_{\mathrm{FAW}}t}=1-\beta\end{cases} \tag{9.57}$$

假设工作时间内 t 发生的虚警数为 N_{FA}，如果 $N_{\mathrm{FA}}\leqslant\alpha$，则接收；如果 $N_{\mathrm{FA}}>\alpha$，则拒收。

例如，设计目标值 $\lambda_{\mathrm{FAG}}=0.01$（每工作 100 h 发生 1 次虚警），允许最大值 $\lambda_{\mathrm{FAW}}=0.02$（每工作 200 h 发生 2 次虚警），累积工作时间 $t=800$ h，双方风险 $\alpha=\beta=0.1$，则可得出 $\alpha=11$。如果在 800 h 内发生虚警数 12 次以上，则判为拒收；如果虚警数 $N_{\mathrm{FA}}\leqslant 11$，则接收。

9.6.4　近似验证方法

如果准确度要求不高，可用 GJB 2072—1994《维修性试验与评定》给出的近似

方法验证虚警率。具体做法如下。

(1) 根据虚警率 R_{FA} 的要求值，求出虚警发生的频率 λ_{FA}，计算在系统累积工作时间 t 内规定的虚警次数 N_{FO} 为

$$N_{FO}=\lambda_{FA}t \tag{9.58}$$

或

$$N_{FO}=N_F\left(\frac{R_{FA}}{1-R_{FA}}\right) \tag{9.59}$$

式中：R_{FA} 为规定的虚警率；N_F 为正确故障报警次数。

(2) 根据规定的数据来源取得 t 时间内发生的虚警次数 N_{FA}。

(3) 依据规定的虚警数 N_{FO} 和 t 时间内发生的虚警次数 N_{FA}，在图 9-8 上标出交点。

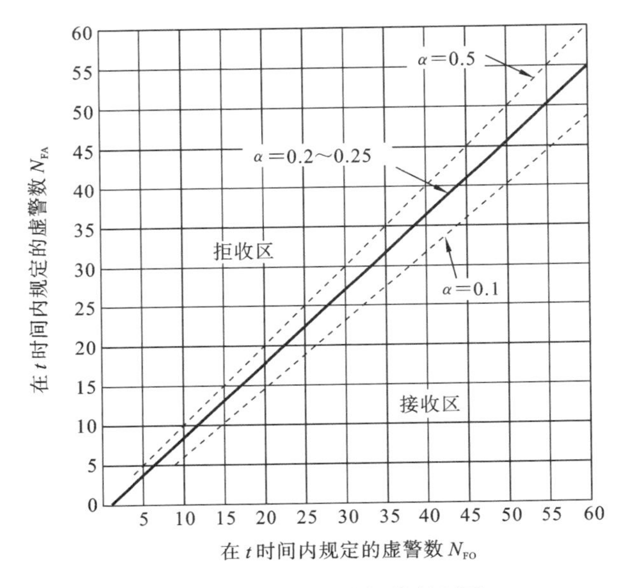

图 9-8　虚警率接收拒收判别图

(4) 依据规定的置信度$(1-\alpha)$判定是否合格，即交点落在接收区就判为合格，否则为不合格。

如某系统要求 $\lambda_{FA}=0.02$，累积工作时间 $t=400$ h，在 t 内发生虚警次数为 5 次，试求在置信度为 80%时是否可接收?

由条件可知：$N_{FO}=0.02\times400=8$；$N_{FA}=5$。N_{FO} 与 N_{FA} 的交点(8,5)落在接收区，所以判定为接收。

9.7 测试性试验实施方案与应用

9.7.1 测试性试验验证实施方案

1. 选择故障注入方法

可以参见本章9.4.3节故障注入方法，如对某一故障特性进行模拟；故障单元替代正常单元；去掉或加入某种元件；人为制造信号超差；人为制造短路开路；人为制造信号失调等。

2. 确定验证样本量

对雷达装备测试性验证，首先要确定试验故障样本量。由前面所选的验证方法，同时考虑订购方和承制方风险，并结合接收/拒收风险来确定样本量。确定验证样本量方法参见本章9.4.4节。

3. 预选故障样本

由于雷达装备组成结构、功能原理、器件特性等原因，所选的故障不一定能完全注入，所以对雷达装备进行测试性验证前，要预选那些可注入的故障样本。预选故障样本选取原则参见本章9.4.6节。

4. 故障样本的分配

可以采用本章9.4.5节的基于故障率的分层抽样分配法。对故障样本量的分配采用基于故障率和装备复杂度的分层加权分配方法进行。

5. 故障样本的选取

可以采用本章9.4.6节的方法进行故障样本的选取。

6. 测试性试验组织与实施

根据我国军标有关要求，装备测试性验证试验应组织试验评定小组。小组一般由军方或其代表、设计人员、使用人员、测试人员以及专家等组成，并由评定小组组长负责组织和管理。

参加雷达装备测试性试验的人员一般分成两部分，一部分人员进行故障模拟，另一部分负责检测和维修，检测和维修的人员应在不了解模拟故障的情况下进行故障检测，并对验证试验中的有关测试性数据信息(包括每次故障检测、隔离的结果、故障信息)、故障检测/隔离所用时间及测试手段等进行详细记录，填入测试性验证综合数据表中,以便综合分析。

在测试性试验时,负责试验的小组通过故障分配表,首先在预选故障中选取需注入的故障,每次注入一个故障,然后对其检测(FD)和故障隔离(FI),当修复完成后再进入下一次故障模拟,直到完成所需的故障样本数。测试性验证试验过程如图 9-9 所示。

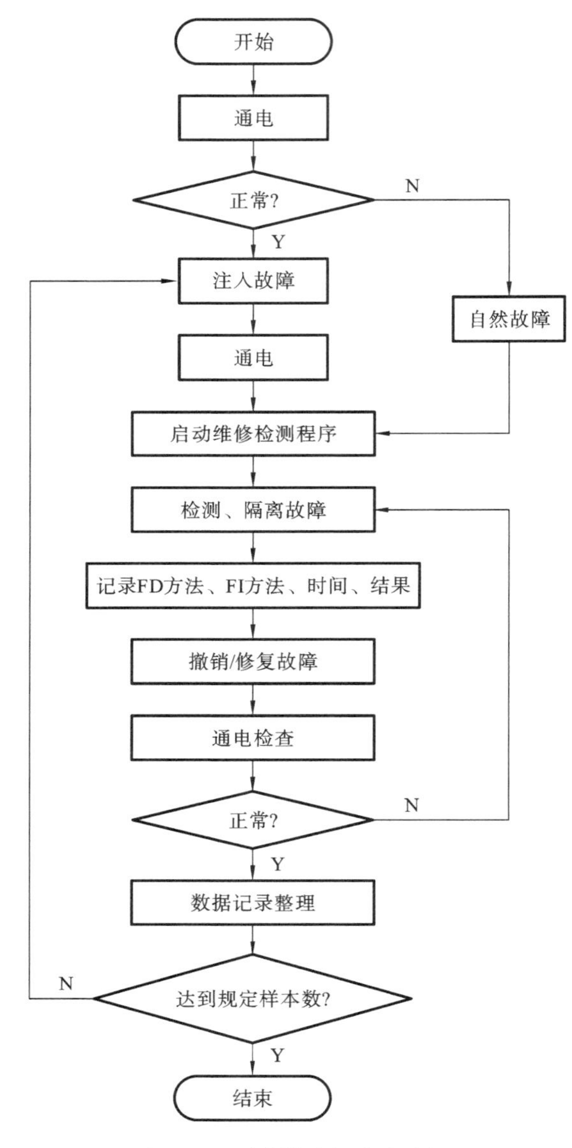

图 9-9　测试性验证试验过程

7. 测试性评价

测试性试验结束后，应根据记录对测试结果进行评价。装备的测试性是否达到了规定的测试性要求取决于技术合同的规定和所采取的验证方案。

（1）如果验证计划要求测试性有关数据从现场使用或其他试验中获得，并由合同上指标的要求和置信度，通过测试性参数评估的方法，则对单侧置信区间下限进行估计，判断计算值是否小于最低可接收值。

（2）如果利用独立的测试性验证试验进行评价，则需要判断在规定样本数的验证试验中故障检测、隔离或失败的次数是否大于要求值，从而判断装备测试性是否满足研制任务书的要求。

9.7.2　应用示例

某型雷达接收机，经承制方和订购方共同约定 $q_0=0.95$，$q_1=0.85$，$\alpha=\beta=0.1$。

通过表 9-2 取得 $\alpha=0.1$、$q_0=0.95$ 对应的一行数据，通过表 9-3 取得 $\beta=0.1$、$q_1=0.85$ 对应的一行数据，结果如表 9-5 所示。

表 9-5　试验方案案例

C		0	1	2	3	4	5	6	7	…
① $\alpha=0.1, q_0=0.95$	n_0	2	11	23	36	50	64	79	95	…
② $\beta=0.1, q_1=0.85$	n_1	15	25	34	43	52	60	68	76	…

比较①和②两行数据，很明显，当 $C=5$ 时，满足 $n_0>n_1$ 的最小 n_1 值为 60，所以得到所需的接收机测试性验证试验方案为(60,5)，即在故障样本数为 60 的试验中，若检测失败次数小于等于 5 次，则判定测试性设计达到要求；反之，则判定测试性设计未达到要求，即不合格。

某型雷达接收机主要由五部分组成，总故障率为 $1173(10^{-6}/\mathrm{h})$，各单元的故障率分别为 $710(10^{-6}/\mathrm{h})$、$216(10^{-6}/\mathrm{h})$、$135(10^{-6}/\mathrm{h})$、$41(10^{-6}/\mathrm{h})$、$71(10^{-6}/\mathrm{h})$。根据接收机各部分单元的故障数据、所选定的测试性验证试验方案，可以得到接收机系统故障样本分配表如表 9-6 所示。

完成故障样本量分配后，需要从接收机系统各个单元的故障模式集中进行故障抽取，其中单元 D 的预选故障如表 9-7 所示。

在对雷达接收机系统进行测试性验证时，根据表 9-6 所分配的故障样本量，选取故障注入。如在对单元 D 实施注入故障时，从 8 个预选故障中任意选 2 个故障进行注入，直到整个系统注入 60 个故障为止。

表 9-6　某型雷达接收机系统故障样本分配表

组成单元	故障率/(10^{-6}/h)	复杂度	工作时间系数	分配权重	分配的验证样本量
单元 A	710	1	1	0.605	36
单元 B	216	1	1	0.184	11
单元 C	135	1	1	0.115	7
单元 D	41	1	1	0.035	2
单元 E	71	1	1	0.061	4

表 9-7　单元 D 的预选故障

代码	名称	故障模式
1	芯片 1	逻辑输出失效
2	晶振	频漂
3	FPGA 芯片	逻辑输出失效
4	电容器	击穿
5	运放	增益失效
6	芯片 2	性能退化
7	电感	短路
8	存储器	丢失数据

对每个注入的故障进行检测，结果所注入的 60 个故障中有 56 个故障能够被正确检测出来，剩下 4 个故障未检测到。显然，故障检测的失败数不大于规定值 5，因此判定故障检测率达到了研制任务书的要求，予以接收。

思　考　题

1. 简述测试性试验与评价的目的。
2. 简述测试性试验与评价工作项目和试验鉴定各阶段的工作衔接关系。
3. 故障注入方法有哪些？如何注入故障？
4. 故障样本量确定方法有哪些？探讨其他确定方法。
5. 如何进行故障样本的分配和选取？
6. 谈谈你对装备测试性设计、测试性验证与评价工作的认识。

参考文献

[1] 田仲,石君友.系统测试性设计分析与验证[M].北京:北京航空航天大学出版社,2003.

[2] 石君友.测试性试验与评价[M].北京:国防工业出版社,2021.

[3] 邱静,刘冠军,张勇,等.装备测试性试验与评价技术[M].北京:科学出版社,2021.

[4] 王红霞,叶晓慧.装备测试性设计分析验证技术[M].北京:电子工业出版社,2018.

[5] 徐英,李三群,李星新.型号装备保障特性试验验证技术[M].北京:国防工业出版社,2015.

[6] 中央军委装备发展部.GJB 8895—2017 装备测试性试验与评价[S].北京:国家军用标准出版发行部,2017.

[7] 中国人民解放军总装备部.GJB 2547A—2012 装备测试性工作通用要求[S].北京:总装备部军标出版发行部,2012.

[8] 吴栋,黄永华,汪凯蔚,等.装备试验鉴定新形势下测试性验证工作分析[J].电子产品可靠性与环境试验,2019,37(S1):30-34.

[9] 王志淞,化斌斌,万博,等.武器装备作战试验设计方法[J].装甲兵学报,2022,1(03):45-49.

[10] 孟庆均,曹玉坤,张宏江,等.装备在役考核的内涵与工作方法[J].装甲兵工程学院学报,2017,31(05):18-22.

[11] 齐分岭,韦国军,徐军,等.装备在役考核数据采集研究[J].设备管理与维修,2022(24):9-12.

[12] 陈然,连光耀,张西山,等.基于故障注入的测试性验证试验样本量确定方法[J].计算机测量与控制,2015,23(12):3994-3997.

[13] 王志,李星新,王成,等.FDR 验证试验的故障样本分配策略研究[J].计算机测量与控制,2022,30(07):298-303.

[14] 尹园威,尚朝轩,马彦恒,等.基于故障注入的雷达装备测试性验证试验方法[J].计算机测量与控制,2014,22(07):2128-2130,2134.

[15] 颜世刚,齐亚峰.测试性验证试验的故障注入方法优化研究[J].计算机测量与控制,2019,27(04):97-101.

[16] 胡宇. 测试性验证故障注入方法[J]. 硅谷,2014,7(17):41-43.
[17] 文昌俊,陈立,张金良,等. 基于智能体的雷达测试性虚拟验证系统研究[J]. 现代雷达,2020,42(10):1-6.
[18] 常春贺,杨江平,王杰. 雷达装备测试性验证及应用研究[J]. 计算机测量与控制,2011,19(08):1943-1945,1949.
[19] 王康,史贤俊,韩旭,等. 故障样本量确定与分配一体化设计方案[J]. 北京航空航天大学学报,2020,46(01):103-114.
[20] 史贤俊,王康,张文广,等. 测试性验证技术现状分析及展望[J]. 飞航导弹,2018(12):72-78.
[21] 安隆坤,张倩倩,黄坤. 装备测试性验证技术工程应用实践[J]. 舰船电子对抗,2023,46(02):105-110.
[22] 杨金鹏,连光耀,邱文昊,等. 装备测试性验证技术研究现状及发展趋势[J]. 现代防御技术,2018,46(02):186-192.
[23] 向荫,江丰. 装备测试性验证技术综述[J]. 电子产品可靠性与环境试验,2016,34(02):65-70.
[24] 徐达,周诚,关矗,等. 基于组合赋权 VIKOR 法的装备故障样本分配方法[J]. 航天控制,2020,38(04):68-73.
[25] 徐达,焦庆龙. 基于 TOPSIS 法与灰色关联度法的故障样本分配方法[J]. 火力与指挥控制,2019,44(10):163-167,172.
[26] 刘磊,宋家友. 故障样本的多指标集成加权分配方法[J]. 计算机工程与科学,2019,41(04):742-749.
[27] 邱文昊,连光耀,杨金鹏,等. 基于多影响因子和重要度的故障样本优选[J]. 兵工学报,2019,40(12):2551-2559.
[28] 宗子健,马彦恒,刘新海. 基于故障传播危害性的故障样本集选取方法[J]. 火力与指挥控制,2018,43(02):98-101.
[29] 张如佩,姜斌,刘剑慰. 基于符号有向图的故障样本选取方法[J]. 控制工程,2018,25(01):57-61.
[30] 张雷,梁德潜. 基于多信号流图模型的等效故障注入样本选取[J]. 计算机测量与控制,2017,25(09):28-31.
[31] 李天梅. 装备测试性验证试验优化设计与综合评估方法研究[D]. 长沙:国防科学技术大学,2010.